中国农业标准经典收藏系列

最新中国农业行业标准

第九辑

水产分册

农业标准编辑部　编

中国农业出版社

出 版 说 明

近年来，农业标准编辑部陆续出版了《中国农业标准经典收藏系列·最新中国农业行业标准》，将2004—2011年由我社出版的2300多项标准汇编成册，共出版了八辑，得到了广大读者的一致好评。无论从阅读方式还是从参考使用上，都给读者带来了很大方便。为了加大农业标准的宣贯力度，扩大标准汇编本的影响，满足和方便读者的需要，我们在总结以往出版经验的基础上策划了《最新中国农业行业标准·第九辑》。

本次汇编对2012年出版的336项农业标准进行了专业细分与组合，根据专业不同分为种植业、畜牧兽医、植保、农机、水产和综合6个分册。

本书收录了2012年发布的水产养殖、水产品、水产饲料、渔业仪器设备、渔船、水生动物疫病、水产工程和绿色食品（水产类）等水产行业标准和农业行业标准56项。并在书后附有2012年发布的11个标准公告供参考。

特别声明：

1. 汇编本着尊重原著的原则，除明显差错外，对标准中所涉及的有关量、符号、单位和编写体例均未做统一改动。

2. 目录中标有*表示因各种原因未能出版。

3. 从印制工艺的角度考虑，原标准中的彩色部分在此只给出黑白图片。

4. 本辑所收录的个别标准，由于专业交叉特性，故同时归于不同分册当中。本书可供农业生产人员、标准管理干部和科研人员使用，也可供有关农业院校师生参考。

农业标准编辑部

2013年11月

目　　录

附录

ICS 67.120.30
B 50

中华人民共和国农业行业标准

NY/T 840—2012
代替 NY/T 840—2004

绿色食品　虾

Green food—Shrimp

2012-12-07 发布　　2013-03-01 实施

中华人民共和国农业部　发布

前　言

本标准按照GB/T 1.1给出的规则起草。

本标准代替NY/T 840—2004《绿色食品　虾》。与NY/T 840—2004相比,除编辑性修改外,主要技术变化如下:

——将总砷项目改为无机砷;

——将总汞项目改为甲基汞;

——修改了镉的限量值;

——将多氯联苯的限量值由0.2 mg/kg改为2 mg/kg,并增加了PCB138和PCB153的限量值;

——删除六六六、滴滴涕项目;

——将土霉素、金霉素项目修改为土霉素、金霉素和四环素项目;

——删除甲醛项目;

——将呋喃唑酮项目改为硝基呋喃类代谢物;

——增加了双甲脒项目;

——将喹乙醇项目改为喹乙醇代谢物;

——将噁喹酸项目改为喹诺酮类药物;

——删除沙门氏菌、致泻大肠埃希氏菌、副溶血性弧菌项目。

本标准由农业部农产品质量安全监管局提出。

本标准由中国绿色食品发展中心归口。

本标准起草单位:中国水产科学研究院黄海水产研究所、蓬莱京鲁渔业有限公司、国家水产品质量监督检验中心。

本标准主要起草人:朱兰兰、周德庆、张瑞玲、王轰、牟伟丽。

本标准所代替标准的历次版本发布情况为:

——NY/T 840—2004。

绿色食品　虾

1　范围

本标准规定了绿色食品虾的要求、检验规则、标志和标签、包装、运输和贮存。

本标准适用于绿色食品活虾、鲜虾、速冻生虾、速冻熟虾(包括对虾科、长额虾科、褐虾科和长臂虾科各品种的虾)。冻虾的产品形式可以是冻全虾、去头虾、带尾虾和虾仁。

2　规范性引用文件

下列文件对于本文件的应用是必不可少的。凡是注日期的引用文件,仅注日期的版本适用于本文件。凡是不注日期的引用文件,其最新版本(包括所有的修改单)适用于本文件。

GB/T 5009.11　食品中总砷及无机砷的测定

GB 5009.12　食品安全国家标准　食品中铅的测定

GB/T 5009.15　食品中镉的测定

GB/T 5009.17　食品中总汞及有机汞的测定

GB/T 5009.44　肉与肉制品卫生标准的分析方法

GB/T 5009.162　动物性食品中有机氯农药和拟除虫菊酯农药多组分残留量的测定

GB 5749　生活饮用水卫生标准

GB 7718　食品安全国家标准　预包装食品标签通则

GB/T 19650　动物肌肉中478种农药及相关化学品残留量的测定　气相色谱—质谱法

GB/T 19857 水产品中孔雀石绿和结晶紫残留量的测定

GB/T 20756　可食动物肌肉、肝脏和水产品中氯霉素、甲砜霉素和氟苯尼考残留量的测定

GB/T 22331　水产品中多氯联苯残留量的测定　气相色谱法

NY/T 391　绿色食品　产地环境技术条件

NY/T 392　绿色食品　食品添加剂使用准则

NY/T 658　绿色食品　包装通用准则

NY/T 755　绿色食品　渔药使用准则

NY/T 1055　绿色食品　产品检验规则

NY/T 1056　绿色食品　贮存运输规则

SC/T 3009　水产品加工质量管理规范

SC/T 3015　水产品中四环素、土霉素、金霉素残留量的测定

SC/T 3016　水产品抽样方法

SC/T 3018　水产品中氯霉素残留量的测定

SC/T 3020　水产品中己烯雌酚残留量的测定

SC/T 3113　冻虾

SC/T 8139　渔船设施卫生基本条件

农业部783号公告—3—2006　水产品中敌百虫残留量的测定　气相色谱法

农业部958号公告—12—2007　水产品中磺胺类药物残留量的测定　液相色谱法

农业部1077号公告—2—2008　水产品中硝基呋喃类代谢物残留量的测定

农业部1077号公告—5—2008　水产品中喹乙醇代谢物残留量的测定　高效液相色谱法

农业部1077号公告—1—2008　水产品中17种磺胺类及15种喹诺酮类药物残留量的测定　液相

色谱—串联质谱法

农业部[2003]第 31 号令　水产养殖质量安全管理规定

中国绿色食品商标标志设计使用规范手册

3　要求

3.1　产地环境

虾生长水域应按 NY/T 391 的规定执行;捕捞方法应无毒、无污染。渔船应符合 SC/T 8139 的有关规定。

3.2　养殖要求

3.2.1　种质与培育条件

选择健康的亲本,亲本的质量应符合国家或行业有关种质标准的规定,不应使用转基因虾亲本。用水需沉淀、消毒,育苗过程采用封闭管理模式,无病原带入;种苗培育过程中不使用禁用药物;并投喂无污染饵料。种苗出场前,进行检疫消毒。

3.2.2　养殖管理

养殖模式应采用健康养殖、生态养殖方式,按农业部[2003]第 31 号令的规定执行;渔药使用应按 NY/T 755 和国家的有关规定执行。

3.3　加工要求

原料虾应是绿色食品,加工企业的质量管理按 SC/T 3009 的规定执行,食品添加剂的使用按 NY/T 392 的规定执行,加工用水按 GB 5749 的规定执行。

3.4　感官要求

3.4.1　活虾

活对虾应具有本身固有的色泽和光泽,体形正常,无畸形,活动敏捷,无病态。抽样应符合 SC/T 3016 的规定。在光线充足、无异味的环境中,按要求逐项检验。

3.4.2　鲜虾

鲜虾应按表 1 的规定执行。

表 1　鲜虾的感官要求

<table>
<tr><th>项　目</th><th>指　标</th><th>检验方法</th></tr>
<tr><td>色泽</td><td>1) 色泽正常,无红变,甲壳光泽较好
2) 尾扇不允许有轻微变色,自然斑点不限
3) 卵黄按不同产期呈现自然色泽,不允许在正常冷藏中变色</td><td rowspan="5">在光线充足、无异味的环境中,按 SC/T 3016 的规定抽样。将试样倒在白色陶瓷盘或不锈钢工作台上,逐项进行感官检验。在容器中加入 500 mL 饮用水,将水烧开后,取约 100 g 用清水洗净的虾,放入容器中,盖上盖,煮 5 min 后,打开盖,嗅蒸汽气味,再品尝肉质</td></tr>
<tr><td>形态</td><td>1) 虾体完整,连接膜可有一处破裂,但破裂处虾肉只能有轻微裂口
2) 不允许有软壳虾</td></tr>
<tr><td>滋、气味</td><td>气味正常,无异味,具有对虾的固有鲜味</td></tr>
<tr><td>肌肉组织</td><td>肉质紧密有弹性</td></tr>
<tr><td>杂质</td><td>虾体清洁,未混入任何外来杂质包括触鞭、甲壳、附肢等</td></tr>
<tr><td>水煮实验</td><td>具有对虾特有的鲜味,口感肌肉组织紧密有弹性,滋味鲜美</td><td>在容器中加入 500 mL 饮用水,将水烧开后,取约 100 g 用清水洗净的虾,放入容器中,盖上盖,煮 5 min 后,打开盖,嗅蒸汽气味,再品尝肉质</td></tr>
</table>

3.4.3　冻虾

冻虾产品的虾体大小均匀，无干耗、无软化现象；单冻虾产品的个体间应易于分离，冰衣透明光亮；块冻虾冻块平整不破碎，冰被清洁并均匀盖没虾体。冰衣、冰被用水按 GB 5749 的规定执行，冻虾感官应符合 SC/T 3113 的一级品的要求，其他产品应满足相应的行业标准的要求。按 SC/T 3016 规定抽样，在光线充足、无异味的环境中，对冻虾逐项进行感官检验。

3.5 理化要求

活虾、鲜虾、冻虾及加工品的理化要求按附录 A 的规定执行。

3.6 污染物限量、渔药残留限量和食品添加剂限量

应符合相关食品安全国家标准及相关规定，同时符合表 2 的规定。

表 2 污染物、渔药残留限量

项　　目	指　　标	检测方法
无机砷，mg/kg	≤0.5(以鲜重计)	GB/T 5009.11
土霉素、金霉素、四环素(以总量计)，mg/kg	≤0.10	SC/T 3015
硝基呋喃类代谢物，μg/kg	不得检出(<0.5)	农业部 1077 号公告—2—2008
双甲咪，mg/kg	不得检出(<0.037 5)	GB/T 19650—2005
喹乙醇代谢物，μg/kg	不得检出(<4)	农业部 1077 号公告—5—2008
喹诺酮类药物，μg/kg	不得检出(<1.0)	农业部 1077 号公告—1—2008
敌百虫，mg/kg	不得检出(<0.04)	农业部 783 号—3—2006
磺胺类药物(以总量计)，mg/kg	不得检出(<0.01)	农业部 958 号公告—12—2007
溴氰菊酯，mg/kg	不得检出(<0.002 5)	GB/T 5009.162

4 检验规则

申请绿色食品认证的虾产品，应按照本标准 3.4～3.6 及附录 A 所列项目进行产品检验，其他要求应符合 NY/T 1055 的规定。

5 标志、标签

5.1 标志

每批产品应标注绿色食品标志，其标注办法按《中国绿色食品商标标志设计使用规范手册》的规定执行。

5.2 标签

标签按 GB 7718 的规定执行。

6 包装、运输与贮存

6.1 包装

按 NY/T 658 的规定执行，活虾应有充氧和保活设施。鲜虾应装于无毒、无味、便于冲洗的箱中，确保虾的鲜度及虾体的完好。

6.2 运输

基本要求应符合 NY/T 1056 的有关规定。渔船应符合 SC/T 8139 的有关规定。活虾运输要有暂养、保活设施，应做到快装、快运、快卸，用水清洁、卫生；鲜虾用冷藏或保温车船运输，保持虾体温度在 0℃～4℃，所有虾产品的运输工具应清洁卫生，运输中防止日晒、虫害、有害物质的污染和其他损害。

6.3 贮存

基本要求应符合 NY/T 1056 的有关规定。活虾贮存中应保证虾所需氧气充足;鲜虾应贮存于清洁库房,防止虫害和有害物质的污染及其他损害,贮存时保持虾体温度在 0℃～4℃。冻虾应贮存在－18℃以下,满足保持良好品质的条件。

附 录 A
（规范性附录）
绿色食品虾认证检验规定

A.1 表A.1规定了除3.4～3.6所列项目外，依据食品安全国家标准和绿色食品生产实际情况，绿色食品申报检验还应检验的项目。

表A.1 依据食品安全国家标准绿色食品虾产品认证检验必检项目

序号	项　目	指　标	检验方法
1	挥发性盐基氮，mg/kg	≤15（淡水虾） ≤20（海水虾）	GB/T 5009.44
2	甲基汞，mg/kg	≤0.5	GB/T 5009.17
3	多氯联苯[a]，mg/kg PCB 138 PCB 153	≤2.0 ≤0.5 ≤0.5	GB/T 22331
4	铅，mg/kg	≤0.2	GB 5009.12
5	镉，mg/kg	≤0.5	GB/T 5009.15
6	氯霉素，μg/kg	不得检出（<0.3）	GB/T 20756
7	己烯雌酚，μg/kg	不得检出（<0.6）	SC/T 3020
8	孔雀石绿，μg/kg	不得检出（<0.5）	GB/T 19857

[a] 以PCB28、PCB52、PCB101、PCB118、PCB138、PCB153和PCB180总和计。

A.2 如虾产品的食品安全国家标准及相关国家规定中上述项目和指标有调整，且严于本标准规定，按最新国家标准及规定执行。

ICS 67.120.30
B 50

中华人民共和国农业行业标准

NY/T 841—2012
代替 NY/T 841—2004

绿色食品 蟹

Green food—Crab

2012-12-07 发布 2013-03-01 实施

中华人民共和国农业部 发布

前　言

本标准按照 GB/T 1.1 给出的规则起草。

本标准代替 NY/T 841—2004《绿色食品　蟹》。与 NY/T 841—2004 相比，除编辑性修改外，主要技术变化如下：

——将总砷项目改为无机砷；

——将总汞项目改为甲基汞；

——修改镉的限量值；

——删除了六六六、滴滴涕的项目；

——删除了甲醛项目；

——将土霉素、金霉素项目改为土霉素、金霉素和四环素；

——修改了多氯联苯的限量值，并增加了 PCB 138 和 PCB 153 的限量值；

——将呋喃唑酮的项目改为硝基呋喃类代谢物；

——将噁喹酸的项目改为喹诺酮类药物；

——增加了五氯酚钠项目；

——删除沙门氏菌、致泻大肠埃希氏菌、副溶血性弧菌项目。

本标准由农业部农产品质量安全监管局提出。

本标准由中国绿色食品发展中心归口。

本标准起草单位：中国水产科学研究院黄海水产研究所、江苏溧阳市长荡湖水产良种科技有限公司、蓬莱京鲁渔业有限公司、国家水产品质量监督检验中心。

本标准主要起草人：周德庆、张瑞玲、潘洪强、王轰、牟伟丽、朱兰兰、孙永、翟毓秀。

本标准所代替标准的历次版本发布情况为：

——NY/T 841—2004。

绿色食品　蟹

1　范围

本标准规定了绿色食品蟹的要求、检验规则、标志和标签、包装、运输和贮存。

本标准适用于绿色食品蟹，包括淡水蟹活品、海水蟹活品及其初加工冻品。

2　规范性引用文件

下列文件对于本文件的应用是必不可少的。凡是注日期的引用文件，仅注日期的版本适用于本文件。凡是不注日期的引用文件，其最新版本(包括所有的修改单)适用于本文件。

GB/T 5009.11　食品中总砷及无机砷的测定

GB 5009.12　食品安全国家标准　食品中铅的测定

GB/T 5009.15　食品中镉的测定

GB/T 5009.17　食品中总汞及有机汞的测定

GB/T 5009.162　动物性食品中有机氯农药和拟除虫菊酯农药多组分残留量的测定

GB 7718　食品安全国家标准　预包装食品标签通则

GB/T 19857　水产品中孔雀石绿和结晶紫残留量的测定

GB/T 20756　可食动物肌肉、肝脏和水产品中氯霉素、甲砜霉素和氟苯尼考残留量的测定

GB/T 22331　水产品中多氯联苯残留量的测定　气相色谱法

NY/T 391　绿色食品　产地环境技术条件

NY/T 658　绿色食品　包装通用准则

NY/T 755　绿色食品　渔药使用准则

NY/T 1055　绿色食品　产品检验规则

NY/T 1056　绿色食品　贮存运输规则

SC/T 3015　水产品中四环素、土霉素、金霉素残留量的测定

SC/T 3016　水产品抽样方法

SC/T 3020　水产品中己烯雌酚残留量的测定

SC/T 3030　水产品中五氯苯酚及其钠盐残留量的测定　气相色谱法

SC/T 3032　水产品中挥发性盐基氮的测定

SC/T 8139　渔船设施卫生基本条件

农业部[2003]第31号令　水产养殖质量安全管理规定

农业部783号公告—1—2006　水产品中硝基呋喃类代谢物残留量的测定　液相色谱—串联质谱法

农业部958号公告—12—2007　水产品中磺胺类药物残留量的测定　液相色谱法

农业部1077号公告—1—2008　水产品中17种磺胺类及15种喹诺酮类药物残留量的测定　液相色谱—串联质谱法

中国绿色食品商标标志设计使用规范手册

3　要求

3.1　产地环境和捕捞

原产地的环境和生长水域按NY/T 391的规定执行；捕捞工具应无毒、无污染。渔船应符合SC/T 8139的有关规定。

3.2 养殖要求

3.2.1 种质与培育条件

选择健康的亲本，亲本的质量应符合国家或行业有关种质标准的规定，不应使用转基因蟹亲本。种质基地水源充足、无污染，进排水方便，用水需沉淀、消毒，水质清新，使整个育苗过程呈封闭式，无病原带入；种苗培育过程中杜绝使用禁用药物；投喂营养平衡，质量安全的饵料。种苗出场前，苗种无病无伤、体态正常、个体健壮，进行检疫消毒后方可出场。

3.2.2 养殖管理

养殖模式应采用健康养殖、生态养殖方式，按农业部[2003]第 31 号令的规定执行；渔药使用应按 NY/T 755 和国家的有关规定执行。

3.3 感官要求

3.3.1 淡水蟹

应符合表 1 的规定。

表 1 感官要求

项 目		指 标	检测方法
体色	背	青色、青灰色、墨绿色、青黑色、青黄色或黄色等固有色泽	用目测、手指压、鼻嗅的方式按要求逐项检验，抽样方法按 SC/T 3016 的规定执行
	腹	白色、乳白色、灰白色或淡黄色、灰色、黄色等固有色泽	
甲壳		坚硬，光洁，头胸甲隆起	
螯、足		一对螯足呈钳状，掌节密生黄色或褐色绒毛，四对步足，前后缘长有金色或棕色绒毛	
蟹体动作		活动有力，反应敏捷	
鳃		鳃丝清晰，无异物，无异臭味	

3.3.2 海水蟹

应符合表 2 的规定。

表 2 感官要求

项 目	指 标	检测方法
外观	体表色泽正常、有光泽，脐上部无胃印	用目测、手指压、鼻嗅的方式按要求逐项检验，抽样方法按 SC/T 3016 的规定执行
滋、气味	具有活蟹固有气味，无异味	
腮	鳃丝清晰，呈灰白色或微褐色，无异味	
活力	反应灵敏，行动敏捷、有力，步足与躯体连接紧密	
水煮试验	具海水蟹固有的鲜美滋味、无异味，肌肉组织紧密、有弹性	

3.3.3 冻品

应符合表 3 的规定。

表 3 感官要求

项 目	指 标	检测方法
色泽	色泽正常，无黑斑或其他变质异色。腹面甲壳洁白、有光泽，脐上部无胃印	用目测、手指压、鼻嗅的方式按要求逐项检验，抽样方法按 SC/T 3016 的规定执行
组织及形态	体形肥满，品质新鲜。提起蟹体时螯足和步足硬直，与躯体连接紧密，腹部紧贴中央沟，用手指压腹部有坚实感。肉质紧密有弹性，蟹黄不流动。有双螯，残缺的步足不得超过 2 只，并不得集中于一侧	
气味和口味	蒸煮后具有蟹固有的鲜味，肉质紧密，无氨味及其他不良气味和口味	
其他	无污染，无泥沙杂质	

3.4 理化要求

应符合表 4 的规定。

表 4 理化指标

项 目	指 标	检测方法
挥发性盐基氮[a],mg/100 g	≤15	SC/T 3032
[a] 仅适用于冻品。		

3.5 污染物限量、渔药残留限量

污染物、渔药残留限量应符合食品安全国家标准及相关规定,同时符合表 5 的规定。

表 5 污染物限量、渔药残留限量

项 目	指 标	检测方法
铅,mg/kg	≤0.3	GB 5009.12
土霉素、金霉素、四环素(以总量计),mg/kg	≤0.10	SC/T 3015
磺胺类(以总量计),mg/kg	不得检出(<0.01)	农业部 958 号公告—12—2007
硝基呋喃类代谢物,μg/kg	不得检出(<0.5)	农业部 783 号公告—1—2006
溴氰菊酯,mg/kg	不得检出(<0.002 5)	GB/T 5009.162
喹诺酮类药物,μg/kg	不得检出(<1.0)	农业部 1077 号公告—1—2008
五氯酚钠[a],mg/kg	不得检出(<0.001)	SC/T 3030
[a] 仅适用于河蟹。		

3.6 生物学限量

应符合表 6 的规定。

表 6 生物学限量

项 目	指 标	检 测 方 法
寄生虫(蟹奴)	不得检出	将试样放在白色搪瓷盘中,打开蟹体,肉眼观察或放大镜、解剖镜镜检

4 检验规则

申请绿色食品认证的蟹产品,应按照本标准 3.3～3.6 以及附录 A 所确定的项目进行检验。其他要求按 NY/T 1055 的规定执行。

5 标志和标签

5.1 标志

每批产品应标注绿色食品标志,其标注办法按《中国绿色食品商标标志设计使用规范手册》的规定执行。

5.2 标签

标签按 GB 7718 的规定执行。

6 包装、运输与贮存

6.1 包装

按 NY/T 658 的规定执行,活蟹可将蟹腹部朝下整齐排列于蒲包或网袋中,每包可装蟹 10 kg～15 kg,蒲包扎紧包口,网袋平放在篓中压紧加盖,贴上标识。

6.2 运输

应符合 NY/T 1056 的有关规定。要求按等级分类,活蟹在低温清洁的环境中装运,保证鲜活。运

输工具在装货前应清洗、消毒，做到洁净、无毒、无异味。运输过程中，防温度剧变、挤压、剧烈震动，不得与有害物质混运，严防运输污染。

6.3 贮存

应符合 NY/T 1056 的有关规定。活体出售，贮存于洁净的环境中，也可在暂养池暂养，要防止有害物质的污染和损害。暂养水应符合 NY/T 391 的要求。

附 录 A
（规范性附录）
绿色食品蟹产品认证检验规定

A.1 表A.1规定了除3.3～3.6所列项目外，依据食品安全国家标准和绿色食品生产实际情况，绿色食品申报检验还应检验的项目。

表A.1 依据食品安全国家标准绿色食品蟹产品认证检验必检项目

序号	项 目	指 标	检测方法
1	无机砷，mg/kg	≤0.5	GB/T 5009.11
2	甲基汞，mg/kg	≤0.5	GB/T 5009.17
3	镉，mg/kg	≤0.5	GB/T 5009.15
4	多氯联苯[a]，mg/kg PCB 138 PCB 153	≤2.0 ≤0.5 ≤0.5	GB/T 22331
5	氯霉素，μg/kg	不得检出(<0.3)	GB/T 20756
6	己烯雌酚，μg/kg	不得检出(<0.6)	SC/T 3020
7	孔雀石绿，μg/kg	不得检出(<0.5)	GB/T 19857

[a] 以PCB28、PCB52、PCB101、PCB118、PCB138、PCB153和PCB180总和计。

A.2 如蟹产品的食品安全国家标准及相关国家规定中上述项目和指标有调整，且严于本标准规定，按最新国家标准及规定执行。

ICS 67.120.30
B 50

中华人民共和国农业行业标准

NY/T 842—2012
代替 NY/T 842—2004

绿色食品 鱼

Green food—Fish

2012-12-07 发布 2013-03-01 实施

中华人民共和国农业部 发布

前　言

本标准按照GB/T 1.1给出的规则起草。

本标准代替NY/T 842—2004《绿色食品　鱼》。与NY/T 842—2004相比,除编辑性修改外,主要技术变化如下：

——将总砷项目改为无机砷；

——将总汞项目改为甲基汞；

——修改镉的限量值；

——删除了六六六、滴滴涕的项目；

——将多氯联苯的限量值由0.2 mg/kg改为2 mg/kg,并增加了PCB138和PCB153的限量值；

——将呋喃唑酮的项目改为硝基呋喃类代谢物；

——将土霉素、金霉素项目改为土霉素、金霉素和四环素；

——将噁喹酸的项目改为喹诺酮类药物；

——将喹乙醇的项目改为喹乙醇代谢物；

——删除沙门氏菌、致泻大肠埃希氏菌、副溶血性弧菌项目。

本标准由农业部农产品质量安全监管局提出。

本标准由中国绿色食品发展中心归口。

本标准起草单位:中国水产科学研究院黄海水产研究所、荣成泰祥食品股份有限公司、蓬莱京鲁渔业有限公司、国家水产品质量监督检验中心。

本标准主要起草人:周德庆、朱文慧、张瑞玲、赵峰、朱兰兰、李钰金、王轰、牟伟丽、步营。

本标准所代替标准的历次版本发布情况为：

——NY/T 842—2004。

绿色食品　鱼

1　范围

本标准规定了绿色食品鱼的要求、检验规则、标志和标签、包装、运输和贮存。

本标准适用于绿色食品活鱼、鲜鱼以及仅去内脏进行冷冻的初加工鱼产品。

2　规范性引用文件

下列文件对于本文件的应用是必不可少的。凡是注日期的引用文件，仅注日期的版本适用于本文件。凡是不注日期的引用文件，其最新版本（包括所有的修改单）适用于本文件。

GB/T 5009.11　食品中总砷及无机砷的测定

GB 5009.12　食品安全国家标准　食品中铅的测定

GB/T 5009.15　食品中镉的测定

GB/T 5009.17　食品中总汞及有机汞的测定

GB/T 5009.18　食品中氟的测定

GB/T 5009.45　水产品卫生标准的分析方法

GB/T 5009.162　动物性食品中有机氯农药和拟除虫菊酯农药多组分残留量的测定

GB 5749　生活饮用水卫生标准

GB 7718　食品安全国家标准　预包装食品标签通则

GB/T 18109—2011　冻鱼

GB/T 19857　水产品中孔雀石绿和结晶紫残留量的测定

GB/T 20756　可食动物肌肉、肝脏和水产品中氯霉素、甲砜霉素和氟苯尼考残留量的测定

GB/T 22331　水产品中多氯联苯残留量的测定　气相色谱法

NY/T 391　绿色食品　产地环境技术条件

NY/T 392　绿色食品　食品添加剂使用准则

NY/T 658　绿色食品　包装通用准则

NY/T 755　绿色食品　渔药使用准则

NY/T 1055　绿色食品　产品检验规则

NY/T 1056　绿色食品　贮存运输规则

SC/T 3002　船上渔获物加冰保鲜操作技术规程

SC/T 3009　水产品加工质量管理规范

SC/T 3015　水产品中四环素、土霉素、金霉素残留量的测定

SC/T 3016　水产品抽样方法

SC/T 3020　水产品中己烯雌酚残留量的测定　酶联免疫法

SC/T 3025　水产品中甲醛的测定

SC/T 3032　水产品中挥发性盐基氮的测定

SC/T 8139　渔船设施卫生基本条件

农业部783号公告—1—2006　水产品中硝基呋喃类代谢物残留量的测定　液相色谱—串联质谱法

农业部783号公告—3—2006　水产品中敌百虫残留量的测定　气相色谱法

农业部958号公告—12—2007　水产品中磺胺类药物残留量的测定　液相色谱法

农业部 1077 号公告—1—2008　水产品中 17 种磺胺类及 15 种喹诺酮类药物残留量的测定　液相色谱—串联质谱法

农业部 1077 号公告—5—2008　水产品中喹乙醇代谢物残留量的测定　高效液相色谱法

农业部[2003]第 31 号令　水产养殖质量安全管理规定

中国绿色食品商标标志设计使用规范手册

3　要求

3.1　产地环境和捕捞工具

产地环境应符合 NY/T 391 的要求，捕捞工具应无毒、无污染。渔船应符合 SC/T 8139 的有关规定。

3.2　养殖要求

3.2.1　种质与培育条件

选择健康的亲本，亲本的质量应符合国家或行业有关种质标准的规定，不得选用转基因鱼亲本。种质基地水源充足，无污染，进排水方便，用水需沉淀、消毒，水质清新，使整个育苗过程呈封闭式，无病原带入；种苗培育过程中杜绝使用禁用药物；投喂营养平衡，质量安全的饵料。种苗出场前，苗种无病无伤、体态正常、个体健壮，进行检疫消毒后方可出场。

3.2.2　养殖管理

养殖模式应采用健康养殖、生态养殖方式，按农业部[2003]第 31 号令的规定执行；渔药使用应按 NY/T 755 和国家的有关规定执行。

3.3　初加工要求

海上捕捞鱼按 SC/T 3002 的规定执行；加工企业的质量管理按 SC/T 3009 的规定执行。加工用水按 GB 5749 的规定执行，食品添加剂的使用按 NY/T 392 的规定执行。

3.4　感官要求

3.4.1　活鱼

鱼体健康，体态匀称，游动活泼，无鱼病症状；鱼体具有本种鱼固有的色泽和光泽，无异味；鳞片完整、紧密。抽样按 SC/T 3016 的规定执行。在光线充足，无异味的环境条件下，按要求逐项检验。

3.4.2　鲜鱼

应符合表 1 的规定。

表 1　感官要求

项　目	指　标		检测方法
	海水鱼类	淡水鱼类	
鱼体	体态匀称、无畸形，鱼体完整、无破肚，肛门紧缩	体态匀称、无畸形，鱼体完整、无破肚，肛门紧缩或稍有凸出	抽样按 SC/T 3016 的规定执行。在光线充足、无异味的环境条件下，将样品置于白色瓷盘或不锈钢工作台上，按要求逐项检验
鳃	鳃丝清晰，呈鲜红色，黏液透明	鳃丝清晰，呈鲜红或暗红色，仅有少量黏液	
眼球	眼球饱满，角膜清晰	眼球饱满，角膜透明	
体表	呈鲜鱼固有色泽，花纹清晰；有鳞鱼鳞片紧密、不易脱落，体表黏液透明、无异臭味	呈鲜鱼固有色泽，鳞片紧密、不易脱落，体表黏液透明、无异味	
组织	肉质有弹性，切面有光泽，肌纤维清晰	肌肉组织致密、有弹性	
气味[a]	体表和鳃丝具鲜鱼特有的腥味，无异味	体表和鳃丝具淡水鱼特有气味，无异味	

表 1（续）

项　目	指　　标		检测方法
	海水鱼类	淡水鱼类	
水煮实验	具有鲜海水鱼固有的香味，口感肌肉组织紧密、有弹性，滋味鲜美，无异味	具有鲜淡水鱼固有的香味，口感肌肉组织有弹性，滋味鲜美，无异味	在容器中加入适量饮用水，将水煮沸后，取适量鱼用清水洗净，放入容器中，加盖，煮熟后，打开盖，嗅蒸汽气味，再品尝肉质
[a] 气味评定时，撕开或用刀切开鱼体的 3 处～5 处，嗅气味后判定。			

3.4.3 冻鱼

冻鱼感官要求按表 GB/T 18109—2011 中 4.4 的规定执行。抽样按 SC/T 3016 的规定执行。在光线充足，无异味的环境条件下，将样品置于白色瓷盘或不锈钢工作台上，按要求逐项检验。

3.5 理化要求

冻鲜鱼及初加工品理化要求按表 2 的规定执行。

表 2　理化指标

项　　目	指　　标		检测方法
	海水鱼类	淡水鱼类	
挥发性盐基氮，mg/100g	一般鱼类≤15，板鳃鱼类≤40	≤10	SC/T 3032
组胺，mg/100 g	≤30	—	GB/T 5009.45

3.6 污染物限量、渔药残留限量

污染物、渔药残留限量应符合食品安全国家标准及相关规定，同时符合表 3 的规定。

表 3　污染物限量、渔药残留限量

项　　目	指　　标		检测方法
	海水鱼类	淡水鱼类	
铅，mg/kg	≤0.2		GB 5009.12
甲醛，mg/kg	≤10.0		SC/T 3025
敌百虫，mg/kg	—	不得检出（＜0.04）	农业部 783 号公告—3—2006
溴氰菊酯，mg/kg	—	不得检出（＜0.002 5）	GB/T 5009.162
土霉素、金霉素、四环素（以总量计），mg/kg	≤0.10		SC/T 3015
磺胺类药物（以总量计），mg/kg	不得检出（＜0.01）		农业部 958 号公告—12—2007
喹乙醇代谢物，μg/kg	不得检出（＜4）		农业部 1077 号公告—5—2008
硝基呋喃代谢物，μg/kg	不得检出（＜0.5）		农业部 783 号公告—1—2006
喹诺酮类药物，μg/kg	不得检出（1.0）		农业部 1077 号公告—1—2008

3.7 生物学要求

应符合表 4 的规定。

表 4　生物学限量

项　　目	指　标	检 测 方 法
寄生虫，个/cm^2	不得检出	在灯检台上进行，要求灯检台表面平滑、密封、照明度应适宜 每批至少抽 10 尾鱼进行检查。将鱼洗净，去头、皮、内脏后，切成鱼片，将鱼片平摊在灯检台上，查看肉中有无寄生虫及卵；同时，将鱼腹部剖开于灯检台上检查有无寄生虫

4 检验规则

申请绿色食品认证的鱼产品，应按照本标准3.4～3.7及附录A所确定的项目进行检验。其他要求按NY/T 1055的规定执行。

5 标志和标签

5.1 标志

每批产品应标注绿色食品标志，其标注办法按《中国绿色食品商标标志设计使用规范手册》的规定执行。

5.2 标签

标签按GB 7718的规定执行。

6 包装、运输和贮存

6.1 包装

包装应符合NY/T 658的要求。活鱼可用帆布桶、活鱼箱、尼龙袋充氧等或采用保活设施；鲜海水鱼应装于无毒、无味、便于冲洗的鱼箱或保温鱼箱中，确保鱼的鲜度及鱼体的完好。在鱼箱中需放足量的碎冰，以保持鱼体温度在0℃～4℃。

6.2 运输和贮存

按NY/T 1056的规定执行。暂养和运输水应符合NY/T 391的要求。

附 录 A
（规范性附录）
绿色食品鱼产品认证检验规定

A.1 表 A.1 规定了除 3.4～3.7 所列项目外，依据食品安全国家标准和绿色食品生产实际情况，绿色食品申报检验还应检验的项目。

表 A.1 依据食品安全国家标准绿色食品鱼产品认证检验必检项目

序号	项 目	指 标		检测方法
		海水鱼	淡水鱼	
1	无机砷，mg/kg	≤0.1		GB/T 5009.11
2	甲基汞，mg/kg 食肉鱼类（鲨鱼、旗鱼、金枪鱼、梭子鱼等） 非食肉鱼	 ≤1.0 ≤0.5		GB/T 5009.17
3	镉，mg/kg	≤0.5		GB/T 5009.15
4	氟，mg/kg	—	≤2.0	GB/T 5009.18
5	多氯联苯[a]，mg/kg PCB138 PCB153	≤2.0 ≤0.5 ≤0.5		GB/T 22331
6	氯霉素，μg/kg	不得检出(<0.3)		GB/T 20756
7	己烯雌酚，μg/kg	不得检出(<0.6)		SC/T 3020
8	孔雀石绿，μg/kg	不得检出(<0.5)		GB/T 19857
[a] 以 PCB28、PCB52、PCB101、PCB118、PCB138、PCB153 和 PCB180 总和计。				

A.2 如食品安全国家鱼产品标准及相关国家规定中上述项目和指标有调整，且严于本标准规定，按最新国家标准及规定执行。

ICS 65.040.01
P 35

中华人民共和国农业行业标准

NY/T 2165—2012

鱼、虾遗传育种中心建设标准

Construction for fish and shrimp genetic breeding center

2012-06-06 发布　　2012-09-01 实施

中华人民共和国农业部　发布

目　次

前　　言

本标准按照 GB/T 1.1—2009 给出的规则起草。

本标准由中华人民共和国农业部渔业局提出。

本标准由中华人民共和国农业部发展计划司归口。

本标准起草单位:全国水产技术推广总站。

本标准主要起草人:胡红浪、孔杰、王新鸣、李天、倪伟锋、鲍华伟、朱健祥。

鱼、虾遗传育种中心建设标准

1 范围

本标准规定了鱼、虾遗传育种中心建设项目的选址与建设条件、建设规模与项目构成、工艺与设备、建设用地与规划布局、建筑工程及配套设施、防疫防病、环境保护、人员要求和主要技术经济指标。

本标准适用于鱼、虾遗传育种中心建设项目建设的编制、评估和审批;也适用于审查工程项目初步设计和监督、检查项目建设过程。

2 规范性引用文件

下列文件对于本文件的应用是必不可少的。凡是注日期的引用文件,仅注日期的版本适用于本文件。凡是不注日期的引用文件,其最新版本(包括所有的修改单)适用于本文件。

GB 5749—85 生活饮用水标准

GB 11607 渔业水质标准

GB 50011 建筑抗震设计规范

GB 50052—2009 供配电系统设计规范

GB 50352—2005 民用建筑设计通则

SC/T 9101 淡水池塘养殖水排放要求

SC/T 9103 海水养殖水排放要求

3 术语和定义

下列术语和定义适用于本文件。

3.1

鱼、虾遗传育种中心 fish and shrimp genetic breeding center

收集、整理、保存目标物种种质资源,研究、开发和应用遗传育种技术,培育水产新品种的场所。

3.2

孵化车间 incubation facility

从受精卵到孵化出鱼苗或幼体的场所。

3.3

育苗车间 hatchery facility

从受精卵培育到苗种的场所。

3.4

中间培育池 nursery pond

从鱼苗或虾苗培育到幼鱼或幼虾的场所。

3.5

后备亲本培育池 grow-out pond

从幼鱼或幼虾(种苗)培育到成体的场所。

3.6

亲本培育车间(池) maturation facility

从成体培育到性成熟达到繁育期的亲本培育场所。

3.7

交配与产卵池　spawning pond

亲本自然交配或定向交配及产卵的场所。

3.8

备份基地　back-up center

用于备份保存、培育目标物种传代群体的场所。

4　选址与建设条件

4.1　鱼、虾遗传育种中心建设地点的选择应充分进行调研、论证，符合相关法律法规、水产原良种体系建设规划以及当地城乡经济发展规划等要求。

4.2　建设地点应选择在隔离、无疫病侵扰的场所。

4.3　建设地点应有满足目标物种生长、繁殖条件的水源，水质应符合 GB 11607 的规定。

4.4　建设地点选择应充分考虑当地地质、水文、气候等自然条件。

4.5　建设地点不应在矿区、化工厂、制革厂等附近的环境污染区域。

5　建设规模与项目构成

5.1　鱼、虾遗传育种中心的建设，应根据全国和区域渔业发展规划和生产需求，结合自然条件、技术与经济等因素，确定合理的建设规模。如采用家系育种技术，需设置一定数量的家系或群组繁育单元。

5.2　鱼、虾遗传育种中心建设规模应达到表 1 的要求。

表 1　鱼、虾遗传育种中心建设规模要求

种类名称	核心种群规模	年提供亲本/后备亲本数量
中国对虾	>500 尾/年	>5 000 尾/年
罗氏沼虾	>5 000 尾/年	>50 000 尾/年
大菱鲆	>2 000 尾/年	>1 000 尾/年
斑点叉尾鮰	>500 尾/年	>1 000 尾/年

5.3　鱼、虾遗传育种中心建设项目应包括下列内容：

a)　育种设施：
   1)　苗种培育系统：产卵池、孵化池、育苗车间、中间培育池；
   2)　亲本培育系统：亲本养殖池、亲本培育池、定向交配池；
   3)　动物、植物饵料培育车间(池)。

b)　给排水系统：蓄水池、水处理消毒池、高位水池、给排水渠道(或管道)、循环水系统、排水的无害化处理等相关设备，水泵房；

c)　隔离防疫设施：车辆消毒池、更衣消毒室、清洗消毒间、隔离室等，场外、场内需设置防疫间距、隔离物等；

d)　辅助生产设施：档案资料室、标本室、化验室、性状测量室、标记实验室等，有条件的地方可设置育种生产监控室等；

e)　配套设施：变配电室、锅炉房、仓库、维修间、通讯设施、增氧系统、场区工程、饲料加工车间等；

f)　管理及生活服务设施：办公用房、食堂、宿舍、围墙、大门、值班室等；

g)　备份基地：亲本、后备亲本培育池，亲本培育车间及育种车间等设施。

5.4　鱼、虾遗传育种中心建设应充分利用当地提供的社会专业化协作条件进行建设；改(扩)建项目应充分利用原有设施；生活福利工程可按所在地区规定，尽量参加城镇统筹建设。

6 工艺与设备

6.1 育种技术工艺与设施设备的选择，应适于充分发挥目标物种的遗传潜力，培育具有生长快、抗逆性强、品质好等优良经济性状的改良种；应遵循优质、高产、节能、节水、降低成本和提高效率等原则。

6.2 应建立系统的育种技术路线，制定有关育种的技术标准。通过收集目标物种的不同地理群体或养殖群体，经过检疫、养殖测试安全后，构建遗传多样性丰富的育种群体，依据生产需求，确定选育目标，培育优良品种。

6.3 育种技术工艺：根据目标物种的特点及种质资源情况，采用先进、成熟和符合实际的新技术、新工艺：

a) 近交衰退技术：应建立育种动物系谱，严格控制近交衰退及种质退化；

b) 性状测试技术：应在相同的养殖环境中进行比对群体的性状测试；

c) “单行线”运行工艺流程：在水产遗传育种中心设计与建设过程中，要充分考虑内、外环境的安全、稳定，对核心育种群体培育池、亲本培育车间、育苗车间等重要育种设施的人、物流动应实行“单行线”运行工艺流程。

6.4 设备选择应与工艺要求相适应。尽量选用通用性强、高效低耗、便于操作和维修的定型产品。必要时，可引进国外某些关键设备。设备一般应配置：

a) 增氧设备：增氧机、充气机；

b) 控温设备：锅炉、电加热系统、制冷系统；

c) 标记设备：个体标记和家系标记设备；

d) 生产工具：生产运输车辆、船只、网具等；

e) 育种核心群体应采用计算机管理，应配置相应的管理软件，建立育种群体数据库；

f) 如果采用循环水养殖技术，应配备水处理系统。

6.5 仪器设备：鱼、虾遗传育种中心的实验仪器设备最低配置标准参见附录 A。

7 建设用地与规划布局

7.1 鱼、虾遗传育种中心建设既要考虑当前需要，又要考虑今后发展。规划建设时，应考虑洪涝、台风等灾害天气的影响，同时考虑寒冷、冰雪等可能对基础设施的破坏。南方地区还要考虑夏季高温对设施、设备的影响。

7.2 建设用地的确定与固定建筑的建造应根据建设规模、育种工艺、气候条件等区别对待，遵循因地制宜、资源节约、安全可靠、便于施工的原则。应坚持科学、合理和节约的原则，尽量利用非耕地，少占用耕地，并应与当地的土地规划相协调。

7.3 鱼、虾遗传育种中心建设用地，宜达到表 2 所列指标。

表 2 鱼、虾遗传育种中心建设用地指标

种类名称	建设用地，m^2
鱼	80 000
虾	80 000

7.4 鱼、虾遗传育种中心内的道路应畅通，与场外运输道路连接的主干道宽度一般不低于 6 m，通往池塘、车间、仓库等运输支干道宽度一般为 3 m～4 m。

7.5 应设置水消毒处理池，自然水域取水应经过消毒、过滤后使用；高位池宜设在场区地势较高的位置，尽量做到一次提水。

7.6 取水口位置应远离排水口,进、排水分开。

8 建筑工程及配套设施

8.1 鱼、虾遗传育种中心的主要建设内容的建筑面积,宜达到表3和表4的所列指标。

表3 鱼遗传育种中心主要育种设施建筑面积

工程名称	建设内容	单位	面积
育种设施	亲鱼培育池	m^2	66 700
	配种车间	m^2	500
	配种池	m^2	1 000
	苗种孵化池	m^2	500
	苗种培育车间	m^2	1 000
	标记混养池	m^2	10 005
	隔离检疫室	m^2	1 000
	饵料培育池	m^2	2 000
隔离防疫设施	车辆消毒池、更衣消毒室、清洗消毒间、隔离室等	m^2	500
辅助设施	档案室、资料室、实验室、综合管理房等	m^2	600

表4 虾遗传育种中心主要育种设施建筑面积

工程名称	建设内容	单位	面积
育种设施	亲虾培育池	m^2	66 700
	亲本车间	m^2	1 000
	配种车间	m^2	500
	配种池	只	120
	苗种孵化池	m^2	500
	苗种培育车间	m^2	500
	标记混养池	m^2	10 005
	隔离检疫室	m^2	500
	饵料培育池	m^2	2 000
隔离防疫设施	车辆消毒池、更衣消毒室、清洗消毒间、隔离室等	m^2	500
辅助设施	档案室、资料室、实验室、综合管理房等	m^2	600

8.2 亲本培育车间、孵化车间、育苗车间建筑及结构形式为:

a) 车间一般为单层建筑,根据建设地点的气候条件及不同物种的孵化要求,可采用采光屋顶、半采光屋顶等形式。车间建筑设计应具备控温、控光、通风和增氧设施。其结构宜采用轻型钢结构或砖混结构;

b) 车间的电路、电灯应具备防潮功能;

c) 车间宜安装监控系统。

8.3 其他建筑物一般采用有窗式的砖混结构。

8.4 各类建筑抗震标准按GB 50011的规定执行。

8.5 配套工程应满足生产需要,与主体工程相适应。配套工程应布局合理、便于管理,并尽量利用当地条件。配套工程设备应选用高效、节能、低噪声、少污染、便于维修使用、安全可靠、机械化水平高的设备。

8.6 池塘的要求为:

a) 池塘宜选择长方形，东西走向；

b) 池塘深度一般不低于1.5 m，北方越冬池塘的水深应达到2.5 m以上；池壁坡度根据地质情况计算确定；

c) 用于育种群体养殖的池塘，需建立隔离防疫、防风、防雨及防鸟等设施设备。

8.7 供电：当地不能保证二级供电要求时，应自备发电机组。

8.8 供热：热源宜利用地区集中供热系统，自建锅炉房应按工程项目所需最大热负荷确定规模。锅炉及配套设备的选型应符合当地环保部门的要求。

8.9 消防设施应符合以下要求：

a) 消防用水可采用生产、生活、消防合一的给水系统；消防用水源、水压、水量等应符合现行防火规范的要求；

b) 消防通道可利用场内道路，应确保场内道路与场外公路畅通。

8.10 通讯设施的设计水平应与当地电信网络的要求相适应。

8.11 管理系统应配备计算机育种管理系统，提高工作效率和管理水平。

9 防疫防病

9.1 建设项目应符合《中华人民共和国动物防疫法》、《动物检疫管理办法》等有关规定。

9.2 应建设的防疫设施有车辆消毒池、更衣消毒室、清洗消毒间、隔离室等，场外、场内需设置防疫间距、隔离物等。

9.3 根据目标物种的需要，建设动物或植物饵料专用培育车间(池)。防止使用未经消毒处理的来自自然水域的活体饵料。

9.4 来源于自然水域的养殖用水应配置水处理池，进行消毒处理后才能使用。

10 环境保护

10.1 建设项目应严格按照国家有关环境保护和职业安全卫生的规定，采取有效措施消除或减少污染和安全隐患，贯彻“以防为主，防治结合”的方针。

10.2 应有绿化规划，绿化覆盖率应符合国家有关规定及当地规划的要求。

10.3 化粪池、生产和生活污水处理场应设在场区边缘较低洼、常年主导风向的下风向处；在农区宜设在农田附近。

10.4 应设置养殖废水处理设施，符合SC/T 9101和SC/T 9103的要求。

10.5 自设锅炉，应选用高效、低阻、节能、消烟、除尘的配套设备，应符合国家和地方烟气排放标准。贮煤场应位于常年主导风向的下风向处。

10.6 鼓励采用太阳能、地源热泵等清洁能源用于遗传育种中心建设。

11 人员要求

11.1 主要技术负责人要求本科以上学历，具有遗传育种专业背景，具有正高级技术职称，从事水产育种工作5年以上。

11.2 技术人员中具有高级、中级技术职称的人员比例应不低于20%和40%。

11.3 技术工人应具有高中以上文化程度，经过操作技能培训并获得职业资格证书后方能上岗。

12 主要技术经济指标

12.1 工程投资估算及分项目投资比例按表5所列指标控制。

表5 鱼、虾遗传育种中心工程投资估算及分项目投资比例

种类	总投资 万元	建筑工程 %	设备及安装工程 %	其他 %	预备费 %
鱼	700～800	50～60	30～40	6～10	3～5
虾	700～800	50～60	30～40	6～10	3～5

12.2 鱼、虾遗传育种中心建设主要材料消耗量见表6。

表6 鱼、虾遗传育种中心建设主要材料消耗量表

名称	钢材，kg/m^2	水泥，kg/m^2	木材，m^3/m^2
轻钢结构	30～45	20～30	0.01
砖混结构	25～35	150～200	0.01～0.02
其他附属建筑	30～40	150～200	0.01～0.02

12.3 鱼、虾遗传育种中心建设工期指标见表7。

表7 鱼、虾遗传育种中心建设工期指标

名称	淡水鱼、虾	海水鱼、虾
建设工期，月	12～18	15～20

附 录 A
(资料性附录)
鱼、虾遗传育种中心仪器最低配备标准

显微镜(生物显微镜、荧光显微镜、倒置显微镜)
PCR 仪
电泳仪
凝胶成像仪
离心机
培养箱
超净工作台
精密电子天平
水质分析仪
水浴锅
纯水仪
烘干箱
紫外可见分光光度计
解剖镜
电冰箱(含低温)
酶标仪
照相、录像设备
灭菌锅
计算机
微芯片及其扫描仪

ICS 65.040.01
P 35

中华人民共和国农业行业标准

NY/T 2170—2012

水产良种场建设标准

Construction criterion for multiplication center

2012-06-06 发布　　　　2012-09-01 实施

中华人民共和国农业部　发布

目　次

前　言

本标准按照 GB/T 1.1—2009 给出的规则编写。

本标准由中华人民共和国农业部发展计划司提出并归口。

本标准起草单位：中国水产科学研究院渔业工程研究所。

本标准主要起草人：王新鸣、胡红浪、李天、任琦、梁锦、王洋、陈晓静。

水产良种场建设标准

1 范围

本标准规定了水产良种场建设的原则、项目规划布局及工程建设内容与要求。

本标准适用于现有四大家鱼等主要淡水养殖品种国家级水产良种场资质评估及考核管理;也适用于四大家鱼等主要淡水养殖品种水产良种场建设项目评价、设施设计、设备配置、竣工验收及投产后的评估、考核管理。

2 规范性引用文件

下列文件对于本文件的应用是必不可少的。凡是注日期的引用文件,仅注日期的版本适用于本文件。凡是不注日期的版本,其最新版本(包括所有的修改单)适用于本文件。

GB 5749 生活饮用水标准

GB 11607 渔业水质标准

GB 50011 建筑抗震设计规范

NY 5071 无公害食品 渔药使用准则

SC/T 1008—94 池塘常规培育鱼苗鱼种技术规范

SC/T 9101 淡水池塘养殖水排放要求

SC/T 9103 海水养殖水排放要求

《水产苗种管理办法》(2005年1月5日农业部第46号令)

《水产原良种场管理办法》

《中华人民共和国动物防疫法》

3 术语和定义

下列术语和定义适用于本文件。

3.1

水产良种场 multiplication center

指培育并向社会提供水产良种亲本或后备亲本的单位。

3.2

孵化车间 incubation facility

指水产养殖动物受精卵孵化成为幼体的人工建造的室内场所。

3.3

育苗车间 hatchery facility

指培育水产养殖对象幼体的人工建造的室内场所。

3.4

中间培育池 nursery culture pond

指用于水产养殖对象的幼体培育成较大规格苗种的土池或水泥池。

3.5

亲本养殖池 grow-out pond

指饲养培育水产养殖对象亲本的土池或水泥池。

3.6

亲本培育车间 maturation facility

指用于水产养殖对象亲本成熟培育的人工建造的室内场所。

3.7

产卵池 spawning pond

指水产养殖动物亲本进行交配与产卵的土池或水泥池。

4 建设规模与项目构成

4.1 水产良种场的建设原则

应根据本地区渔业发展规划、资源和市场需求,结合建场条件、技术与经济等因素,确定合理的建设规模。

4.2 水产良种场建设规模

应达到表1的要求。

表1 水产良种场建设规模要求

名 称	规 模		
	年提供亲本数量	年提供后备亲本数量	年提供苗种数量
斑点叉尾鮰	10 000 尾	1 万尾~2 万尾	5 000 万尾
鲫鱼	3 000 尾	2 万尾~4 万尾	3 000 万尾
鲤鱼	1 000 尾	2 万尾~3 万尾	1 亿尾
团头鲂	10 000 尾	1 万尾~3 万尾	0.5 亿尾~2 亿尾
青、草、鲢、鳙	2 000 尾	1 万尾~2 万尾	5 000 万尾

4.3 水产良种场工程建设项目的构成

4.3.1 生产设施

4.3.1.1 苗种培育系统:产卵池、孵化车间、育苗车间和中间培育池。

4.3.1.2 亲本培育系统:亲本养殖池、亲本培育车间。

4.3.1.3 饵料系统:动物饵料培育车间、植物饵料培育车间。

4.3.1.4 给排水系统:水处理池、高位水池、给排水渠道(或管道)。

4.3.2 生产辅助设施:化验室、档案资料室、标本室、生物实验室等。

4.3.3 配套设施

变配电室、锅炉房、仓库、维修间、通讯设施、增氧系统、场区工程、饲料加工车间和交通工具等。

4.3.4 管理及生活服务设施

办公用房、食堂、浴室、宿舍、车棚、大门、门卫值班室、厕所和围墙等。

4.4 水产良种场建设应充分利用当地提供的社会专业化协作条件进行建设;改(扩)建设项目应充分利用原有设施;生活福利工程可按所在地区规定,尽量参加城镇统筹建设。

5 选址与建设条件

5.1 场址选择应充分进行方案论证,应符合当地土地利用发展规划、村镇建设发展规划和环境保护的要求。

5.2 场址应选在交通方便、水源良好、排水条件充分、电力通讯发达、无环境污染的地区。

a) 场址周边应具备基本的对外交通条件。

b) 场址内或周边应有满足生产需要的水源,生产用水应符合 GB 11607 的要求,生活用水需满足

GB 5749 的要求。

c) 场址周边宜具备流动性自然水域，以满足场区排水要求。

d) 场址周边 1 000 m 范围内不得有污染源。

5.3 场址所在地的自然气候条件应基本满足养殖对象对环境的要求。

5.4 场地的设计标高，应符合下列规定：

a) 当场址选定在靠近江河、湖泊等地段时，场地的最低设计标高应高于设计水位 5 m。

1) 投资 500 万元及以上的水产良种场洪水重现期应为 25 年；

2) 投资 500 万元以下的水产良种场洪水重现期应为 15 年；

b) 当场址选定在海岛、沿海地段或潮汐影响明显的河口段时，场区的最低设计标高应高于计算水位 1 m。在无掩护海岸，还应考虑波浪超高，计算水位应采用高潮累积频率 10%的潮位。

c) 当有防止场区受淹的可靠措施且技术经济合理时，场址亦可选在低于计算水位的地段。

5.5 以下区域不得建场：水源保护区、环境污染严重地区、地质条件不宜建造池塘的地区等。

6 工艺与设备

6.1 水产良种场工艺与设备的确定，应遵循优质高效、节能、节水和节地的原则。

6.2 应有相应的隔离防疫设施，生产区入口处需设置隔离区、车辆消毒池及更衣消毒设备等。

6.3 应根据不同养殖对象的繁育要求，配备通风、控光、控温等设施。

6.4 水产良种场可设置下列主要生产设备：

a) 增氧设备：增氧机、充气机、鼓风机、空压机、气泵等。

b) 控温设备：锅炉、电加热系统、制冷系统、太阳能、气源热泵、地源热泵等。

c) 饲料加工及投喂设备：自动投饵机、饲料加工机械。

d) 生产工具：生产运输车辆、渔船、网具、水泵等。

6.5 水产良种场的实验仪器设备应按《水产原良种场生产管理规范》的要求配置。

7 建筑与建设用地

7.1 水产良种场建筑标准应根据建设规模、养殖工艺、建设地点气候条件区别对待，贯彻有利于生产、经济合理、安全可靠、因地制宜、便于施工的原则。

7.2 水产良种场内的道路应畅通。与场外运输线路连接的主干道宽度不低于 6 m，通往鱼池、育苗车间、仓库等的运输支干道宽度一般为 3 m～4 m。

7.3 生产区应与生活区、办公区、锅炉房等区域相互隔离。

7.4 水产良种场的各类设施建筑面积应达到表 2 所列指标。

表 2 水产良种场生产设施建筑面积表

单位为平方米

名 称	选育车间	培育车间	孵化车间	饵料车间	产卵池	选育池	后备亲本培育池	亲本保存池	高位水池	实验室
斑点叉尾鮰	400	400			1 200	16 000	50 000	10 000	120	300
鲫鱼、鲤鱼			2 000		1 000		34 500	14 000		300
团头鲂	2 000	1 000	200		200		20 010	4 500		300
青、草、鲢、鳙	1 000		40		100	33 300	66 700	66 700	80	300
注：其他品种参照类似情况选用。										

7.5 孵化车间的建筑及结构形式如下：

a) 孵化车间一般为单层建筑，根据建设地点的气候条件及不同鱼类养殖种类的孵化要求，可采用采光屋顶、半采光屋顶等形式。孵化车间的建筑设计应具备控温、控光、通风和增氧设施。其结构宜采用轻型钢结构或砖混结构。

b) 湿度较大的孵化车间，其电路、电灯应具备防潮功能。

c) 孵化车间宜安装监控系统。

7.6 水产良种场的其他建筑物一般采用有窗式的砖混结构。

7.7 水产良种场各类建筑抗震标准按 GB 50011 确定。

7.8 池塘

a) 为提高土地利用率，池塘宜选择长方形，东西走向。

b) 池塘深度一般为 1 m～2.5 m，池壁坡度根据地质情况确定。

7.9 水产良种场建设用地必须坚持科学、合理和节约用地的原则。尽量利用滩涂等非耕地，少占用耕地。

7.10 水产良种场建设用地，应达到表 3 所列指标。

表 3 水产良种场建设用地指标

单位为平方米

名 称	建设用地
斑点叉尾鮰	110 000
鲫鱼、鲤鱼	72 000
团头鲂	48 000
青、草、鲢、鳙	190 000

8 配套设施

8.1 配套工程设置水平应满足生产需要，与主体工程相适应；配套工程应布局合理、便于管理，并尽量利用当地条件；配套工程设备应选用高效、节能、环保、便于维修使用、安全可靠、机械化水平高的设备。

8.2 水产良种场应有满足良种繁育所需的水处理设施和设备，处理工艺应满足种苗和活饵料培育、疫病预防的基本要求。

8.3 取水口位置应远离排水口及河口等，进、排水系统分开。

8.4 当地不能保证二级供电要求时，应自备发电机组。

8.5 供热热源宜利用地区集中供热系统，自建锅炉房应按工程项目所需最大热负荷确定规模。

8.6 锅炉及配套设备的选型应符合当地环保部门的要求。

8.7 消防设施应符合以下要求：

a) 消防用水可采用生产、生活、消防合一的给水系统；消防用水源、水压、水量等应符合现行防火规范的要求。

b) 消防通道可利用场内道路，应确保场内道路与场外公路畅通。

8.8 水产良种场应设置通讯设施，设计水平应与当地电信网的要求相适应。

8.9 应配置计算机管理系统，提高设备效率和管理水平。

9 病害防治防疫设施

9.1 水产良种场建设必须符合 NY 5071、《中华人民共和国动物防疫法》和农业部《水产原良种场管理办法》的规定。

9.2 水产良种场应设置化验室。

9.3 生产车间应设消毒防疫设施，配置车辆消毒池、脚踏消毒池、更衣消毒室等。

9.4 水产良种场应配备一定规模的隔离池，对病、死的养殖对象应遵循无害化原则，进行无害化处理。

10 环境保护

10.1 水产良种场建设应严格贯彻国家有关环境保护和职业安全卫生的规定，采取有效措施消除或减少污染和不安全因素。

10.2 新建项目应有绿化规划，绿化覆盖率应符合国家有关规定及当地规划的要求。

10.3 化粪池、生活污水处理场应设在场区边缘较低洼、常年主导风向的下风向处；在农区宜设在农田附近。

10.4 应设置养殖废水处理设施，处理后的废水应达到 SC/T 9101 或 SC/T 9103 的要求，做到达标排放。

11 人员要求

11.1 场长、副场长应大专以上学历，从事水产养殖管理工作 5 年以上，具有中级以上技术职称。主管技术的副场长应具有水产养殖遗传育种等相关专业知识。

11.2 中级以上和初级技术人员所占职工总数的比例分别不低于 10%、20%。

11.3 技术工人具有高中以上文化程度，经过职业技能培训并获得证书后方能上岗。技术工人占全场职工的比例不低于 40%。

12 主要技术经济指标

12.1 工程投资估算及分项目投资比例按表 4 控制。

表 4 良种场工程投资估算及分项目投资比例

名　称	总投资 万元	建筑工程 %	设备及安装工程 %	其他 %	预备费 %
斑点叉尾鮰良种场	400～500	60～70	20～30	6～10	3～5
鲫鱼、鲤鱼良种场	450～550	65～75	15～25	6～10	3～5
团头鲂良种场	450～550	60～70	15～25	6～10	3～5
青、草、鲢、鳙良种场	500～600	60～70	15～25	6～10	3～5

12.2 水产良种场建设主要建筑材料消耗量按表 5 控制。

表 5 良种场建设主要材料消耗量表

名　称	钢材，kg/m²	水泥，kg/m²	木材，m³/m²
轻钢结构	30～45	20～30	0.01
砖混结构	25～35	150～200	0.01～0.02
其他附属建筑	30～40	150～200	0.01～0.02

12.3 水产良种场建设工期按表 6 控制。

表 6 良种场建设工期

名称	四大家鱼	其他品种
建设工期，月	12～18	12～16

ICS 65.150
B 52

中华人民共和国水产行业标准

SC/T 1008—2012
代替 SC/T 1008—1994

淡水鱼苗种池塘常规培育技术规范

General technical specification for cultivating freshwater fish fry and fingerling in pond

2012-03-01 发布　　　　2012-06-01 实施

中华人民共和国农业部　发布

前　言

本标准按照 GB/T 1.1—2009 给出的规则起草。

本标准代替 SC/T 1008—1994《池塘常规培育鱼苗鱼种技术规范》。本标准与 SC/T 1008—1994 相比，除编辑性修改和描述语句修改外，主要技术变化如下：

——按照 GB/T 22213—2008 重新定义了术语；

——增加了 GB/T 18407.4、NY 5071、NY 5072 和 SC/T 9101 标准的引用；

——鱼种培育中增加了以配合饲料为主的投饲方法和投饲机的设置；

——删除了清塘药物鱼藤酮和巴豆。

本标准由全国水产标准化技术委员会淡水养殖分技术委员会(SAC/TC 156/SC 1)归口。

本标准起草单位：中国水产科学研究院长江水产研究所。

本标准主要起草人：周瑞琼、叶雄平、方耀林、邹世平。

本标准所代替标准的历次版本发布情况为：

——SC/T 1008—1994。

淡水鱼苗种池塘常规培育技术规范

1 范围

本标准规定了淡水鱼苗种池塘常规培育的环境条件、放养前的准备、夏花鱼种培育、鱼种培育、鱼病防治及越冬管理等技术要求。

本标准适用于青鱼、草鱼、鲢、鳙等淡水养殖鱼类鱼苗鱼种的池塘常规培育。

2 规范性引用文件

下列文件对于本文件的应用是必不可少的。凡是注日期的引用文件，仅注日期的版本适用于本文件。凡是不注日期的引用文件，其最新版本(包括所有的修改单)适用于本文件。

GB 11607 渔业水质标准

GB/T 18407.4—2001 农产品安全质量 无公害水产品产地环境要求

GB/T 22213—2008 水产养殖术语

NY 5071 无公害食品 渔用药物使用准则

NY 5072 无公害食品 渔用配合饲料安全限量

SC/T 9101 淡水池塘养殖水排放要求

3 术语和定义

GB/T 22213—2008 界定的以及下列术语和定义适用于本文件。为了便于使用，以下重复列出了 GB/T 22213—2008 中的某些术语和定义。

3.1

试水 water testing

清塘后，用少量水产养殖对象活体检验池水中药物毒性是否消失的方法。

注：改写 GB/T 22213—2008，定义 6.3。

3.2

鱼苗 fry

受精卵发育出膜后至卵黄囊基本消失、鳔充气、能平游和主动摄食阶段的仔鱼。

[GB/T 22213—2008，定义 5.38]

3.3

鱼种 fingerling

鱼苗生长发育至体被鳞片、长全鳍条，外观已具有成体基本特征的幼鱼。

[GB/T 22213—2008，定义 5.40]

3.4

夏花 summerling

鱼苗经 20 d 左右饲养后在夏季出池的鱼种。全长为 2 cm～3 cm。

注：改写 GB/T 22213—2008，定义 5.39。

4 环境条件

4.1 渔场位置

交通便利，无工业“三废”、农业及生活污染源。

4.2 水源与水质

水源充足。水质符合 GB 11607 的规定。

4.3 池塘条件

a) 鱼苗池面积为 0.07 hm^2～0.27 hm^2，水深 1.2 m～1.5 m；鱼种池面积为 0.13 hm^2～0.53 hm^2，水深 1.5 m～2.0 m。

b) 池底平坦，淤泥厚度小于 20 cm。池塘底质应符合 GB/T 18407.4—2001 中 3.3 的要求。

c) 进排水渠分开。

d) 配备增氧机。

5 放养前的准备

5.1 池塘清整

排干池水，曝晒池底 7 d～10 d，清除杂物与过多淤泥，修整池埂。

5.2 药物清塘

鱼苗、鱼种放养前，用药物清除敌害。

清塘方法一般有：

a) 干法清塘：生石灰每公顷水面 900 kg～1 050 kg，用水溶化后趁热全池泼洒。毒性消失时间为 7 d～10 d。

b) 带水清塘：

   1) 漂白粉，每公顷水面 203 kg～225 kg，用水溶化后全池泼洒。毒性消失时间为 3d～5d。

   2) 茶粕，每公顷水面 600 kg～750 kg，碾碎后加水浸泡一夜，对水全池泼洒。毒性消失时间为 5 d～10 d。

5.3 注水

清塘 2 d～3 d 后注水，鱼苗池水深至 0.5 m～0.6 m；鱼种池水深至 0.8 m～1.0 m。注水时用规格为 24 孔/cm(相当于 60 目)的筛绢网过滤。

5.4 施基肥

放鱼前 3 d～5 d，鱼苗或鱼种池中施经发酵腐熟的有机肥 3 000 kg/hm^2～7 500 kg/hm^2 或绿肥 3 000 kg/hm^2～4 500 kg/hm^2。新挖鱼池应增加施肥量或增施氮磷比为 9∶1 的化肥 75 kg/hm^2～150 kg/hm^2。

5.5 透明度

放养时达到：

a) 鱼苗培育池水透明度为 25 cm～30 cm。

b) 鱼种培育池水透明度：鲢、鳙、鲮、白鲫为主的培育池池水透明度为 25 cm～30 cm；青鱼、草鱼、鳊、鲂、鲤、鲫为主的培育池池水透明度为 35 cm～40 cm。

c) 池水轮虫密度为 5 000 个/L～10 000 个/L。大型枝角类过多时用 90%晶体敌百虫杀灭，用药浓度为 0.2 mg/L～0.3 mg/L。

5.6 试水

试水包括：

a) 放鱼前一天，将 50 尾～100 尾活鱼苗、夏花或鱼种放入设置于池内的网箱中，经 12 h～24 h 观察鱼的状态，检查池水药物毒性是否消失。

b) 试水后用夏花捕捞网在池中拉网 1 次～2 次。若发现野鱼或敌害生物，应重新清塘。

6 夏花鱼种培育

6.1 鱼苗放养

单养，一次放足。培育夏花鱼种的鱼苗放养密度见表1。

表1 鱼苗放养密度

单位为万尾每公顷

地　区	鲢、鳙	鲤、鲫、鳊、鲂	青鱼、草鱼	鲮
长江流域及以南地区	150～180	225～300	120～150	300～375
长江流域以北地区	120～150	180～225	90～120	—

6.2 投饲与施肥

6.2.1 以豆浆为主的培育方法

鱼苗放养后，每天每公顷水面用黄豆30 kg～45 kg加水泡发后磨成豆浆，分2次～3次全池泼洒；一周后，黄豆增至每公顷水面45 kg～60 kg；培育10 d后，草鱼、鲤、鲫的培育池还需在池边加泼一次或在池塘周围浅水处堆放豆渣或豆饼糊。

6.2.2 以绿肥为主的培育方法

鱼苗放养后，每隔3 d～5 d在池塘四角堆放鲜草，每公顷水面2 250 kg～3 000 kg，1 d～2 d翻动一次，一周后逐渐捞出不易腐烂的根茎残渣。培育后期，视水质与鱼苗生长情况适当泼洒豆浆或在池边堆放豆饼糊。

6.2.3 以有机肥为主的培育方法

鱼苗放养后，每天两次泼洒经发酵的有机肥，每次每公顷水面450 kg～600 kg；培育期间，根据水质与鱼苗生长情况，适当增减；在培育后期，草鱼、鲤、鲫鱼苗还应在池边堆放豆渣或豆饼糊。

6.2.4 施追肥

水质过瘦需适当施追肥。每次每公顷水面有机肥用量1 500 kg～2 250 kg，加无机肥75 kg(氮磷比为9∶1)；若单用无机肥，每次每公顷用量为150 kg(氮磷比为4～7∶1)，隔天施用一次。无机肥在晴天施用。

6.3 日常管理

6.3.1 巡塘

鱼苗放养后，每日巡塘3次～5次，观察水质及鱼的活动情况。及时清除敌害生物，检查鱼苗摄食、生长及病害情况。发现问题及时采取措施，并做好记录。

6.3.2 定期注水

鱼苗放养一周后，每3 d～5 d注水一次，每次加深10 cm～15 cm。待鱼体全长3 cm左右时，池塘水深为1.2 m～1.5 m。

6.3.3 鱼病防治

经常观察，定期检查，坚持预防为主、防重于治的原则，发现鱼病及时诊断和治疗。防治用药按NY 5071的规定执行。

6.4 出池

6.4.1 时间

鱼苗经约20 d培育至全长3 cm左右时及时拉网锻炼，准备出池。

6.4.2 拉网锻炼

夏花出塘前拉网锻炼2次～3次，每次拉网前停喂饲料、清除池中杂草和污物，拉网后再投喂饲料。拉网时间选择在晴天上午9时～10时。

第一次拉网将鱼围入网中，观察鱼的数量及生长情况，密集10 min～20 min后放回池中。如发现浮头，应立即放回池中；如活动正常，可适当延长密集时间。隔天拉第二网，待鱼围入网中密集后赶入网箱中，随后在池中慢慢推动网箱，清除箱内污物。经1 h～2 h，若距鱼种培育池较近即可出塘；若需长途运输，需再隔一日，待第三网锻炼后出塘(操作同第二网)。

拉网分塘操作应细心，尤其是鱼体娇嫩的鳊、鲂，起网时鱼种不可过度密集，计数时采取带水操作。

6.4.3 筛选与计数

出池时，若夏花规格参差不齐，需用鱼筛分选。

夏花计数有重量法和容量法 2 种。将筛选后的夏花随机取样，按单位重量或容积的夏花尾数乘以总重量或容积，即为夏花的总数量。再随机取出 30 尾测量全长与体重，求出平均规格。

7 鱼种培育

7.1 环境条件

鱼种培育的环境条件按第 4 章给出的要求。

7.2 放养前的准备

放养前的准备按第 5 章给出的要求。

7.3 夏花放养

7.3.1 放养方式

采取 3 种～5 种鱼同池混养，主养鱼比混养鱼早放养 15 d～20 d。青鱼、草鱼、鲂作为混养鱼时，须待规格达到 5 cm 以上时再放养。

7.3.2 放养比例

各种鱼类混养比例见表 2。

表 2 不同放养模式鱼种混养比例

单位为百分率

混养鱼类	主养鱼类					
	草鱼	鲂或鳊	鲢	鳙	青鱼或鲤	鲫或白鲫
草鱼	50	—	20	20	10	10
鲂或鳊	—	50	10	10	—	10
鲢	30	30	50	—	—	10
鳙	10	10	10	50	30	20
青鱼或鲤	—	—	—	10	50	—
鲫或白鲫	10	10	10	10	10	50
合计	100	100	100	100	100	100
鲂与鳊、青鱼与鲤、鲫与白鲫或异育银鲫在放养时一般只放一种。 以鲤为主时，北方地区可按鲤 40%、鲢 30%、草鱼 20%、鳊 10%的比例混养。						

鲮一般为单养，放养量为 150 万尾/hm^2～180 万尾/hm^2；若与草鱼、鳙混养，放养量为鲮 105 万尾/hm^2～150 万尾/hm^2、草鱼或鳙 4.5 万尾/hm^2。

7.3.3 放养密度

从夏花养成一龄鱼种的放养密度、成活率、出池规格和产量指标见表 3。

表 3 鱼种放养及出池指标

地　　区	放养密度 万尾/hm^2	出池规格[a]，cm	
		青鱼、草鱼、鲢、鳙	鲤、鲫、鳊、鲂
长江流域及以南地区	15～22.5	≥13.3	≥12
长江流域以北地区	12～18	≥13.3	≥12
[a] 鱼体全长。 [b] 如条件优越，管理水平高，可适当增加放养量，产量可超过 7 500 kg/hm^2。			

7.3.4 放养时间

5 月份至 7 月份，当夏花全长达到 3 cm 以上时应及时放养。

7.4 投饲与施肥

7.4.1 投饲

7.4.1.1 投饲原则

投饲做到四定:定时、定位、定质、定量。

7.4.1.2 以天然饲料为主的投饲

7.4.1.2.1 草鱼、鲂、鳊的投饲

草食性鱼类应以青饲料为主,不论是主养还是作为混养。每生产 1 kg 草食性鱼的鱼种,青饲料的投饲量均不少于 5 kg。

长江中下游地区培育草食性鱼类鱼种的投饲量见表 4。

表 4 长江中下游草食性鱼种投饲量

鱼种规格 cm	水温 ℃	青饲料种类	青饲料量 kg/(d·万尾)	精饲料量 kg/(d·万尾)
3～7	28～32	草浆、芜萍	20～40	1～2
7～8	30～32	小浮萍、草浆、嫩草、轮叶黑藻	60～100	2
8～9	28	紫背浮萍、草浆、嫩草	100～150	2
9～12	22	苦草、苦买菜、嫩草	150～200	2～3
12～15	15	苦草、嫩草	75～150	2～3

7.4.1.2.2 青鱼的投饲

培育青鱼种应以精饲料为主,适当投喂动物性饲料。精饲料以豆饼效果较好,动物性饲料多采用轧碎的螺蛳、黄蚬。

长江下游地区青鱼鱼种投饲量见表 5。

表 5 长江下游青鱼鱼种投饲量

鱼种规格 cm	水温 ℃	饲料种类	投饲量 kg/(d·万尾)
3～5	28～30	豆饼糊	1.2～2.5
5～8	30～32	豆饼糊、菜饼糊	2.5～5.0
8～12	22～28	轧碎螺蛳、黄蚬	30.0～120.0
＞12	15	豆饼糊、菜饼糊	1.5～3.0

7.4.1.2.3 鲢、鳙的投饲

鲢鱼种放养后,每 10 d 左右施绿肥或粪肥 1 500 kg/hm^2～3 000 kg/hm^2,培育池中浮游生物。同时,还应适量投喂精饲料。投饲量随鱼种的生长而逐渐增加,从 1 kg/万尾增加至 3 kg/万尾,以后随水温下降而减少。

鳙鱼种培育池水质应较鲢鱼池更肥些,施肥量与精饲料的投放量比鲢鱼增加 1/3。

7.4.1.2.4 鲤、鲫的投饲

鲤以精饲料为主,投饲量由每日 1 kg/万尾逐渐增加到 5 kg/万尾。当全长达到 10 cm 以上时,可投喂些轧碎螺蛳、黄蚬,每日投饲量为 50 kg/万尾～100 kg/万尾。

鲫鱼以精饲料为主,投饲量约为鲤的 2/3。

7.4.1.3 以配合饲料为主的投饲

根据不同种类鱼种的个体大小和营养需求,选择相应鱼类鱼种的配合饲料投饲。配合饲料质量符合各相应鱼类鱼种配合饲料标准和 NY 5072 的要求。

7.4.2 施肥

7.4.2.1 施肥原则

鲢、鳙及白鲫为主的池塘宜多施肥培水，青鱼、草鱼、鳊、鲂为主的池塘少施肥；水质清瘦的池塘多施肥，水质肥且鱼种经常浮头的池塘少施肥；施肥宜在晴天进行，阴雨天不宜施肥。

7.4.2.2 用量

以鲢、鳙、白鲫为主的池塘施有机肥总量为 30 000 kg/hm^2～45 000 kg/hm^2；以其他鱼为主的池塘施有机肥总量为 15 000 kg/hm^2～22 500 kg/hm^2。

7.4.2.3 方法

施肥方法有：

a) 泼洒法：每 2 d～3 d 将粪肥或混合堆肥的肥汁 450 kg/hm^2～750 kg/hm^2（可加过磷酸钙 300 g）对水全池泼洒；化肥每隔 5 d～10 d 追施一次，每次 75 kg/hm^2，对水全池泼洒。

b) 堆放法：每 10 d 左右将粪肥或绿肥按 2 250 kg/hm^2～3 750 kg/hm^2 堆放在池边浅水处。

7.5 日常管理

7.5.1 巡塘

每天巡塘不少于两次。清晨观察水色和鱼的动态，发现浮头或鱼病及时处理，投饲与施肥时注意水质与天气变化；下午清洗饲料台时检查吃食情况，并做好日常管理工作记录。

7.5.2 定期注水

每隔 15 d 左右加水一次，每次池水加深 10 cm～15 cm。

7.5.3 换水、排水

注水到最高水位后换水，每次最大换水量不宜超过池水的 1/3。废水外排时，应满足 SC/T 9101 的要求。

7.6 鱼病防治

7.6.1 预防

主要采取“三消”的防病措施，方法是：

a) 池塘消毒：消毒药物及方法按 NY 5071 的规定执行。

b) 鱼种消毒：鱼种出入池塘应检疫和药物消毒。消毒药物及方法按 NY 5071 的规定执行。

c) 饲料台、饲料框、食场及工具等消毒：鱼病流行季节，每半月消毒一次。

7.6.2 治疗

发现鱼病及时诊断和治疗。治疗用药按 NY 5071 的规定执行。

7.7 鱼种筛选

长江流域以北地区自 8 月底 9 月初开始，长江流域及以南地区自 10 月底 11 月初开始，拉网检查各类鱼种生长情况。如规格相差悬殊，宜及时拉网筛选分养，调整投饲施肥数量，以保证各类鱼种出塘规格整齐。

7.8 并塘与越冬

7.8.1 越冬池塘条件

背风向阳，保水性好，面积 0.13 hm^2～0.53 hm^2，水深 2.5 m～3.0 m；高寒地区面积应达到 0.3 hm^2～1.0 hm^2，水深 3 m～4 m，保证冰下水深大于 2 m。冰封前池中浮游生物量保持在 25 mg/L 以上。

7.8.2 鱼种进池与越冬密度

鱼种放入越冬池前应停食 2 d～3 d，拉网锻炼 2 次～3 次，经计数称重与药物消毒后放养。操作过程中防止鱼体受伤，发现鱼病及时治疗后再放养。

放养数量根据鱼体规格、体质、越冬池塘条件及越冬期长短等决定。一般鱼种全长 12 cm～13 cm，放养量 60 万尾/hm^2 左右；全长 15 cm～16 cm，放养量 30 万尾/hm^2～45 万尾/hm^2。高寒地区冰封越冬池视补水条件优劣，放养量控制在 3 000 kg/hm^2～10 000 kg/hm^2。

7.8.3 越冬管理

长江流域及以南地区冬季冰封期短或无冰封期，天晴日暖时适当投饲与施肥，冰封时及时破冰，日常管理时注意水质和防止鸟害侵袭。

珠江流域冬季除寒流影响时注意鲮鱼池水温不能低于7℃，其他时期按正常情况管理。

长江流域以北地区冰封期长，应及时、全面清除冰面积雪。面积过大的越冬池的清雪面积不少于1/3，提高冰面透明度，增加溶氧，定期注入含浮游植物较多的池水。适时施放无机肥(尿素与过磷酸钙各7.5 kg/hm^2，不施有机肥)，提高池水肥度和生物增氧量。

ICS 65.150
B 52

中华人民共和国水产行业标准

SC/T 1111—2012

河蟹养殖质量安全管理技术规程

Guideline of quality and safety technology in crab farming

2012-03-01 发布　　2012-06-01 实施

中华人民共和国农业部　发布

前　言

本标准按 GB/T 1.1—2009 给出的规则起草。

本标准由农业部渔业局提出。

本标准由全国水产标准化技术委员会淡水养殖分技术委员会(SAC/TC 156/SC 1)归口。

本标准起草单位:农业部农产品质量安全中心渔业产品认证分中心、中国水产科学研究院、江苏省淡水水产研究所、江苏省溧阳市长荡湖水产养殖场。

本标准主要起草人:黄磊、宋怿、房金岑、刘巧荣、王世表、刘琪、吴光红、沈美芳、潘洪强。

河蟹养殖质量安全管理技术规程

1 范围

本标准规定了河蟹养殖良好操作和质量安全管理体系的要求。

本标准适用于河蟹生产单位建立和实施河蟹养殖质量安全管理体系;也适用于评定河蟹生产单位的质量安全保证能力。

2 规范性引用文件

下列文件对于本文件的应用是必不可少的。凡是注日期的引用文件,仅注日期的版本适用于本文件。凡是不注日期的引用文件,其最新版本(包括所有的修改单)适用于本文件。

GB/T 18407.4 农产品安全质量 无公害水产品产地环境要求

GB/T 26435 中华绒螯蟹 亲蟹、苗种

NY 5051 无公害食品 淡水养殖用水水质

NY 5064 无公害食品 淡水蟹

NY 5071—2002 无公害食品 渔用药物使用准则

NY 5072 无公害食品 渔用配合饲料安全限量

SC/T 0004—2006 水产养殖质量安全管理规范

SC/T 1078 中华绒螯蟹配合饲料

SC/T 9101 淡水池塘养殖水排放标准

3 河蟹养殖良好操作要求

3.1 总则

河蟹养殖生产应符合 SC/T 0004—2006 中第 4 章的要求,对河蟹养殖过程进行危害分析,提出其潜在危害、潜在缺陷和控制技术指南。

3.2 养殖过程危害与缺陷分析及控制技术指南

3.2.1 场址选择

场址选择环节包括:

a) 潜在危害:包括土壤中的农药残留(如菊酯类和有机磷类农药残留等)、重金属富集,水源中化学污染、微生物病原体、生物毒素。

b) 潜在缺陷:包括水源中的致河蟹发病的微生物病原体和寄生虫,可能发生的洪涝灾害。

c) 技术指南:应包括下述内容:

   1) 场址应符合 GB/T 18407.4 的要求;

   2) 水源水质应符合 NY 5051 的要求;

   3) 应对水源和河蟹养殖生产区周边 3 km 范围内区域进行调查,以确定并评估可能影响养殖生产区水质和河蟹质量的污染源(包括城市污水排放、工业排放、农业排放、养殖排放、采矿废水等)。应对土壤中可能存在的污染物(如重金属、农药残留等)进行检测,如检测结果表明此地不适宜河蟹养殖,则应另选场址;

   4) 在评估场址周边环境时,生产单位应考虑各种变化因素(如降雨、洪水、风、废水处理方法、人口的变动以及当地的其他因素)及防止这些因素在最坏的水文和天气条件下对污染程度的影响;

5) 网围养殖区应避开或远离航道、行洪要道，无污染，养殖水体 pH 7.5～8.5，水深 1.2 m～1.5 m。

3.2.2 养殖设施

养殖设施环节包括：

a) 潜在危害：包括石油烃类污染。

b) 潜在缺陷：包括致河蟹发病的微生物病原体和寄生虫，外来生物入侵。

c) 技术指南：应包括下述内容：

1) 定期检查和维护池塘养殖机械，避免出现漏油情况；

2) 河蟹养殖池塘的进水和排水渠道应分开设置并应形成水势对流，避免进水和排水互相渗透或混合，进、排水闸门的大小可根据进、排水需要设置；

3) 宜将池塘设置为长方形，成蟹养殖池边应加设防逃设施；

4) 网围养殖所用材料应无毒，结构主要由聚乙烯网片、钢绳、桩、石笼、地笼等构成。网围高度随水位高低进行升降，应高出水面 1 m～1.5 m。可设内外二道墙网，并可在内层墙网上装倒檐防逃网，以避免逃蟹；

5) 应配置进水过滤装置和养殖废水处理设施。

3.2.3 前期准备

3.2.3.1 清污整池、消毒除害

清污整池与消毒除害环节包括：

a) 潜在危害：包括清除非养殖动物和病原体所使用的农药、渔药，水质改良(消毒)物质所造成的化学污染，微生物病原体。

b) 潜在缺陷：包括非养殖水生动物、致河蟹发病的微生物病原体等。

c) 技术指南：应包括下述内容：

1) 使用前，应对养殖水体底质进行检测，底质应符合 GB/T 18407.4 的要求；

2) 养殖开始之前，养殖池塘需进行清整，清除池中的污物、杂草、杂鱼等非养殖(或对养殖无益的)水生动物，杀灭寄生虫及细菌、病毒等病原体；

3) 对于池塘养殖，若经过上一茬养殖，应排干养殖用水并充分曝晒，保持底质疏松通透，选用合适渔用兽药或消毒剂进行消毒除害；

4) 药物的使用见 3.2.4.4，不得使用剧毒、高残留等违禁药物。

3.2.3.2 水源与进水处理

水源与进水处理环节包括：

a) 潜在危害：包括微生物病原体、重金属和化学污染。

b) 潜在缺陷：包括非养殖水生动物，致河蟹发病的微生物病原体，氨氮偏高，亚硝酸盐偏高。

c) 技术指南：应包括下述内容：

1) 进水前需对水源进行检验，水源水质应符合 NY 5051 的要求；

2) 对于池塘养殖，进水时应用规格为 24 孔/cm(约相当于 60 目)的筛绢网过滤；

3) 使用安全的水体消毒药物，消毒药物应符合 NY 5071—2002 中第 5 章的规定。

3.2.3.3 水生植物

水生植物环节包括：

a) 潜在危害：包括寄生虫、微生物病原体和重金属。

b) 潜在缺陷：包括养殖水体 pH 不适宜(pH<7.0 或 pH>9.0)，溶氧偏低(<5.0 mg/L)，致河蟹发病的微生物病原体和寄生虫。

c) 技术指南：应包括下述内容：

1) 池塘底部种植或移植水生植物,可占总面积的2/3,以沉水植物为主;
2) 网围养殖区可选择有水草水域或种植水草,如伊乐藻、轮叶黑藻等,覆盖率宜达到50%;
3) 池塘养殖可在清明节前后(长江流域地区)投放活螺蛳4 500 kg/hm^2~7 500 kg/hm^2。

3.2.4 养殖过程管理

3.2.4.1 蟹种与放养

蟹种与放养环节包括:

a) 潜在危害:包括蟹种带来的药物残留。
b) 潜在缺陷:包括蟹种携带致河蟹发病的微生物病原体,蟹种质量差,水处理药物的残留。
c) 技术指南:应包括下述内容:
   1) 采购的蟹种应来自具备苗种生产许可证的生产单位,符合GB/T 26435的要求,并检疫合格;
   2) 蟹种质量要求规格整齐,体质健壮,爬行敏捷,附肢齐全,指节无损伤,无寄生虫附着。池塘放养规格宜为120只/kg~300只/kg,网围养蟹投放规格不宜超过120只/kg;
   3) 蟹种放养密度应以养殖技术、品种种质和规格、养殖池塘条件和容量、预期成活率以及预期的收获规格为基础,池塘养蟹放养量宜为7 500只/hm^2~12 000只/hm^2,网围养蟹放养量宜为1 500只/hm^2~4 500只/hm^2;
   4) 蟹种放养前应消毒,使用消毒药物见3.2.4.4,不得使用剧毒、高残留等违禁药物,可将蟹种放入浓度为3%~4%的食盐水溶液中浸洗消毒3 min~5 min。

3.2.4.2 养殖用水管理和水质调控

养殖用水管理和水质调控环节包括:

a) 潜在危害:包括化学污染和微生物病原体。
b) 潜在缺陷:包括养殖水体pH不适宜(pH<7.0或pH>9.0),溶氧偏低(<5.0 mg/L)。
c) 技术指南:应包括下述内容:
   1) 养殖过程用水见3.2.3.2及NY 5051的规定;
   2) 应常年保持饲养河蟹的池塘的水深在0.5 m~1.5 m之间;
   3) 应保持养殖水体溶解氧在5 mg/L以上,透明度为30 cm~50 cm,pH为7.0~9.0;
   4) 应定期对水质进行常规监测以及时发现水生生态异常情况,视养殖阶段特点、生态环境变化状况,合理采用生物、化学、物理手段调节水质,使水质环境保持相对稳定;
   5) 购买和使用的水质调节剂应有产品质量标准和使用说明;
   6) 养殖排放水应符合SC/T 9101的规定。

3.2.4.3 饲养和饲料的管理

饲养和饲料的管理环节包括:

a) 潜在危害:包括化学污染、重金属和有害生物污染。
b) 潜在缺陷:包括配合饲料黄曲霉毒素B_1>0.01 mg/kg,霉菌>3×10^4 CFU/g,饲料变质,营养不均衡,微生物造成的腐败,鲜活饵料腐败。
c) 技术指南:应包括下述内容:
   1) 饲料的选购、使用和贮存应符合SC/T 0004和SC/T 1078的规定;
   2) 外购的配合饲料应符合NY 5072的要求,且来自具备生产许可证或进口登记许可证的生产单位并具有产品质量检验合格证及产品批准文号,不应购买停用、禁用、淘汰或标签内容不符合相关法规规定的产品和未经批准登记的进口产品;
   3) 宜使用配合饲料,限制直接投喂冰鲜(冻)动物饵料,自制配合饲料应符合SC/T 1078和NY 5072的要求;
   4) 饲料和新鲜原料应在其保质期内购买和使用;

5) 根据养殖河蟹的生理生态特性和养殖密度、池塘条件，合理投喂饲料；
6) 设置饲料观测网(台)了解河蟹摄食情况，避免因饲料不足或营养不良导致河蟹生长不良，或因过度投喂饲料造成残饵污染水质。

3.2.4.4 病害防治和渔药管理

病害防治和渔药管理环节包括：

a) 潜在危害：包括药物残留。
b) 潜在缺陷：包括河蟹应激反应和水质突变。
c) 技术指南：应包括下述内容：
   1) 在采购和使用渔药前，应建立适当的管理机制以保证渔药的科学合理使用；
   2) 渔药应在其保质期内购买和使用；
   3) 渔药的使用应符合 SC/T 0004 和 NY 5071 的规定，应由有资质的相关技术人员开具处方，标明药物名称、使用量和使用目的等，并做好详细记录；
   4) 渔药和其他化学剂及生物制剂应在专业技术人员的指导下，由经过培训的专人负责，并严格按照处方或产品说明书使用；
   5) 对于产品蟹使用药物要注意使用量，并严格执行休药期的规定；
   6) 根据不同产品的贮存要求提供适宜的贮存条件，设专门人员进行保管，避免无关人员接触，并保持进出库记录。

3.2.5 捕捞与暂养

捕捞与暂养环节包括：

a) 潜在危害：包括外源性污染(如油、清洁剂和消毒剂等化学污染或水、冰等造成的生物污染)和微生物病原体。
b) 潜在缺陷：包括物理损伤和应激反应。
c) 技术指南：应包括下述内容：
   1) 捕捞前，应确保所有产品满足停喂时间和休药期要求；
   2) 宜选择适宜的气候和时间进行捕捞作业，捕捞作业应尽量减少河蟹产品的应激反应和物理损伤；
   3) 应于捕捞前按照 NY 5064 进行产品检测，不符合要求的产品应采取隔离、暂养、净化或延长休药期等措施，产品检测结果符合要求后方可收获和销售；
   4) 应保持捕捞、盛装、运输用具的清洁和卫生；
   5) 应尽可能缩短从捕捞到暂养、保存的时间间隔；
   6) 河蟹可在池塘或大水面网围中暂养，暂养时的放养密度应保证其能够进行自然净化和增肥；
   7) 暂养区应明确标识，以防止交叉污染或受污染的河蟹直接流入市场。

3.2.6 包装、储存、运输

包装、储存、运输环节包括：

a) 潜在危害：包括外源性污染。
b) 潜在缺陷：包括物理损伤、应激反应、标签标注不当和运输过程中包装材料损伤。
c) 技术指南：应包括下述内容：
   1) 清洗、去污、分级和包装等处理过程应在防止污染、变质以及病原性和变质微生物生长的条件下连续进行，并应避免过度的损伤和冲击；
   2) 处理过程的各个步骤应在技术人员指导下进行，应尽量减少河蟹产品的应激反应和物理损伤；
   3) 河蟹表面应使用干净的淡水进行冲洗，保证除去附着生物，废水不应重复使用；

4) 包装前产品蟹应经过视检，死的或不健康的河蟹不得通过；
5) 包装前应对包装材料进行检查，保证其清洁卫生、结实、通气，并且应是未使用过的；
6) 可在河蟹产品或包装上采用适当方式加贴、加挂产品标签。标签应清晰，内容应符合国家相关规定，应标明包装日期；
7) 河蟹产品应在避免污染和微生物繁殖的条件下储存与运输，应尽可能缩短储存与运输时间，宜不超过 7 d，温度控制在 0 ℃～5 ℃；
8) 运输过程中使用的保鲜剂应符合国家相关规定；
9) 根据运输时的温度和运输的时间，必要时应使用隔热容器、冷藏设备等特殊保鲜设备。

3.3 管理文件及记录要求

河蟹生产单位应按 3.2 条的要求制定养殖生产和管理中的作业指导文件，并保存相关记录。记录文件内容按 SC/T 0004—2006 中附录 A 的要求执行。

4 河蟹养殖质量安全管理体系

河蟹养殖质量安全管理体系应符合 SC/T 0004—2006 中第 5 章的要求。

ICS 65.150
B 52

中华人民共和国水产行业标准

SC/T 1112—2012

斑点叉尾鮰 亲鱼和苗种

Brood, fry and fingerling of channel catfish

2012-03-01 发布　　　　2012-06-01 实施

中华人民共和国农业部 发布

前　言

本标准按 GB/T 1.1—2009 给出的规则起草。

本标准由农业部渔业局提出。

本标准由全国水产标准化技术委员会淡水养殖分技术委员会(SAC/TC 156/SC 1)归口。

本标准起草单位:江苏省淡水水产研究所。

本标准主要起草人:王明华、边文冀、蔡永祥、陈校辉、秦钦、陈友明。

斑点叉尾鮰　亲鱼和苗种

1　范围

本标准规定了斑点叉尾鮰(*Ictalurus punctatus*)亲鱼和苗种来源、质量要求、检验方法、检验规则。

本标准适用于斑点叉尾鮰亲鱼和苗种质量评定。

2　规范性引用文件

下列文件对于本文件的应用是必不可少的。凡是注日期的引用文件,仅注日期的版本适用于本文件。凡是不注日期的引用文件,其最新版本(包括所有的修改单)适用于本文件。

GB/T 18654.2　养殖鱼类种质检验　第2部分:抽样方法

GB/T 18654.3　养殖鱼类种质检验　第3部分:性状测定

GB/T 18654.4　养殖鱼类种质检验　第4部分:年龄与生长的测定

NY 5051　无公害食品　淡水养殖用水水质

SC 1031　斑点叉尾鮰

3　亲鱼

3.1　亲鱼来源

3.1.1　由原产地引进的亲鱼或苗种培育得到,并经检验、检疫合格。

3.1.2　由省级及省级以上的良种场提供的亲本。

3.2　亲鱼质量要求

3.2.1　种质

应符合SC 1031的规定。

3.2.2　外观

体形、体色正常,体表光滑,体质健壮,肥满度较好,无疾病、伤残和畸形。

3.2.3　繁殖期特征

雌鱼腹部膨大柔软,有弹性。将鱼尾部向上提时,卵巢轮廓明显,生殖孔略圆、红肿、微向外突;雄鱼生殖孔外凸呈管状。

3.2.4　体长和体重

适用繁殖的雌鱼体长为45 cm以上,体重为1.8 kg以上;雄鱼体长为50 cm以上,体重为2.0 kg以上。

3.2.5　繁殖年龄

允许用于人工繁殖的最小年龄,雌鱼5龄、雄鱼4龄;允许用于人工繁殖的最大年龄,雌雄鱼均为8龄～10龄。

4　苗种

4.1　苗种来源

4.1.1　鱼苗

由符合第3章规定的亲鱼繁殖的鱼苗。

4.1.2　鱼种

由符合 4.1.1 规定的鱼苗培育的鱼种。

4.2 鱼苗质量要求

4.2.1 外观

95%以上的鱼苗卵黄囊基本消失、鳔充气、能平游和主动摄食，且鱼体呈灰黑色，有光泽，集群游动，规格整齐。

4.2.2 可数指标

畸形率小于 1%，伤残率小于 1%。

4.2.3 鱼苗规格

全长超过 1.5 cm。

4.3 鱼种质量要求

4.3.1 外观

体格健壮、体两侧有不规则的灰黑斑点，体色素被完整，规格整齐，体表光滑有黏液，游动活泼。

4.3.2 可数指标

畸形率小于 1%，伤残率小于 1%。

4.3.3 全长和体重

各种规格(全长)的鱼种体重符合表 1 的规定。

表 1 斑点叉尾鮰鱼种的规格

全长，cm	体重，g	每千克尾数	全长，cm	体重，g	每千克尾数
3.0～3.5	0.29～0.47	2 127～3 448	10.0～10.5	11.13～12.32	81～90
3.5～4.0	0.47～0.85	1 176～2 127	10.5～11.0	12.32～14.61	68～81
4.0～4.5	0.85～1.08	926～1 176	11.0～11.5	14.61～16.73	60～68
4.5～5.0	1.08～1.47	680～926	11.5～12.0	16.73～18.72	53～60
5.0～5.5	1.47～2.11	474～680	12.0～12.5	18.72～20.37	49～53
5.5～6.0	2.11～2.53	395～474	12.5～13.0	20.37～24.36	41～49
6.0～6.5	2.53～2.93	341～395	13.0～13.5	24.36～24.99	40～41
6.5～7.0	2.93～3.78	265～341	13.5～14.0	24.99～26.78	37～40
7.0～7.5	3.78～3.99	251～265	14.0～14.5	26.78～28.95	34～37
7.5～8.0	3.99～5.68	176～251	14.5～15.0	28.95～32.78	31～34
8.0～8.5	5.68～7.89	127～176	15.0～15.5	32.78～35.67	28～31
8.5～9.0	7.89～9.06	110～127	15.5～16.0	35.67～38.15	26～28
9.0～9.5	9.06～10.22	98～110	16.0～16.5	38.15～40.82	24～26
9.5～10.0	10.22～11.13	90～98	16.5～17.0	40.82～45.43	22～24

4.4 病害

无车轮虫病、小瓜虫病、肠道败血症、水霉病、鮰病毒病和烂鳃病等传染性疾病。

5 检验方法

5.1 亲鱼检验

5.1.1 来源查证

查阅亲鱼培育档案和繁殖生产记录。

5.1.2 种质

按 SC 1031 的规定执行。

5.1.3 外观

肉眼观察体形、体色、性别特征和健康状况。

5.1.4 繁殖期特征

用手轻摸或轻压鱼体的腹部，检查性腺发育的状况。

5.1.5 全长和体重

按 GB/T 18654.3 规定的方法执行。

5.1.6 年龄

依据胸鳍条的年轮数鉴定，方法按 GB/T 18654.4 的规定执行。

5.2 苗种检验

5.2.1 外观

把样品放入便于观察的容器中肉眼观察。

5.2.2 全长和体重

按 GB/T 18654.3 规定的方法执行。

5.2.3 畸形率和伤残率

肉眼观察计数。

5.2.4 病害

按鱼病常规诊断的方法检验，参见附录 A。

6 检验规则

6.1 亲鱼检验规则

6.1.1 交付检验

亲鱼销售交货或人工繁殖时，应进行检验。亲鱼应逐尾进行检验，项目包括外观检验、年龄、体长和体重检验，繁殖期还包括触摸检验。

6.1.2 型式检验

型式检验项目为本标准第 3 章规定的全部项目，在非繁殖期可免检亲鱼的性特征。有下列情况之一时应进行型式检验：

a) 更换亲鱼或亲鱼数量变动较大时；
b) 养殖环境发生变化，可能影响到亲鱼质量时；
c) 正常生产满两年时；
d) 交付检验与上次型式检验有较大差异时；
e) 国家质量监督机构或行业主管部门提出要求时。

6.1.3 组批规则

一个销售批或同一催产批作为一个检验批。

6.1.4 抽样方法

交付检验的样品数为一个检验批，应全数进行检验。型式检验的抽样方法按 GB/T 18654.2 的规定执行。

6.1.5 判定规则

检验时，凡有不合格项的个体判为不合格亲鱼。

6.2 苗种检验规则

6.2.1 交付检验

苗种在销售交货或出场时进行检验，交付检验项目包括外观、病害。

6.2.2 型式检验

型式检验项目为本标准第 4 章规定的全部内容。

6.2.3 **组批规则**

以同一培育池苗种作为一个检验批。

6.2.4 **抽样方法**

按 GB/T 18654.2 的规定执行。

6.2.5 **判定规则**

经检验,如病害项不合格,则判定该批苗种为不合格,不得复检。如有其他项不合格,应对原检验批取样进行复检,以复检结果为准。

附　录　A
（资料性附录）
斑点叉尾鮰常见病害及诊断方法

病名	病原体	症状	流行季节	诊断
车轮虫病	车轮虫、小车轮虫	病鱼表现为鱼体发黑，离群独游。有的又成群围绕池边狂游，鳃部常呈现暗红色和分泌大量黏液，鳃丝边缘发白腐烂	水温20℃～28℃。5月～8月，主要危害鱼苗、鱼种阶段	显微镜检查体表、鳃丝黏液，可见车轮虫和小车轮虫
小瓜虫病	多子小瓜虫	病鱼胸、背、尾鳍和体表皮肤均有白点状分布，病情严重时体表似覆盖一层白色薄膜，鱼体游动迟钝，食欲不振，体质消瘦	水温为15℃～25℃。多在初冬、春末和梅雨季节发生。主要危害鱼苗、鱼种阶段	显微镜检查体表、鳃丝黏液，严重时肉眼可见白色小点
肠道败血症	爱德华氏菌	感染鱼全身有细小的红斑或充血，肝脏及其他内脏器官也会有类似的斑点，鳃丝渗血，病菌频繁入侵病鱼血液或感染肾脏，病菌也可感染脑部。此时病鱼常作环状游动，活动失常且不久将死亡	全年均可发生，夏季较为严重。各种规格的斑点叉尾鮰均可感染该病	根据症状可作出初步的诊断
水霉病	水霉或绵霉	感染部位形成灰白色棉絮状覆盖物。病变部位初期呈圆形，后期则呈不规则的斑块，严重时皮肤破损肌肉裸露。病鱼食欲不振，虚弱无力，漂浮水面而终至死亡	主要流行于冬、春季。各种规格的斑点叉尾鮰均可发病	根据症状可作出初步的诊断
鮰病毒病	疱疹病毒	鱼的皮肤和鳍基部充血，眼球外突，鳃丝苍白或出血，腹部膨胀，肾脏红肿，脾脏增大，内脏充血并伴有腹水。外部行为症状是，鱼头部朝上做垂直游动，有时沿其纵轴打转或垂直悬浮，将死时头朝上漂浮水面	在夏季水温偏高时危害苗种	根据症状可作出初步的诊断
烂鳃病	柱状纤维黏细菌	病鱼鳃盖内表皮充血发炎，鳃丝黏液增多、肿胀，末端腐烂、缺损，鳍的边缘色泽变淡，甚至软骨外露	一般在水温20℃以上开始流行，春末至夏秋为流行盛期，时间延续较长	根据症状可作出初步的诊断

ICS 65.150
B 52

中华人民共和国水产行业标准

SC/T 1115—2012

剑尾鱼 RR-B系

Swordtail fish—RR-B strain

2012-03-01 发布 2012-06-01 实施

中华人民共和国农业部 发布

前　言

本标准按照GB/T 1.1—2009给出的规则起草。

本标准由农业部渔业局提出。

本标准由全国水产标准化技术委员会淡水养殖分技术委员会(SAC/TC 156/SC 1)归口。

本标准起草单位:中国水产科学研究院珠江水产研究所。

本标准主要起草人:吴淑勤、李凯彬、常藕琴、刘春、刘毅辉、梁慧丽。

剑尾鱼　RR－B 系

1　范围

本标准给出了剑尾鱼(*Xiphophorus helleri*) RR－B 系的主要形态构造特征、生长与繁殖、遗传学特性及检测方法。

本标准适用于剑尾鱼 RR－B 系品种检测与鉴定。

2　规范性引用文件

下列文件对于本文件的应用是必不可少的。凡是注日期的引用文件,仅注日期的版本适用于本文件。凡是不注日期的引用文件,其最新版本(包括所有的修改单)适用于本文件。

GB/T 18654.1　养殖鱼类种质检验　第 1 部分:检验规则

GB/T 18654.2　养殖鱼类种质检验　第 2 部分:抽样方法

GB/T 18654.3　养殖鱼类种质检验　第 3 部分:性状测定

GB/T 18654.12　养殖鱼类种质检验　第 12 部分:染色体组型分析

GB/T 18654.13　养殖鱼类种质检验　第 13 部分:同工酶电泳分析

3　学名与分类

3.1　学名

剑尾鱼(*Xiphophorus helleri*)。

3.2　分类位置

鳉形目(Cyprinodontiformes),胎鳉科(Poeciliidae),剑尾鱼属(*Xiphophorus*)。

4　主要形态构造特征

4.1　外部形态特征

4.1.1　外形

体长,纺锤形;头较尖;口上位,斜裂,下颌微突出。体被圆鳞。尾鳍较大。雌雄鱼体形有明显差别。雄鱼腹部侧扁,臀鳍鳍条延长,变形为输精器,尾鳍下叶若干鳍条伸延呈剑状(见图 1A);雌鱼腹缘圆凸,尾鳍圆而稍突出,体侧有 3 条侧线,其中近腹部 2 条不完整 (见图 1B)。

眼球为红色,体色和各鳍均为红色。

剑尾鱼 RR－B 系的外部形态见图 1。

4.1.2　可数性状

4.1.2.1　鳍式

背鳍鳍式:D. 12～14;臀鳍鳍式:A. Ⅱ－5～6。

4.1.2.2　侧线鳞

雄鱼侧线鳞鳞式:$25\frac{3}{4-v}29$,雌鱼完整侧线鳞的鳞式:$25\frac{1}{6-v}29$。

4.1.2.3　第一鳃弓外侧鳃耙数

第一鳃弓外侧鳃耙数为 15。

4.1.3　可量性状

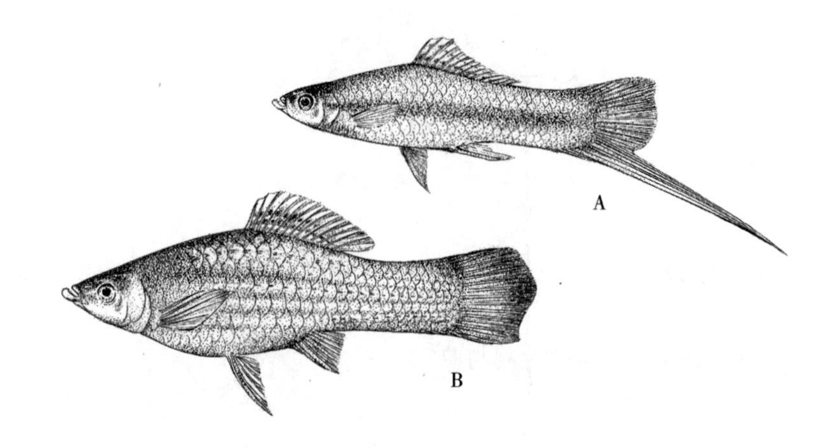

说明：
A——雄鱼♂；
B——雌鱼♀。

图 1　剑尾鱼 RR-B 系的外形图

体长为 3.604 cm～4.668 cm、体重为 0.93 g～4.84 g 的雌性个体和体长为 3.334 cm～4.336 cm、体重为 0.75 g～2.78 g 的雄性个体，实测性状比例值分别见表 1 和表 2。

表 1　剑尾鱼　RR-B 系雌性的可量性状比例值

全长/体长	体长/体高	体长/头长	头长/吻长	头长/眼径	头长/眼间距	体长/尾柄长	尾柄长/尾柄高
1.102±0.041	3.361±0.241	4.545±0.352	5.812±0.511	4.134±0.471	1.887±0.243	3.410±0.408	1.989±0.321

表 2　剑尾鱼 RR-B 系雄性的可量性状比例值

全长/体长	体长/体高	体长/头长	头长/吻长	头长/眼径	头长/眼间距	体长/尾柄长	尾柄长/尾柄高
1.337±0.047	3.564±0.349	4.305±0.402	6.012±1.313	3.903±0.511	1.991±0.313	2.954±0.348	1.951±0.353

4.2　内部构造特征

4.2.1　鳔

无鳔管，1 室，呈长囊状。

4.2.2　脊椎骨

脊椎骨总数：27～29。

4.2.3　腹膜

腹膜为白色。

5　生长与繁殖

5.1　生长

20 日龄～60 日龄剑尾鱼 RR-B 系的体长、体重实测值见表 3。

表 3　20 日龄～60 日龄剑尾鱼 RR-B 系的体长、体重实测值

日龄，d	20	40	60
体长，cm	0.933～1.245	1.742～1.978	1.904～2.668
体重，g	0.029～0.049	0.128～0.215	0.181～0.480
注：60 日龄时剑尾鱼尚未能从外表看出性别分化，个体差异较大。			

80 日龄～500 日龄剑尾鱼 RR-B 系的体长、体重实测值见表 4。

表 4　80 日龄～500 日龄剑尾鱼 RR-B 系的体长、体重实测值

日龄，d		80	100	200	500
♂	体长，cm	2.534～3.511	3.327～4.402	3.823～4.997	4.086～5.168
	体重，g	0.457～0.852	0.73～1.42	1.37～2.05	1.68～2.57
♀	体长，cm	2.737～4.145	3.451～4.531	4.214～5.811	4.759～6.734
	体重，g	0.493～1.102	0.81～2.34	1.79～4.56	4.04～6.85
注：雌性剑尾鱼因怀卵而体重变化较大，故个体间体重差异较大。					

5.2　繁殖

5.2.1　性成熟年龄

水温 25℃左右，性成熟年龄为 150 d～180 d。

5.2.2　繁殖方式

体内受精，体内发育，卵胎生。繁殖水温为 21℃～27℃，最适水温为 24℃。雌鱼受精后 30 d 左右可产出仔鱼。一年可繁殖多次。

6　遗传学特性

6.1　细胞遗传学特性

体细胞染色体数：$2n=48$。核型公式：6st+42t。染色体臂数(NF)：48。剑尾鱼 RR-B 系染色体组型见图 2。

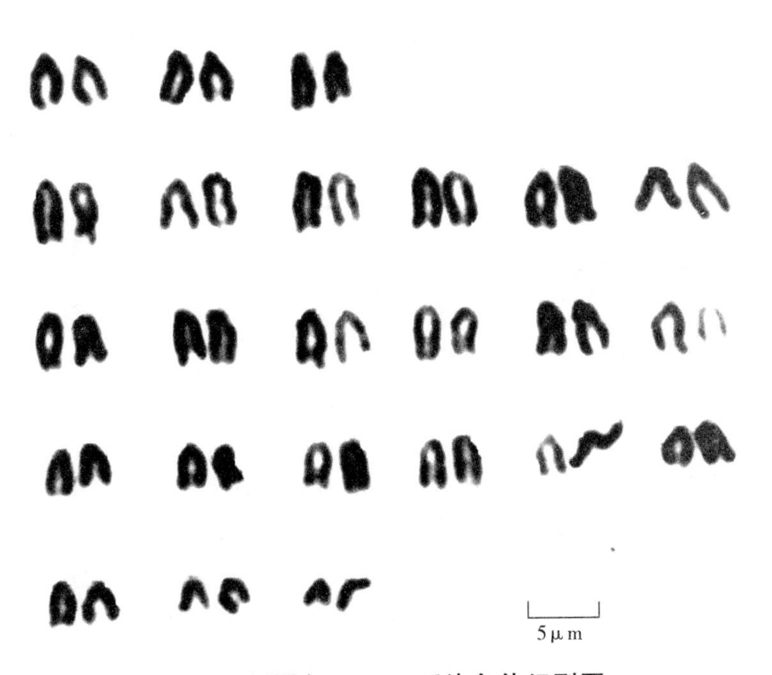

图 2　剑尾鱼 RR-B 系染色体组型图

6.2　生化遗传特性

剑尾鱼 RR-B 系脑乳酸脱氢酶(LDH)同工酶电泳及其扫描图见图 3，同工酶酶带相对迁移率见表 5。

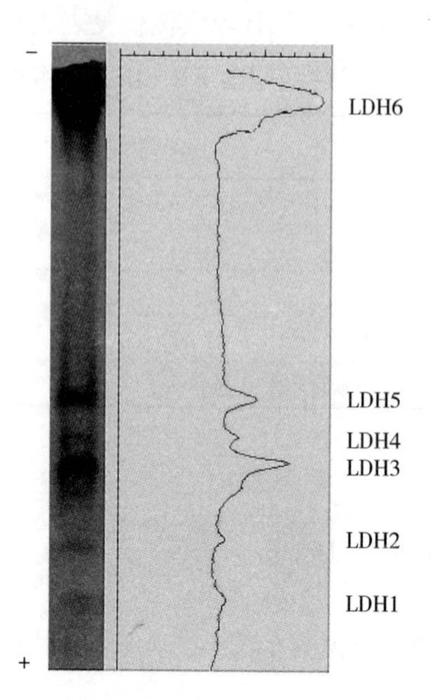

图 3　剑尾鱼 RR-B 系脑乳酸脱氢酶(LDH)同工酶电泳及其扫描图

表 5　脑 LDH 同工酶酶带相对迁移率

酶带	LDH-1	LDH-2	LDH-3	LDH-4	LDH-5	LDH-6
相对迁移率	0.42	0.38	0.31	0.28	0.25	0.02

7　检测方法

7.1　抽样

按 GB/T 18654.2 的规定执行。

7.2　性状测定

按 GB/T 18654.3 的规定执行。

7.3　染色体检测

按 GB/T 18654.12 的规定执行。

7.4　同工酶检测

7.4.1　样品制备

剑尾鱼放血后取脑，用 4℃ 0.1 mol/L pH7.2 的磷酸缓冲液洗净，称重，加入 6 倍组织重量的磷酸缓冲液匀浆，14 000 r/min 4℃离心 20 min，取上清于－20℃冰箱备用。

7.4.2　凝胶制备

由 7.5%分离胶和 2.5%浓缩胶制成聚丙烯酰胺垂直板凝胶。各种凝胶制备溶液配方见表 A.1，凝胶制备配方见表 A.2。

7.4.3　点样与电泳

在上、下电泳槽中分别加入上、下槽电极缓冲液（见表 A.3），取样品上清液 100 μL，加 50%甘油 50 μL和 0.05%溴酚蓝 10 μL，混匀后用微量注射器小心吸取 8 μL，注入点样孔中。于 4℃条件稳压 220 V 进行电泳，至溴酚蓝到玻璃下缘止。

7.4.4　染色、扫描

小心将凝胶剥离，放入预先配好的同工酶染色液（见表 A.4、表 A.5）中，37℃染色至酶带清晰。凝胶于 7.5%冰醋酸溶液中保存、褪色。酶带扫描图利用生物电泳图像分析系统获得。

7.4.5 结果分析

按 GB/T 18654.13 的规定执行。

8 检验规则与结果判定

被检个体的外形、可数性状、腹膜颜色、染色体数 4 个项目不符合本标准规定,或群体间同工酶电泳图谱存在多态性,均判定为不合格。其他检验项目按 GB/T 18654.1 的规定执行。

附 录 A
(规范性附录)
同工酶各种试剂的配置

A.1 磷酸缓冲液的配制

A.1.1 A液(0.1 mol/L, Na_2HPO_4)配制

取18.30 g含一个结晶水的磷酸氢二钠($Na_2HPO_4 \cdot H_2O$)定容于1 000 mL蒸馏水中,或取35.82 g含二个结晶水的磷酸氢二钠($Na_2HPO_4 \cdot 2H_2O$)定容于1 000 mL蒸馏水中,即成。

A.1.2 B液(0.1 mol/L, NaH_2PO_4)配制

取18.80 g含一个结晶水的磷酸二氢钠($NaH_2PO_4 \cdot H_2O$)定容于1 000 mL蒸馏水中,或取15.60 g含二个结晶水的磷酸二氢钠($NaH_2PO_4 \cdot 2H_2O$)定容于1 000 mL蒸馏水中,即成。

A.1.3 磷酸缓冲液(0.1 mol/L, pH=7.2)的配制

磷酸缓冲液由A液和B液按72∶28的比例混合而成,现配现用。

A.2 凝胶制备

A.2.1 凝胶制备溶液配制

各种凝胶制备溶液配方见表A.1。

表A.1 各种凝胶制备溶液配方

溶 液	配制方法
分离胶缓冲液	取Tris56.75 g加200 mL蒸馏水,用浓盐酸调pH=8.9加蒸馏水到250 mL
凝胶储液	取丙烯酰胺93.75 g,N,N'-亚甲基双丙烯酰胺2.50 g溶于蒸馏水中定容到250 mL
AP	取过硫酸铵17.5 mg溶解到10 mL水中
TEMED(N,N,N',N'-四甲基乙二胺)	分装
浓缩胶缓冲液	取Tris5.98 g加80 mL蒸馏水,浓盐酸调pH=6.7加蒸馏水到100 mL

A.2.2 分离胶和浓缩凝的制备

用7.5%分离胶和2.5%浓缩胶制成聚丙烯酰胺垂直板凝胶。凝胶制备配方见表A.2。

表A.2 凝胶制备配方

单位为毫升

7.5%分离胶		2.5%浓缩胶	
分离胶缓冲液	0.6	浓缩胶缓冲液	0.625
凝胶储液	3.0	凝胶储液	0.335
AP	1.5	AP	0.700
TEMED	0.024	TEMED	0.020
纯水	9.876	纯水	3.32
总体积	15.00	总体积	5.00

A.3 电极缓冲液

电极缓冲液分上槽电极缓冲液母液和下槽电极缓冲液母液,电泳时分别稀释10倍和5倍,其配方

见表A.3。

表A.3 电极缓冲液制备

溶　　液	配制方法
上槽电极缓冲液母液 pH=8.3(电泳时稀释10倍)	取甘氨酸28.80 g,加适量蒸馏水溶解,再逐步加Tris6.00 g,边加边调pH,直到达到规定的pH,加蒸馏水定容到1 000 mL
下槽电极缓冲液母液 (电泳时稀释5倍)	取Tris56.75 g加200 mL水,用浓盐酸调pH=8.9,加蒸馏水到250 mL

A.4 同工酶染色液的配制

先配制染色用各溶液见表A.4,再配制染色液见表A.5。

表A.4 染色用溶液配方

溶　　液	配制方法
1.5 moL/LTris-HCl染色缓冲液(pH=9.5)	取Tris181.71 g溶于900 mL蒸馏水中,用盐酸调节至pH=9.5,再用蒸馏水稀释到1 000 mL
氯化硝基四氮唑蓝(NBT)	取250 mgNBT溶于250 mL蒸馏水中
吩嗪甲酯硫酸盐	取34.5 mg溶于100 mL蒸馏水中
乳酸钠	取203.76 mL乳酸,加入700 mL蒸馏水混合,用NaOH调节pH=7.0,再用蒸馏水定容到1 000 mL

表A.5 染色液配方

单位为毫升

1.5mol/LTris-HCl染色缓冲液(pH=9.5)	辅酶Ⅰ	氯化硝基四氮唑蓝(NBT)	吩嗪甲酯硫酸盐	乳酸钠	蒸馏水
7.5	15	15	5	5	47.5

ICS 65.150
B 50

中华人民共和国水产行业标准

SC/T 1116—2012

水产新品种审定技术规范

Technical specification of certification for aquacultural varieties

2012-03-01 发布　　　　2012-06-01 实施

中华人民共和国农业部　发布

前　言

本标准按照 GB/T 1.1—2009 给出的规则起草。

本标准由农业部渔业局提出。

本标准由全国水产标准化技术委员会淡水养殖分技术委员会(SAC/TC 156/SC 1)归口。

本标准主要起草单位:全国水产技术推广总站、集美大学、中国水产科学研究院黄海水产研究所、中国海洋大学、中国科学院海洋研究所。

本标准主要起草人:邓伟、王志勇、孔杰、包振民、逄少军、胡红浪、黄太寿、李巍。

水产新品种审定技术规范

1 范围

本标准规定了鱼类、虾蟹类、贝类和藻类选育种和杂交种审定的技术要求。

本标准适用于鱼类、虾蟹类、贝类和藻类等选育种和杂交种的审定;其他水产新品种的审定可参照执行。

2 选育种

2.1 基本条件

2.1.1 亲本来源及育种方案

亲本来源清楚,有明确的育种方案,至少经过4个世代的连续选育,核心群有相应世代的系谱或连续选育记录。

2.1.2 表型特征及遗传特性

选育群体的表型特征基本一致,主要经济性状遗传稳定性达到90%以上。

2.1.3 选育指标及效果

经过连续两年养殖对比试验,主要选育性状提高10%以上,或在品质、抗逆性等方面至少有一项效果显著。

2.2 数量条件

亲本群体数量应满足以下相关要求:

——鱼类:保种群体数量不少于200尾;扩繁群体数量在500尾以上;

——虾蟹类:保种群体数量不少于500尾(只);扩繁群体数量在1 000尾(只)以上;

——贝类:保种群体数量不少于1 000枚;扩繁群体数量在5 000枚以上;

——藻类:保种种质30个备份以上;扩繁种质满足200 hm^2以上栽培面积。

2.3 表型特征和性能指标

2.3.1 表型特征描述

分类学上,本物种的基本特征以及本品种特有的其他特征宜包含以下相关内容:

——鱼类:体型(全长/体长,体长/体高,体长/头长,体长/尾柄长,头长/吻长,头长/眼径,头长/眼间距,尾柄长/尾柄高)、体色、鳞被(鳞式)、鳍式、脊椎骨数等;

——虾蟹类:头胸甲长、头胸甲宽、体高、额角齿数、附肢长、附肢基间距离、触鞭长、触鞭数、体色等;

——贝类:壳型、壳色、放射肋等;

——藻类:长度、宽度、厚度(毫米或细胞层数)、假根、柄、基部、分枝、气囊、边缘、繁殖器官与结构等。

2.3.2 生产性能指标

在适宜养殖条件下能反映本品种主要经济性状指标,宜包含以下相关内容:

——鱼类和虾蟹类:生长速度、养殖成活率、繁殖力、饲料转化系数、性比、出肉率或抗逆性等;

——贝类:壳长、壳高、壳宽、体重、软体重、出肉率和成活率等;

——藻类:产量(干重)、色泽(光合色素等)、抗逆性生理指标、长度、宽度、厚度和有效组成成分(蛋白质、游离氨基酸、碘、藻胶等)等。

详细描述至少一个明显区别于原种和已有品种的指标。

2.3.3 **遗传、生理生化指标**

根据品种特点，提供同工酶或染色体、DNA 等能代表品种特征和特性的遗传、生理生化指标。

2.4 **种质检验**

有资质的水产种质检验机构近两年出具的种质检验报告。

2.5 **中试规模**

在适当养殖密度下，同一区域一次中试规模达到以下相关要求：

——鱼类：池塘养殖面积不少于 10 hm^2，网箱有效水体不少于 10 000 m^3，工厂化养殖面积不小于 1 000 m^2；

——虾蟹类：中试养殖面积不少于 10 hm^2；

——贝类：中试养殖面积不少于 20 hm^2；

——藻类：中试养殖面积不少于 30 hm^2。

3 杂交种

3.1 **基本条件**

每个亲本群体来源清楚，遗传稳定。

3.2 **数量条件**

亲本群体数量应满足以下相关要求：

——鱼类：亲本群体各 200 尾以上；

——虾蟹类：亲本群体各 500 尾(只)以上；

——贝类：母系群体达到 3 000 枚以上，父系群体达到 1 000 枚以上；

——藻类：能够满足 20 hm^2海上养殖的种质亲本。

3.3 **表型特征和性能指标**

应对比亲本群体的特征，提供杂交种的表型特征的详细描述，生产性能指标和遗传、生理生化指标见 2.3.2、2.3.3。

3.4 **种质检验**

有资质的水产种质检验机构近两年出具的种质检验报告。

3.5 **中试规模**

见 2.5。

ICS 65.150
B 51

中华人民共和国水产行业标准

SC/T 2003—2012

刺参　亲参和苗种

Sea cucumber—Broodstock and seedling

2012-03-01 发布　　　　2012-06-01 实施

中华人民共和国农业部　发布

前　　言

本标准按照GB/T 1.1—2009给出的规则起草。

本标准代替SC/T 2003.1—2000《刺参增养殖技术规范　第1部分 亲参》和SC/T 2003.2—2000《刺参增养殖技术规范　第1部分 苗种》，主要变化如下：

——将原标准的两个部分合并，标准名称改为《刺参　亲参和苗种》；
——删除了亲参性腺指数的定义；
——增加了关于亲参来源的要求；
——对亲参体重要求作了修改；
——删除了亲参计数方法的内容；
——对亲参采捕要求作了修改；
——亲参对运输的内容进行了修改；
——删除了苗种体长的定义；
——苗种规格分类改为大规格苗种、中规格苗种、小规格苗种和暂养苗种，并对质量要求的指标进行了相应调整；
——对苗种规格的要求由体长改为体重；
——增加了对苗种感官的要求；
——增加了对苗种药残的要求；
——苗种检验规则中增加了抽样量的规定；
——苗种计数方法中增加了抽样量的规定；
——删除了苗种计数方法中的附着基计数法；
——对苗种运输方法进行了修改，删除了不剥离干运法。

请注意本文件的某些内容可能涉及专利。本文本的发布机构不承担识别这些专利的责任。

本标准由农业部渔业局提出。

本标准由全国水产标准化技术委员会海水养殖分技术委员会(SAC/TC 156/SC 2)归口。

本标准起草单位：中国水产科学研究院黄海水产研究所、大连渔业协会、大连壹桥海洋苗业股份有限公司、山东东方海洋科技股份有限公司、大连棒棰岛海产股份有限公司、大连獐子岛渔业集团股份有限公司、好当家集团有限公司。

本标准主要起草人：张岩、燕敬平、孙慧玲、梁兴明、徐志宽、迟飞跃、赵玉山、吴岩强、梁峻、胡炜。

本标准所代替标准的历次版本发布情况为：

——SC/T 2003.1—2000，SC/T 2003.2—2000。

刺参　亲参和苗种

1　范围

本标准规定了刺参[*Apostichopus japonicus*(Selenka)]亲参、苗种的来源、规格、质量要求、检验方法、检验规则、亲参采捕要求、苗种计数方法和运输要求。

本部分适用于刺参增养殖过程中亲参、苗种的质量评定。

2　规范性引用文件

下列文件对于本文件的应用是必不可少的。凡是注日期的引用文件，仅注日期的版本适用于本文件。凡是不注日期的引用文件，其最新版本(包括所有的修改单)适用于本文件。

GB 11607　渔业水质标准

GB/T20361　水产品中孔雀石绿和结晶紫残留量的测定　高效液相色谱荧光检测法

SC/T 3018　水产品中氯霉素残留量的测定　气相色谱法

农业部 783 号公告—1—2006　水产品中硝基呋喃类代谢物残留量的测定　液相色谱-串联质谱法

3　术语和定义

下列术语和定义适用于本文件。

3.1

体长　body length

当刺参在水中自然水平伸展时，从触手基部沿身体纵轴方向至身体后端的距离。

3.2

伤残　wound and broken

由机械作用、疾病等原因导致刺参体表溃烂、损伤的情况。

3.3

排脏　discharge viscera

在不利条件的刺激下，刺参排出内脏的现象。

3.4

畸形个体　deformed individual

发育畸形的个体。

3.5

畸形率　rate of deformed individuals

畸形个体占苗种总数的百分比。

3.6

伤残率　rate of wound and broken individuals

苗种伤残个体数占苗种总数的百分比。

3.7

规格合格率　rate of qualified individuals for specifications

符合规格要求的刺参苗种数占苗种总数的百分比。

4 亲参

4.1 亲参来源

4.1.1 从自然海区或养殖池中采捕的发育良好的刺参。

4.1.2 宜采用各级刺参原良种场提供的亲参。

4.2 质量要求

4.2.1 体重

人工养殖亲参体重大于 200 g,野生亲参体重大于 250 g。

4.2.2 体长

体长大于 20 cm。

4.2.3 伤残情况

体表正常,无伤残、无排脏。

5 苗种

5.1 规格分类

苗种规格分类应符合表 1 的要求。

表 1 刺参苗种规格分类

分　类	规格指标	
	体重范围,g	适用范围
大规格苗种(≤100 头/kg)	10≤体重≤20	养殖、放流增值
中规格苗种(100 头/kg~500 头/kg)	2≤体重≤10	养殖、放流增殖
小规格苗种(500 头/kg~2 000 头/kg)	0.5≤体重≤2	养殖、放流增殖
暂养苗种(2 000 头/kg~10 000 头/kg)	0.5≤体重≤0.1	中间培育

5.2 质量要求

5.2.1 苗种来源

5.2.1.1 由符合第 4 章规定的刺参亲体繁殖培育的苗种。

5.2.1.2 鼓励使用刺参良种场提供的优质苗种。

5.2.2 外观

体表干净、无损伤,活力强;体态伸展,肉刺尖挺,对外界刺激反应灵敏;体色亮泽,体表无溃烂、无化皮,无口围肿胀;粪便散落不黏连,摄食旺盛;受到震动后,参苗收缩迅速、管足附着力强。

5.2.3 质量要求

苗种质量应符合表 2 的要求。

表 2 刺参苗种质量要求

单位为百分率

项　目	大规格苗种	中规格苗种	小规格苗种	暂养苗种
规格合格率	≥90	≥90	≥90	/
畸形率	≤1	≤2	≤3	≤5
伤残率	≤1	≤3	≤5	≤8

5.2.4 安全要求

不得检出氯霉素、硝基呋喃类代谢物和孔雀石绿等国家禁用药物。

6 检验方法

6.1 亲参

6.1.1 体重

用纱布吸去亲参体表附水，用感量 1.0 g 的天平等衡器称其体重。

6.1.2 体长、伤残和排脏

把亲参放入透明、平底的容器（如玻璃缸等）中，容器内盛水应以能漫过亲参为宜；然后，放在精度为 0.1 cm 的方格纸上。待亲参自然水平伸展时，由方格纸测量亲参的体长；也可以用直尺直接测量。同时，肉眼观察检验亲参有无伤残。排脏个体体形明显萎缩或松软，可据此判定排脏与否。

6.2 苗种

6.2.1 外观

将苗种放入白瓷盘中，在自然光下用肉眼观察。

6.2.2 规格合格率

将苗种从水中捞出，沥干至没有水滴连续滴下，用感量为 0.1 g 的天平分别称其体重，按式（1）计算规格合格率。

$$规格合格率 = 合格苗种数 / 总苗种数 \quad \cdots\cdots\cdots\cdots (1)$$

6.2.3 畸形率和伤残率

把样品置于容器内，加入洁净海水至完全淹没海参苗。通过感官检验，统计畸形个体和伤残个体，按式（2）和式（3）计算畸形率和伤残率。

$$畸形率 = 畸形苗种数 / 总苗种数 \quad \cdots\cdots\cdots\cdots (2)$$

$$伤残率 = 伤残苗种数 / 总苗种数 \quad \cdots\cdots\cdots\cdots (3)$$

6.2.4 安全检测

氯霉素按 SC/T 3018 的规定执行；硝基呋喃类代谢物按农业部 783 号公告—1—2006 的规定执行；土霉素按 SC/T 3015 的规定执行；孔雀石绿按 GB/T 20361 的规定执行。

7 检验规则

7.1 亲参

7.1.1 亲参销售时或繁殖前应进行检验。

7.1.2 体重、体长、伤残和排脏情况应逐个检验。

7.1.3 按第 4 章的要求逐项检验，有一项不合格的则判定为不合格亲参。

7.2 苗种

7.2.1 苗种销售交货或放养时应进行检验。

7.2.2 组批规则：一个销售批作为一个检验批。

7.2.3 抽样：对一个检验批随机多点取样，抽样总数大规格苗种不少于 50 头，中规格苗种不少于 100 头，小规格苗种不少于 500 头，暂养苗种不少于 1 000 头。

7.2.4 判定规则：经检验，如有不合格项，应对原检验批加倍取样复验一次，以复验结果为准。经复验，如仍有不合格项，则判定该批苗种为不合格。

8 亲参采捕要求

自然海区应在亲参产卵期前 7 d～10 d 采捕，池养亲参可在产卵前 3 d～5 d 采捕。若常温育苗，当自然海区水温达到 16℃～17℃、养殖池水温达到 18℃左右时采捕亲参；用于升温促熟培育的亲参，可根据需要提前 2 个月～3 个月采捕。

9 苗种计数

采用重量计数法，将苗种按表 1 分类。对各类苗种抽样称重计数，抽样量按表 3 执行，分别计算单位重量的苗种数;然后对各类苗种称总重,重复计数一次,取算数平均值,求出各类苗种的数量。

表3 不同规格苗种抽样量

单位为千克

苗种规格	大规格苗种	中规格苗种	小规格苗种	暂养苗种
抽样量	2	1	0.5	0.1

10 运输要求

10.1 亲参运输要求

10.1.1 运输用水

用水应符合 GB 11607 的要求,温度变化不大于 5℃,盐度变化不大于 3。

10.1.2 干运法

亲参放入聚乙烯塑料袋内,袋内加少量清洁海水并充氧,封口后放入无毒、无污染的保温箱内,箱内加适量冰块降温。运输过程中,应防止日晒、风干、雨淋,防止亲参互相挤压、碰撞和摩擦。当温度控制在 11℃~15℃,运输时间 6 h 以内;当温度控制在 6℃~10℃,运输时间不超过 15 h。

10.1.3 水运法

可用内衬无毒塑料袋的容器,盛水 1/2~2/3。亲参放入塑料袋内,塑料袋内持续充气;塑料袋外可适量加冰,以降低水温。运输密度不宜超过 150 头/m^3。当温度控制在 11℃~15℃,运输时间不超过 8 h;当温度控制在 6℃~10℃,运输时间不超过 15 h。

10.2 苗种运输要求

10.2.1 运输用水

刺参苗种运输用水应符合 GB 11607 的要求,温度变化不大于 2℃,盐度变化不大于 3。

10.2.2 干运法

将参苗剥离后分层放入塑料箱等硬质容器内运输,箱内铺海水润湿的纱布。温度 18℃以下时,运输 8 h 以内可用此法。也可将剥离后的苗种直接放入塑料袋,塑料袋中加入少量洁净海水并充氧,扎紧塑料袋口后放入泡沫箱中封箱运输,塑料袋外可放适量冰袋或冰瓶。或将剥离后的苗种直接放入专用多层泡沫箱中,用胶带封箱。运输期间温度控制在 5℃~10℃以下,运输时间不超过 18 h。装运过程中,防风干、雨淋和日晒。

10.2.3 水运法

苗种剥离后放入加入 1/3 海水的容器中,水面放适量无毒泡沫板等以防水震荡溅出,充氧;或将剥离后的苗种装入盛有 2/3 容积海水的塑料袋中,充氧后封闭,放入泡沫箱中运输,温度控制在 18℃以下。装入苗种的密度按水体计,大规格、中规格苗种不大于 200g/L,小规格苗种和暂养苗种不大于 100g/L。运输时间不超过 20 h。

ICS 65.150
B 51

中华人民共和国水产行业标准

SC/T 2009—2012

半滑舌鳎　亲鱼和苗种

Brood stock, fry and fingerling of half-smooth tongue sole

2012-03-01 发布　　2012-06-01 实施

中华人民共和国农业部　发布

前　言

本标准按照 GB/T 1.1—2009 给出的规则起草。

本标准由农业部渔业局提出。

本标准由全国水产标准化技术委员会海水养殖分技术委员会(SAT/TC 156/SC 2)归口。

本标准起草单位:河北省水产技术推广站。

本标准主要起草人:曹杰英、李全振、王泽璞、宫春光、康现江、白美萍、张中悦、李中科、于传军。

半滑舌鳎　亲鱼和苗种

1　范围

本标准规定了半滑舌鳎(*Cynoglossus semilaevis* Günther)亲鱼和苗种的来源、亲鱼人工繁殖年龄、苗种规格、质量要求、检验方法、检验规则和运输要求。

本标准适用于半滑舌鳎亲鱼和苗种的质量评定。

2　规范性引用文件

下列文件对于本文件的应用是必不可少的。凡是注日期的引用文件，仅注日期的版本适用于本文件。凡是不注日期的引用文件，其最新版本(包括所有的修改单)适用于本文件。

GB 11607　渔业水质标准

GB/T 18654.2　养殖鱼类种质检验　第2部分：抽样方法

GB/T 18654.3　养殖鱼类种质检验　第3部分：性状测定

GB/T 18654.4　养殖鱼类种质检验　第4部分：年龄与生长的测定

GB/T 20361　水产品中孔雀石绿和结晶紫残留量的测定　高效液相色谱荧光检测法

SC/T 1075　鱼苗、鱼种运输通用技术要求

SC/T 3018　水产品中氯霉素残留量的测定　气相色谱法

SC/T 7201.1　鱼类细菌病检疫技术规程　第1部分：通用技术

农业部783号公告—1—2006　水产品中硝基呋喃类代谢物残留量的测定　液相色谱—串联质谱法

3　亲鱼

3.1　亲鱼来源

3.1.1　从自然海区捕获的半滑舌鳎。

3.1.2　由省级以上原(良)种场或遗传育种中心提供的亲鱼，或从上述单位购买的苗种培育成的亲鱼。

3.2　亲鱼人工繁殖年龄

雌、雄鱼均应在3龄以上。

3.3　亲鱼质量要求

亲鱼质量应符合表1的要求。

表1　亲鱼质量要求

项　　目	质量要求
外观	体型、体色正常，体表光洁，活动有力，反应灵敏，体质健壮
全长	雌鱼全长大于46 cm，雄鱼全长大于26 cm
体重	雌鱼体重大于1 500 g，雄鱼体重大于200 g
性腺发育情况	成熟亲鱼性腺发育良好，雄性亲鱼轻压腹部能流出乳白色精液，雌性亲鱼腹部膨大、柔软
刺激隐核虫病	不得检出
迟缓爱德华氏菌病	不得检出

3.4　安全要求

氯霉素、呋喃唑酮、孔雀石绿等药物残留符合中华人民共和国农业部235号公告的规定。

4 苗种

4.1 苗种来源

4.1.1 从自然海区捕获的苗种。

4.1.2 符合本标准第3章规定的亲鱼所繁殖的苗种。

4.2 苗种规格

苗种规格应符合表2的要求。

表2 苗种规格

苗种规格分类	全长,mm
小规格苗种	50～100
大规格苗种	＞100

4.3 苗种质量要求

4.3.1 外观要求

体型、体色正常,规格整齐;活力好,伏底、附壁能力强,对外界刺激反应灵敏。

4.3.2 全长合格率、伤残率、畸形率、带病率、疫病

应符合表3的要求。

表3 全长合格率、伤残率、畸形率、带病率、疫病要求

项　目	指　标
全长合格率,%	≥95
伤残率,%	≤5
畸形率,%	≤0.5
带病率(非疫病),%	≤2
刺激隐核虫病	不得检出
迟缓爱德华氏菌病	不得检出

4.4 安全要求

同3.4。

5 检验方法

5.1 亲鱼检验

5.1.1 来源查证

查阅生产记录和亲鱼档案等有关证实资料。

5.1.2 外观检验

肉眼观察、比较,确定是否符合要求。

5.1.3 全长检验

按GB/T 18654.3的规定,用标准量具测量鱼体吻端至尾鳍末端的直线长度。

5.1.4 体重检验

按GB/T 18654.3的规定,吸去鱼体表水分,用天平等衡器(感量1 g)称重。

5.1.5 性腺发育情况检验

肉眼观察、用手指轻压触摸等方式。

5.1.6 年龄鉴定

一般根据体长、体重可初步推算出亲鱼年龄,精确鉴定亲鱼年龄可按GB/T 18654.4中的鳞片法测

定。

5.1.7 检疫

5.1.7.1 刺激隐核虫病

用肉眼感观诊断和显微镜检查。

5.1.7.2 迟缓爱德华氏菌病

按 SC/T 7201.1 中的生化鉴定法或核酸检测法检测。

5.1.8 安全检测

氯霉素按 SC/T 3018 的规定执行，呋喃唑酮按农业部 783 号公告—1—2006 的规定执行，孔雀石绿按 GB/T 20361 的规定执行。

5.2 苗种检验

5.2.1 外观检验

把苗种放入便于观察的容器中，用肉眼观察，逐项记录。

5.2.2 全长合格率检验

用精确度 1 mm 的标准量具测量鱼体吻端至尾鳍末端的直线长度，统计求得全长合格率。

5.2.3 伤残率、畸形率检验

肉眼观察，统计伤残、畸形个体，计算伤残率和畸形率。

5.2.4 带病率

按常规鱼病检验方法检测鱼病（非疫病），统计带病个体，计算带病率。

5.2.5 检疫

同 5.1.7。

6 检验规则

6.1 亲鱼检验规则

6.1.1 交付检验

亲鱼在销售交货或人工繁殖时进行检验。交付检验项目包括外观检验、体长和体重检验。

6.1.2 型式检验

型式检验项目为本标准第 3 章规定的全部项目，在非繁殖期免检亲鱼的性腺发育情况。有下列情况之一时，应进行型式检验：

a) 更换亲鱼或亲鱼数量变动较大时；
b) 养殖环境发生变化、可能影响亲鱼质量时；
c) 正常生产时，定期进行型式检验；
d) 交付检验与上次型式检验有较大差异时；
e) 有关机构或行业主管部门提出进行型式检验要求时。

6.1.3 组批规则

一个销售批或同一催产批作为一个检验批。

6.1.4 抽样方法

交付检验的样品为一个检验批，应全数检验。型式检验的抽样方法按 GB/T 18654.2 的规定执行。

6.1.5 判定规则

经检验，有不合格项的个体判为不合格亲鱼。

6.2 苗种检验规则

6.2.1 交付检验

苗种在销售交货或出场时进行检验。交付检验项目包括外观检验、可数指标和可量指标的检验。

6.2.2 型式检验

型式检验项目为本标准第4章规定的全部项目,有下列情况之一时应进行型式检验:

a) 新建养殖场培育的半滑舌鳎苗种;

b) 养殖环境发生变化、可能影响苗种质量时;

c) 正常生产时,每年至少应进行一次检验;

d) 交付检验与上次型式检验有较大差异时;

e) 国家质量监督机构或行业主管部门提出型式检验要求时。

6.2.3 组批规则

以一次交货或一个育苗池为一个检验批,出池前按批进行检验。一个检验批应取样2次以上,计算平均数为检测值。

6.2.4 抽样方法

每一次检验应随机取样100尾以上,全长测量应在30尾以上。

6.2.5 判定规则

凡有一项指标不合格的,则判定为不合格。若对检验结果有异议,可复检一次,由购销双方协商或由第三方按本标准规定的方法复检,并以复检结果为准。

7 运输要求

7.1 亲鱼运输

亲鱼运输前应停食1 d。运输用水应符合GB 11607的要求,盐度差应小于5。宜采用泡沫箱内装塑料袋加水充氧单条运输。高温天气应采取降温措施。

7.2 苗种运输

苗种运输前应停食1 d~2 d。运输用水应符合GB 11607的要求,运输水温在12℃~22℃,运输用水与出苗点、放苗点的温度差应小于2℃,盐度差应小于5。宜采用泡沫箱内装塑料袋加水充氧运输。高温天气应采取降温措施,其他方面按SC/T 1075的规定执行。

ICS 65.150
B 51

中华人民共和国水产行业标准

SC/T 2016—2012

拟穴青蟹 亲蟹和苗种

Mud crab—Broodstock and seedling

2012-03-01 发布 2012-06-01 实施

中华人民共和国农业部 发布

前　言

本标准按照 GB/T 1.1—2009 给出的规则起草。

请注意本文件的某些内容可能涉及专利。本标准的发布机构不承担识别这些专利的责任。

本标准由农业部渔业局提出。

本标准由全国水产标准化技术委员会海水养殖分技术委员会(SAC/TC 156/SC 2)归口。

本标准起草单位:中国水产科学研究院东海水产研究所、浙江省温岭市水产技术推广站。

本标准主要起草人:乔振国、马凌波、丁理法、王建钢、蒋科技、于忠利、陈凯、亓磊。

拟穴青蟹　亲蟹和苗种

1　范围

本标准规定了拟穴青蟹(*Scylla paramamosain*, Estampador 1949)繁育用雌性亲蟹及人工培育蟹苗的质量要求、检验方法、判定规则,蟹苗计数方法以及包装与运输。

本标准适用于拟穴青蟹亲蟹和人工培育苗种的质量评定。

2　规范性引用文件

下列文件对于本文件的应用是必不可少的。凡是注日期的引用文件,仅注日期的版本适用于本文件。凡是不注日期的引用文件,其最新版本(包括所有的修改单)适用于本文件。

GB 11607　渔业水质标准

GB/T 15101.1—2008　中国对虾　亲虾

GB/T 20361　水产品中孔雀石绿和结晶紫残留量的测定　高效液相色谱荧光检测法

SC/T 3018　水产品中氯霉素残留量的测定　气相色谱法

农业部 783 号公告—1—2006　水产品中硝基呋喃类代谢物残留量的测定　液相色谱—串联质谱法

3　术语和定义

下列术语和定义适用于本文件。

3.1

亲蟹　broodstock crab

以作为苗种繁殖亲体为目的已交配的雌性成蟹(含抱卵蟹和未抱卵蟹)。

3.2

全甲宽　width of crab shell

拟穴青蟹成体头胸甲两侧棘尖端间的直线距离。

3.3

抱卵蟹　berried crab

附肢抱有待孵化卵块的雌性亲蟹。

3.4

仔蟹　crab instar

简写为 C, C_1～C_5 表示Ⅰ期～Ⅴ期仔蟹。形态与成体相似,腹部弯贴于头胸甲腹面,以爬行为主。

3.5

软壳率　soft shell crab rate

蜕壳后甲壳尚未硬化的蟹占苗种总数的百分比。

3.6

伤残及伤残率　wound and deformity, wound and deformity rate

附肢缺损数超过 2 个,或游泳足不齐全,或两个大螯均缺失的蟹苗均视为伤残;伤残苗种数占苗种总数的百分比为伤残率。

4 亲蟹

4.1 亲蟹来源

已交配的野生蟹或人工养殖蟹。

4.2 亲蟹外观

活力强，对外界刺激反应灵敏，静伏时步足支撑有力；附肢齐全，无外伤，体表无附着物。抱卵蟹卵块轮廓完整，紧实而不松散。未抱卵蟹性腺成熟度鉴别参见附录A。

4.3 亲蟹可量指标

头胸甲宽11 cm以上，体重250 g以上。

4.4 亲蟹检疫

无血卵涡鞭虫（*Hematodinium* sp.）、白斑综合征病毒检出。

5 苗种

5.1 苗种外观

甲壳硬，个体大小均匀；反应灵敏，活力强；无外伤，无附着物。

5.2 苗种可量指标

各种规格拟穴青蟹苗种的平均体重指标不低于表1所列数值。蟹苗出售应在变态后的第二天。

表1 拟穴青蟹苗种规格指标要求

发育阶段	C_1	C_2	C_3	C_4	C_5
只，g	112	50	21	9.4	6.1

5.3 苗种可数指标

规格合格率，软壳、伤残率应符合表2的要求。

表2 可数指标要求

规格分类	小规格苗种 （甲壳宽0.5 mm～1.0 mm）	中规格苗种 （甲壳宽1.0 mm～2.0 mm）	大规格苗种 （甲壳宽2.0 mm以上）
规格合格率，%	≥90	≥90	≥95
软壳、伤残率，%	≤10	≤8	≤5

5.4 苗种检疫要求

不得检出白斑综合征病毒（WSSV）。

5.5 苗种安全要求

不得检出氯霉素、硝基呋喃类代谢物和孔雀石绿等国家禁用药物残留。

6 检验方法

6.1 亲蟹检验

6.1.1 亲蟹外观

以肉眼按4.2要求检查所有亲蟹。

6.1.2 亲蟹可量指标

6.1.2.1 亲蟹全甲宽

用卡尺测量（精度为0.1 mm）。

6.1.2.2 亲蟹体重

将体表清理干净,用毛巾等吸干水分后,进行称重(精度为0.1 g)。

6.1.2.3 亲蟹检疫

血卵涡鞭虫(*Hematodinium* sp.)的检疫方法见附录B,白斑综合征病毒的检疫方法见GB/T 15101.1。

6.2 苗种检验

6.2.1 苗种规格等级检验

根据蟹苗的甲壳宽按5.3的规定划分规格等级。

6.2.2 苗种外观,软壳、伤残率检验

将蟹苗放于洁净平底容器中,在自然光明亮处,目测形态、壳色、附肢和活力等,统计软壳、伤残率。要求检测总数不少于100只。

6.2.3 苗种禁用药物检验

6.2.3.1 氯霉素

按SC/T 3018的规定执行。

6.2.3.2 硝基呋喃类代谢物

按农业部783号公告—1—2006的规定执行。

6.2.3.3 孔雀石绿

按GB/T 20361的规定执行。

6.2.4 白斑综合征病毒的检疫

按GB/T 15101.1—2008中附录B的规定执行。

7 检验规则

7.1 亲蟹检验规则

7.1.1 组批

同一次采捕的亲蟹为一个组批。

7.1.2 抽样规则

亲蟹抽样数为同批进场亲蟹数的5%,最低不得少于3只。

7.1.3 判定规则

按第4章规定的各项指标判定亲蟹是否合格。如有一项指标要求不合格,则判定该批亲蟹为不合格。若对检验结果有异议,可由第三方按本标准规定的方法重新取样复检,并以复检结果为准。

7.2 苗种检验规则

7.2.1 组批

苗种以一个育苗池为一个检验批,销售前按批检验。

7.2.2 抽样方法

苗种抽样数视苗种规格而定,一般一个检验批不少于100只。

7.2.3 判定规则

按第5章的规定判定苗种是否合格。如有一项指标要求不合格,则判定该批苗种为不合格。若对检验结果有异议,可由第三方按本标准规定的方法重新取样复检一次,并以复检结果为准。

8 蟹苗计数方法

8.1 无水容量法

适用于小规格蟹苗的计数。取样器具为瓢形不锈钢丝网杯,用此网杯捞取集苗容器内的蟹苗,逐只

进行计数,重复 2 次。计算每杯蟹苗数量的算术平均值,并按杯数计算出蟹苗总数。

8.2 重量计数法

适用于中规格和大规格蟹苗的计数。将待售蟹苗充分洗净后用干毛巾吸干水分,随机取样,用精度 0.01 g 的电子天平精确称取 5 g~10 g 蟹苗,逐只计数,重复 2 次。取算术平均值计算每克重量的蟹苗只数,并按克数计算出蟹苗总数。

9 包装与运输

9.1 亲蟹包装与运输

抱卵蟹运输需将其螯足用橡皮筋等绑扎固定后,再放入已装入 1/3 海水的运输专用塑料袋(容量 20 L)中充氧水运,每袋一只;未抱卵亲蟹运输用湿布或湿草绳捆绑后装筐,洒水干运,并需在航空专用箱四周开若干直径 1 cm 小孔,以利于透气。

9.2 苗种包装与运输

9.2.1 苗种水运法

9.2.1.1 适用于Ⅰ期仔蟹的运输。运输用水应符合 GB 11607 的要求。根据运输时间长短,分为短途运输和长途运输。

9.2.1.2 运输时间 10 h 以内。以泡沫保温箱作为包装容器,箱两边上口处各开一个长约 8 cm、高约 3 cm的透气孔,插入同样大小的铁丝网片,箱底铺设薄形海绵。将蟹苗放入盛有洁净海水的水勺内,稍作搅动分散后缓慢倒入箱内。待蟹苗在海绵表面均匀分布后,倾倒出多余的海水。每个包装箱内的蟹苗数量控制在 4 000 只以下,运输温度不宜超过 25℃。

9.2.1.3 运输时间 10 h 以上。苗袋(适宜规格为 45 cm×φ30 cm)中放入约 1/3 沙滤海水,放入经清洗消毒处理的丝网网片或小块薄形海绵。每袋放入 3 000 只~4 000 只蟹苗,扎紧袋口,充入纯氧后装入泡沫苗箱内。运输温度不高于 25℃,高温季节运输时,箱内可放置降温设施用于保温。出苗运输时间以凌晨为宜。

9.2.2 苗种干运法

本方法适用于Ⅱ期仔蟹以上规格蟹苗的运输。将航空专用双层泡沫海鲜箱(单个泡沫盒规格 48 cm×48 cm×13.5 cm,两个泡沫盒为一箱)内的泡沫盒四边距盒底 6 cm 以上开启若干个直径约 0.5 cm透气小孔,将经 24 h 以上海水浸泡、清洗、低温处理后的稻谷壳与蟹苗以 3∶1 比例在小盆内充分混合(须注意稻谷壳的温度应控制在 25℃左右),再均匀分撒于泡沫盒中。每个泡沫盒放置蟹苗 140 g~150 g(约 7 000 只Ⅱ期蟹苗),每箱可放置蟹苗 14 000 只左右。

附 录 A
(资料性附录)
拟穴青蟹雌蟹性腺成熟度的鉴别

俗称	性腺发育期	甲壳两侧上缘性腺形状	腹脐上方愈合处中央圆点颜色	备 注
未交配蟹	Ⅰ	性腺不明显	看不见白色圆点	未交配
瘦蟹	Ⅱ～Ⅲ	有一道弧形卵巢线	乳白色	Ⅱ期末开始交配,饲养 30 d～40 d后可成为膏蟹
花蟹	Ⅲ～Ⅳ	卵巢呈现半月形	橙黄色	系瘦蟹饲养 15 d～20 d 而成
膏蟹	Ⅴ	卵巢充满头胸甲,无透明区	红色	由花蟹饲养 15 d～20 d 而成

附　录　B
(规范性附录)
拟穴青蟹亲蟹中血卵涡鞭虫(*Hematodinium* sp.)两种检测方法的比较

B.1　相差显微镜检测技术

从同批亲蟹中随机抽取3只亲蟹,用灭菌剪刀剪断步足,快速将血淋巴挤入10%福尔马林固定液中固定,将固定的血淋巴滴少许于载玻片上于相差显微镜下观察。正常青蟹血淋巴颜色为青蓝色,并具有凝聚性。如血淋巴颜色为淡黄色或浊白色且不能凝固,镜检发现血淋巴数量减少,并有呈卵圆形,大小为5 μm～10 μm不等的类血卵涡鞭虫(*Hematodinium* sp.),可初步判断为血卵涡鞭虫阳性。

B.2　PCR检测技术

B.2.1　DNA的提取

用1 mL注射器从被检测蟹游泳足基部抽取1 mL血淋巴,放入95%乙醇中固定备用。样本于2 000 r/min离心5 min分离两相,弃上清液,加入Tris样品缓冲液溶解沉淀。取500 μL上述样品处理液,加入88 μL 10%SDS和4 μL～6 μL蛋白酶K(20 mg/mL)混匀;再在55℃水浴中保温30 min～120 min,期间不断混匀;然后,加入等体积的酚/氯仿抽提1次,取上清液加入2倍体积的无水乙醇,室温放置5 min,然后12 000r/min离心5 min,收集沉淀,用75%乙醇洗涤1次,DNA颗粒用适量的TE缓冲液溶解,置−20℃保存备用。

B.2.2　引物的设计与合成

对GenBank中公布的血卵涡鞭虫的18S rDNA(DQ084245)和ITS(DQ925236)的基因序列进行酶切分析后,设计一对针对ITS1的特异性引物。Primer 1:5′-CTGATTACGTCCCTGCCCTT-3′;Primer 2:5′-GCATGTCGCTGCGTTCTTC-3′。

B.2.3　目的基因的克隆、序列测定及分析

PCR反应体系(25 μL)为:2.5 μL 10×buffer、2 μL dNTP(2.5 mmol/L)、Primer 1和Primer 2(25 μmol/L)各0.25 μL、Taq DNA聚合酶0.2 μL、模板0.5 μL,用灭菌双蒸水补充反应总体积至25 μL,将混合物置PCR仪中反应。PCR循环参数:94℃预变性5 min后开始循环,94℃ 45 s,55℃ 45 s,72℃ 1 min,共35个循环,最后72℃延伸7 min。5 μL PCR产物经琼脂糖凝胶电泳后,在紫外观察仪上观察或照相。

B.2.4　结果判定

取3 μL PCR扩增产物进行1.5%琼脂糖凝胶电泳,病蟹样品可见到能扩增出300 bp左右的条带,健康蟹则无此条带。

ICS 65.150
B 51

中华人民共和国水产行业标准

SC/T 2025—2012

眼斑拟石首鱼　亲鱼和苗种

Red drum—Brood stock, fry and fingerling

2012-03-01 发布　　2012-06-01 实施

中华人民共和国农业部　发布

前　言

本标准按照 GB/T 1.1—2009 给出的规则起草。

请注意本标准的某些内容可能涉及专利。本标准的发布机构不承担识别这些专利的责任。

本标准由农业部渔业局提出。

本标准由全国水产标准化技术委员会海水养殖分技术委员会(SAC/TC 156/SC 2)归口。

本标准起草单位:中国水产科学研究院南海水产研究所。

本标准主要起草人:区又君、李加儿、李刘冬。

眼斑拟石首鱼　亲鱼和苗种

1　范围

本标准规定了眼斑拟石首鱼[*Sciaenops ocellatus*(Linnaeus,1766)]亲鱼和苗种的来源、亲鱼人工繁殖年龄、苗种规格、质量要求、检验检疫方法、检验规则和运输要求。

本标准适用于眼斑拟石首鱼亲鱼和苗种的质量评定。

2　规范性引用文件

下列文件对于本文件的应用是必不可少的。凡是注日期的引用文件,仅注日期的版本适用于本文件。凡是不注日期的引用文件,其最新版本(包括所有的修改单)适用于本文件。

GB 11607　渔业水质标准

GB/T 18654.1　养殖鱼类种质检验　第1部分:检验规则

GB/T 18654.2　养殖鱼类种质检验　第2部分:抽样方法

GB/T 18654.3　养殖鱼类种质检验　第3部分:性状测定

GB/T 20361　水产品中孔雀石绿和结晶紫残留量的测定　高效液相色谱荧光检测法

GB 21047　眼斑拟石首鱼

NY 5071　无公害食品　渔用药物使用准则

SC/T 1075　鱼苗、鱼种运输通用技术要求

SC/T 3018　水产品中氯霉素残留量的测定　气相色谱法

农业部783号公告—1—2006　水产品中硝基呋喃类代谢物残留量的测定　液相色谱—串联质谱法

3　亲鱼

3.1　亲鱼来源

3.1.1　产自墨西哥湾和美国西南部沿海的眼斑拟石首鱼亲鱼和苗种。

3.1.2　由省级以上良种场和遗传育种中心培育的亲鱼。

3.2　亲鱼人工繁殖年龄

雌性亲鱼宜选用5龄以上,雄性亲鱼宜选用4龄以上。

3.3　亲鱼质量要求

亲鱼种质应符合GB 21047的规定,其他质量应符合表1的要求。

表1　亲鱼质量要求

项　目	质量要求
外部形态	体型、体色正常,鳍条、鳞被完整,体质健壮
全长	雌性个体大于60 cm,雄性个体大于50 cm
体重	雌性个体大于5 000 g,雄性个体大于4 000 g
性腺发育情况	性腺发育良好,雌性亲鱼腹部膨大且柔软,雄性亲鱼轻挤腹部能流出乳白色精液
健康状况	游泳正常,反应灵敏,不得检出刺激隐核虫病等传染性强、危害大的疾病

4　苗种

4.1　苗种来源

由符合本标准第3章的亲鱼人工繁殖的鱼苗,或由原产地引进并经过检疫和种质鉴定合格的鱼苗。

4.2 苗种规格要求

苗种全长达到3 cm以上。

4.3 苗种质量要求

4.3.1 感官要求

体色正常,游动活泼,规格整齐,对外界刺激反应灵敏。

4.3.2 苗种质量

全长合格率、伤残率、带病率(指非传染性疾病)、畸形率、疫病应符合表2的要求。

表2 全长合格率、伤残率、带病率、畸形率和疫病要求

项 目	要求
全长合格率,%	≥95
伤残率,%	≤5
带病率,%	≤2
畸形率,%	≤1
疫病	不得检出刺激隐核虫病等传染性强、危害大的疾病

5 检验方法

5.1 亲鱼检验

5.1.1 形态特征检验

肉眼观察。

5.1.2 全长检验

按GB/T 18654.3的规定,用标准量具测量鱼体吻端至尾鳍末端的水平长度。

5.1.3 体重检验

吸去亲鱼体表水分,用天平等衡器(感量小于1 g)称重。

5.1.4 性腺发育情况检验

采用肉眼观察、触摸和镜检相结合的方法。

5.1.5 检疫

刺激隐核虫病的检疫用肉眼感观诊断和显微镜检查。

5.2 苗种检验

5.2.1 感官要求检验

肉眼观察。

5.2.2 全长合格率检验

按GB/T 18654.3的规定,用标准量具测量鱼体吻端至尾鳍末端的水平长度,统计求得全长合格率。

5.2.3 伤残率、畸形率检验

肉眼观察,统计伤残和畸形个体,计算求得伤残率和畸形率。

5.2.4 带病率检验

肉眼观察和实验室检验相结合,计算求得带病率。

5.2.5 检疫

同5.1.5。

5.2.6 安全检验

按 NY 5071 的规定执行。不得检出氯霉素、呋喃唑酮和孔雀石绿等国家禁用药物残留。氯霉素检测按 SC/T 3018 的规定执行,呋喃唑酮和呋喃西林检测按农业部 783 号公告—1—2006 的规定执行,孔雀石绿检测按 GB/T 20361 的规定执行。

6 检验规则

6.1 亲鱼检验规则

按照本标准 5.1 的检验方法逐尾进行。

6.2 苗种检验规则

6.2.1 取样规则

每一次检验应随机取样 100 尾以上,全长测量应在 30 尾以上。抽样方法按 GB/T 18654.2 的规定执行。

6.2.2 组批规则

一次交货或一个育苗池为一个检验批。一个检验批应取样检验 2 次以上,取其平均数为检验值。

6.3 判定规则

按 GB/T 18654.1 的规定执行。

6.4 复检规则

按 GB/T 18654.1 的规定执行。

7 运输要求

7.1 亲鱼运输

随捕随运,活水或充气运输。

7.2 苗种运输

运输方法按 SC/T 1075 的要求执行,苗种运输前应停止喂食 1 d。

7.3 运输用水

应符合 GB 11607 的规定。

ICS 65.150
B 51

中华人民共和国水产行业标准

SC/T 2043—2012

斑节对虾　亲虾和苗种

Giant tiger prawn—Broodstock and Post larvea

2012-06-06 发布　　2012-09-01 实施

中华人民共和国农业部　发布

前 言

本标准按照 GB/T 1.1—2009 给出的规则起草。

请注意本文件的某些内容可能涉及专利。本文件的发布机构不承担识别这些专利的责任。

本标准由农业部渔业局提出。

本标准由全国水产标准化技术委员会海水养殖分技术委员会(SAC/TC 156/SC 2)归口。

本标准起草单位:中国水产科学研究院南海水产研究所。

本标准主要起草人:苏天凤、黄建华、周发林、杨其彬、杨贤庆、江世贵。

斑节对虾　亲虾和苗种

1　范围

本标准规定了斑节对虾(*Penaeus monodon* Fabricius)亲虾和苗种的来源、质量要求、检疫、检验方法、检验规则和运输要求。

本标准适用于斑节对虾亲虾和苗种的质量评定。

2　规范性引用文件

下列文件对于本文件的应用是必不可少的。凡是注日期的引用文件,仅注日期的版本适用于本文件。凡是不注日期的引用文件,其最新版本(包括所有的修改单)适用于本文件。

GB 11607　渔业水质标准

GB/T 15101.1　中国对虾　亲虾

GB/T 15101.2　中国对虾　苗种

GB/T 20361　水产品中孔雀石绿和结晶紫残留量的测定　高效液相色谱荧光检测法

GB/T 25878　对虾传染性皮下及造血组织坏死病毒(IHHNV)检测　PCR 法

SC/T 3015　水产品中土霉素、四环素、金霉素残留量的测定

SC/T 3018　水产品中氯霉素残留量的测定　气相色谱法

SC/T 7202.2　斑节对虾杆状病毒诊断规程　第 2 部分:PCR 检测法

SC/T 7203.1　对虾肝胰腺细小病毒诊断规程　第 1 部分:PCR 检测方法

SN/T 1151.2　对虾白斑病毒(WSV)聚合酶链式反应(PCR)检测方法

农业部 783 号公告—1—2006　水产品中硝基呋喃类代谢物残留量的测定　液相色谱—串联质谱法

3　术语和定义

GB/T 15101.2 界定的以及下列术语和定义适用于本文件。

3.1

亲虾　broodstook

用于繁殖后代的雌、雄虾个体。

3.2

性成熟　sexual maturity

雌性亲虾的卵巢发育至Ⅳ期以上,外观上明显观察到卵巢的饱满形状;雄性亲虾的精囊发育到外观明显可见白色的精囊形状。

3.3

体长　body length

眼柄基部至尾节末端的长度。

4　亲虾

4.1　来源

4.1.1　自然海区、人工养殖或人工选育的斑节对虾。

4.1.2　宜采用各级斑节对虾原良种场提供的亲体。

4.2 质量要求

4.2.1 外观

亲虾体色色泽鲜艳，暗绿、深棕和淡黄色的横斑间隔明显，斑节对虾形态图参见图 A.1；体表光洁，无附着物、红肢、红鳃、烂鳃、白斑、黑斑、肢体损伤等症状；对外界刺激反应灵敏，活动有力；雌虾已交尾，纳精囊饱满微凸、呈乳白色，雄虾第五步足基部可见乳白色精囊。

4.2.2 规格

亲虾规格见表 1。

表 1 斑节对虾亲虾规格

规　格	体长，cm	体重，g
野生雌虾	>20	>120
野生雄虾	>15	>50
养殖雌虾	>16	>70
养殖雄虾	>14	>35

4.2.3 检疫

亲虾在入池前应进行对虾流行病毒病的检疫，带病毒的亲虾不得用作人工育苗。

5 苗种

5.1 来源

5.1.1 由符合本标准规定的亲虾繁殖培育的苗种。

5.1.2 宜采用各级斑节对虾良种场提供的优质苗种。

5.2 质量要求

5.2.1 体长

苗种体长不小于 1.0 cm。

5.2.2 外观

虾苗规格整齐，体色均匀一致，体表光滑，集群现象明显，能逆水游动，对外界刺激反应敏感、活力强。

5.2.3 质量

苗种质量应符合表 2 的要求。

表 2 斑节对虾苗种质量要求

序　号	项　目	指标，%
1	规格合格率	≥95
2	体色异常率	≤1
3	伤残率	≤1
4	死亡率	≤0.3(参考中国对虾)

5.2.4 检疫

不得检出对虾白斑病毒、斑节对虾杆状病毒、对虾肝胰腺细小病毒和对虾传染性皮下及造血组织坏死病毒。

5.2.5 安全要求

不得检出氯霉素、硝基呋喃类代谢物和孔雀石绿等国家禁用药物残留。

6 检验方法

6.1 亲虾

6.1.1 外观

放入盛有清洁海水的白色容器，在充足自然光下肉眼观察亲体外观及活力；然后，带上棉纱手套，轻握亲虾的腹部，检查亲虾的肢体伤残、病症、贮精囊及交尾等情况。

6.1.2 规格

6.1.2.1 体长

当虾体自然伸展时，用直尺(精度 1 mm)测量。

6.1.2.2 体重

用湿纱布将亲虾体表水分吸干后，用天平(感量为 0.1 g)称重。

6.1.3 检疫

6.1.3.1 对虾白斑病毒检测

按 SN/T 1151.2 的规定执行。

6.1.3.2 斑节对虾杆状病毒检测

按 SC/T 7202.2 的规定执行。

6.1.3.3 对虾肝胰腺细小病毒检测

按 SC/T 7203.1 的规定执行。

6.1.3.4 对虾传染性皮下及造血组织坏死病毒检测

按 GB/T 25878 的规定执行。

6.2 苗种

6.2.1 规格合格率

直接用直尺(精度 1 mm)测量虾苗从眼柄基部至尾节末端的长度，每次取样不得低于 30 尾。按式(1)计算规格合格率。

规格合格率＝合格苗种数/总苗种数 ………………………………（1）

6.2.2 死亡率、体色异常率、畸形伤残率

从育苗池中随机捞取不低于 1 000 尾虾苗放入白色容器中，通过感官检验，统计死亡个体、体色异常个体、、畸形伤残个体，按式(2)、式(3)和式(4)计算死亡率、体色异常率、畸形伤残率。

死亡率＝死亡苗种数/总苗种数 ………………………………（2）

体色异常率＝体色异常苗种数/总苗种数 ………………………………（3）

畸形伤残率＝畸形伤残苗种数/总苗种数 ………………………………（4）

6.2.3 对虾病毒病的检疫

6.2.3.1 对虾白斑病毒检测

按 SN/T 1151.2 的规定执行。

6.2.3.2 斑节对虾杆状病毒检测

按 SC/T 7202.2 的规定执行。

6.2.3.3 对虾肝胰腺细小病毒检测

按 SC/T 7203.1 的规定执行。

6.2.3.4 对虾传染性皮下及造血组织坏死病毒检测

按 GB/T 25878 的规定执行。

6.2.4 安全检测

氯霉素按 SC/T 3018 的规定执行；硝基呋喃类代谢物按农业部 783 号公告—1—2006 的规定执行；土霉素按 SC/T 3015 的规定执行，孔雀石绿按 GB/T 20361 的规定执行。

7 检验规则

7.1 亲虾

检验规则按 GB/T 15101.1 的规定执行。

7.2 苗种

7.2.1 组批

以一个育苗池为一个检验批,销售前按批检验。

7.2.2 取样方法

从育苗池 5 个不同的地方,各捞取不少于 200 尾虾苗,各取 30 尾共 150 尾虾苗。每批每个检验项目随机取样 3 次,取 3 次结果的算术平均值。

7.2.3 判定规则

经检验,如有不合格项,应对原检验批加倍取样进行复检。也可申请第三方复验,以复验结果为准。如仍有不合格项,则判定该检验批苗种为不合格。

8 虾苗计数方法

8.1 水容量法

将虾苗盛于已知体积容器内,加水至预定刻度,充分搅匀虾苗,迅速地由不同的位置用 200mL 的烧杯随机取出 3 杯,逐尾计数,重复 2 次,求算术平均值。根据取水量与容量之比值,求出虾苗的总数。

8.2 干容量法

使用特制漏勺,取一勺虾苗逐尾计数,重复 2 次。计算每勺算术平均值,再按勺数计数虾苗总数。

8.3 重量法

取部分虾苗在网袋中,除去水分后称取重量,重复 3 次,计算出单位重量的虾苗尾数。

9 运输

9.1 亲虾和苗种运输用水应符合 GB 11607 的要求。

9.2 亲虾的运输

9.2.1 运输方法

应使用专用亲虾运输袋。水桶、气管、气石、网具等器具每次使用前、后必须用浓度为 200×10^{-6} 甲醛溶液消毒 30 min。运输前,每尾亲虾应在额剑上套乳胶管,刚蜕壳的亲虾不宜运输。

9.2.2 运输密度

雌虾宜为 3 尾/袋～6 尾/袋,雄虾宜为 8 尾/袋～10 尾/袋。

9.2.3 运输水温及盐度

运输水温宜为 20℃～25℃,运输水温与亲虾暂养池温差应小于 3℃。长途运输宜用泡沫包装箱。运输前后海水盐度差应小于 3。

9.3 苗种的运输

9.3.1 运输方法

应使用虾苗专用双层塑料运输袋(聚乙烯膜袋)充氧运输,根据路程远近及交通条件,采取陆运、水运或空运。

9.3.2 运输密度

每袋装海水 4 L～6 L、虾苗(体长 1.0 cm～1.2 cm)5 000 尾～10 000 尾、纯氧 10 L～15 L。

9.3.3 运输水温、盐度及时间

运输用水与培育苗种用水的水温差应小于3℃,盐度差应小于3。当运输水温为22℃～26℃时,运输时间6h～10h;运输水温为20℃～23℃时,运输时间为10h～24h。

附　录　A
(资料性附录)
斑节对虾外部形态

体色由暗绿、深棕和淡黄色横斑相间排列。额角较平直，末部较粗，稍向上弯，伸至第一触角柄末端。额角齿式为 6～8/2～4，以 7/3 为多。额角后脊伸至头胸甲后缘附近。额角侧脊较低而钝，伸至胃上刺下方。中央沟明显，但较浅而窄，断续后伸。无额胃沟。肝脊较宽而钝，前半水平伸，后半稍低。第五步足无外肢。斑节对虾外形见图 A.1。

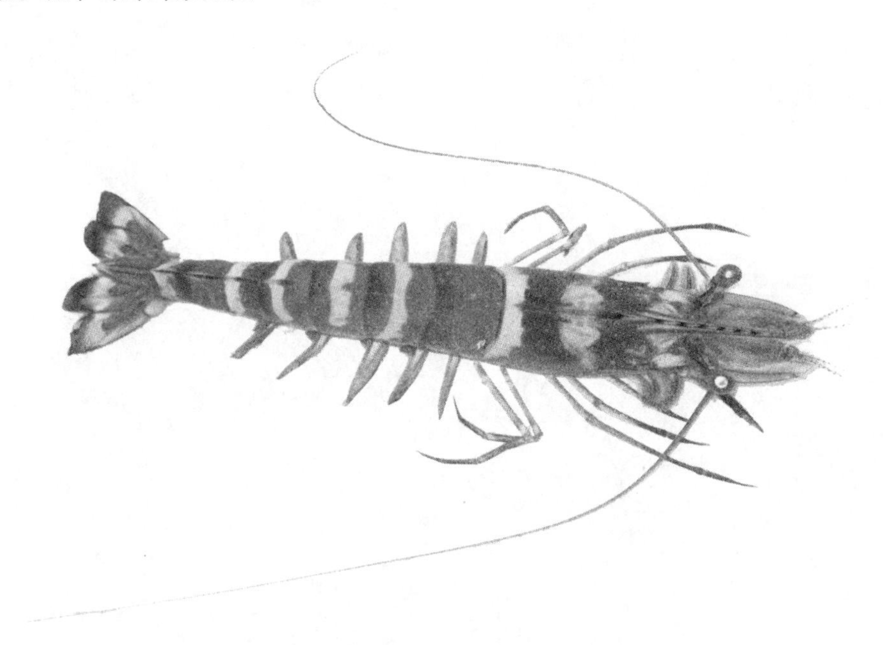

图 A.1　斑节对虾外形

ICS 65.150
B 51

中华人民共和国水产行业标准

SC/T 2054—2012

鮸状黄姑鱼

Amoy croaker

2012-03-01 发布　　　　2012-06-01 实施

中华人民共和国农业部 发布

前　言

本标准按照 GB/T 1.1—2009 给出的规则起草。

请注意本标准的某些内容可能涉及专利。本标准的发布机构不承担识别这些专利的责任。

本标准由农业部渔业局提出。

本标准由全国水产标准化技术委员会海水养殖分技术委员会(SAC/TC 156/SC 2)归口。

本标准起草单位:中国水产科学研究院黄海水产研究所。

本标准主要起草人:刘萍、张岩、陈超、张辉、段亚飞、徐文斐、高保全。

鮸状黄姑鱼

1 范围

本标准给出了鮸状黄姑鱼(*Nibea miichthioides* Richardson)的学名与分类、形态特征、生长与繁殖、细胞遗传学和生化遗传学特性以及检测方法。

本标准适用于鮸状黄姑鱼种质的检测和鉴定。

2 规范性引用文件

下列文件对于本文件的应用是必不可少的。凡是注日期的引用文件,仅注日期的版本适用于本文件。凡是不注日期的引用文件,其最新版本(包括所有的修改单)适用于本文件。

GB/T 18654.3 养殖鱼类种质检验 第3部分:性状测定

3 学名与分类

3.1 学名

鮸状黄姑鱼 *Nibea miichthioides* Richardson。

3.2 分类地位

脊索动物门(chordata),脊椎动物亚门(vertebrata),硬骨鱼纲(Osteichthyes),鲈形目(Perciformes),石首鱼科(Sciaenidae),黄姑鱼属(*Nibea*)。

4 形态特征

4.1 外部形态

体延长,侧扁。吻圆钝。背部略呈弧形,腹部较平直。吻较长。口大,前位,斜裂,上下颌均等长。体被栉鳞,吻部和颊部被圆鳞,侧线完全,背鳍连续,体银灰色,背侧较深,腹侧银白,胸鳍基底上方有一黑斑,各鳍灰黑色,尾鳍楔形。雌、雄泄殖孔形状区分雌雄:雌性泄殖孔呈半圆形,雄性泄殖孔呈尖形。外形见图1。

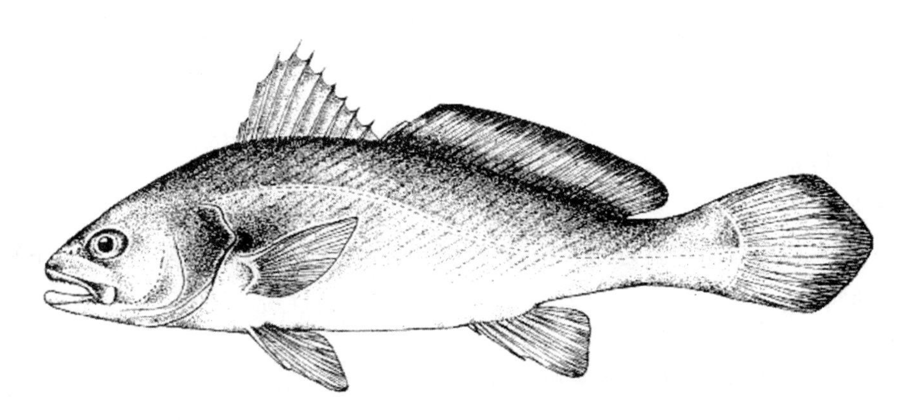

图1 鮸状黄姑鱼外形

4.2 内部特征

4.2.1 鳔圆锥形,前缘弧形,末端细尖,一室,见图2;鳔前部无向外突出侧囊,侧具22对缨须状侧肢,侧肢具腹分枝,无背分枝,第一对侧肢稍大。

图2　鮸状黄姑鱼的鳔

4.2.2　矢耳石卵圆形，前缘近截状，后缘圆形，里缘较平直，外缘弧形；背面后方有许多颗粒，愈合在一起，高而隆起，约占背面3/5；腹面具一蝌蚪形印迹；边缘沟显著。

4.3　可数性状

4.3.1　吻上孔3个；吻缘孔5个；颏孔6个，中央孔1对，小而圆；颊孔6个。

4.3.2　背鳍具有10个鳍棘，28个鳍条；臀鳍具2个鳍棘，7个鳍条。

4.3.3　鳃耙5—6+9。

4.3.4　脊椎骨数22～24。

4.4　可量性状

眼大，头长约为眼径的5.4倍。可量性状比见表1。

表1　实测可量性状比值

体长/体高	体长/头长	体长/尾柄长	尾柄长/尾柄高	头长/吻长
3.92～4.51	3.25～3.96	3.41～4.93	2.18～3.91	3.27～4.41

5　生长与繁殖特性

5.1　年龄与生长

不同年龄组个体的体长、体重见表2。

表2　不同年龄组的体长、体重实测值及标准差

年龄 龄	体重范围 g	平均体重 g	体长范围 cm	平均体长 cm
1龄	727.70～1 187.90	908.83±106.80	40.10～47.91	43.5±1.73
2龄	1 424.80～2 319.00	1 939.2 ±203.56	49.90～60.30	56.80 ±2.30

5.2　繁殖习性

5.2.1　性成熟年龄

最小性成熟年龄为3龄。

5.2.2　产卵特性

产卵期为4月～6月，繁殖水温为17℃～21℃。每年性成熟一次，性成熟个体在一个繁殖季节可多次产卵，卵为浮性卵。

5.2.3　怀卵量

3龄亲鱼为9×10^5粒～10×10^5粒；4龄亲鱼为16×10^5粒～18×10^5粒；5龄亲鱼为22×10^5粒～28×10^5粒；6龄亲鱼为30×10^5粒～34×10^5粒；7龄亲鱼为43×10^5粒～55×10^5粒。

6　细胞遗传学特性

6.1　染色体数

体细胞染色体数：$2n=48$。

6.2 染色体核型

$2n$=48,核型为48t,NF=48;染色体核型见图3。

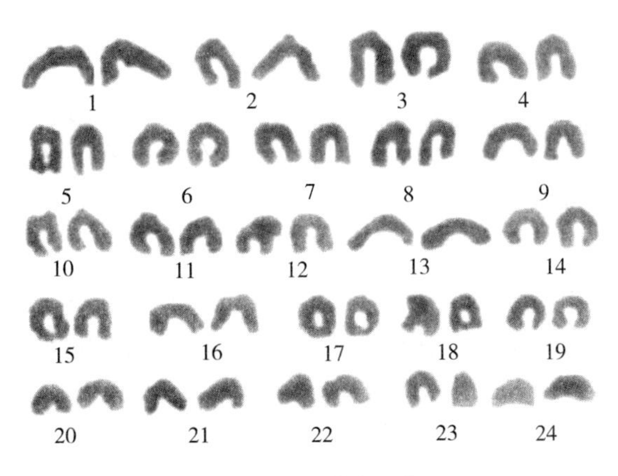

图3 染色体核型图

7 生化遗传学特征

肌肉中乳酸脱氢酶(LDH)同工酶电泳图谱见图4。

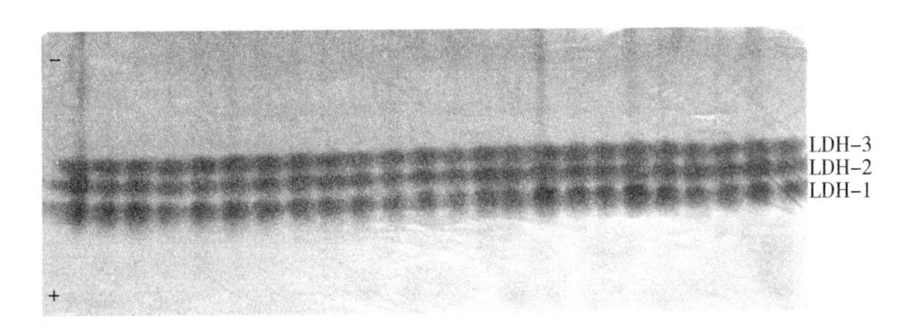

图4 乳酸脱氢酶(LDH)同工酶电泳图谱

8 检测方法

8.1 形态性状测量

按GB/T 18654.3的规定执行。

8.2 染色体检测

8.2.1 标本的制备

活鱼充气暂养。胸鳍基部每克体重注射PHA 20×10^{-6} g,2 h后每克体重注射秋水仙碱 3×10^{-6} g,3 h后剪鳃放血取出头肾。在生理盐水中将头肾剪碎,静置,取上层细胞悬液1 000 r/min离心收集,沉淀加入0.075 mol/L的KCl溶液,37℃低渗30 min。离心收集沉淀,加入预冷的Carnoy氏固定液(甲醇∶冰乙酸=3∶1),空气干燥法制片,10%Giemsa染色,显微镜下观察、拍照。

取体长1.5 cm~3.5 cm健康的幼鱼放入终浓度为0.01%的秋水仙素"药浴"处理4 h~5 h,后取剪其尾鳍、背鳍组织;将所取材料浸于0.075 mol/L的KCl处理45 min;预冷的新配Carnoy氏固定液(甲醇∶冰醋酸=3∶1)充分固定3次,每次15 min;50%冰醋酸解离样品30 min,热滴片法制片;10%Giemsa染片25 min,显微镜下观察、拍照。

Giemsa染色液的配制见附录A。

8.2.2 染色体计数

按GB/T 18654.12的规定执行。

8.2.3 核型分析

按 GB/T 18654.12 的规定执行。

8.3 生化遗传分析

8.3.1 样品制备

活体解剖取 1.0 g～3.0 g 肌肉组织，编号，迅速放入－70℃保存。取 0.3 g 肌肉，分别加入约 3 倍体积(g∶ml)的 0.05％巯基乙醇组织提取缓冲液，在冰浴条件下匀浆，4℃离心机中 12 000r/min 离心 30 min，取上清夜，分装入小管中置于－70℃备用。

8.3.2 电泳分析

同工酶电泳采用不连续聚丙烯酰胺凝胶垂直电泳。电泳在 4℃冰箱中进行。对凝胶浓度、电压、电极缓冲液、点样量的多少和染色条件进行摸索和优化，最终确立电泳参数。

凝胶浓度(T)：$T_{浓缩胶}=3.6\%$(pH6.7)，$T_{分离胶}=8.2\%$(pH8.9)。

电压：Tris-甘氨酸(TG，pH8.3)系统，恒压 280 V。

电泳时间：5 h～7 h。

乳酸脱氢酶(LDH)染色液配方：如附录 B 所示。

染色方法：黑暗条件下放入 37℃恒温培养箱中保温 60 min，酶带染成蓝色。

9 检验规则与结果判定

按 GB/T 18654.1 的规定执行。

附　录　A
（规范性附录）
吉姆萨(Giemsa)染色液的配制

A.1　Giemsa 染色液母液

称取 0.5 g Giemsa 粉，量取甘油 33 mL，在研钵中先用少量甘油与 Giemsa 粉混合，研磨至无颗粒时再将剩余甘油加入。在 56℃条件下温浴 2 h 后，加入 33 mL 甲醇，混匀。并保存于棕色瓶中备用。

A.2　磷酸缓冲液(0.2 mol/L，pH7.2)

A.2.1　A 液（0.2 mol/L，Na_2HPO_4）。取 36.1 g 磷酸氢二钠（$Na_2HPO_4 \cdot H_2O$），定容于 1 000 mL 的蒸馏水中；或取 71.63 g 磷酸氢二钠（$Na_2HPO_4 \cdot 2H_2O$），定容于 1 000 mL 的蒸馏水中，即可。

A.2.2　B 液（0.2 mol/L，NaH_2PO_4）。取 27.6 g 磷酸二氢钠（$NaH_2PO_4 \cdot H_2O$），定容于 1 000 mL 的蒸馏水中；或取 31.21 g 磷酸二氢钠（$NaH_2PO_4 \cdot 2H_2O$），定容于 1 000 mL 的蒸馏水中，即可。

A.2.3　取 A 液 720 mL，B 液 280 mL，两者混合即可。

A.3　Giemsa 染色液

取 100 mL 的磷酸缓冲液，加入 4 mL Giemsa 染色原液即可。

附　录　B
（规范性附录）
乳酸脱氢酶同工酶染色液配方

B.1　1 mol/L 三羟甲基氨基甲烷—盐酸(Tris-HCl)缓冲液的配制

800 mL 水中加入 121.1 g Tris 碱，加入浓 HCl 调节 pH 至 8.0，加水定容至 1 000 mL，分装后高压灭菌。

B.2　同工酶染色液的配制

见表 B.1。

表 B.1　同工酶染色液的配制

药　　品	浓度	剂量，mL
Tris-HCl	0.2 mol/L(pH8.0)	50
乳酸锂	1.0 mol/L(pH8.0)	8
辅酶Ⅰ(NAD)	10 mg/mL	1
硝基四唑蓝(NBT)	5 mg/mL	1
甲基吩嗪甲基硫酸盐(PMS)	5 mg/mL	1

ICS 67.120.30
X 20

中华人民共和国水产行业标准

SC/T 3120—2012

冻 熟 对 虾

Frozen cooked shrimp

2012-12-07 发布　　　　2013-03-01 实施

中华人民共和国农业部 发布

前　言

本标准按照GB/T 1.1给出的规则起草。

本标准由农业部渔业局提出。

本标准由全国水产标准化技术委员会水产品加工分技术委员会(SAC/TC 156/SC 3)归口。

本标准起草单位:中国水产加工与流通协会、中国水产科学研究院黄海水产研究所、浙江省海洋开发研究院、中国水产科学研究院南海水产研究所、浙江跃腾水产食品有限公司、舟山市越洋食品有限公司、湛江恒兴水产科技有限公司、旭骏水产(湛江)有限公司。

本标准主要起草人:王联珠、郑斌、杨贤庆、崔和、李融、赵海燕、兰斌、何迎春、陈永。

冻 熟 对 虾

1 范围

本标准规定了冻熟对虾产品的要求、试验方法、检验规则、标识、包装、贮存和运输。

本标准适用于以南美白对虾(学名为凡纳滨对虾,*Penaeus vanammi*)、日本对虾(*Penaeus japonicus*)、斑节对虾(*Pinaeus monodon Fabricius*)、中国对虾(*Penaeus chinesis*)、长毛对虾(*Penaeus penicillatus*)、墨吉对虾(*Penaeus merguiensis*)、刀额新对虾(*Metapenaeus ensis*)等为原料,经挑选、清洗、蒸煮、速冻、包装制成的冻熟全虾;其他品种的冻熟虾可参照执行。

2 规范性引用文件

下列文件对于本文件的应用是必不可少的。凡是注日期的引用文件,仅注日期的版本适用于本文件。凡是不注日期的引用文件,其最新版本(包括所有的修改单)适用于本文件。

GB 2733 鲜、冻动物性水产品卫生标准

GB 2760 食品安全国家标准 食品添加剂使用标准

GB 5749 生活饮用水卫生标准

GB 7718 食品安全国家标准 预包装食品标签通则

GB/T 27304 食品安全管理体系 水产品加工企业要求

JJF 1070 定量包装商品净含量计量检验规则

SC/T 3016—2004 水产品抽样方法

农业部公告第235号 动物性食品中兽药最高残留限量

3 要求

3.1 原辅材料要求

3.1.1 对虾

应符合 GB 2733 的规定。

3.1.2 生产用水

应符合 GB 5749 的规定。

3.1.3 食品添加剂

应符合 GB 2760 的规定。

3.1.4 其他辅料

应符合相关法规及标准的规定。

3.2 加工要求

应符合 GB/T 27304 的规定。

3.3 规格

按个体大小划分规格,表示为每 500 g 所含虾的只数;同规格个体大小应基本均匀,单位重量所含虾的只数应与标示规格一致;至少 80%个体大小在标示规格的计数范围内。

3.4 感官要求

3.4.1 冻品感官要求

虾体大小基本均匀,无干耗、无融化现象。个体间应易于分离,冰衣透明光亮。

3.4.2 解冻后感官要求

解冻后感官应符合表1的要求。

表1 解冻后感官要求

项 目	要 求
色泽	虾体应呈熟虾色泽,基本无干耗及变色现象
形态	虾体完整,基本无虾头脱落现象
滋味、气味	具有其固有的味道,滋味与气味鲜美,无异味
组织	肉质紧密、有弹性
杂质	虾体清洁、无外来杂质

3.5 理化指标

应符合表2的要求。

表2 理化指标

项 目	指 标
冻品中心温度,℃	≤−18
冰衣,%	≤20

3.6 安全指标

应符合GB 2733的规定。

3.7 兽药残留

应符合农业部公告第235号的规定。

3.8 净含量

应符合JJF 1070的规定。

4 试验方法

4.1 冻品中心温度

将温度计插入样品最小包装的中心位置,至温度计指示的温度不再下降时,读数。

4.2 解冻

解冻时将样品装入薄膜袋中,浸入室温(温度低于25℃)水中,不时用手轻捏袋子,至袋中无硬块和冰晶时为止。应注意不要捏坏虾的组织。

4.3 感官检验

在光线充足、无异味的环境中,将试样倒在白色搪瓷盘或不锈钢工作台上,按3.4的规定逐项进行检验。

4.4 净含量和冰衣

产品从冷库或冰箱中移出后马上去除所有包装、称重,确定含冰衣产品的总重量(m_2)。去冰衣,去冰衣方法按JJF 1070的规定执行。

产品净含量(m_1)测定按JJF 1070的规定执行。

冰衣含量按式(1)计算:

$$X=\frac{m_2-m_1}{m_1}\times 100 \quad\quad (1)$$

式中:

X ——冰衣含量,单位为百分率(%);

m_1——产品净含量,单位为克(g);

m_2——含冰衣的产品总重量,单位为克(g)。

4.5 规格

称取解冻后的样品约 1 000 g,计量其中虾的数量,以虾的数量除以样品重量得到单位重量虾的数目。

4.6 安全指标

应按 GB 2733 的规定执行。

4.7 兽药残留

兽药残留的检测方法应符合我国现行水产品中兽药残留检测的国家及行业标准的规定。

5 检验规则

5.1 组批规则与抽样方法

5.1.1 组批规则

同一产地、同一条件下加工的同一品种、同一等级的产品为一个检验批;或以交货批组为一检验批。

5.1.2 抽样方法

按 SC/T 3016 的规定执行。

5.2 检验分类

产品检验分为出厂检验和型式检验。

5.2.1 出厂检验

每批产品应进行出厂检验。出厂检验由生产单位质量检验部门执行,检验项目为感官、理化指标、净含量。检验合格签发检验合格证,产品凭检验合格证入库或出厂。

5.2.2 型式检验

有下列情况之一时应进行型式检验,检验项目为本标准中规定的全部项目。

a) 长期停产,恢复生产时;

b) 原料、加工工艺或生产条件有较大变化,可能影响产品质量时;

c) 有关行政主管部门提出进行型式检验要求时;

d) 出厂检验与上次型式检验有大差异时;

e) 正常生产时,每年至少一次的周期性检验。

5.3 判定规则

5.3.1 感官检验所检项目全部符合 3.4 的规定,合格样本数应符合 SC/T 3016—2004 附录 A 或附录 B 的规定,则判为感官合格。

5.3.2 检验结果全部符合本标准要求时,判定为合格。

5.3.3 检验结果中有两项及两项以上指标不合格,则判为不合格。

5.3.4 检验结果中有一项指标不合格时,允许复检,按复检结果判定本批产品是否合格。

6 标识、包装、运输和贮存

6.1 标识

食品标签应符合 GB 7718 的规定,应标明产品名称、规格、净含量、生产许可证号、生产或分装企业名称、地址、产品贮存方式和食用方式等。

6.2 包装

所用包装材料应洁净、牢固、无毒、无异味,符合我国相关卫生标准规定。

6.3 运输

6.3.1 应用冷藏或保温车船运输，保持虾体温度低于－15℃。

6.3.2 运输工具应清洁卫生、无异味。运输中防止日晒、虫害、有害物质的污染，不得靠近或接触有腐蚀性物质，不得与有异味的物品混运。

6.4 贮存

6.4.1 贮藏库温度低于－18℃，库温波动应保持在±2℃内。不同品种，不同规格，不同等级、批次的冻虾应分别堆垛，并用垫板垫起，与地面距离不少于 10 cm，与墙壁距离不少于 30 cm，堆放高度以纸箱受压不变形为宜。

6.4.2 产品贮藏于清洁、卫生、无异味、有防鼠防虫设备的库内，防止虫害和有害物质的污染及其他损害。

ICS 67.120.30
X 20

中华人民共和国水产行业标准

SC/T 3121—2012

冻 牡 蛎 肉

Frozen oyster meat

2012-12-07 发布 2013-03-01 实施

中华人民共和国农业部 发布

前　言

本标准按照GB/T 1.1给出的规则起草。

本标准由农业部渔业局提出。

本标准由全国水产标准化技术委员会水产品加工分技术委员会(SAC/TC 156/SC 3)归口。

本标准起草单位:中国水产科学研究院黄海水产研究所、泰祥集团技术开发有限公司。

本标准主要起草人:刘淇、曹荣、殷邦忠、王联珠、李钰金、朱文慧、位正鹏、步营。

冻 牡 蛎 肉

1 范围

本标准规定了冻牡蛎肉的要求、试验方法、检验规则、标识、包装、运输和贮存。

本标准适用于以近江牡蛎(*Crassostrea rivularis*)、太平洋牡蛎(*Crassostrea gigas*)、褶牡蛎(*Ostrea plicatula*)等为原料，经脱壳、清洗、冷冻制成的单冻牡蛎肉或块冻牡蛎肉；其他品种牡蛎制成的冻牡蛎肉可参照执行。

2 规范性引用文件

下列文件对于本文件的应用是必不可少的。凡是注日期的引用文件，仅注日期的版本适用于本文件。凡是不注日期的引用文件，其最新版本(包括所有的修改单)适用于本文件。

GB 2733 鲜、冻动物性水产品卫生标准

GB 5749 生活饮用水卫生标准

GB 7718 食品安全国家标准 预包装食品标签通则

GB/T 27304 食品安全管理体系 水产品加工企业要求

JJF 1070 定量包装商品净含量计量检验规则

SC/T 3016—2004 水产品抽样方法

3 术语和定义

下列术语和定义适用于本文件。

3.1

破损牡蛎肉 damaged oyster meat

指牡蛎表面上的切口或撕裂口大于牡蛎最大长度的1/4。

3.2

碎牡蛎肉 broken oyster meat

指表面积小于牡蛎原有表面积的3/4的分割牡蛎。

4 要求

4.1 原辅材料要求

4.1.1 原料必须是来源于官方许可养殖的海域，清洁、无污染，符合GB 2733的要求。

4.1.2 生产用水应符合GB 5749的要求。

4.2 加工要求

4.2.1 加工要求应符合GB/T 27304的规定。

4.2.2 脱壳后的牡蛎肉清洗干净后应采用速冻方法使冻品的中心温度迅速降低至－18℃或－18℃以下。

4.2.3 单冻产品应镀冰衣，块冻产品应包冰被。

4.3 产品规格

产品规格按个体大小划分，应与标示规格一致；每一种规格的产品个体大小应基本均匀，至少有80%的个体在标示规格的计数范围内。

4.4 感官要求

感官要求应符合表1的规定。

表1 感官要求

项　　目	要　　　求
冻品外观	冻品表面冰衣、冰被完好，无融化迹象；无干耗、无氧化现象
色　　泽	呈牡蛎自然色泽，外套膜呈乳白色或灰白色，有光泽
形　　态	牡蛎肉个体基本完整，允许破损牡蛎肉和碎牡蛎肉粒数合计不大于包装粒数的10%
杂　　质	无外来杂质
气　　味	具牡蛎肉特有的气味，无异味
水煮试验	具有牡蛎特有的鲜味和口感，无不良气味、滋味

4.5 净含量

应符合JJF 1070的规定。

4.6 冻品中心温度

冻品中心温度≤−18℃。

4.7 安全指标

应符合GB 2733的规定。

5 试验方法

5.1 冻品中心温度的测定

用钻头钻至冻块几何中心部位，取出钻头立即插入温度计，待温度计指示温度不再下降时读数。单冻牡蛎肉可将温度计插入最小包装的中心位置，至温度计指示的温度不再下降时读数。

5.2 净含量的测定

按JJF 1070的规定执行。

5.3 感官检验

5.3.1 冻品外观

将未解冻的试样置于白色搪瓷盘或不锈钢工作台上，按表1中冻品外观的要求进行检验。

5.3.2 解冻后感官检验

将解冻后的试样置于白色搪瓷盘或不锈钢工作台上，在光线充足、无异味的环境中按表1中色泽、形态、气味、杂质要求逐项进行检验。

5.3.3 水煮试验

在洁净容器中加入500 mL水煮沸，放入解冻后的样品约100 g，然后加盖煮5 min。开盖嗅气味，品尝肉质。按表1中水煮试验的要求进行检验。

5.4 规格的测定

取20粒净含量测定后的牡蛎肉，逐个称重(精确至0.1 g)。

5.5 安全指标的测定

按GB 2733的规定执行。

6 检验规则

6.1 组批规则与抽样方法

6.1.1 组批

同品种、同规格、同班次生产的产品为一检验批。

6.1.2 抽样方法

按 SC/T 3016 的规定执行。

6.2 检验分类

产品分为出厂检验和型式检验。

6.2.1 出厂检验

每批产品应进行出厂检验。出厂检验由生产单位质量检验部门执行，检验项目为规格、感官、冻品中心温度、净含量。检验合格签发检验合格证，产品凭检验合格证入库或出厂。

6.2.2 型式检验

有下列情况之一时应进行型式检验，检验项目为本标准中规定的全部项目。

a) 长期停产，恢复生产时；

b) 原料、加工工艺或生产条件有较大变化，可能影响产品质量时；

c) 加工原料来源或生长环境发生变化时；

d) 国家质量监督机构提出进行型式检验要求时；

e) 出厂检验与上次型式检验有大差异时；

f) 正常生产时，每年至少一次的周期性检验。

6.3 判定规则

6.3.1 感官检验结果符合表1的规定，合格样本数符合 SC/T 3016—2004 中附录A或附录B规定时，感官判为合格。

6.3.2 检验结果全部符合本标准要求时，判定为合格。

6.3.3 检验结果中若有两项或两项以上指标不符合标准规定时，则判本批产品不合格；有一项指标不符合标准规定时，允许重新抽样复检，按复检结果判定本批产品是否合格。

7 标识、包装、运输、贮存

7.1 标识

产品标签应符合 GB 7718 的规定。标签内容包括产品名称、原料产地、规格、产品标准代号、净含量、生产者或经销者名称、地址、生产日期和保质期等。

7.2 包装

外包装应采用纸箱包装，要求强度好，封口牢固。内包装采用食品用塑料袋、纸盒、塑料盒等，所用包装材料应符合有关卫生标准的要求。

7.3 运输

采用冷藏或具有保温性能的运输工具运输。运输工具应清洁卫生，不得与有毒有害、有腐蚀性污染物品混运，防止有害物质的污染及其他损害。

7.4 贮存

产品贮藏于清洁卫生、无异味的冷库中，不得与有异味、有毒、有腐蚀性污染物品混放；库温要求在−18℃以下，温度波动不能超过±2℃。不同品种，不同规格，不同等级、批次的冻品应合理地分别堆垛，垛底应设垫木。

ICS 67.120.30
X 20

中华人民共和国水产行业标准

SC/T 3202—2012
代替 SC/T 3202—1996

干 海 带

Dried kelp

2012-12-07 发布　　2013-03-01 实施

中华人民共和国农业部 发布

前　言

本标准按照 GB/T 1.1 给出的规则起草。

本标准代替 SC/T 3202—1996《干海带》。

本标准与 SC/T 3202—1996 相比,主要修改内容如下:

——标准适用范围中,取消了盐干海带;

——定义中,只保留了“花斑”;

——对感官要求的进行了修改,取消了叶体长及叶体最大宽度的规定;

——将卫生指标修改为安全指标;

——增加了净含量的规定;

——补充完善了“试验方法、检验规则及标识、包装、运输与贮存”方面的内容。

本标准由农业部渔业局提出。

本标准由全国水产标准化技术委员会水产品加工分技术委员会(SAC/TC 156/SC 3)归口。

本标准起草单位:中国水产科学研究院黄海水产研究所、国家水产品质量监督检验中心、福建省晋江市安海三源食品实业有限公司。

本标准主要起草人:王联珠、殷邦忠、朱文嘉、宋春丽、黄健、翟毓秀、冷凯良、王裔增、尚德荣。

本标准所代替标准的历次版本发布情况为:

——SC/T 3202—1981(原 SC 17—81)、SC/T 3202—1996。

干 海 带

1 范围

本标准规定了干海带的要求、试验方法、检验规则、标识、包装、运输和贮存。

本标准适用于鲜海带直接晒干或烘干制成的干海带产品。

2 规范性引用文件

下列文件对于本文件的应用是必不可少的。凡是注日期的引用文件,仅注日期的版本适用于本文件。凡是不注日期的引用文件,其最新版本(包括所有的修改单)适用于本文件。

GB 2762 食品中污染物限量

GB 5009.3—2010 食品安全国家标准 食品中水分的测定

GB 7718 食品安全国家标准 预包装食品标签通则

GB 19643 藻类制品卫生标准

JJF 1070 定量包装商品净含量计量检验规则

SC/T 3016—2004 水产品抽样方法

3 术语和定义

下列术语和定义适用于本文件。

3.1

花斑 mottle

海带叶体表面颜色较浅的斑。

4 要求

4.1 感官要求

应符合表1的规定。

表1 感官要求

项 目	要 求		
	一级品	二级品	三级品
外观	呈海带固有的深绿色或褐色,叶体清洁平展,两棵间无粘贴、无霉变、无花斑、无海带根		
黄白边、黄白梢	无	允许叶体一侧或两侧长度之和不超过10 cm,无黄白梢	允许叶体一侧或两侧黄白边长度之和不超过15 cm,黄白梢不超过10 cm

4.2 理化指标

应符合表2的规定。

表2 理化指标

项 目	指 标		
	一级品	二级品	三级品
水分,%	≤18	≤20	≤ 20
泥沙杂质,%	≤2	≤3	≤4

4.3 安全指标

食用干海带的安全指标应符合 GB 2762、GB 19643 的规定。

4.4 净含量

预包装产品的净含量应符合 JJF 1070 的规定。

5 试验方法

5.1 感官检验

在光线充足、无异味或其他干扰的环境下，将海带叶体展开观察看外观，以分度值为 0.5 cm 的直尺测叶体黄白边、花斑。海带各部位区分图参见附录 A。

5.2 水分

5.2.1 恒重法(仲裁法)

a) 随机抽取至少三整棵海带，将海带从叶基部至叶尖剪成 3 cm～5 cm 小段，从每段剪下约 1 cm 宽小条，再将小条剪成约 0.3 cm×2 cm 的小块，混匀后称取 10 g(精确至 0.001 g)试样；

b) 按 GB 5009.3—2010 中第一法的规定进行水分测定。

5.2.2 快速法

a) 随机抽取至少三整棵海带，将海带从由叶基部至叶尖剪成 3 cm～5 cm 小段，从每段剪下约 1.5 cm 宽小条，再将小条剪成约 1.5 cm×5 cm 的小块，混匀后称取 25 g(精确至 0.1 g)试样，摊在洁净干燥的器皿中于(103±2)℃烘箱中干燥 4 h 后，取出置于干燥器中冷却至室温，称重；

b) 结果计算按 GB 5009.3—2010 中式(1) 进行；

c) 每个样品测两个平行样，两平行样所测结果绝对差不得超过 1%，否则重做，结果以算术平均值计。

5.3 泥沙杂质

5.3.1 操作步骤

a) 随机抽取至少三整棵海带，称重(m_1)，然后逐棵刷去叶体附着的泥沙、杂质，至无明显泥沙为止，剪去未除净的海带根，再将刷下的泥沙、海带根等杂质称重(m_2)；

b) 使用称量器具量程为 10 kg(分度值不得大于 5 g)的衡器。

5.3.2 结果计算

试样中泥沙杂质按式(1)计算。

$$X = \frac{m_2}{m_1} \times 100 \quad \cdots\cdots (1)$$

式中：

X ——试样中泥沙杂质含量，单位为百分率(%)；

m_1——海带样品质量，单位为千克(kg)；

m_2——泥沙杂质质量，单位为千克(kg)。

5.4 安全指标

5.4.1 海带的复水：将样品放入容器中，加入样品质量约 50 倍的水浸泡 10 h，洗去表面泥沙，用滤纸吸去表面水分，打碎，备用。

5.4.2 称取上述试样，按 GB 2762、GB 19643 的规定执行。

5.5 净含量

净含量的测定按 JJF 1070 的规定执行。

6 检验规则

6.1 组批规则与抽样方法

6.1.1 组批规则

按同一海域收获的、同一天加工的海带为同一检验批。如不能确定加工状况时，可按同时交收的数量以 10 t 为一检验批，不足 10 t 亦按一检验批计。

6.1.2 抽样方法

每批海带在不同部位抽取三捆，至少有两捆不在表层。从每捆中随机抽取 5 棵按表 1 进行感官检验，同时，在每捆中心部位抽取 3 棵～5 棵海带迅速装在塑料袋内作为测定水分和安全指标试样。然后，在每捆中心抽取 3 棵～5 棵海带进行泥沙杂质量的测定。

6.2 检验分类

产品分为出厂检验和型式检验。

6.2.1 出厂检验

每批产品应进行出厂检验。出厂检验由生产单位质量检验部门执行，检验项目为感官、理化指标。检验合格后签发检验合格证，产品凭检验合格证出厂。

6.2.2 型式检验

有下列情况之一时应进行型式检验。型式检验的项目为本标准中规定的全部项目。

a） 国家质量监督机构提出进行型式检验要求时；

b） 出厂检验与上次型式检验有较大差异时；

c） 生产环境改变时。

6.3 判定规则

6.3.1 感官检验结果应符合表 1 的规定，合格样本数符合 SC/T 3016－2004 中表 1 的规定，则判为合格。

6.3.2 其他项目检验结果全部符合本标准要求时，判定为合格。

6.3.3 其他项目检验结果中有两项及两项以上指标不合格，则判为不合格。

6.3.4 其他项目检验结果中有一项指标不合格时，允许重新抽样复检，如仍不合格则判为不合格。

6.3.5 净含量偏差的判定按 JJF 1070 的规定执行。

7 标识、包装、运输、贮存

7.1 标识

食用干海带的预包装产品标识应符合 GB 7718 的规定。

7.2 包装

7.2.1 包装材料

干海带所用包装材料应坚固、洁净、无毒、无异味，食用干海带所用包装材料应符合食品卫生要求。

7.2.2 包装要求

干海带经整理后压紧扎捆，捆扎应牢固，避免搬运后松捆。产品在包装物中应排列整齐，食用干海带包装环境应符合卫生要求。

7.3 运输

干海带运输中注意防雨防潮，运输工具应清洁、卫生；食用干海带运输工具应符合卫生要求。

7.4 贮存

7.4.1 干海带应贮藏在干燥、阴凉、通风的库房内。不同等级、不同批次的产品应分别堆垛，堆垛时宜用垫板垫起，注意垛底和中间的通风。

7.4.2 食用干海带贮存环境应符合卫生要求，清洁、无毒、无异味、无污染，防止虫害和有毒物质的污染及其他损害。

附 录 A
(资料性附录)
海带各部位区分图

海带各部位区分图见图 A.1。

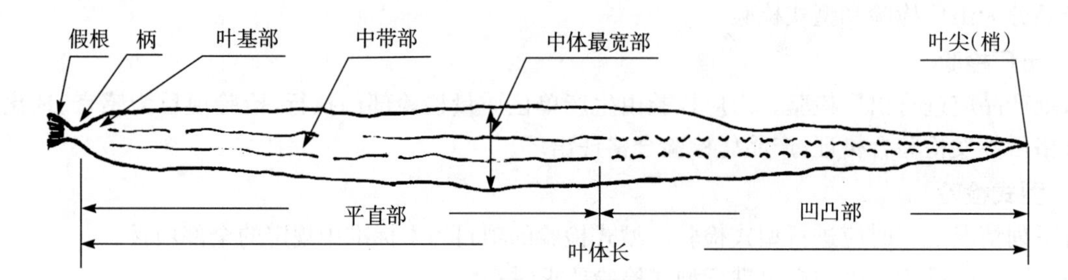

图 A.1 海带各部位区分示意图

ICS 67.120.30
X 20

中华人民共和国水产行业标准

SC/T 3204—2012
代替 SC/T 3204—2000

虾　　米

Dried peeled shrimp

2012-12-07 发布　　　　2013-03-01 实施

中华人民共和国农业部　发布

前　言

本标准按照 GB/T 1.1 给出的规则起草。

本标准代替 SC/T 3204—2000《虾米》。

本标准与 SC/T 3204—2000 相比，主要修改内容如下：

——增加了原辅材料及加工要求；

——修改了感官指标；

——修改了完整率指标；

——增加了安全指标要求。

本标准由农业部渔业局提出。

本标准由全国水产标准化技术委员会水产加工分技术委员会(SAC/TC 156/SC 3)归口。

本标准起草单位：中国水产科学研究院黄海水产研究所、青岛市崂山区五发海味食品有限公司。

本标准主要起草人：刘淇、曹荣、殷邦忠、曲立训。

本标准所代替标准的历次版本发布情况为：

——SC/T 3204—1986、SC/T 3204—2000。

虾　米

1　范围

本标准规定了虾米的要求、试验方法、检验规则、标识、包装、运输及贮存。

本标准适用于以对虾科(*Penaeidae*)、长臂虾科(*Palaemonidae*)、褐虾科(*Crangonidae*)及长额虾科(*Pandalidae*)等虾为原料,经加盐蒸煮、干燥、脱壳等工序制成的产品;其他品种虾类原料制成的虾米可参照执行。

2　规范性引用文件

下列文件对于本文件的应用是必不可少的。凡是注日期的引用文件,仅注日期的版本适用于本文件。凡是不注日期的引用文件,其最新版本(包括所有的修改单)适用于本文件。

GB 2733　鲜、冻动物性水产品卫生标准

GB 2760　食品安全国家标准　食品添加剂使用标准

GB 5009.3　食品安全国家标准　食品中水分的测定

GB 5461　食用盐

GB 5749　生活饮用水卫生标准

GB 7718　食品安全国家标准　预包装食品标签通则

GB 10144　动物性水产干制品卫生标准

GB/T 27304　食品安全管理体系　水产品加工企业要求

JJF 1070　定量包装商品净含量计量检验规则

SC/T 3011　水产品中盐分的测定

SC/T 3016—2004　水产品抽样方法

3　要求

3.1　原辅材料要求

3.1.1　原料虾

应符合 GB 2733 的规定。

3.1.2　食用盐

应符合 GB 5461 的规定。

3.1.3　生产用水

应符合 GB 5749 的规定。

3.1.4　加工中使用的添加剂品种及用量

应符合 GB 2760 的规定。

3.2　加工要求

应符合 GB/T 27304 的规定。

3.3　规格

产品可按个体大小分等,也可以混等。按大小分等的应符合表 1 的要求。

表1 规 格

规格	特大	大	中	小
数量,粒/kg	≤1 500	1 501～2 000	2 001～3 000	≥3 001

3.4 感官要求

应符合表2的规定。

表2 感官要求

项目	一级品	二级品	三级品
色泽	具有虾米固有色泽,光泽较好	具有虾米固有色泽,稍有光泽	具有虾米固有色泽
组织与形态	肉质坚实,大小基本均匀,虾体基本无黏壳、附肢,基本无虾糠	肉质较坚实,大小较均匀,虾体允许有少量黏壳、附肢,虾糠少	肉质较坚实,虾体黏壳、附肢和虾糠稍多
口味及气味	鲜香,细嚼有鲜甜味	较鲜,无氨味等异味	无氨味等异味
其他	无泥沙、塑料线等外来杂质,无霉变现象		

3.5 理化指标

应符合表3的规定。

表3 理化指标

项目	一级品	二级品	三级品
水分,%	≤18	≤20	
盐分(以 NaCl 计),%	≤7	≤9	≤11
完整率,%	≥95	≥90	≥80

3.6 安全指标

应符合 GB 10144 的规定。

3.7 净含量

应符合 JJF 1070 的规定。

4 试验方法

4.1 感官

将试样置于白色搪瓷盘或不锈钢工作台上,于光线充足、无异味的环境中按本标准3.4的要求逐项进行感官检验。

4.2 净含量检验

按 JJF 1070 的规定执行。

4.3 完整率

称取约100 g(m_1,精确至0.1 g)试样于白色搪瓷盘或不锈钢工作台上,拣出体长不足虾体2/3的破碎粒后,将完整的虾米称量(m_2,精确至0.1 g)。完整率按式(1)计算:

$$X = \frac{m_2}{m_1} \times 100 \quad \cdots\cdots (1)$$

式中:

X ——完整率,单位为百分率(%);

m_1 ——试样质量,单位为克(g);

m_2 ——完整粒质量,单位为克(g)。

4.4 规格

将4.3中测定完整率的完整虾米计粒数,换算为每千克样品中虾米的粒数。

4.5 水分

按 GB 5009.3 的规定执行。

4.6 盐分

按 SC/T 3011 的规定执行。

4.7 安全指标

按 GB 10144 中规定的检验方法执行。

5 检验规则

5.1 组批规则与抽样方法

5.1.1 组批

在原料及生产条件基本相同的情况下，同一天或同一班组生产的产品为一批。按批号抽样。

5.1.2 抽样方法

按 SC/T 3016—2004 的规定执行。

5.2 检验分类

5.2.1 出厂检验

每批产品必须进行出厂检验。出厂检验由生产单位质量检验部门执行，检验项目为规格、感官、净含量、完整率、水分、盐分。检验合格签发检验合格证，产品凭检验合格证入库或出厂。

5.2.2 型式检验

有下列情况之一时应进行型式检验。检验项目为本标准中规定的全部项目。

a) 长期停产，恢复生产时；

b) 原料、加工工艺或生产条件有较大变化，可能影响产品质量时；

c) 出厂检验与上次型式检验有大差异时；

d) 国家质检监督机构提出进行型式检验要求时；

e) 正常生产时，每年至少一次的周期性检验。

5.3 判定规则

5.3.1 感官检验所检项目符合 3.4 的规定，合格样本数符合 SC/T 3016—2004 中附录 A 或附录 B 规定时，感官判为合格。

5.3.2 检验结果全部符合本标准要求时，判定为合格。

5.3.3 检验结果中若有二项或二项以上指标不符合标准规定时，则判本批产品不合格；有一项指标不符合标准规定时，允许重新抽样复检，按复检结果判定本批产品是否合格。

6 标识、包装、运输和贮存

6.1 标识

销售包装的标签应符合 GB 7718 的规定，主要包括产品名称、级别、原料产地、规格、产品标准代号、净含量、生产者或经销者名称、地址、生产日期、保质期。

6.2 包装

6.2.1 材料

所用塑料袋(盒)、纸盒、瓦楞纸箱等包装材料应洁净、坚固、无毒、无异味，质量符合相关食品卫生标准规定。

6.2.2 要求

包装箱中产品要求排列整齐、有产品合格证。包装应牢固、防潮、不易破损。

6.3 运输

运输工具必须清洁卫生、无异味，运输中应防止受潮、日晒、虫害、有害物质污染、不得靠近或接触腐蚀性物质、不得与气味浓郁物品混运。

6.4 贮存

产品宜贮藏于清洁卫生、无污染、无异味、干燥阴凉的库房中，防止虫害、有害物质的污染和其他损害。

ICS 67.120.30
X 20

中华人民共和国水产行业标准

SC/T 3209—2012
代替 SC/T 3209—2001

淡　　菜

Dried boiled mussel meat

2012-12-07 发布　　　　2013-03-01 实施

中华人民共和国农业部 发布

前　言

本标准按照 GB/T 1.1 给出的规则起草。

本标准代替 SC/T 3209—2001《淡菜》。

本标准与 SC/T 3209—2001 相比，主要修改内容如下：

——范围增加了“翡翠贻贝”；

——增加了原料要求；

——删除规格要求；

——卫生指标改为安全指标，并按 GB 10144 的规定执行；

——“净含量”改为按 JJF 1070 的规定执行；

——修改了抽样方法的规定，增加了标志的规定。

本标准由农业部渔业局提出。

本标准由全国水产标准化技术委员会水产品加工分技术委员会（SAC/TC 156/SC 3）归口。

本标准起草单位：中国水产科学研究院南海水产研究所。

本标准主要起草人：郝淑贤、李来好、杨贤庆、刁石强、马海霞、戚勃、黄卉。

本标准所代替标准的历次版本发布情况为：

——SC/T 3209—1989、SC/T 3209—2001。

淡　　菜

1　范围

本标准规定了淡菜的要求、试验方法、检验规则、标识、包装、运输及贮存。

本标准适用于以新鲜的紫贻贝(*Mytilus edulis* Linne)、厚壳贻贝(*Mytilus coruscus* Gould)、重贻贝(*Mytilus grayanus* Dunker)、翡翠贻贝(*Perna viridis* Linne)等为原料,经清洗、蒸煮、取肉(漂洗)、干燥等工序制成的熟贻贝淡干品。

2　规范性引用文件

下列文件对于本文件的应用是必不可少的。凡是注日期的引用文件,仅注日期的版本适用于本文件。凡是不注日期的引用文件,其最新版本(包括所有的修改单)适用于本文件。

GB/T 191　包装储运图示标志

GB 2733　鲜、冻动物性水产品卫生标准

GB 5009.3　食品安全国家标准　食品中水分的测定

GB 5749　生活饮用水卫生标准

GB 7718　食品安全国家标准　预包装食品标签通则

GB 10144　动物性水产干制品卫生标准

JJF 1070　定量包装商品净含量计量检验规则

SC/T 3011　水产品中盐分测定

SC/T 3016—2004　水产品抽样方法

3　要求

3.1　原辅料要求

3.1.1　贻贝原料来自洁净水域,无污染,其质量应符合 GB 2733 的规定。

3.1.2　加工用水应符合 GB 5749 的规定。

3.2　感官要求

感官要求应符合表 1 的规定。

表 1　感官要求

项　目	一级品	二级品
色泽	橘红、杏黄或黄色,呈淡菜固有自然光泽	黄褐色,光泽暗淡
组织及形态	体形饱满,肉质紧密厚实,个体均匀,无足丝	体形较瘪,肉质不厚实,个体较均匀,允许有少量破碎个体和足丝存在
气味	具淡菜固有的气味,无异味	
其他	无泥沙等杂质,无虫害,无霉变	

3.3　理化指标

理化指标应符合表 2 的规定。

表 2　理化指标

项　目	要　求
水分，%	≤15.0
盐分(以 NaCl 计)，%	≤6.0

3.4　净含量

应符合 JJF 1070 的规定。

3.5　安全指标

应符合 GB 10144 的规定。

4　试验方法

4.1　感官检验

在光线充足、无异味、清洁卫生的环境中，将试样置于白色搪瓷盘或不锈钢工作台上，按 3.2 的要求逐项检验。

4.2　水分

按 GB 5009.3 的方法测定。

4.3　盐分

按 SC/T 3011 的方法测定。

4.4　安全指标

按 GB 10144 的规定执行。

4.5　净含量

按 JJF 1070 的规定执行。

5　检验规则

5.1　组批规则与抽样方法

5.1.1　组批规则

同一产地、同一条件下加工的同一品种、同一等级的产品为一个检验批；或以交货批组为一检验批。

5.1.2　抽样方法

按 SC/T 3016—2004 的规定执行。

5.2　检验分类

产品检验分为出厂检验和型式检验。

5.2.1　出厂检验

每批产品应进行出厂检验。出厂检验由生产单位质量检验部门执行，检验项目为感官和理化指标，检验合格签发检验合格证，产品凭检验合格证入库或出厂。

5.2.2　型式检验

一般情况下，每个生产周期要进行一次型式检验。有下列情况之一时，也应进行型式检验。检验项目为本标准中规定的全部项目：

a）长期停产，恢复生产时；

b）原料、加工工艺或生产条件有较大变化，可能影响产品质量时；

c）国家质量监督机构提出进行型式检验要求时；

d）出厂检验与上次型式检验有大差异时；

e) 正常生产时，每年至少一次的周期性检验。

5.3 判定规则

5.3.1 感官检验所检项目应符合 3.2 的规定，合格样本数符合 SC/T 3016—2004 附录 A 或附录 B 的规定则判定为批合格。

5.3.2 检验结果全部符合本标准要求时，判定为合格；有一项不合格时，允许复检，复检仍不合格则判为不合格；有两项及两项以上指标不合格，则判为不合格。

6 标识、包装、运输及贮存

6.1 标识

产品标签应符合 GB 7718 的规定，标志应符合 GB/T 191 的规定。

6.2 包装

6.2.1 包装所用材料应洁净、无毒、无异味、坚固，符合国家食品包装材料相应的标准要求。

6.2.2 产品包装应有合格证，包装过程中产品应不受到二次污染。

6.3 运输

运输工具应清洁卫生，运输时应避免日晒、雨淋。禁止与有毒、有害、有异味物质混运。

6.4 贮存

产品贮存于通风、阴凉、干燥、清洁、卫生、有防鼠防虫设备的场所。不得与有毒、有害、有异味、易挥发、易腐蚀的物品同处贮存。

ICS 67.120.30
X 20

中华人民共和国水产行业标准

SC/T 3217—2012

干 石 花 菜

Dried agar weed

2012-12-07 发布　　　　2013-03-01 实施

中华人民共和国农业部 发布

前　言

本标准按照 GB/T 1.1 给出的规则起草。

本标准由农业部渔业局提出。

本标准由全国水产标准化技术委员会水产品加工分技术委员会(SAC/TC 156/SC 3)归口。

本标准起草单位:中国海洋大学、山东海之宝海洋科技有限公司。

本标准主要起草人:林洪、付晓婷、江洁、符鹏飞、王静雪。

干 石 花 菜

1 范围

本标准规定了干石花菜的术语和定义、要求、试验方法、检验规则、标识、包装、运输及贮存。

本标准适用于以鲜石花菜(*Gelidium amansii*)为原料,经干制,用于提取琼胶的干石花菜;石花菜属的其他种参照执行。

2 规范性引用文件

下列文件对于本文件的应用是必不可少的。凡是注日期的引用文件,仅注日期的版本适用于本文件。凡是不注日期的引用文件,其最新版本(包括所有的修改单)适用于本文件。

GB 5009.3 食品安全国家标准 食品中水分的测定

SC/T 3016 水产品抽样方法

3 术语和定义

下列术语和定义适用于本文件。

3.1

毛石花菜 crude agar weed

鲜石花菜直接干燥制成的石花菜干品。

3.2

净石花菜 refined agar weed

鲜石花菜脱除沙粒、贝壳等杂质,淡水清洗、干燥制成的石花菜干品。

4 要求

4.1 感官要求

感官要求见表1。

表1 感官要求

项目	指 标	
	毛石花菜	净石花菜
色泽	棕红色或紫红色	淡黄色或白色
外形	藻体基本完整	
气味	具有正常的气味,无异味	
杂质	允许有少量沙粒、贝壳等杂质	无明显沙粒、贝壳等杂质

4.2 理化指标

理化指标见表2。

表2 理化指标

项目	指标(毛石花菜及净石花菜)	
	一级	合格
琼胶含量,%	≥30	≥15

表2（续）

项目	指标(毛石花菜及净石花菜)	
	一级	合格
杂质含量,%	≤8	≤25
水分,%	≤15	≤20

5 试验方法

5.1 感官检验

在光线充足、无异味的环境中,将样品置于白色搪瓷盘中,按4.1的要求逐项进行检验。

5.2 理化指标检验

5.2.1 琼胶含量测定

5.2.1.1 操作步骤

a) 称取20 g干石花菜样品(W_1,精确到0.1 g),加水500 mL,在121℃压力锅中提取1 h,Φ150 μm筛绢趁热过滤;滤渣中加入100 mL水,同样条件下提取0.5 h,将15 g～20 g硅藻土放在预先铺好Φ53 μm筛绢的布氏漏斗上,趁热抽滤。

b) 合并两次滤液,倒入搪瓷盘中,冷至室温后放入低温冰箱中(－18℃左右)冷冻过夜(12 h～16 h)。

c) 将冻块取出后融化,切为1 cm～2 cm厚片,用Φ150 μm筛绢沥水挤干,平铺于搪瓷盘中,置于65℃烘箱中热风干燥至恒重后称重(W_2,精确到0.1 g)。

5.2.1.2 结果计算

琼胶含量按式(1)计算。

$$X = \frac{W_2}{W_1} \times 100 \quad \cdots\cdots (1)$$

式中:

X ——试样中琼胶的含量,单位为克每百克(g/100 g);

W_1——试样质量,单位为克(g);

W_2——烘干后琼胶质量,单位为克(g)。

5.2.2 杂质含量测定

5.2.2.1 操作步骤

称取50 g样品(M_1,精确到0.1 g),用木棒敲打,抖落掉全部沙粒和贝壳等杂质,再用软毛刷刷藻体至无可见沙粒、贝壳等杂质后,称重(M_2,精确到0.1 g)。

5.2.2.2 结果计算

杂质含量按式(2)计算。

$$Y = \frac{M_1 - M_2}{M_1} \times 100 \quad \cdots\cdots (2)$$

式中:

Y ——试样中杂质的含量,单位为克每百克(g/100 g);

M_1——试样质量,单位为克(g);

M_2——除杂质后干石花菜质量,单位为克(g)。

5.2.3 水分测定

按GB 5009.3中的规定执行。

6 检验规则

6.1 检验批

同一海域、同一收获期收获、同一批加工的干石花菜归为同一检验批。

6.2 抽样

按 SC/T 3016 的规定执行。试样量为 400 g，分为两份，其中一份用于检验，另一份作为留样。

6.3 出厂检验

每批产品应进行出厂检验。出厂检验由生产单位的质检部门执行，检验项目为本标准中规定的全部项目。

6.4 判定规则

6.4.1 感官检验结果应符合 4.1 的规定。合格数的判断按照 SC/T 3016 的规定执行。

6.4.2 理化指标应按照各个指标中的最低等级进行分级。

7 标识、包装、运输及贮存

7.1 标识

应在产品外包装上标明产品名称、生产单位名称与地址、产地、收割日期、净重。

7.2 包装

整理后压紧，用密封良好的包装材料进行包装。所用材料包装应牢固、清洁、无毒、无异味，符合食品卫生要求。

7.3 运输

运输中注意防雨防潮，运输工具应清洁卫生、无毒、无异味，不得与有害物品混装，防止运输污染。

7.4 贮存

贮存环境应干燥、清洁、无毒、无异味、无污染、通风良好，应符合食品卫生要求。

ICS 67.120.30
X 20

中华人民共和国水产行业标准

SC/T 3306—2012

即食裙带菜

Ready-to-eat wakame

2012-12-07 发布　　　　2013-03-01 实施

中华人民共和国农业部　发布

前　言

本标准按照GB/T 1.1给出的规则起草。

本标准由农业部渔业局提出。

本标准由全国水产标准化技术委员会水产品加工分技术委员会(SAC/TC 156/SC 3)归口。

本标准起草单位:大连海洋大学。

本标准主要起草人:汪秋宽、曲敏、金桥、谢智芬、何云海、汪涛、李海燕。

即 食 裙 带 菜

1 范围

本标准规定了即食裙带菜的要求、试验方法、检验规则、标签、包装、运输和贮存。

本标准适用于以新鲜裙带菜(*Undaria pinnatifida*)、盐渍裙带菜经加工制成的调味裙带菜叶、调味裙带菜茎、调味裙带菜孢子叶及调味裙带菜汤料等产品。

2 规范性引用文件

下列文件对于本文件的应用是必不可少的。凡是注日期的引用文件,仅注日期的版本适用于本文件。凡是不注日期的引用文件,其最新版本(包括所有的修改单)适用于本文件。

GB 317 白砂糖

GB 2716 食用植物油

GB 2720 味精

GB 2760 食品安全国家标准 食品中添加剂使用卫生标准

GB 2762 食品中污染物限量

GB 5009.3 食品安全国家标准 食品中水分的测定

GB 5461 食用盐

GB 5749 生活饮用水卫生标准

GB 7718 食品安全国家标准 预包装食品标签通则

GB 19643 藻类制品卫生标准

GB/T 27304 食品安全管理体系 水产品加工企业要求

JJF 1070 定量包装商品净含量计量检验规则

SC/T 3011 水产品中盐分的测定

SC/T 3016 水产品抽样方法

SC/T 3211 盐渍裙带菜

SC/T 3213 干裙带菜叶

3 术语和定义

下列术语和定义适用于本文件。

3.1

花斑 mottle

裙带菜叶体表面颜色较浅的斑。

3.2

调味裙带菜茎 spiced wakame caudex

由裙带菜茎经清洗处理、调味、加工、包装杀菌制成的产品。

3.3

调味裙带菜 spiced wakame leavies

由裙带菜叶经清洗处理、包装杀菌制成;或裙带菜叶经清洗处理、调味、加工、包装或包装杀菌制成的产品。

3.4

调味裙带菜孢子叶　spiced wakame sporophyll

由裙带菜孢子叶经清洗处理、调味、加工、包装制成或包装杀菌制成的产品。

3.5

调味裙带菜汤料　wakame leavies for soup

由干裙带菜叶加入包装好的调味料包进行包装制成的产品。

4　要求

4.1　原辅材料要求

4.1.1　原料

干裙带菜叶应符合 SC/T 3213 的规定，盐渍裙带菜应符合 SC/T 3211 的规定。

4.1.2　辅料要求

4.1.2.1　食用盐

应符合 GB 5461 的规定。

4.1.2.2　白砂糖

应符合 GB 317 的规定。

4.1.2.3　味精

应符合 GB 2720 的规定。

4.1.2.4　食用植物油

应符合 GB 2716 的规定。

4.1.2.5　生产用水

应符合 GB 5749 的规定。

4.1.2.6　食品添加剂

应符合 GB 2760 的规定。

4.2　加工要求

生产人员、环境、车间和设施及卫生控制程序应符合 GB/T 27304 的规定。

4.3　感官要求

感官指标应符合表 1 要求。

表 1　感官要求

项目	高水分产品	干产品
外观	墨绿色、绿色、黄绿色、褐绿色或同时存在，无明显褪色，无明显花斑存在	墨绿色、绿色、浅绿色、黄绿色、褐绿色或同时存在，无明显褪色，无明显花斑存在
组织形态	软硬适度	干制调味裙带菜叶具有一定的酥脆性或酥性或脆性；干制调味裙带菜孢子叶和调味裙带菜汤料复水均匀、软硬适度
滋气味	具有裙带菜固有的香味或裙带菜调制风味，无异味	
杂质	无杂藻及其他外来杂质	

4.4　理化指标

理化指标应符合表 2 的要求。

表 2 理化指标

项目	高水分产品	干产品		
		调味裙带菜叶	调味裙带菜孢子叶	调味裙带菜汤料(不含调味包)
盐分(以 NaCl 计),%	≤5	≤15		—
水分,%	≤90	≤15		

4.5 安全指标

按 GB 2762、GB 19643 的规定执行。

4.6 净含量

应按 JJF 1070 的规定执行。

5 试验方法

5.1 感官

5.1.1 在光线充足、无异味、清洁卫生的环境中,拆开样品袋,将样品摊于洁净的白色搪瓷盘中,按表 1 的规定进行逐项检查。

5.1.2 调味裙带菜汤料复水:将样品放入容器中,加入样品质量 50 倍的温水(50℃~60℃)浸泡 3 min。

5.2 理化指标

盐分按 SC/T 3011 的规定执行。

5.3 安全指标

按 GB 2762、GB 19643 的规定执行。

5.4 净含量

按 JJF 1070 的规定执行。

5.5 水分

按 GB/T 5009.3 的规定执行。

6 检验规则

6.1 组批规则与抽样方法

6.1.1 组批规则

同一产地、同一条件下加工的同一品种、同一等级、同一规格的产品组成检验批;或以交货批组成检验批。

6.1.2 抽样方法

按 SC/T 3016 的规定执行。

6.2 检验分类

产品分为出厂检验和型式检验。

6.2.1 出厂检验

每批产品应进行出厂检验。出厂检验由生产单位质量检验部门执行,检验项目为感官、理化指标、净含量、菌落总数、大肠菌群,检验合格签发检验合格证,产品凭检验合格证入库或出厂。

6.2.2 型式检验

有下列情况之一时,应进行型式检验。检验项目为本标准中规定的全部项目。

a) 长期停产,恢复生产时;

b) 原料变化或改变主要生产工艺,可能影响产品质量时;

c） 加工原料来源或生长环境发生变化时；
d） 国家质量监督机构提出进行型式检验要求时；
e） 出厂检验与上次型式检验有大差异时；
f） 正常生产时，每年至少一次的周期性检验。

6.3 判定规则

6.3.1 感官检验应符合表1的规定，合格样本数符合 SC/T 3016 规定时判为合格。

6.3.2 其他项目检验结果全部符合本标准要求时，判定为合格。

6.3.3 感官、净含量、盐分、水分不符合标准规定时，允许加倍抽样将此项指标复验一次，按复验结果判定本批产品是否合格。

6.3.4 微生物指标有一项指标不符合，则判本批标准产品不合格，不得复检。

6.3.5 其他项目检验结果中有一项指标不合格时，允许重新抽样复检，如仍不合格则判为不合格。

6.3.6 其他项目检验结果中有两项及两项以上指标不合格，判定为不合格。

6.3.7 净含量偏差的判定按 JJF 1070 的规定执行。

7 标签、包装、运输、贮存

7.1 标签

标签应符合 GB 7718 的规定，标签内容至少包括产品名称、商标、配料清单、净含量、产品标准号、生产者或经销者的名称、地址、生产日期、生产批号、贮藏条件和保质期。

7.2 包装

7.2.1 包装材料

所用塑料袋、纸盒、瓦楞纸箱等包装材料应洁净、无毒、无异味、坚固，并符合国家食品包装材料标准的要求。

7.2.2 包装要求

一定数量的小袋装入大袋(或盒)，再装入纸箱中。箱中产品要求排列整齐，大袋或箱中加产品合格证。包装应牢固，不易破损。

7.3 运输

运输工具应清洁卫生、无异味，运输中防止受潮、日晒、虫害、有害物质的污染，不得靠近或接触有腐蚀性物质，不得与气味浓郁物品混运。

7.4 贮存

本品应贮存于干燥阴凉处，防止受潮、日晒、虫害、有害物质的污染和其他损害。不同品种，不同规格、不同批次的产品应分别堆垛，并用木板垫起，堆放高度以纸箱受压不变形为宜。

ICS 67.120.050
B 50

中华人民共和国水产行业标准

SC/T 3402—2012

褐藻酸钠印染助剂

Sodium alginate for textile auxiliary

2012-12-24 发布

2013-03-01 实施

中华人民共和国农业部 发布

前　言

本标准按 GB/T 1.1 给出的规则起草。

本标准由农业部渔业局提出。

本标准由全国水产标准化技术委员会水产加工分技术委员会(SAC/TC 156/SC 3)归口。

本标准起草单位:中国水产科学研究院黄海水产研究所、中国海藻工业协会、青岛明月海藻集团有限公司、山东洁晶集团股份有限公司、青岛聚大洋海藻工业有限公司。

本标准主要起草人:冷凯良、关景象、王联珠、许洋、尚德荣、安丰欣、林成彬、程跃谟、苗钧魁、贾福强。

褐藻酸钠印染助剂

1 范围

本标准规定了褐藻酸钠印染助剂的产品规格、技术要求、试验方法、检验规则以及标识、包装、运输和贮存要求。

本标准适用于以褐藻酸钠为主要成分，添加硫酸钠或六偏磷酸钠的纺织印染用助剂。

2 规范性引用文件

下列文件对于本文件的应用是必不可少的。凡是注日期的引用文件，仅注日期的版本适用于本文件。凡是不注日期的引用文件，其新版本(包括所有的修改单)适用于本文件。

GB/T 601—2002 化学试剂 标准滴定溶液的制备

GB/T 6682 分析实验室用水规格和实验方法

SC/T 3401—2006 印染用褐藻酸钠

3 技术要求

3.1 产品规格

产品规格应符合表1的要求。

表1 产品规格

规格	低黏度	中黏度	高黏度
黏度，mPa・s	<150	150～400	>400

3.2 感官与理化指标

产品的感官与理化指标应符合表2的要求。

表2 感官与理化指标

项　　目	指　　标
色泽及性状	白色至浅黄褐色粉状
褐藻酸钠，%	≥50
硫酸钠，%	<40
六偏磷酸钠，%	<10
水分，%	≤15.0
钙，%	≤0.4
pH	6.0～8.0
黏度下降率，%	≤20.0
透网性，s	≤90

4 试验方法

4.1 黏度

按SC/T 3401—2006附录A中A.3的规定执行。

4.2 色泽

将样品平摊于白瓷盘内，于光线充足、无异味的环境中检验。

4.3 褐藻酸钠

按附录A的规定执行。

4.4 硫酸钠

按附录B的规定执行。

4.5 六偏磷酸钠

按附录C的规定执行。

4.6 水分

按SC/T 3401—2006附录A中A.1的规定执行。

4.7 钙

按SC/T 3401—2006附录A中A.6的规定执行。

4.8 pH

按SC/T 3401—2006附录A中A.5的规定执行。

4.9 黏度下降率

按SC/T 3401—2006附录A中A.4的规定执行。

4.10 透网性

按附录D的规定执行。

5 检验规则

5.1 抽样

5.1.1 批的组成

以混合罐的一次混合量为一批。

5.1.2 抽样方法

a) 每批按垛的上、中、下三层不同位置抽取,批量不超过1 t时,至少抽取6袋,每袋25 kg;批量超过1 t时,至少抽取10袋,每袋25 kg;

b) 产品堆垛时,沿堆积立面以X形或W形对各袋抽样;产品未堆垛时,应在各部位随机抽样;

c) 取样时每袋抽取的量不少于200 g,由各袋取出的样品应充分混匀后,按四分法将样品缩分至样品量至少500 g。

5.2 检验分类

产品分为出厂检验和型式检验。

5.2.1 出厂检验

每批产品必须进行出厂检验。出厂检验由生产单位质量检验部门执行,检验项目应至少包括产品的色泽、褐藻酸钠、pH、黏度、透网性等项;检验合格签发检验合格证,产品凭检验合格证入库或出厂。

5.2.2 型式检验

型式检验的项目为本标准中规定的全部项目。有下列情况之一时,应进行型式检验:

a) 新产品投产时;

b) 长期停产后重新恢复生产时;

c) 原料变化或改变主要生产工艺,可能影响产品质量时;

d) 国家质量监督机构提出进行型式检验要求时;

e) 出厂检验和上次型式检验有很大差异时;

f) 正常生产时,每6个月至少一次型式检验。

5.3 判定规则

5.3.1 所检项目的检验结果均符合标准要求时，则判整批产品合格。

5.3.2 检验结果中若有一项指标不符合标准规定时，允许双倍抽样进行复验。复检结果有一项指标不符合本标准，则判整批产品为不合格。

6 标识、包装、运输和贮存

6.1 标识

包装上应有牢固、清晰的标识，标明生产厂家、产品名称、规格、批号、生产日期、净重、产品标准代号。

6.2 包装

产品应包装于足够强度的复合塑料编织袋或牛皮纸袋中，内衬聚乙烯塑料薄膜袋，外包装应完整、清洁、密封、牢固、适合长途运输，规格 25 kg/袋。

6.3 运输

应使用清洁、卫生、防雨的运输工具。运输过程应防止日晒、雨淋、受热和受潮，不得与有毒有害物质混放。产品在运输和贮存过程中，应做好防护工作以防破损。

6.4 贮存

应存放于干净、干燥通风、防晒的库房中。存放时，应与地面保持不低于 20 cm 间隔，与墙壁保持不低于 30 cm 间隔，垛位之间保持不低于 60 cm 间隔。库房控制相对湿度不得超过 65%。本品不得与有毒、有害物质和化学危险品、易燃易爆品混放，应保持干燥，避免日晒雨淋及受热受潮。

附　录　A
（规范性附录）
褐　藻　酸　钠

A.1　原理

褐藻酸钠印染助剂中的褐藻酸钠可在盐酸溶液中充分溶胀转化为褐藻酸，用蒸馏水洗涤至无氯离子后，使用乙酸钙溶液将褐藻酸完全转化为褐藻酸钙；然后，用标准氢氧化钠溶液滴定溶液中游离出的氢离子，从而计算产品中褐藻酸钠的含量。

A.2　仪器

A.2.1　电子天平：感量 0.000 1 g。

A.2.2　超声波清洗器：工作频率 40 kHz，功率 600 W。

A.2.3　真空泵。

A.2.4　布氏漏斗：直径 50 mm，40 mL。

A.2.5　尼龙滤布：孔径为 38 μm，剪成圆片，可置于布氏漏斗底部，滤布边缘需低于漏斗边缘。

A.3　试剂

除有特殊说明外，所用试剂均为分析纯。试验用水应符合 GB/T 6682 中三级水的规定。

A.3.1　无二氧化碳水

用下述方法之一制备：

a)　煮沸法：根据需要取适量水至烧杯中，煮沸至少 10 min 或使水量蒸发 10%以上，加盖放冷；

b)　曝气法：将惰性气体或纯氮气通入水至饱和。

A.3.2　1 mol/L 盐酸溶液

量取 90 mL 盐酸，注入 1 000 mL 水中，摇匀。

A.3.3　0.1 mol/L 氢氧化钠标准溶液

参照 GB/T 601—2002 中 4.1 的要求配制和标定。

A.3.4　1 mol/L 乙酸钙溶液

称取 176.18 g 乙酸钙，溶于水后，转移至 1 L 棕色容量瓶中，定容至刻度，摇匀后备用。

A.3.5　0.1 mol/L 硝酸银溶液

称取硝酸银 1.7 g，以适量水溶解并稀释至 100 mL。

A.3.6　1%酚酞指示剂

称取 1 g 酚酞，用 95%乙醇溶解并稀释至 100 mL。

A.4　测定步骤

称取样品 0.5 g（精确至 0.000 1 g），移入 50 mL 烧杯中，加入 1 mol/L 盐酸溶液 20 mL，搅拌均匀后置超声波清洗器中超声 5 min，静置 2 min，将上清液通过垫有滤布（孔径为 38 μm）的布氏漏斗抽滤。烧杯中再次加入 1 mol/L 盐酸溶液 20 mL，搅拌均匀后超声 5 min，将上清液过滤。再加入 1 mol/L 盐酸溶液 20 mL，超声 5 min 并将烧杯中所有沉淀物转移至滤布中，用蒸馏水清洗烧杯并反复多次淋洗滤布以及滤布上的沉淀物。待洗涤至无氯离子后，将滤布连同其中的沉淀物一并转移至 250 mL 三角瓶中，加入无二氧化碳水 50 mL、1 mol/L 乙酸钙溶液 30 mL，加入搅拌磁子，以封口膜封口，置于磁力搅拌器上搅拌 1 h。加入 2 滴酚酞指示剂，以 0.1 mol/L 氢氧化钠标准溶液进行滴定，至溶液呈浅粉色，并 30 s 不褪色为滴定终点，同时做空白试验。

A.5 计算结果

样品中褐藻酸钠的含量按式(A.1)计算。

$$X_1 = \frac{(V_1 - V_0) \times c_1 \times \frac{222}{1000}}{M_1} \times 100 \quad \cdots\cdots (A.1)$$

式中：

X_1 —— 样品中褐藻酸钠含量，单位为百分率(%)；

V_0 —— 空白试验所消耗氢氧化钠标准溶液的体积，单位为毫升(mL)；

V_1 ——测试样品时所消耗氢氧化钠标准溶液的体积，单位为毫升(mL)；

c_1 ——氢氧化钠标准溶液的浓度，单位为摩尔每升(mol/L)；

222/1000——褐藻酸钠的毫克当量；

M_1 ——样品的质量，单位为克(g)。

A.6 重复性

每个样品应取两个平行样进行测定，结果取其算术平均值。

在重复条件下获得的两次独立测定结果的相对偏差不大于 3%，否则重新测定。

附 录 B
(规范性附录)
硫 酸 钠

B.1 范围

本方法适用于褐藻酸钠印染助剂产品中无水硫酸钠含量的测定。

B.2 原理

在强酸性介质中,硫酸根(SO_4^{2-})与钡离子(Ba^{2+})形成硫酸钡($BaSO_4$)沉淀,经过滤、洗涤、干燥、称重、计算,从而得到无水硫酸钠的含量。

B.3 仪器

B.3.1 天平:感量 0.01 g。

B.3.2 分析天平:感量 0.000 1 g。

B.3.3 恒温干燥箱。

B.3.4 循环水真空泵。

B.3.5 超声波清洗器。

B.3.6 电热炉或电热板。

B.3.7 4 号玻璃砂芯漏斗:直径 40 mm,容积 35 mL。

B.3.8 玻璃漏斗:60 mL。

B.3.9 尼龙滤布:孔径为 38 μm,剪成圆片,可置于布氏漏斗底部,滤布边缘需低于漏斗边缘。

B.3.10 三角瓶:250 mL。

B.4 试剂

除有特殊说明外,所用试剂均为分析纯。试验用水应符合 GB/T 6682 中三级水的规定。

B.4.1 1 mol/L 盐酸溶液

量取 90 mL 盐酸,注入 1 000 mL 水中,摇匀。

B.4.2 浓盐酸

B.4.3 50 g/L 氯化钡溶液

称取氯化钡 50 g,以适量水溶解后,稀释至 1 000 mL,摇匀。

B.4.4 0.1 mol/L 硝酸银溶液

称取硝酸银 1.7 g,以适量水溶解后,转移至 100 mL 棕色容量瓶中,定容,摇匀。

B.5 测试步骤

准确称取样品 1 g(精确至 0.000 1 g),移入 50 mL 烧杯中,加入 1 mol/L 盐酸溶液 20 mL,在超声波清洗器中搅拌均匀后超声 5 min,用滤布(孔径为 38 μm)将上清液过滤,滤液收集于三角瓶中;烧杯中再次加入 1 mol/L 盐酸溶液 20 mL,在超声波清洗器中搅拌均匀后超声 5 min,将上清液过滤,滤液收集于三角瓶中;第三次加入 1 mol/L 盐酸溶液 20 mL,超声并将烧杯中所有沉淀物转移至滤布中,用 1 mol/L 盐酸溶液清洗烧杯并淋洗滤布中的沉淀 2 次,每次 20 mL。所有清洗液收集于三角瓶中。

向三角瓶中加入浓盐酸 15 mL,置于通风橱中煮沸 1 min,趁热在 2 min 内逐滴加入氯化钡溶液 20 mL,再煮沸 3 min~5 min。然后置于 70℃~80℃恒温水浴中陈化 2 h。用预先已烘至恒重玻璃砂芯漏斗抽滤,用蒸馏水洗涤沉淀至无氯离子。将玻璃砂芯漏斗置于 105℃恒温干燥箱中烘至恒重。

B.6 结果计算

硫酸钠的含量按式(B.1)计算。

$$X_2 = \frac{m_2}{M_2} \times \frac{142.04}{233.39} \times 100 \quad \cdots\cdots (B.1)$$

式中:

X_2 ——样品中无水硫酸钠的含量,单位为百分率(%);

m_2 ——无水硫酸钡的质量,单位为克(g);

M_2 ——样品的质量,单位为克(g);

142.04/233.39——硫酸钡换算为无水硫酸钠的系数。

B.7 方法线性范围

本方法的线性适用范围为测定产品中 5%~50%硫酸钠含量。若超出范围,则适当增加或减少取样量重新测定。

B.8 重复性

每个样品应取两个平行样进行测定,结果取其算术平均值。

两个平行样结果相对偏差不得超过 3%,否则重新测定。

附 录 C
(规范性附录)
六偏磷酸钠

C.1 范围

本方法适用于褐藻酸钠印染助剂产品中六偏磷酸钠含量的测定。

C.2 原理

六偏磷酸钠中的偏磷酸根在酸性条件下水解为正磷酸根,在酸性介质中,正磷酸根与加入的沉淀剂喹钼柠酮反应,生成黄色磷钼酸喹啉[$(C_9H_7N)_3H_3PO_4 \cdot 12MoO_3 \cdot H_2O$]沉淀。经过滤、洗涤后,将沉淀溶解于过量氢氧化钠溶液中,然后用盐酸标准溶液滴定过量的氢氧化钠,通过计算得出六偏磷酸钠的含量。

C.3 仪器

C.3.1 天平:感量 0.01 g。
C.3.2 分析天平:感量 0.000 1 g。
C.3.3 玻璃砂芯过滤装置。
C.3.4 循环水真空泵。
C.3.5 微孔过滤膜:水系,0.45 μm。
C.3.6 电炉或电热板。
C.3.7 玻璃漏斗:60 mL。
C.3.8 尼龙滤布:孔径为 38 μm,剪成圆片,可置于布氏漏斗底部,滤布边缘需低于漏斗边缘。
C.3.9 容量瓶:100 mL。

C.4 试剂

除有特殊说明外,所用试剂均为分析纯。试验用水应符合 GB/T 6682 中三级水的规定。

C.4.1 无二氧化碳水

按 A.3.1 进行。

C.4.2 1 mol/L 盐酸溶液

量取 90 mL 盐酸,注入 1 000 mL 水中,摇匀。

C.4.3 1+1 硝酸溶液

在不断搅拌下,将 100 mL 浓硝酸缓缓倒入 100 mL 蒸馏水,搅拌均匀,冷却至室温。

C.4.4 喹钼柠酮溶液

称取 70 g 钼酸钠($Na_2MoO_4 \cdot 2H_2O$)溶解于 100 mL 水中(溶液 A),称取 60 g 柠檬酸($C_6H_8O_7 \cdot H_2O$)溶解于 150 mL 水和 85 mL 1+1 硝酸溶液中(溶液 B),在不断搅拌下,缓缓将溶液 A 倒入溶液 B 中(溶液 C),在 100 mL 水中加入 35 mL 1+1 硝酸溶液和 5 mL 喹啉(溶液 D),将溶液 D 倒入溶液 C 中,暗处放置 12 h 后,抽滤,向滤液中加入 280 mL 丙酮,用水稀释至 1 000 mL,混匀,贮存于聚乙烯瓶中,避光保存。

C.4.5　0.3 mol/L 氢氧化钠标准溶液

参照 GB/T 601—2002 中 4.1 的要求配制和标定。

C.4.6　0.1 mol/L 盐酸标准溶液

量取 9 mL 盐酸，注入 1 000 mL 水中，摇匀，参照 GB/T 601—2002 中 4.2 的要求标定。

C.4.7　1%酚酞指示剂

称取 1 g 酚酞，用 95%乙醇溶解，并稀释至 100 mL。

C.5　分析步骤

准确称取样品 1 g(精确至 0.000 1 g)，移入 50 mL 烧杯中，加入 1 mol/L 盐酸溶液 20 mL，在超声波清洗器中搅拌均匀后超声 5 min，用滤布(孔径为 38 μm)将上清液过滤，滤液收集于容量瓶中；烧杯中再次加入 1 mol/L 盐酸溶液 20 mL，在超声波清洗器中搅拌均匀超声 5 min，将上清液过滤，滤液收集于容量瓶中；第三次加入 1 mol/L 盐酸溶液 20 mL，超声并将烧杯中所有沉淀物转移至滤布中，用 1 mol/L 盐酸溶液清洗烧杯并淋洗滤布中的沉淀 2 次，每次 20 mL。所有清洗液收集于 100 mL 容量瓶中，定容并摇匀。

精确移取 10 mL 待测溶液，置于 500 mL 烧杯中，加 1+1 硝酸溶液 15 mL、水 70 mL，微沸 15 min，趁热加入喹钼柠酮溶液 50 mL，保持沸腾约 1 min。冷却至室温。用装有微孔过滤膜的抽滤装置过滤，并用水洗涤沉淀至中性，将沉淀和微孔过滤膜移入 250 mL 三角瓶中，加入氢氧化钠标准溶液，边加边摇待沉淀全部溶解后再过量 2 mL～3 mL，记录所加氢氧化钠标准溶液的体积。加入水 50 mL，加入 2 滴 1%酚酞指示剂，用 0.1 mol/L 盐酸标准溶液滴定至粉红色刚好消失为终点。

C.6　结果计算

六偏磷酸钠的含量按式(C.1)计算。

$$X_3 = \frac{(c_2V_2 - c_3V_3)}{M_3} \times 0.01191 \times \frac{611.77}{185.82} \times 100 \quad \cdots\cdots\cdots\cdots (C.1)$$

式中：

X_3 —— 样品中六偏磷酸钠的含量，单位为百分率(%)；

c_2 ——氢氧化钠标准溶液的浓度，单位为摩尔每升(mol/L)；

V_2 ——加入氢氧化钠标准溶液的体积，单位为毫升(mL)；

c_3 ——盐酸标准溶液的浓度，单位为摩尔每升(mol/L)；

V_3 ——消耗盐酸标准溶液的体积，单位为毫升(mL)；

M_3 ——样品的质量，单位为克(g)；

0.01191 ——每毫摩尔氢氧根对应磷的质量，单位为克每毫摩尔(g/mmol)；

611.77/185.82——磷对应六偏磷酸钠的系数。

C.7　方法线性范围

本方法的线性适用范围为测定产品中 1%～10%六偏磷酸钠含量。若超出范围，则适当增加或减少取样量重新测定。

C.8　重复性

每个样品应取两个平行样进行测定，结果取其算术平均值。

两次平行测定结果的相对偏差不得超过 5%，否则重新测定。

附　录　D
(规范性附录)
透网性的测定

D.1　原理

配制2%褐藻酸钠印染助剂溶液，在0.04 MPa～0.06 MPa真空度的抽滤状态下，测定透过孔径为38 μm的金属滤网所用的时间。

D.2　仪器

D.2.1　天平：感量0.01 g。

D.2.2　循环水真空泵：真空度0 MPa～0.098 MPa，功率180 W。

D.2.3　秒表。

D.2.4　抽滤瓶：5 L。

D.2.5　布氏漏斗：直径120 mm。

D.2.6　金属滤网：孔径38 μm。

D.3　试剂

D.3.1　试验用水应符合GB/T 6682中三级水的规定。

D.3.2　六偏磷酸钠：化学纯。

D.4　测定

称取试样80 g，在搅拌条件下缓慢加入4 L水中，加六偏磷酸钠8 g，不断搅拌溶解直到呈均匀的溶液，配制成2%的褐藻酸钠印染助剂胶液，放置2 h。将直径120 mm的布氏漏斗置于抽滤瓶上，漏斗上放置用水冲洗干净的孔径为38 μm金属滤网，布氏漏斗中倒满胶液，各连接处需要紧密连接。关闭连通开关，开启真空泵，待真空度升至0.04 MPa～0.06 MPa时，打开连通开关，将胶液通过孔径为38 μm金属滤网抽滤，同时用秒表记录胶液通过时间。

D.5　测定结果

用秒表记录以80 g褐藻酸钠印染助剂配制的2%溶液的抽滤时间，结果以秒(s)计。

每个样品应取两个平行样进行测定，结果取其算术平均值。

ICS 67.120.050
B 50

中华人民共和国水产行业标准

SC/T 3404—2012

岩 藻 多 糖

Fucoidan

2012-12-24 发布 2013-03-01 实施

中华人民共和国农业部 发布

前　言

本标准按 GB/T 1.1 给出的规则起草。

本标准由农业部渔业局提出。

本标准由全国水产标准化技术委员会水产品加工分技术委员会(SAC/TC 156/SC 3)归口。

本标准起草单位:中国水产科学研究院黄海水产研究所、山东洁晶集团股份有限公司、北京雷力联合海洋生物科技有限公司、青岛明月海藻集团有限公司。

本标准主要起草人:冷凯良、林成彬、汤洁、安丰欣、许洋、苗钧魁、申健、邢丽红、孙伟红、尚德荣、张淑平。

岩 藻 多 糖

1 范围

本标准规定了岩藻多糖的产品要求、检验方法、试验规则和标识、包装、运输和贮存。

本标准适用于以海带(*Laminaria*)、裙带菜(*Undaria pinnatifida*)等褐藻为原料,经提取精制得到的多糖类产品。

2 规范性引用文件

下列文件对于本文件的应用是必不可少的。凡是注日期的引用文件,仅注日期的版本适用于本文件。凡是不注日期的引用文件,其最新版本(包括所有的修改单)适用于本文件。

GB/T 601—2002 化学试剂、滴定分析(含量分析)用标准溶液的制备

GB 5009.3 食品安全国家标准 食品中水分的测定

GB 5009.4 食品安全国家标准 食品中灰分的测定

GB/T 6682 分析实验室用水规格和实验方法

3 术语和定义

下列术语和定义适用于本文件。

3.1

岩藻多糖

也称褐藻多糖硫酸酯,是以岩藻糖和硫酸基为主要特征的一类水溶性多糖。

4 技术要求

4.1 感官要求

应符合表1的要求。

表1 感官要求

项 目	要 求
色 泽	近白色或淡黄色
外 观	呈均匀分散、干燥的粉末状
气 味	略带海藻腥味、无异味
杂 质	无明显外来杂质

4.2 理化指标

应符合表2的要求。

表2 理化指标

项 目	指 标
总糖,%	≥50
岩藻糖,%	≥15
硫酸基(以 SO_4^{2-} 计),%	≥15
游离硫酸根	不得检出
水分,%	≤10
灰分,%	≤32
pH(1%的水溶液)	4.5～7.5

5 试验方法

5.1 感官检验

在光线充足、无异味、清洁卫生的环境中，将试样置于白色搪瓷盘或不锈钢工作台上，按表 1 的内容逐项检验。

5.2 理化指标的检验

5.2.1 总糖

按附录 A 的规定执行。

5.2.2 岩藻糖

按附录 B 的规定执行。

5.2.3 硫酸基

按附录 C 的规定执行。

5.2.4 游离硫酸根

按附录 D 的规定执行。

5.2.5 水分

按 GB 5009.3 的规定执行。

5.2.6 灰分

按 GB 5009.4 的规定执行。

5.2.7 pH

按附录 E 的规定执行。

6 检验规则

6.1 组批规则与抽样方法

6.1.1 组批规则

在原料及生产条件基本相同的情况下同一天或同一班组生产的产品为一批，按批号抽取。

6.1.2 抽样方法

从每批受检样品中随机抽取 5 个包装，用取样器从 5 个包装内抽取样品 100 g，将样品混匀，用四分法缩分，分成两份，一份用于检测，一份用于备查。

6.2 检验分类

产品检验分为出厂检验和型式检验。

6.2.1 出厂检验

每批产品必须进行出厂检验。出厂检验由生产单位质量检验部门执行，检验项目为色泽、水分、灰分、总糖、岩藻糖、硫酸基等指标；检验合格签发检验合格证，产品凭检验合格证入库或出厂。

6.2.2 型式检验

有下列情况之一时，应进行型式检验。型式检验的项目为本标准中规定的全部项目。

a) 长期停产后重新恢复生产时；

b) 原料变化或改变主要生产工艺，可能影响产品质量时；

c) 国家质量监督机构提出进行型式检验要求时；

d) 出厂检验与上次型式检验有很大差异时；

e) 正常生产时，每 6 个月至少一次型式检验。

6.3 判定规则

6.3.1 所检验项目的检验结果均符合标准要求时，则判本批产品合格。

6.3.2 检验结果中若有一项指标不符合标准规定时，允许双倍抽样进行复检，复检结果有一项指标不符合本标准，则该批产品判为不合格。

7 标识、包装、运输和贮存

7.1 标识

标识应清晰、易懂、醒目，标明产品名称、生产者或经销者的名称、地址、批号、生产日期、贮存条件、保质期、净重、产品标准代号等。出口产品按合同执行。

7.2 包装

产品包装应完整、清洁、无毒、无异味、密封、牢固，适合长途运输。

7.3 运输

运输工具要清洁、卫生、无异味、防雨，运输中要防止日晒、雨淋及受热、受潮。

7.4 贮存

产品应贮藏于清洁、卫生、无异味、干燥、防晒的库房中，要避免雨淋及日晒，防止受热、受潮。

附 录 A
（规范性附录）
总 糖

A.1 原理

岩藻多糖在酸性条件下水解，水解物在硫酸的作用下，迅速脱水生成糖醛衍生物，并与苯酚反应生成橙黄色溶液，反应产物在490 nm处比色测定，标准曲线法定量。

A.2 试剂

所用试剂除另有说明外，均为分析纯试剂。

A.2.1 水为GB/T 6682中规定的三级水。

A.2.2 浓硫酸。

A.2.3 苯酚。

A.2.4 岩藻糖标准品：纯度≥98%。

A.2.5 50 g/L苯酚溶液：称取5 g苯酚，用水溶解并定容至100 mL棕色容量瓶中，摇匀，置4℃冰箱中避光贮存。

A.2.6 200 μg/mL岩藻糖标准储备溶液：称取岩藻糖标准品0.02 g（精确至0.000 1 g），用水溶解并定容至100 mL容量瓶中，摇匀，置4℃冰箱中避光贮存。

A.3 仪器

A.3.1 分光光度计。

A.3.2 分析天平：感量0.000 1 g。

A.3.3 涡旋混合器。

A.3.4 棕色比色管：25 mL。

A.3.5 移液管：1 mL、5 mL。

A.3.6 容量瓶：100 mL。

A.4 分析步骤

A.4.1 标准曲线的制定

将岩藻糖标准储备溶液逐级稀释，配制成浓度为0 μg/mL、10 μg/mL、20 μg/mL、50 μg/mL、100 μg/mL、200 μg/mL的岩藻糖标准溶液。分别移取上述溶液1 mL于25 mL比色管中，加入50 g/L苯酚溶液1.0 mL，然后立即加入浓硫酸5.0 mL（与液面垂直加入，勿接触试管壁，以便反应液充分混合），静置10 min，涡旋混匀，室温下静置20 min。在490 nm波长处测定吸光度。以岩藻糖质量浓度为横坐标，吸光度为纵坐标，制定标准曲线。

A.4.2 测定

称取岩藻多糖样品0.01 g（精确至0.000 1 g），用水溶解并定容至100 mL容量瓶中，摇匀。吸取样品溶液1.0 mL按A.4.1步骤操作，测定吸光度。

A.5 计算结果

样品中总糖含量按式（A.1）计算，计算结果保留三位有效数字。

$$X = \frac{m_1 \times V \times 10^{-6}}{m} \times 100 \cdots\cdots (A.1)$$

式中：

X ——样品中总糖的含量，单位为百分率(%)；

m_1——从标准曲线上查得样品溶液中的含糖量，单位为微克每毫升(μg/mL)；

V ——样品定容的体积，单位为毫升(mL)；

m ——样品的质量，单位为克(g)。

A.6 重复性

两个平行样品测定结果的相对偏差不得超过10%，否则重新测定。

附 录 B
(规范性附录)
岩 藻 糖

B.1 原理

岩藻多糖样品在酸性条件下水解,用1-苯基-3-甲基-5-吡唑啉酮进行衍生化,高效液相色谱分析,外标法定量。

B.2 试剂

除另有说明外,所用试剂均为分析纯。

B.2.1 水为GB/T 6682中规定的一级水。

B.2.2 岩藻糖标准品:纯度≥98%。

B.2.3 1-苯基-3-甲基-5-吡唑啉酮(PMP)。

B.2.4 乙腈:色谱纯。

B.2.5 甲醇:色谱纯。

B.2.6 磷酸二氢钾:优级纯。

B.2.7 三氟乙酸。

B.2.8 氢氧化钠。

B.2.9 三氯甲烷。

B.2.10 冰乙酸。

B.2.11 氨水。

B.2.12 4 mol/L三氟乙酸溶液:准确量取29.7 mL三氟乙酸,加水定容至100 mL。

B.2.13 4 mol/L氢氧化钠溶液:准确称取16.0 g氢氧化钠,加水溶解并定容至100 mL。

B.2.14 0.3 mol/L氢氧化钠溶液:准确称取1.2 g氢氧化钠,加水溶解并定容至100 mL。

B.2.15 0.5 mol/L PMP甲醇溶液:准确称取8.71 g PMP,用甲醇(B.2.5)溶解并定容至100 mL。

B.2.16 0.3 mol/L乙酸溶液:准确量取1.7 mL冰乙酸,加水溶解并定容至100 mL。

B.2.17 0.1 mol/L磷酸二氢钾缓冲溶液:准确称取1.36 g磷酸二氢钾(B.2.6),加80 mL水溶解,先用氨水调节pH为6.0,再用水定容至100 mL。

B.2.18 0.05 mol/L磷酸二氢钾缓冲液:准确称取6.8 g磷酸二氢钾(B.2.6),加900 mL水溶解,用氢氧化钠溶液调节pH为6.9,最后用水定容至1 000 mL,备用。

B.2.19 1.0 mg/mL岩藻糖标准储备溶液:准确称取岩藻糖标准品0.01 g(精确至0.000 1 g),用水溶解并定容至10 mL,配成浓度为1.0 mg/mL的标准储备液,于4℃冰箱中冷藏保存,有效期3个月。

B.3 仪器

B.3.1 高效液相色谱仪:配紫外检测器。

B.3.2 分析天平:感量0.01 g、0.000 1 g。

B.3.3 涡旋混合器。

B.3.4 电热恒温干燥箱。

B.3.5 恒温水浴锅。

B.3.6 氮吹仪。

B.3.7 超声清洗器。

B.3.8 水解管:耐压螺盖玻璃管,体积 20 mL~30 mL,用水冲洗干净并烘干。

B.3.9 具塞玻璃离心管:5 mL。

B.3.10 容量瓶:10 mL、25 mL、100 mL。

B.4 测定步骤

B.4.1 水解

准确称取岩藻多糖样品 0.1 g(精确至 0.000 1 g)于水解管中,加入 4 mol/L 三氟乙酸溶液 10 mL,混匀后充入氮气封盖,在 110℃电热恒温干燥箱中水解 2 h,取出后冷却至室温,加入 4 mol/L 氢氧化钠溶液 10 mL 中和,调节 pH 至中性。将水解液转移到 25 mL 容量瓶中,用 0.1 mol/L 磷酸二氢钾缓冲溶液定容至刻度,备用。

B.4.2 样液的衍生化

取上述水解后的样品溶液 1 mL 于 5 mL 具塞玻璃试管中,加入 0.3 mol/L 氢氧化钠溶液 1 mL,涡旋混合,然后加入 0.5 mol/L PMP 甲醇溶液 1 mL,涡旋混合,置于 70℃恒温水浴锅中反应 70 min。取出后冷却至室温,加入 0.3 mol/L 乙酸溶液 1 mL 中和,转移至 10 mL 容量瓶中,用 0.1 mol/L 磷酸二氢钾缓冲溶液定容至刻度。取上述溶液 1 mL 于 5 mL 具塞玻璃试管中,加入三氯甲烷 2 mL,充分涡旋后去除三氯甲烷相,重复萃取 2 次,将得到的水相过 0.45 μm 水系膜,进行色谱分析,外标法定量。

B.4.3 标准溶液的衍生化

准确移取适量标准储备溶液,用水稀释成浓度分别为 1 μg/mL、5 μg/mL、10 μg/mL、50 μg/mL、100 μg/mL、200 μg/mL 的标准工作液,然后分别取 1 mL 于 5 mL 具塞玻璃试管中,按照 B.4.2 的操作进行衍生化,然后进行色谱分析,绘制校正曲线。

B.4.4 色谱条件

色谱柱:C_{18}色谱柱,250 mm×4.6 mm,5 μm,或相当者;

柱温:40℃;

流速:1.0 mL/min;

流动相:溶剂 A:乙腈—0.05 mol/L 磷酸二氢钾缓冲液(15+85),溶剂 B:乙腈—0.05 mol/L 磷酸二氢钾缓冲液(40+60);梯度洗脱程序见表 B.1;

表 B.1 梯度洗脱程序

运行时间,min	A,%	B,%
0	100	0
9	90	10
15	45	55
25	100	0

紫外检测器:波长 250 nm;

进样体积:20 μL。

B.5 结果计算

样品中岩藻糖含量按式(B.1)计算,计算结果保留三位有效数字。

$$X = \frac{C \times V \times 10^{-6}}{m} \times f \times 100 \quad \cdots\cdots (B.1)$$

式中：

X——样品中岩藻糖含量，单位为百分率(%)；

C——样品制备液中岩藻糖的浓度，单位为微克每毫升(μg/mL)；

V——样品制备液最终定容体积，单位为毫升(mL)；

m——样品的质量，单位为克(g)；

f——样品稀释倍数。

B.6 重复性

在重复性条件下获得的两次独立测定结果的绝对差值不得超过其算术平均值的10%。

B.7 岩藻糖标样衍生化后色谱图

见图B.1。

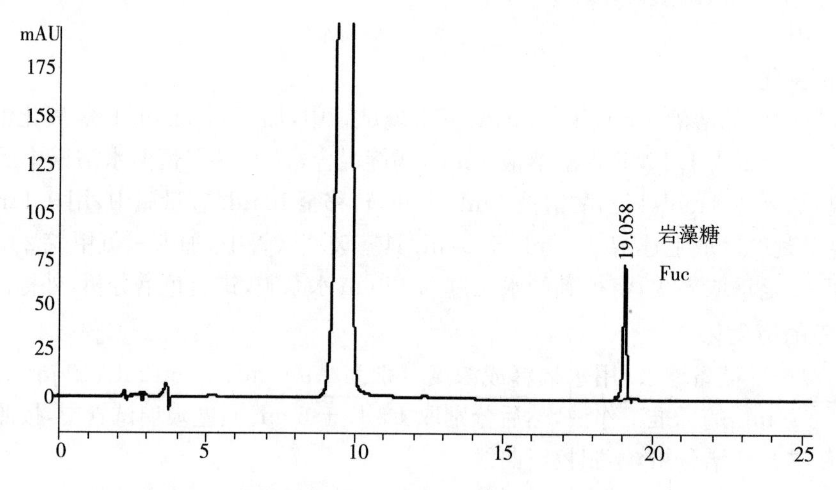

图B.1 岩藻糖标样衍生化后色谱图(100 μg/mL)

附 录 C
（规范性附录）
硫 酸 基

C.1 原理

在岩藻多糖中，硫酸根是以硫酸基的形式结合在岩藻多糖上的，采用盐酸水解，使硫酸基水解成为游离硫酸根。在酸性条件下加入钡盐沉淀硫酸根，将沉淀洗涤，干燥称重，计算其含量。

C.2 试剂

除另有说明外，所用试剂均为分析纯。

C.2.1 水为 GB/T 6682 中规定的三级水。

C.2.2 氯化钡。

C.2.3 硝酸银。

C.2.4 1 mol/L 盐酸溶液：按照 GB/T 601—2002 中 4.2 中规定的方法配制。

C.2.5 10%氯化钡溶液：称取 50 g 氯化钡，用水溶解并定容至 500 mL。

C.2.6 0.1 mol/L 硝酸银溶液：称取硝酸银 1.7 g，用水溶解并定容至 100 mL。

C.3 仪器

C.3.1 恒温水浴锅。

C.3.2 分析天平：感量 0.000 1 g。

C.3.3 电热恒温干燥箱。

C.3.4 水解管：耐压螺盖玻璃管，体积 20 mL～30 mL，用水冲洗干净并烘干。

C.3.5 锥形瓶：250 mL。

C.3.6 容量瓶：100 mL、500 mL。

C.4 测定步骤

C.4.1 样品溶液制备

准确称取岩藻多糖样品 0.5 g(精确至 0.000 1 g)，放入水解管中，加入 1 mol/L 盐酸溶液 15 mL，封口，在 105℃水解 4 h，冷却至室温，使用快速定量滤纸过滤，收集滤液于 250 mL 锥形瓶中，以少量水洗涤水解管和定量滤纸，收集所有滤液于锥形瓶中。

C.4.2 测定

将锥形瓶中溶液煮沸 1 min 左右，趁热逐滴加入 10%氯化钡溶液 20 mL，再煮沸 3 min～5 min。然后，置于 70℃～80℃恒温水浴中陈化 2 h。用已烘至恒重的玻璃砂芯漏斗抽滤，用水洗涤沉淀至无氯离子。将玻璃砂芯漏斗置于 105℃恒温干燥箱中烘至恒重。

C.4.3 结果计算

样品中硫酸基含量按式(C.1)计算，计算结果保留三位有效数字：

$$X = \frac{m_1}{m_0} \times \frac{96.06}{233.39} \times 100 \quad \cdots\cdots \text{(C.1)}$$

式中：

X ——样品中硫酸基的含量,单位为百分率(%);

m_0 ——样品的质量,单位为克(g);

m_1 ——无水硫酸钡的质量,单位为克(g);

96.06 ——硫酸根的摩尔质量,单位为克每摩尔(g/mol);

233.39 ——硫酸钡的摩尔质量,单位为克每摩尔(g/mol)。

C.5 重复性

两个平行测定结果的相对偏差不得超过3%,否则重新测定。

附 录 D
(规范性附录)
游离硫酸根

D.1 原理

在酸性条件下,样品中的游离硫酸根与钡离子会生成难溶的硫酸钡沉淀。

D.2 试剂

除另有说明外,所用试剂均为分析纯。

D.2.1 水为 GB/T 6682 中规定的三级水。

D.2.2 盐酸。

D.2.3 氯化钡。

D.2.4 1 mol/L 盐酸溶液:按照 GB/T 601—2002 中 4.2 规定的方法配制。

D.2.5 10%氯化钡溶液:称取 50 g 氯化钡,用水溶解并定容至 500 mL。

D.3 仪器

D.3.1 恒温水浴锅。

D.3.2 分析天平:感量 0.000 1 g。

D.4 测定步骤

称取岩藻多糖样品 0.1 g(精确至 0.000 1 g),加水 10 mL,搅拌溶解,过滤,收集滤液于锥形瓶中,加水至 50 mL~60 mL,用 1 mol/L 的盐酸溶液调节 pH 到 3 左右,加入 10%氯化钡溶液 1 mL,在 30℃恒温水浴中保温 30 min,观察实验结果。

D.5 结果判定

无白色沉淀生成,则表示样品中未含有游离硫酸根;有白色沉淀生成,则表示样品中含有游离硫酸根。

附　录　E
（规范性附录）
pH

E.1　原理

配制1%的岩藻多糖溶液，根据不同酸度的岩藻多糖溶液对酸度计的玻璃电极和甘汞电极产生不同的直流电动势，通过放大器指示其pH。

E.2　试剂

实验用水应符合GB/T 6682中三级水的要求。

E.3　仪器

E.3.1　酸度计：精度为0.01 pH单位。

E.3.2　天平：感量0.01 g。

E.4　测定步骤

称取试样1 g(精确0.01 g)，加蒸馏水99 mL，搅拌溶解成均匀溶液。此溶液浓度为1%。

按酸度计使用规定，先将酸度计校正，用100 mL的烧杯盛取1%岩藻多糖溶液50 mL，将电极浸入溶液中，然后启动酸度计，测定试液pH。测定时注意晃动溶液，待指针或显示值稳定后读数。

E.5　结果

每个试样取两个平行样进行测定，取其算术平均值为结果。

E.6　重复性

两个平行样测定结果相差不得超过0.10。

ICS 65.150
B 50

中华人民共和国水产行业标准

SC/T 5051—2012

观赏渔业通用名词术语

General terminology of ornamental fisheries

2012-12-07 发布　　　　2013-03-01 实施

中华人民共和国农业部　发布

前　言

本标准按照 GB/T 1.1 给出的规则起草。

本标准由农业部渔业局提出。

本标准由全国水产标准化技术委员会观赏鱼分技术委员会(SAC/TC 156/SC 8)归口。

本标准起草单位:中国水产科学研究院珠江水产研究所、浙江亿达生物科技有限公司、平湖市产品质量监督检验所。

本标准起草人:胡隐昌、汪学杰、宋红梅、牟希东、王培欣、杨叶欣、罗建仁、陆永明、吕琦。

观赏渔业通用名词术语

1 范围

本标准给出了观赏渔业(包括水生观赏性动植物)的基本术语及其定义。
本标准适用于观赏渔业。

2 规范性引用文件

下列文件对于本文件的应用是必不可少的。凡是注日期的引用文件,仅注日期的版本适用于本文件。凡是不注日期的引用文件,其最新版本(包括所有的修改单)适用于本文件。

GB/T 22213—2008 水产养殖术语

3 基本术语

3.1

观赏鱼 ornamental fish

因观赏或装饰目的养殖的鱼类。

3.2

观赏水族 aquarium animal

养殖并用于观赏和装饰目的的鱼类、软体动物、甲壳动物、两栖动物和爬行动物等水生动物。

3.3

淡水观赏鱼 freshwater aquarium fish

世代在淡水水域生活的观赏鱼。

3.4

海水观赏鱼 marine aquarium fish

世代在海洋生活的观赏鱼。

3.5

热带观赏鱼 tropical aquarium fish

原生地处于热带地区的观赏鱼。

3.6

珊瑚礁鱼 coral fish

世代生活于珊瑚礁或珊瑚丛海域的观赏鱼。

3.7

冷水性观赏鱼 cold-water aquarium fish

原生地处于高纬度或高海拔地区的观赏鱼。

3.8

原生鱼 native fish

从其世居地采捕的,尚未进行或完成家化驯养的观赏鱼或其子一代。

3.9

野生鱼 wild fish

自然水域采捕的直接来自天然种群的鱼类个体。

3.10

人工培育品种　breeding varieties

采用人工育种手段获得的遗传性状稳定，具有共同群体特征而且有别于原种或同种内其他群体的水生动植物。

注：改写 GB/T 22213—2008，定义 2.38。

3.11

观赏水草　aquatic ornamental plants

泛指能种植于水中的用于观赏的植物。

3.12

喜阳性水草　aquatic heliophilous plants

需要较强光照才能正常生长的水草。

3.13

喜阴性水草　aquatic heliophobes

仅能在弱光下正常生长的水草。

3.14

品相　appearance

观赏鱼的外观质量，构成该动物观赏价值的各部分的标准度及美艳度的总和。

4 养殖

4.1

新水　fresh water

经过消毒、净化处理后，浮游植物和微生物尚未增长至平衡点，且未曾用于水生动植物养殖的水。

4.2

老水　long-term placed water

搁置较长时间的水。

4.3

同温　balance

移动观赏鱼时让其所处水温缓慢地与新环境水温相平衡的操作。

4.4

吊水　stress training

运输前通过高密度和饥饿使鱼排空肠道及黏液，并对高密度状态产生适应而减少其应激反应的过程。

4.5

调水　water regulating

使用物理或（和）化学手段定向地改变水质的方法。

4.6

上缸　transfer to aquarium

将原先养殖于水泥池或池塘等较大型水体的观赏鱼移养在鱼缸中，使之适应小型水体环境的技术操作。

4.7

扬色　brightening

向饲料或水体中添加某些物质从而使观赏鱼体色更加鲜艳。

4.8

入色　colored by injection

通过将某些物质注射到鱼体内而改变其体色。

4.9

催红　redden

通过技术手段使红色系的观赏鱼红色度提高。

4.10

神仙网　bottomless net

底端开口网身较长的手抄网。

5　流通

5.1

硬包　inflated bags

打包完成后因充分鼓胀而表面具有较强弹性的塑料袋包装。

5.2

软包　bags that are not fully inflated

是因运输方式要求而有意执行特定操作,使装鱼的塑料袋充气不到完全饱满,打包完成后外观有些瘪塌的塑料袋。

5.3

四方袋　square bottom bag

有四方形的底,充气后可以直立放置的塑料包装袋。

5.4

直底袋　straight bottom bag

底边压成一条直线的塑料包装袋,充气后无法单独直立放置,只能卧放。

5.5

呼吸袋　breath bag

指装满水后可与外界进行气体交换的高分子材料运输袋。

5.6

转包　bag change

长途运输的途中给观赏鱼换水和重新充氧的过程。

5.7

泛包　bag packing that mortality over half

以塑料袋充氧形式运输的鱼,在塑料袋内出现大量死亡的情况。

索　　引

汉语拼音索引

英文对应词索引

ICS 65.150
B 50

中华人民共和国水产行业标准

SC/T 5052—2012

热带观赏鱼命名规则

Naming rules of tropical ornamental fish

2012-12-07 发布　　2013-03-01 实施

中华人民共和国农业部　发布

目　次

前　言

本标准按照 GB/T 1.1 给出的规则起草。

本标准由农业部渔业局提出。

本标准由全国水产标准化技术委员会观赏鱼分技术委员会(SAC/TC 156/SC 8)归口。

本标准起草单位:中国水产科学研究院珠江水产研究所、浙江亿达生物科技有限公司、平湖市产品质量监督检验所。

本标准起草人:罗建仁、汪学杰、宋红梅、牟希东、王培欣、胡隐昌、杨叶欣、陆永明、吕琦。

热带观赏鱼命名规则

1 范围

本标准规定了热带观赏鱼的商业命名规则。

本标准适用于热带观赏鱼。

2 术语和定义

下列术语和定义适用于本文件。

2.1

商业名称 commercial name

指允许在有关热带鱼的商业活动中使用的代表热带鱼物种、品种或品系的名称。

3 商业名称命名规则

3.1 商业名称的结构

商业名称应由连续的数个汉字组成,修饰限定性字词在前部,代表其所属类群的字词在后部,除有传统称谓且不存在误解可能的情况外,应以“鱼”或带有“鱼”的偏旁的汉字结尾。

示例 1:

习惯称谓:蛇纹孔雀;错误商业名称:蛇纹孔雀;正确商业名称:蛇纹孔雀鱼。

示例 2:

传统称谓:海马;错误商业名称:海马鱼;正确商业名称:海马。

3.2 命名原则

3.2.1 对应关系

一个商业名称只能代表一个热带鱼物种、品种或品系;一个热带鱼物种、品种或品系只能有一个的商业名称。

示例 1:

地图鱼(商业名称),代表星丽鱼 *Astronotus ocellatu* (英文名 Oscar)。

示例 2:

一帆风顺鱼(俗名)、大帆三间鱼(俗名),胭脂鱼(商业名称),代表胭脂鱼 *Myxocyprinus asiaticus*(英文名 Chinese sucker)。

3.2.2 直观

热带观赏鱼的商业名称应能直观地反映其鱼类属性,即可以看出是鱼名。

示例 1:

错误商业名称:血鹦鹉;正确商业名称:血鹦鹉鱼。

示例 2:

错误商业名称:神仙;正确商业名称:神仙鱼。

3.2.3 品种或品系的商业名称

一个热带观赏鱼品种或品系可以有一个专用商品名称,用于区别同属一个物种的不同自然种群或其他品种、品系。品种或品系的商业名称的构成是:代表品种或品系特征的或首创者赋予的修饰词+物种的商业名称。

示例:

红松石(修饰词)+七彩神仙鱼(物种的商业名称)=红松石七彩神仙鱼(品种商业名称)。

4 与学名及英文名的对应关系

热带观赏鱼的商业名称与一个中文学名、一个拉丁文学名和一个常用英文名相对应。

主要热带观赏鱼商业名称、学名、俗名和英文名的对应关系参见附录 A。

附 录 A
(资料性附录)
热带观赏鱼名称表

A.1 辐鳍亚纲 Actinopterygii 鲤形目 Cypriniformes 鲤科 Cyprinidae 见表 A.1。

表 A.1

序号	商业名称	英文名称	俗名	中文学名	拉丁文学名
A.1.1	银鲨	Bala shark	银鲨	暗色袋唇鱼	*Balantiocheilos melanopterus*
A.1.2	红鳍鲃	Thailand barb	红鳍银鲫、双线鲫、泰国鲫	多鳞四须鲃	*Barbonymus schwanenfeldii*
A.1.3	安哥拉鲫	African banded barb	安哥拉鲫	带纹鲃	*Barbus fasciolatus*
A.1.4	黄金条鱼	Schuberti barb	黄金条鱼	黄金鲃	*Barbus schuberti*
A.1.5	丽色低线鱲		丽色低线鱲	丽色低线鱲	*Barilius pulchellus*
A.1.6	火焰小丑灯鱼		火焰小丑灯	白氏泰波鱼	*Boraras brigittae*
A.1.7	婆罗洲小丑灯鱼		婆罗洲小丑灯	小泰波鱼	*Boraras merah*
A.1.8	玫瑰小丑灯鱼	Least rasbora	玫瑰小丑灯	拟尾斑泰波鱼	*Boraras urophthalmoides*
A.1.9	银河斑马鱼	Celestial pearl danio	银河斑马鱼		*Celestichthys margaritatus*
A.1.10	长椭圆鲤	Siamese flying fox	长椭圆鲤	穗唇鲃	*Crossocheilus oblongus*
A.1.11	暹罗飞狐鱼	Siamese flying fox	暹罗食藻鱼、暹罗飞狐鱼	暹罗穗唇鲃	*Crossocheilus siamensis*
A.1.12	彩虹精灵鱼	Red shiner	彩虹精灵鱼	卢伦真小鲤	*Cyprinella lutrensis*
A.1.13	闪电斑马鱼	Pearl danio	闪电斑马鱼	闪电斑马鱼	*Danio albolineatus*
A.1.14	虹带斑马鱼		虹带斑马鱼	乔氏斑马鱼	*Danio choprae*
A.1.15	斑马鱼	Zebra danio	斑马鱼	斑马鱼	*Danio rerio*
A.1.16	豹纹斑马鱼	Leopard danio	豹纹斑马鱼	斑马鱼	*Danio rerio*
A.1.17	金线鲋	Gold stripe danio	金线鲋	金线鲋	*Devario chrysotaeniatus*
A.1.18	大斑马鱼	Sind danio	大斑马鱼	大斑马鱼	*Devario devario*
A.1.19	红尾黑鲨	Red-tail black shark	红尾黑鲨	双色角鱼	*Epalzeorhynchos bicolor*
A.1.20	彩虹鲨	Rainbow shark	彩虹鲨	须唇角鱼	*Epalzeorhynchos frenatum*
A.1.21	飞狐鱼	Flying fox	飞狐鱼		*Epalzeorhynchos kalopterus*
A.1.22	蓝带斑马鱼		蓝带斑马鱼		*Microrasbora erythromicron*
A.1.23	黑鲨	Black shark	黑鲨		*Morulius chrysophekadion*
A.1.24	捆边鱼		捆边鱼、棋盘鲫	棋盘山鲃	*Oreichthys coasuatis*
A.1.25	黄帆鲫		黄帆鲫	山鲃	*Oreichthys cosuatis*
A.1.26	绿虎皮鱼		绿虎皮鱼	婆罗洲无须鲃	*Puntius anchisporus*
A.1.27	玫瑰鲫	Rosy barb	玫瑰鲫	玫瑰无须鲃	*Puntius conchonius*
A.1.28	一眉道人鱼	Denison barb	一眉道人	丹尼氏无须鲃	*Puntius denisonii*
A.1.29	皇冠鲫	Clown barb	皇冠鲫	皇冠无须鲃	*Puntius everetti*
A.1.30	黑点无须鲃	Blackspot barb	黑斑鲫	黑点无须鲃	*Puntius filamentosus*
A.1.31	五线鲃	Lined barb	五线鲃	线纹无须鲃	*Puntius lineatus*
A.1.32	黑宝石鱼	Black ruby barb	黑宝石鱼	黑带无须鲃	*Puntius nigrofasciatus*
A.1.33	金光五间鲫	Fiveband barb	金光五间鲫	五带无须鲃	*Puntius pentazona*
A.1.34	金条鲫	Goldfinned barb	金条鲫	沙氏无须鲃	*Puntius sachsii*
A.1.35	条纹小鲃	Chinese barb	条纹小鲃	条纹小鲃	*Puntius semifasciolatus*
A.1.36	长鳍鲫	Arulius barb,longfin bard	长鳍鲫	长鳍无须鲃	*Puntius tambraparniei*

表 A.1（续）

序号	商业名称	英文名称	俗名	中文学名	拉丁文学名
A.1.37	虎皮鱼	Tiger barb	虎皮、四间鲫、草虎皮	四带无须鲃	*Puntius tetrazona*
A.1.38	金虎皮鱼	Gold tiger barb	金虎皮、金四间	四带无须鲃	*Puntius tetrazona* var.
A.1.39	樱桃灯鱼	Cherry barb	樱桃灯	樱桃无须鲃	*Puntius titteya*
A.1.40	黑金线铅笔灯鱼		黑金线铅笔灯	捷波鱼	*Rasbora agilis*
A.1.41	红尾金线灯鱼	Blackline rasbora	红尾金线灯	红尾波鱼	*Rasbora borapetensis*
A.1.42	黑线金铅笔灯鱼	Blackstripe rasbora	黑线金铅笔灯	黑纹波鱼	*Rasbora gracilis*
A.1.43	火红两点鲫	Bigspot rasbora	火红两点鲫	大点波鱼	*Rasbora kalochroma*
A.1.44	一线长虹灯鱼	Redstripe rasbora	一线长虹灯	红线波鱼	*Rasbora pauciperforata*
A.1.45	剪刀尾波鱼	Three-lined rasbora	剪刀尾波鱼	三线波鱼	*Rasbora trilineata*
A.1.46	亚洲红鼻鱼	Sawbwa barb	亚洲红鼻鱼	闪光鲂	*Sawbwa resplendens*
A.1.47	紫艳麒麟鱼		紫艳麒麟鱼	倒刺鲃	*Spinibarbus denticulatus*
A.1.48	钻石红莲灯鱼		钻石红莲灯	阿氏波鱼	*Sundadanio axelrodi*
A.1.49	白云金丝鱼	White cloud mountain minnow	白云金丝	唐鱼	*Tanichthys albonubes*
A.1.50	金三角灯鱼	Lambchop rasbora	金三角灯	伊氏波鱼	*Trigonostigma espei*
A.1.51	正三角灯鱼	Harlequin rasbora	正三角灯	异形波鱼	*Trigonostigma heteromorpha*
A.1.52	蓝三角灯鱼	Harlequin rasbora	蓝三角灯	异形波鱼	*Trigonostigma heteromorpha* var.

A.2 辐鳍亚纲 Actinopterygii 鲤形目 Cypriniformes 双孔鱼科 Gyrinocheilidae 见表 A.2。

表 A.2

序号	商业名称	英文名称	俗名	中文学名	拉丁文学名
A.2.1	青苔鼠鱼	Algae eater	青苔鼠	双孔鱼	*Gyrinocheilus aymonieri*
A.2.2	金青苔鼠鱼	Golden algae eater	金青苔鼠	双孔鱼	*Gyrinocheilus aymonieri* var.

A.3 辐鳍亚纲 Actinopterygii 鲤形目 Cypriniformes 鳅科 Cobitidae 见表 A.3。

表 A.3

序号	商业名称	英文名称	俗名	中文学名	拉丁文学名
A.3.1	马头鳅	Horseface loach	马头鳅	马头小刺眼鳅	*Acantopsis choirorhynchos*
A.3.2	丫纹鳅	Y-loach	丫纹鳅	巴基斯坦沙鳅	*Botia lohachata*
A.3.3	斑马鳅	Zebra loach	斑马鳅	条纹沙鳅	*Botia striata*
A.3.4	三间鼠鱼	Tiger botia	三间鼠	三带沙鳅	*Chromobotia macracanthus*
A.3.5	蛇仔鱼	Coolie loach	苦力泥鳅、蛇仔鱼	库勒潘鳅	*Pangio kuhlii*
A.3.6	蓝鼠鱼	Redtail botia	蓝鼠	橙鳍沙鳅	*Yasuhikotakia modesta*
A.3.7	黄尾弓箭鼠鱼	Skunk botia	黄尾弓箭鼠	穆尔沙鳅	*Yasuhikotakia morleti*
A.3.8	网球鼠鱼	Dwarf botia	网球鼠	小沙鳅	*Yasuhikotakia sidthimunki*

A.4 辐鳍亚纲 Actinopterygii 脂鲤目 Characiformes 脂鲤科 Characidae 见表 A.4。

表 A.4

序号	商业名称	英文名称	俗名	中文学名	拉丁文学名
A.4.1	焰尾灯鱼	Goldencrown tetra	焰尾灯	白细脂鲤	*Aphyocharax alburnus*
A.4.2	红翅灯鱼	Bloodfin tetra	红翅灯	红鳍细脂鲤	*Aphyocharax anisitsi*
A.4.3	飞凤灯鱼	White spot tetra	飞凤灯	巴拉圭细脂鲤	*Aphyocharax paraguayensis*
A.4.4	火兔灯鱼	Redflank bloodfin	火兔灯	拉氏细脂鲤	*Aphyocharax rathbuni*
A.4.5	利氏灯鱼		利氏灯	利氏丽脂鲤	*Astyanax leopoldi*

表 A.4（续）

序号	商业名称	英文名称	俗名	中文学名	拉丁文学名
A. 4. 6	盲鱼	Mexican tetra	盲鱼	墨西哥丽脂鲤	*Astyanax mexicanus*
A. 4. 7	蓝灯鱼	Cochu's blue tetra	蓝灯	弗氏贝基脂鲤	*Boehlkea fredcochui*
A. 4. 8	银板灯鱼	Discus tetra	银板灯	圭亚那短蜴脂鲤	*Brachychalcinus orbicularis*
A. 4. 9	血鳍灯鱼		血鳍灯		*Brittanichthys axelrodi*
A. 4. 10	红尾河虎鱼		红尾河虎	布氏大鳞脂鲤	*Brycon hilarii*
A. 4. 11	红铜大鳞脂鲤	Tucan fish	红尾平克	红铜大鳞脂鲤	*Chalceus erythrurus*
A. 4. 12	红尾平克鱼	Pinktail chalceus	红尾平克	大鳞脂鲤	*Chalceus macrolepidotus*
A. 4. 13	九间跳鲈	Darter characin	九间跳鲈	线纹溪脂鲤	*Characidium fasciatum*
A. 4. 14	龙王灯鱼	Swordtail characin	龙王灯	剑尾脂鲤	*Corynopoma riisei*
A. 4. 15	大帆灯鱼	Sailfin tetra	大帆灯	泉脂鲤	*Crenuchus spilurus*
A. 4. 16	龅牙灯鱼	Bucktooth tetra	龅牙灯	鹿齿鱼	*Exodon paradoxus*
A. 4. 17	神风灯鱼		神风灯	斯氏颌脂鲤	*Gnathocharax steindachneri*
A. 4. 18	黑裙鱼	Black tetra	黑裙	裸顶脂鲤	*Gymnocorymbus ternetzi*
A. 4. 19	黄日光灯鱼	Silvertip tetra	黄日光灯	银顶光尾裙鱼	*Hasemania nana*
A. 4. 20	红头剪刀鱼	Firehead tetra	红头剪刀	布氏半线脂鲤	*Hemigrammus bleheri*
A. 4. 21	红灯管鱼	Glowlight tetra	红灯管	红带半线脂鲤	*Hemigrammus erythrozonus*
A. 4. 22	金线灯鱼	January tetra	金线灯	豚形半线脂鲤	*Hemigrammus hyanuary*
A. 4. 23	头尾灯鱼	Head-and-taillight tetra	头尾灯	眼点半线脂鲤	*Hemigrammus ocellifer*
A. 4. 24	美丽灯鱼	Garnet tetra	美丽灯	丽半线脂鲤	*Hemigrammus pulcher*
A. 4. 25	红鼻剪刀鱼	Rummy-nose tetra	红鼻剪刀	红吻半线脂鲤	*Hemigrammus rhodostomus*
A. 4. 26	黄金灯鱼	Golden tetra	黄金灯	金半线脂鲤	*Hemigrammus rodwayi*
A. 4. 27	一点红灯鱼		一点红灯		*Hemigrammus stictus*
A. 4. 28	公主灯鱼		公主灯	黑带半线脂鲤	*Hemigrammus ulreyi*
A. 4. 29	喷火灯鱼	Ember tetra	喷火灯	爱鲃脂鲤	*Hyphessobrycon amandae*
A. 4. 30	亚玛帕三色灯鱼		亚玛帕三色灯		*Hyphessobrycon amapaensis*
A. 4. 31	红十字灯鱼	Buenos Aires tetra	红十字灯	恩氏鲃脂鲤	*Hyphessobrycon anisitsi*
A. 4. 32	玫瑰旗鱼	Ornate tetra	玫瑰扯旗	本氏鲃脂鲤	*Hyphessobrycon bentosi*
A. 4. 33	黄扯旗鱼	Yellow tetra	黄扯旗	双带鲃脂鲤	*Hyphessobrycon bifasciatus*
A. 4. 34	红尾梦幻旗鱼		红尾梦幻旗	桥唇鲃脂鲤	*Hyphessobrycon columbianus*
A. 4. 35	黑印血旗鱼		黑印血旗	华美鲃脂鲤	*Hyphessobrycon epicharis*
A. 4. 36	红旗鱼	Jewel tetra	红旗鱼	马鲃脂鲤	*Hyphessobrycon eques*
A. 4. 37	血心灯鱼	Bleeding-heart tetra	血心灯	红点鲃脂鲤	*Hyphessobrycon erythrostigma*
A. 4. 38	火焰灯鱼	Flame tetra	火焰灯	火焰鲃脂鲤	*Hyphessobrycon flammeus*
A. 4. 39	橘焰水晶旗鱼		橘焰水晶旗	哈氏鲃脂鲤	*Hyphessobrycon haraldschultzi*
A. 4. 40	黑莲灯鱼	Black neon tetra	黑莲灯	黑异纹鲃脂鲤	*Hyphessobrycon herbertaxelrodi*
A. 4. 41	幻眼三色灯鱼	Flag tetra	幻眼三色灯	异纹鲃脂鲤	*Hyphessobrycon heterorhabdus*
A. 4. 42	橘尾金线灯鱼	Loreto tetra	橘尾金线灯鱼	洛雷托鲃脂鲤	*Hyphessobrycon loretoensis*
A. 4. 43	黑旗鱼	Black phantom tetra	黑旗鱼	大鳍鲃脂鲤	*Hyphessobrycon megalopterus*
A. 4. 44	红眼金线灯鱼		红眼金线灯鱼	后鳍鲃脂鲤	*Hyphessobrycon metae*
A. 4. 45	柠檬灯鱼	Lemon tetra	柠檬灯	丽鳍鲃脂鲤	*Hyphessobrycon pulchripinnis*
A. 4. 46	红背血心灯鱼		红背血心灯	微红鲃脂鲤	*Hyphessobrycon pyrrhonotus*
A. 4. 47	玫瑰扯旗鱼	Rosy tetra	玫瑰扯旗	玫瑰鲃脂鲤	*Hyphessobrycon rosaceus*
A. 4. 48	金边血心鱼	Spotfin tetra	金边血心鱼	索氏鲃脂鲤	*Hyphessobrycon socolofi*
A. 4. 49	红衣梦幻旗鱼	Red phantom tetra	红衣梦幻旗	史氏鲃脂鲤	*Hyphessobrycon sweglesi*
A. 4. 50	蓝国王灯鱼	Royal tetra	蓝国王灯	青脂鲤	*Inpaichthys kerri*
A. 4. 51	可乐蒂翠绿灯鱼		可乐蒂翠绿灯	科氏直线脂鲤	*Moenkhausia collettii*

表 A.4（续）

序号	商业名称	英文名称	俗名	中文学名	拉丁文学名
A.4.52	钻石灯鱼	Diamond tetra	钻石灯	闪光直线脂鲤	*Moenkhausia pittieri*
A.4.53	银屏灯鱼	Redeye tetra	银屏灯	黄带直线脂鲤	*Moenkhausia sanctaefilomenae*
A.4.54	红翅鲳		红翅鲳	银四齿脂鲤	*Mylossoma duriventre*
A.4.55	彩虹帝王灯鱼	Rainbow tetra	彩虹帝王灯	彩虹丝尾脂鲤	*Nematobrycon lacortei*
A.4.56	帝王灯鱼	Emperor tetra	帝王灯	巴氏丝尾脂鲤	*Nematobrycon palmeri*
A.4.57	黑帝王灯鱼	Black emperor tetra	黑帝王灯	巴氏丝尾脂鲤	*Nematobrycon palmeri* var.
A.4.58	宝莲灯鱼	Cardinal tetra	宝莲灯	阿氏霓虹脂鲤	*Paracheirodon axelrodi*
A.4.59	黄金红莲灯鱼	'Albino Gold' cardinal tetra	黄金红莲灯	阿氏霓虹脂鲤	*Paracheirodon axelrodi* var.
A.4.60	白金宝莲灯鱼	Cardinal tetra	白金宝莲灯	阿氏霓虹脂鲤	*Paracheirodon axelrodi* var.
A.4.61	红绿灯鱼	Neon tetra	红绿灯	霓虹脂鲤	*Paracheirodon innesi*
A.4.62	钻石日光灯鱼	'Diamond' neon tetra	钻石日光灯	霓虹脂鲤	*Paracheirodon innesi* var.
A.4.63	大帆钻石日光灯鱼	'Diamond veil fin' neon tetra	大帆钻石日光灯	霓虹脂鲤	*Paracheirodon innesi* var.
A.4.64	石日光灯鱼	'Diamond Gold veil fin' Neon tetra	黄金大帆钻石日光灯	霓虹脂鲤	*Paracheirodon innesi* var.
A.4.65	黄金大帆日光灯鱼	'Gold veil fin' Neon tetra	黄金大帆日光灯	霓虹脂鲤	*Paracheirodon innesi* var.
A.4.66	大帆日光灯鱼	'Veilfin' Neon tetra	大帆日光灯	霓虹脂鲤	*Paracheirodon innesi* var.
A.4.67	黄金日光灯鱼	Gold'neon tetra	黄金日光灯	霓虹脂鲤	*Paracheirodon innesi* var.
A.4.68	新红尾黄金灯鱼	Neon tetra	新红尾黄金灯	霓虹脂鲤	*Paracheirodon innesi* var.
A.4.69	新黄金灯鱼	Neon tetra	新黄金灯	霓虹脂鲤	*Paracheirodon innesi* var.
A.4.70	白金日光灯鱼	Neon tetra	白金日光灯	霓虹脂鲤	*Paracheirodon innesi* var.
A.4.71	绿莲灯鱼	Green neon tetra	绿莲灯	类霓虹脂鲤	*Paracheirodon simulans*
A.4.72	红眼剪刀鱼	False rummynose tetra	红眼剪刀	珀蒂鱼	*Petitella georgiae*
A.4.73	红肚鲳	Pirapatinga	红肚鲳、大银板鱼、淡水白鲳	短盖巨脂鲤	*Piaractus brachypomus*
A.4.74	珍珠灯鱼	Black morpho tetra	珍珠灯	韦氏杂色脂鲤	*Poecilocharax weitzmani*
A.4.75	红尾玻璃鱼	Glass bloodfin	红尾玻璃	玻璃锯脂鲤	*Prionobrama filigera*
A.4.76	X光灯鱼	X-ray tetra	X光灯	细锯脂鲤	*Pristella maxillaris*
A.4.77	红腹食人鱼	Red piranha	红腹食人鱼	纳氏锯脂鲤	*Pygocentrus nattereri*
A.4.78	胭脂水虎鱼	San Francisco piranha	胭脂水虎	锯脂鲤	*Pygocentrus piraya*
A.4.79	银光虎鱼	Lobetoothed piranha	银光虎	尻锯脂鲤	*Pygopristis denticulata*
A.4.80	黄金河虎鱼	Jaw characin	黄金河虎	乌拉圭小脂鲤	*Salminus brasiliensis*
A.4.81	黄金布兰提鱼	White piranha	黄金布兰提	布兰氏锯脂鲤	*Serrasalmus brandtii*
A.4.82	黑纹红勾鱼	Piranha	黑纹红勾		*Serrasalmus eigenmanni*
A.4.83	艾伦水虎鱼	Slender piranha	艾伦水虎	长身锯脂鲤	*Serrasalmus elongatus*
A.4.84	印第安武士鱼		印第安武士	格里氏锯脂鲤	*Serrasalmus geryi*
A.4.85	黑色食人鱼	Black piranha	黑色食人鱼	黑锯脂鲤	*Serrasalmus rhombeus*
A.4.86	黄钻水虎鱼	Speckled piranha	黄钻水虎	暗带锯脂鲤	*Serrasalmus spilopleura*
A.4.87	黑白企鹅鱼	Blackline penguinfish	黑白企鹅鱼	搏氏企鹅鱼	*Thayeria boehlkei*
A.4.88	企鹅鱼	Penguinfish	企鹅鱼	企鹅鱼	*Thayeria obliqua*

A.5 辐鳍亚纲 Actinopterygii 脂鲤目 Characiformes 鳡脂鲤科 Hepsetidae 见表 A.5。

表 A.5

序号	商业名称	英文名称	俗名	中文学名	拉丁文学名
A.5.1	钻石火箭鱼	African pike	钻石火箭	鳡脂鲤	*Hepsetus odoe*

A.6 辐鳍亚纲 Actinopterygii 骨鳔总目 Ostariophysi 脂鲤目 Characiformes 非洲脂鲤科 Alestidae 见表 A.6。

表 A.6

序号	商业名称	英文名称	俗名	中文学名	拉丁文学名
A.6.1	蓝眼平克鱼	African longfin tetra	蓝眼平克	长鳍鲑脂鲤	*Brycinus longipinnis*
A.6.2	黄金猛鱼	Giant tigerfish	黄金猛鱼	条纹狗脂鲤	*Hydrocynus goliath*
A.6.3	非洲猛鱼	Tiger fish	非洲猛鱼	狗脂鲤	*Hydrocynus vittatus*
A.6.4	刚果扯旗鱼	Congo tetra	刚果扯旗	断线脂鲤	*Phenacogrammus interruptus*

A.7 辐鳍亚纲 Actinopterygii 脂鲤目 Characiformes 琴脂鲤科 Citharinidae 见表 A.7。

表 A.7

序号	商业名称	英文名称	俗名	中文学名	拉丁文学名
A.7.1	六间小丑鱼	Sixbar distichodus	六间小丑	六带复齿脂鲤	*Distichodus sexfasciatus*
A.7.2	非洲双线短笔灯鱼		非洲双线短笔灯	特氏新唇脂鲤	*Neolebias trewavasae*

A.8 辐鳍亚纲 Actinopterygii 脂鲤目 Characiformes 短嘴脂鲤科 Lebiasinidae 见表 A.8。

表 A.8

序号	商业名称	英文名称	俗名	中文学名	拉丁文学名
A.8.1	溅水鱼	Splash tetra	溅水鱼	阿氏丝鳍脂鲤	*Copella arnoldi*
A.8.2	珍珠溅水鱼	Spotted tetra	珍珠溅水鱼	纳氏丝鳍脂鲤	*Copella nattereri*
A.8.3	红肚铅笔鱼	Golden pencilfish	红肚铅笔	金色铅笔鱼	*Nannostomus beckfordi*
A.8.4	二线铅笔鱼	Twostripe pencilfish	二线铅笔	双线铅笔鱼	*Nannostomus digrammus*
A.8.5	褐尾铅笔鱼	Brown pencilfish	褐尾铅笔	管口铅笔鱼	*Nannostomus eques*
A.8.6	五点铅笔鱼	Barred pencilfish	五点铅笔	埃斯佩氏铅笔鱼	*Nannostomus espei*
A.8.7	金线铅笔鱼	Blackstripe pencilfish	金线铅笔	哈氏铅笔鱼	*Nannostomus harrisoni*
A.8.8	小型红铅笔鱼	Dwarf pencilfish	小型红铅笔	短铅笔鱼	*Nannostomus marginatus*
A.8.9	火焰铅笔鱼	Coral-red dwarf pencilfish	火焰铅笔	火焰铅笔鱼	*Nannostomus mortenthaleri*
A.8.10	三线铅笔鱼	Threestripe pencilfish	三线铅笔	三带铅笔鱼	*Nannostomus trifasciatus*
A.8.11	一线铅笔鱼	Oneline pencilfish	一线铅笔	单线铅笔鱼	*Nannostomus unifasciatus*

A.9 辐鳍亚纲 Actinopterygii 脂鲤目 Characiformes 上口脂鲤科 Anostomidae 见表 A.9。

表 A.9

序号	商业名称	英文名称	俗名	中文学名	拉丁文学名
A.9.1	条纹铅笔鱼	Striped headstander	条纹铅笔	红尾上口脂鲤	*Anostomus anostomus*
A.9.2	特纳兹铅笔鱼		特纳兹铅笔	特氏上口脂鲤	*Anostomus ternetzi*
A.9.3	美国九间鱼	Banded leporinus	美国九间	兔脂鲤	*Leporinus fasciatus*

A.10 辐鳍亚纲 Actinopterygii 脂鲤目 Characiformes 胸斧鱼科 Gasteropelecidae 见表 A.10。

表 A.10

序号	商业名称	英文名称	俗名	中文学名	拉丁文学名
A.10.1	咖啡燕子鱼	Black-winged Hatchetfish	咖啡燕子	黑翼飞脂鲤	*Carnegiella marthae*
A.10.2	玻璃燕子鱼	Glass hatchetfish	玻璃燕子	迈氏飞脂鲤	*Carnegiella myersi*
A.10.3	迷你燕子鱼	Dwarf hatchetfish	迷你燕子	谢氏飞脂鲤	*Carnegiella schereri*
A.10.4	阴阳燕子鱼	Marbled hatchetfish	阴阳燕子	飞脂鲤	*Carnegiella strigata*
A.10.5	喷点燕子鱼	Silver hatchetfish	喷点燕子	银胸斧鱼	*Gasteropelecus levis*
A.10.6	银点燕子鱼	Spotted hatchetfish	银点燕子	点胸斧鱼	*Gasteropelecus maculatus*

表 A.10（续）

序号	商业名称	英文名称	俗名	中文学名	拉丁文学名
A.10.7	银燕子鱼	Common hatchetfish	银燕子	胸斧鱼	*Gasteropelecus sternicla*
A.10.8	巨型银燕子鱼	Giant hatchetfish	巨型银燕子	大胸斧鱼	*Thoracocharax securis*
A.10.9	大银斧燕子鱼	Spotfin hatchetfish	大银斧燕子	星大胸斧鱼	*Thoracocharax stellatus*

A.11 辐鳍亚纲 Actinopterygii 鲇形目 Siluriformes 长须鲶科 Pimelodidae 见表 A.11。

表 A.11

序号	商业名称	英文名称	俗名	中文学名	拉丁文学名
A.11.1	红尾鲶	Red-tail cat-fish	红尾鲶、狗仔鲸、枕头鲶	红尾鲶	*Hractocephalus hemioliopterus*
A.11.2	月光鸭嘴鱼	Dourada	月光鸭嘴	黄体短平口鲶	*Brachyplatystoma flavicans*
A.11.3	狐狸鸭嘴鱼		狐狸鸭嘴	斯氏扁口油鲶	*Platystomatichthys sturio*
A.11.4	巨型虎皮鸭嘴鱼	Spotted sorubim	大虎皮鸭嘴	闪光鸭嘴鲶	*Pseudoplatystoma corruscans*
A.11.5	大理石虎皮鸭嘴鱼	Tiger sorubim	大理石虎皮鸭嘴	虎纹鸭嘴鲶	*Pseudoplatystoma tigrinum*
A.11.6	虎皮鸭嘴鱼	Barred sorubim	虎皮鸭嘴	条纹鸭嘴鲶	*Pseudoplatystoma fasciatum*
A.11.7	T字鸭嘴鱼	Ornate pimelodus catfish	T字鸭嘴	饰妆油鲶	*Pimelodus ornatus*
A.11.8	斑点猫鱼	Mandi	斑点猫	斑油鲶	*Pimelodus maculatus*
A.11.9	美国花猫鱼	Pictus cat	美国花猫	平口油鲶	*Pimelodus pictus*
A.11.10	武士猫鱼		武士猫	拟油鲶	*Batrochoglanis raninus*
A.11.11	蜜蜂猫鱼		蜜蜂猫	多彩鲶	*Microglanis poecilus*
A.11.12	麦克鸭嘴鱼	Firewood catfish	麦克鸭嘴	平头苏禄油惗	*Sorubimichthys planiceps*
A.11.13	豹纹鸭嘴鱼		豹纹鸭嘴	秘鲁魅鲶	*Aguarunichthys torosus*
A.11.14	银豹鸭嘴鱼	Striped catfish	银豹鸭嘴	有名扁线油鲶	*Platynematichthys notatus*
A.11.15	斑马鸭嘴鱼	Tigerstriped catfish	斑马鸭嘴	斑马鸭嘴油鲶	*Merodontotus tigrinus*

A.12 辐鳍亚纲 Actinopterygii 鲇形目 Siluriformes 甲鲶科 Loricariidae 见表 A.12。

表 A.12

序号	商业名称	英文名称	俗名	中文学名	拉丁文学名
A.12.1	斑马异形鱼	Zebra pleco	熊猫异型、斑马异形	斑马下钩甲鲶	*Hypancistrus zebra*
A.12.2	金线老虎异型鱼		金线老虎异型	饰带梳钩鲶	*Peckoltia vittata*
A.12.3	皇冠豹异型鱼	Royal panaque	皇冠豹异型	黑线巴拉圭鲶	*Panaque nigrolineatus*
A.12.4	大帆琵琶鱼	Sailfin pleco	大帆琵琶	隆头雕甲鲶	*Pterygoplichthys gibbiceps*
A.12.5	橘点大帆琵琶鱼		橘点大帆琵琶	巴西雕甲鲶	*Pterygoplichthys joselimaianus*
A.12.6	魔鬼甲鲶		撒旦异形、魔鬼甲鲶	湖雕甲鲶	*Pterygoplichthys lituratus*
A.12.7	彩豹鲶		彩豹鲶、粉红豹鲶	旋齿鲶	*Cochliodon cochliodon*
A.12.8	琵琶鱼	Suckermouth catfish	清道夫、琵琶鱼	下口鲶	*Hypostomus plecostomus*
A.12.9	兔甲鲶		彩鳍坦克异形	兔甲鲶	*Leporacanthicus triactis*
A.12.10	斑点兔甲鲶		梦幻坦克异形	斑点兔甲鲶	*Leporacanthicus heterodon*
A.12.11	髭毛钩鲶		虬髯客异形	髭毛钩鲶	*Lasiancistrus mystacinus*
A.12.12	棘甲鲶		黑异形鱼	棘甲鲶	*Acanthicus hystrix*
A.12.13	大棘甲鲶		白珍珠异形	大棘甲鲶	*Acanthicus adonis*
A.12.14	粗锉鳞甲鲶		粗锉黑异形	粗锉鳞甲鲶	*Rhinelepis aspera*
A.12.15	奇甲鲶	Bushymouth catfish	花大胡子异形	奇甲鲶	Ancistrus dolichopterus

表 A. 12（续）

序号	商业名称	英文名称	俗名	中文学名	拉丁文学名
A. 12. 16	橘色副钩鲶		金刚达摩异形	橘色副钩鲶	*Parancistrus aurantiacus*
A. 12. 17	管吻鲶	Whiptail catfish	枝状直升机	管吻鲶	*Farlowella acus*
A. 12. 18	耳孔鲶		红尾小精灵	耳孔鲶	*Parotocinclus maculicauda*
A. 12. 19	秘鲁筛耳鲶		小精灵	秘鲁筛耳鲶	*Otocinclus vestitus*
A. 12. 20	长丝拉蒙特甲鲶		阿帕奇直升机鱼	长丝拉蒙特甲鲶	*Lamontichthys filamentosus*
A. 12. 21	小美胸铿甲鲶		一线直升机鱼	小美胸铿甲鲶	*Rineloricaria microlepidogaster*
A. 12. 22	黑氏铿甲鲶		七星喷射机鱼	黑氏铿甲鲶	*Rineloricaria hasemani*
A. 12. 23	矛状铿甲鲶	Chocolate-colored catfish	红军舰鲨	矛状铿甲鲶	*Rineloricaria lanceolata* var.
A. 12. 24	假铿甲鲶	Whiptailed loricaria	花雷达虎异形	假铿甲鲶	*Rineloricaria fallax*
A. 12. 25	锯齿假棘甲鲶	Red fin cactus pleco	绿裳剑尾坦克异形	锯齿假棘甲鲶	*Pseudacanthicus serratus*
A. 12. 26	狮纹假棘甲鲶		红尾坦克异形	狮纹假棘甲鲶	*Pseudacanthicus leopardus*

A. 13 辐鳍亚纲 Actinopterygii 鲇形目 Siluriformes 美鲶科 Callichthyidae 见表 A. 13。

表 A. 13

序号	商业名称	英文名称	俗名	中文学名	拉丁文学名
A. 13. 1	若柴鼠鱼		若柴鼠	盾皮鮠	*Aspidoras rochai*
A. 13. 2	金线黄花鼠鱼	Sixray corydoras	金线黄花鼠	少辐盾皮鮠	*Aspidoras pauciradiatus*
A. 13. 3	青铜鼠鱼	Emerald catfish	青铜鼠	闪光弓背鲶	*Brochis splendens*
A. 13. 4	咖啡鼠鱼	Bronze catfish	咖啡鼠	侧斑兵鲶	*Corydoras aeneus*
A. 13. 5	黑影鼠鱼	Corydoras	黑影鼠	半锋兵鲶	*Corydoras semiaquilus*
A. 13. 6	康帝斯鼠鱼	Corydoras	康帝斯鼠	几内亚兵鲶	*Corydoras condescipulus*
A. 13. 7	布氏鼠鱼	Spotback corydoras	布氏鼠	布氏兵鲶	*Corydoras blochi*
A. 13. 8	阿马帕鼠鱼	Amapa corydoras	阿马帕鼠	阿马帕兵鲶	*Corydoras amapaensis*
A. 13. 9	双色鼠鱼	Corydoras	双色鼠	双色兵鲶	*Corydoras bicolor*
A. 13. 10	茉莉豹鼠鱼	Leopard corydoras	茉莉豹鼠	豹纹兵鲶	*Corydoras julii*
A. 13. 11	豹鼠鱼	Leopard catfish	豹鼠	豹兵鲶	*Corydoras leopardus*
A. 13. 12	葛利斯鼠鱼	Gray corydoras	葛利斯鼠	灰兵鲶	*Corydoras griseus*
A. 13. 13	双黑斑鼠鱼	Pinkthroat corydoras	双黑斑鼠	大眼兵鲶	*Corydoras spilurus*
A. 13. 14	奥波根鼠鱼	Corydoras	奥波根鼠	奥亚波河兵鲶	*Corydoras oiapoquensis*
A. 13. 15	黑箭鼠鱼	Corydoras	黑箭鼠	丑兵鲶	*Corydoras solox*
A. 13. 16	飞凤鼠鱼	Bannertail catfish	飞凤鼠	罗宾氏兵鲶	*Corydoras robineae*
A. 13. 17	黑金红头鼠鱼	Corydoras	黑金红头鼠	内格罗河兵鲶	*Corydoras duplicareus*
A. 13. 18	红头鼠鱼	Adolf's catfish	红头鼠	阿道夫兵鲶	*Corydoras adolfoi*
A. 13. 19	迷你鼠鱼	Corydoras	迷你鼠	细兵鲶	*Corydoras gracilis*
A. 13. 20	顽皮豹鼠鱼	Corydoras	顽皮豹鼠	饰妆兵鲶	*Corydoras ornatus*
A. 13. 21	帝王鼠鱼	Corydoras	帝王鼠	瘌兵鲶	*Corydoras narcissus*
A. 13. 22	白棘豹鼠鱼	Pretty corydoras	白棘豹鼠	美兵鲶	*Corydoras pulcher*
A. 13. 23	芝麻鼠鱼	Xingu corydoras	芝麻鼠	兴冈兵鲶	*Corydoras xinguensis*
A. 13. 24	阿拉瓜亚尼斯鼠鱼	Corydoras	阿拉瓜亚尼斯鼠	阿拉瓜亚河兵鲶	Corydoras araguaiaensis
A. 13. 25	国王豹鼠鱼	Tailspot corydoras	国王豹鼠	尾斑兵鲶	*Corydoras caudimaculatus*
A. 13. 26	紫罗兰鼠鱼	Corydoras	紫罗兰鼠	似兵鲶	*Corydoras similis*
A. 13. 27	金珍珠鼠鱼	Corydoras	金珍珠鼠	斯特巴氏兵鲶	*Corydoras sterbai*
A. 13. 28	长吻灰珍珠鼠鱼	Corydoras	长吻灰珍珠鼠	平氏兵鲶	*Corydoras pinheiroi*
A. 13. 29	皇冠黑珍珠鼠鱼	Mosaic corydoras	皇冠黑珍珠鼠	哈氏兵鲶	*Corydoras haraldschultzi*
A. 13. 30	红翅金背鼠鱼	Palespotted corydoras	红翅金背鼠	戈氏兵鲶	*Corydoras gossei*

表 A.13（续）

序号	商业名称	英文名称	俗名	中文学名	拉丁文学名
A.13.31	杂斑鼠鱼	Peppered corydoras	杂斑鼠	杂色兵鲶	*Corydoras paleatus*
A.13.32	巨无霸鼠鱼	Giant corydoras	巨无霸鼠	侧兵鲶	*Corydoras latus*
A.13.33	月光鼠鱼	Pigmy corydoras	月光鼠	矛斑兵鲶	*Corydoras hastatus*
A.13.34	宝贝鼠鱼	Corydoras	宝贝鼠	多点兵鲶	*Corydoras polystictus*
A.13.35	黑旗鼠鱼	Blacktop corydoras	黑旗鼠	黑顶兵鲶	*Corydoras acutus*
A.13.36	一间鼠鱼	Corydoras	一间鼠	维吉尼亚氏兵鲶	*Corydoras virginiae*
A.13.37	斑鳍鼠鱼		斑鳍鼠	暗鳍兵鲶	*Corydoras orphnopterus*
A.13.38	红黑鳍鼠鱼	Rust corydoras	红黑鳍鼠	黑躯兵鲶	*Corydoras rabauti*
A.13.39	海盗鼠鱼	Sychr's catfish	海盗鼠	西克里氏兵鲶	*Corydoras sychri*
A.13.40	熊猫鼠鱼	Panda corydoras	熊猫鼠	波鳍兵鲶	*Corydoras panda*
A.13.41	烟圈鼠鱼		烟圈鼠	伊夫氏兵鲶	*Corydoras evelynae*
A.13.42	绅士鼠鱼	Elegant corydoras	绅士鼠	小点兵鲶	*Corydoras elegans*
A.13.43	米奇鼠鱼		米奇鼠	秘鲁兵鲶	*Corydoras loretoensis*
A.13.44	弓箭鼠鱼	Masked corydoras	弓箭鼠	印记兵鲶	*Corydoras metae*
A.13.45	皇冠豹鼠鱼	False blochi catfish	皇冠豹鼠	德氏兵鲶	*Corydoras delphax*
A.13.46	黄金青铜鼠鱼	Green gold catfish	黄金青铜鼠	黑带兵鲶	*Corydoras melanotaenia*
A.13.47	太空鼠鱼		太空鼠	莱西达氏兵鲶	*Corydoras lacerdai*
A.13.48	黄花鼠鱼		黄花鼠	骨项兵鲶	*Corydoras osteocarus*
A.13.49	大花鼠鱼		大花鼠	斯氏兵鲶	*Corydoras steindachneri*
A.13.50	太空飞鼠鱼	Bearded catfish	太空飞鼠	须美鲶	*Scleromystax barbatus*
A.13.51	铁甲鼠鱼	Armoured catfish	铁甲鼠	美鲶	*Callichthys callichthys*
A.13.52	长吻战车鼠鱼	Porthole catfish	长吻战车鼠	长须双线美鲶	*Dianema longibarbis*

A.14 辐鳍亚纲 Actinopterygii 鲇形目 Siluriformes 歧须鮠科 Mochokidae 见表 A.14。

表 A.14

序号	商业名称	英文名称	俗名	中文学名	拉丁文学名
A.14.1	满天星反游猫鱼	Spotted upside-down catfish	满天星反游猫	花鳍歧须鮠	*Synodontis angelica*
A.14.2	黑翅反游猫鱼	Black-finupside-down catfish	黑翅反游猫	斯考顿歧须鮠	*Synodontis schoutedeni*

A.15 辐鳍亚纲 Actinopterygii 鲇形目 Siluriformes 𩷶科 Pangasiidae 见表 A.15。

表 A.15

序号	商业名称	英文名称	俗名	中文学名	拉丁文学名
A.15.1	长丝𩷶	Giant pangasius	成吉思汗鱼	长丝𩷶	*Pangasius sanitwongsei*
A.15.2	蓝色巴丁鱼	Iridescent shark-catfish	蓝鲨	苏氏圆腹𩷶	*Pangasianodon hypophthalmus*
A.15.3	水晶巴丁鱼		白鲨、水晶巴丁鱼	苏氏圆腹𩷶（白化）	*Pangasianodon hypophthalmus* var.

A.16 辐鳍亚纲 Actinopterygii 鲇形目 Siluriformes 鲶科 Siluridae 见表 A.16。

表 A.16

序号	商业名称	英文名称	俗名	中文学名	拉丁文学名
A.16.1	玻璃猫鱼	Glass catfish	玻璃猫	双须缺鳍鲶	*Kryptopterus bicirrhis*

A.17 辐鳍亚纲 Actinopterygii 鲇形目 Siluriformes 电鲶科 Malapteruridae 见表 A.17。

表 A.17

序号	商业名称	英文名称	俗名	中文学名	拉丁文学名
A.17.1	电鲶	Electric catfish	电猫鱼	电鲶	*Malapterurus electricus*

A.18 辐鳍亚纲 Actinopterygii 裸背电鳗目 Gymnotiformes 线鳍电鳗科 Apteronotidae 见表 A.18。

表 A.18

序号	商业名称	英文名称	俗名	中文学名	拉丁文学名
A.18.1	线翎电鳗	Black ghost	黑魔鬼鱼、黑羽毛鱼	线翎电鳗	*Apteronotus albifrons*

A.19 辐鳍亚纲 Actinopterygii 银汉鱼目 Atheriniformes 虹银汉鱼科 Melanotaeniidae 见表 A.19。

表 A.19

序号	商业名称	英文名称	俗名	中文学名	拉丁文学名
A.19.1	红苹果鱼	Red rainbow-fish	红苹果鱼	舌鳞银汉鱼	*Glossolepis incisus*
A.19.2	大帆青苹果鱼	Lake Wanam rainbowfish	大帆青苹果鱼	瓦纳舌鳞银汉鱼	*Glossolepis wanamensis*
A.19.3	燕子美人鱼	Threadfin rainbowfish	燕子美人鱼	伊岛银汉鱼	*Iriatherina werneri*
A.19.4	石美人鱼	Orange rainbow-fish	石美人鱼	贝氏虹银汉鱼	*Melanotaenia boesemani*
A.19.5	蓝美人鱼	Blue rainbow-fish	蓝美人鱼	湖虹银汉鱼	*Melanotaenia lacustris*
A.19.6	电光美人鱼	Dwarf rainbowfish	电光美人鱼	薄唇虹银汉鱼	*Melanotaenia praecox*
A.19.7	红美人鱼	Splendid rainbow-fish	红美人鱼	亮丽虹银汉鱼	*Melanotaenia splendida splendida*
A.19.8	红尾美人鱼	Australia rainbow-fish	红尾美人鱼	澳洲虹银汉鱼	*Melanotaenia australis*
A.19.9	钻石彩虹鱼	Ornate rainbowfish	钻石彩虹鱼	南方柔棘鱼	*Rhadinocentrus ornatus*

A.20 辐鳍亚纲 Actinopterygii 银汉鱼目 Atheriniformes 鲻银汉鱼科 Pseudomugilidae 见表 A.20。

表 A.20

序号	商业名称	英文名称	俗名	中文学名	拉丁文学名
A.20.1	霓虹燕子鱼	Forktail rainbowfish		叉尾鲻银汉鱼	*Pseudomugil furcatus*
A.20.2	珍珠燕子鱼	Spotted blue-eye		格氏鲻银汉鱼	*Pseudomugil gertrudae*
A.20.3	甜心燕子鱼	Honey blue eye		蜜鲻银汉鱼	*Pseudomugil mellis*
A.20.4	蓝眼燕子鱼	Pacific blue-eye	蓝眼燕子	鲻银汉鱼	*Pseudomugil signifer*

A.21 辐鳍亚纲 Actinopterygii 银汉鱼目 Atheriniformes 沼银汉鱼科 Telmatherinidae 见表 A.21。

表 A.21

序号	商业名称	英文名称	俗名	中文学名	拉丁文学名
A.21.1	七彩霓虹鱼	Celebes rainbowfish	七彩霓虹	拉迪氏沼银汉鱼	*Marosatherina ladigesi*

A.22 辐鳍亚纲 Actinopterygii 鳉形目 Cyprinodontiformes 花鳉科 Poeciliidae 见表 A.22。

表 A.22

序号	商业名称	英文名称	俗名	中文学名	拉丁文学名
A.22.1	孔雀鱼	Guppy	孔雀鱼、百万鱼	虹鳉	*Poecilia reticulata*
A.22.2	蛇纹孔雀鱼	Cobra guppy	蛇纹孔雀	虹鳉	*Poecilia reticulata* var.
A.22.3	礼服孔雀鱼	Tuxedo guppy	礼服孔雀	虹鳉	*Poecilia reticulata* var.
A.22.4	草尾孔雀鱼	Grass guppy	草尾孔雀	虹鳉	*Poecilia reticulata* var.
A.22.5	马赛克孔雀鱼	Mosaic guppy	马赛克孔雀	虹鳉	*Poecilia reticulata* var.
A.22.6	金属孔雀鱼	Metal guppy	金属孔雀	虹鳉	*Poecilia reticulata* var.
A.22.7	单色孔雀鱼	Solid guppy	单色孔雀	虹鳉	*Poecilia reticulata* var.

表 A.22（续）

序号	商业名称	英文名称	俗名	中文学名	拉丁文学名
A.22.8	剑尾孔雀鱼	Sword Tail guppy	剑尾孔雀	虹鳉	*Poecilia reticulata* var.
A.22.9	圆尾孔雀鱼	Round Tail guppy	圆尾孔雀	虹鳉	*Poecilia reticulata* var.
A.22.10	古老系孔雀鱼	Old Fashion guppy	古老系孔雀	虹鳉	*Poecilia reticulata* var.
A.22.11	黑玛丽鱼	Black molly	黑玛丽、黑魔利	黑花鳉	*Poecilia sphenops*
A.22.12	燕尾黑玛丽鱼	Coattail black molly	燕尾黑玛丽、琴尾黑魔利	黑花鳉	*Poecilia sphenops* var.
A.22.13	黑茶壶鱼	Black balloon molly	黑皮球鱼、黑茶壶鱼	黑花鳉	*Poecilia sphenops* var.
A.22.14	银玛丽鱼	Silver molly	银玛丽、银魔利	茉莉花鳉	*Poecilia latipinna* var.
A.22.15	金玛丽鱼	Golden molly	金玛丽、金魔利	茉莉花鳉	*Poecilia latipinna* var.
A.22.16	三色玛丽鱼	Thi-colour molly	三色玛丽、三色魔利	茉莉花鳉	*Poecilia latipinna* var.
A.22.17	金头玛丽鱼	Golden Head molly	金头玛丽、金头魔利	茉莉花鳉	*Poecilia latipinna* var.
A.22.18	金茶壶鱼	Golden balloon molly	金皮球鱼、金茶壶鱼	茉莉花鳉	*Poecilia latipinna* var.
A.22.19	银茶壶鱼	Silver balloon molly	银皮球鱼、银茶壶鱼	茉莉花鳉	*Poecilia latipinna* var.
A.22.20	花茶壶鱼	Calico balloon molly	花皮球鱼、花茶壶鱼	茉莉花鳉	*Poecilia latipinna* var.
A.22.21	鸳鸯鱼	Variable platyfish	三色鱼、鸳鸯鱼	杂色剑尾鱼	*Xiphophorus variatus*
A.22.22	大帆三色鱼	Giant-fin platy	大帆三色鱼	杂色剑尾鱼	*Xiphophorus variatus* var.
A.22.23	月光鱼	Moon fish 、Southern platy fish	月光鱼	花斑剑尾鱼	*Xiphophorus maculatus*
A.22.24	米老鼠鱼	Mickey moush platy	米老鼠鱼、米奇	花斑剑尾鱼	*Xiphophorus maculatus* var.
A.22.25	金月光鱼	Golden platy	金月光鱼	花斑剑尾鱼	*Xiphophorus maculatus* var.
A.22.26	剑尾鱼	Swordtail	剑尾鱼	剑尾鱼	*Xiphophorus hellerii*
A.22.27	绿剑尾鱼	Green swordtail	绿剑	剑尾鱼	*Xiphophorus hellerii* var.
A.22.28	红剑尾鱼	Red swordtail	红剑	剑尾鱼	*Xiphophorus hellerii* var.
A.22.29	高鳍红剑尾鱼	Giant sailfin Red Swordtail	高鳍红剑、高帆红剑	剑尾鱼	*Xiphophorus hellerii* var.
A.22.30	红白剑尾鱼	Red & white swordtail	红白剑	剑尾鱼	*Xiphophorus hellerii* var.
A.22.31	黑剑尾鱼	Black swordtail	黑剑尾鱼	剑尾鱼	*Xiphophorus hellerii* var.
A.22.32	花剑尾鱼	Calico swordtail	花剑	剑尾鱼	*Xiphophorus hellerii* var.
A.22.33	红黑剑尾鱼	Black & red swordtail	红黑剑	剑尾鱼	*Xiphophorus hellerii* var.
A.22.34	蓝色梦幻鳉	Loeme lampeye	蓝色梦幻鳉	卡宾扁花鳉	*Plataplochilus cabindae*
A.22.35	蓝眼灯鱼	Normani lampeye	蓝眼灯	诺门灯鳉	*Aplocheilichthys normani*
A.22.36	蓝珍珠鳉	Tanganyika pearl killifish	蓝珍珠鳉	芦丽鳉	*Lamprichthys tanganicanus*
A.22.37	尖嘴蝶鱼	Pike killifish	尖嘴蝶鱼	魣鳉	*Belonesox belizanus*

A.23 辐鳍亚纲 Actinopterygii 鳉形目 Cyprinodontiformes 溪鳉科 Aplocheilidae 见表 A.23。

表 A.23

序号	商业名称	英文名称	俗名	中文学名	拉丁文学名
A.23.1	蓝彩鳉	Blue lyretail	蓝彩鳉	蓝彩鳉	*Aphyosemiongardneri*
A.23.2	巧克力火焰鳉	Lyretail	巧克力火焰鳉	琴尾旗鳉	*Aphyosemion australe rachow*
A.23.3	五线鳉	Red-linedkillifish, red striped killifish	五线鳉	五线旗鳉	*Aphyosemion striatum*

表 A.23（续）

序号	商业名称	英文名称	俗名	中文学名	拉丁文学名
A.23.4	红旗鳉	Red fundulus	三叉琴尾鳉、红旗鳉	红旗鳉	*Aphyosemion sjoestedti* (*Lonnberg*)
A.23.5	二线琴尾鳉	Banded fundulus	二线琴尾鳉	二带旗鳉	*Aphyosemion bivittatum volcanum*
A.23.6	蓝带彩虹鳉		蓝带彩虹鳉	剑溪鳉	*Rivulus xiphidius*
A.23.7	蓝眼珍珠鳉	Magdalena rivulus	蓝眼珍珠	马格达溪鳉	*Rivulus magdalenae*
A.23.8	漂亮宝贝鳉	Rainbow killifish	漂亮宝贝	拉氏假鳃鳉	*Nothobranchius rachovii*
A.23.9	粉红佳人鳉		粉红佳人	粉红假鳃鳉	*Nothobranchius rubripinnis*
A.23.10	长身圆红尾鳉	Elongate nothobranch	长身圆红尾鳉	长体假鳃鳉	*Nothobranchius elongatus*
A.23.11	怀特氏珍珠鳉	White's pearlfish	怀特氏珍珠鳉	惠氏珠鳉	*Nematolebias whitei*
A.23.12	沃氏珍珠鳉	Killifish	沃氏珍珠鳉	沃氏珠鳉	*Megalebias wolterstorffi*
A.23.13	尖嘴鳉		尖嘴鳉	带纹扁鳉	*Epiplatys fasciolatus*
A.23.14	六间鳉		六间鳉	六带扁鳉	*Epiplatys sexfasciatus*
A.23.15	黄唇五线鳉		黄唇五线鳉	红颏扁鳉	*Epiplatys dageti*
A.23.16	翡翠宝石鳉	Playfair's panchax	翡翠宝石鳉	粗背鳉	*Pachypanchax playfairii*
A.23.17	霓虹鳉	Powder-blue panchax	霓虹鳉	扁粗背鳉	*Pachypanchax omalonotus*
A.23.18	黄金鳉	Golden wonder panchax	黄金鳉	条纹虾鳉	*Aplocheilus lineatus*
A.23.19	蓝印度金龙鳉	Blue panchax	蓝印度金龙鳉	蓝虾鳉	*Aplocheilus panchax*

A.24 辐鳍亚纲 Actinopterygii 鲈形目 Perciformes 丽鱼科 Cichlidae 见表 A.24。

表 A.24

序号	商业名称	英文名称	俗名	中文学名	拉丁文学名
A.24.1	关刀宝石鱼	Threadfin acara	关刀宝石	赫氏菱鳃丽鱼	*Acarichthys heckelii*
A.24.2	红尾皇冠鱼	Green terror	红尾皇冠	绿宝丽鱼	*Aequidens rivulatus*
A.24.3	一点皇冠鱼	Yellow acara	哥伦比亚一点皇冠	后宝丽鱼	*Aequidens metae*
A.24.4	花面皇冠鱼	Blue acara	花面皇冠	蓝宝丽鱼	*Aequidens pulcher*
A.24.5	九间菠萝鱼	Convict cichlid	九间菠萝鱼	九间丽体鱼	*Amatitlania nigrofasciata*
A.24.6	火鹤鱼	Midas cichlid	火鹤鱼	橘色双冠丽鱼	*Amphilophus citrinellus*
A.24.7	红魔鬼鱼	Red devil	红魔鬼		*Amphilophus labiatus*
A.24.8	橙钻石鱼	Red breast cichlid	橙钻石	长鳍双冠丽鱼	*Amphilophus longimanus*
A.24.9	阿卡西短鲷	Agassiz's dwarf cichlid	阿卡西短鲷	阿氏隐带丽鱼	*Apistogramma agassizii*
A.24.10	火焰短鲷	Dwarfcichlids	火焰短鲷	秘鲁隐带丽鱼	*Apistogramma atahualpa*
A.24.11	酋长短鲷	Banded dwarf cichlid	酋长短鲷	双带隐带丽鱼	Apistogramma bitaeniata
A.24.12	黄金短鲷	Umbrella cichlid	黄金短鲷	博氏隐带丽鱼	*Apistogramma borellii*
A.24.13	裴莉短鲷		裴莉短鲷	短身隐带丽鱼	*Apistogramma brevis*
A.24.14	凤尾短鲷	Cockatoo cichlid	凤尾短鲷	丝鳍隐带丽鱼	*Apistogramma cacatuoides*
A.24.15	凯特短鲷		凯特短鲷	凯氏隐带丽鱼	*Apistogramma caetei*
A.24.16	花面短鲷	Corumba cichlid	花面短鲷	花颊隐带丽鱼	*Apistogramma commbrae*
A.24.17	青面短鲷	Vieja		克氏隐带丽鱼	*Apistogramma cruzi*
A.24.18	二线短鲷		二线短鲷	双纹隐带丽鱼	*Apistogramma diplotaenia*
A.24.19	伊丽莎白短鲷		伊丽莎白短鲷	伊丽沙白隐带丽鱼	*Apistogramma elizabethae*
A.24.20	鹦嘴短鲷		鹦嘴短鲷	矶隐带丽鱼	*Apistogramma eunotus*
A.24.21	吉菲拉短鲷		吉菲拉短鲷	亚马逊隐带丽鱼	*Apistogramma gephyra*
A.24.22	黑间短鲷		黑间短鲷	隆头隐带丽鱼	*Apistogramma gibbiceps*
A.24.23	四线短鲷		四线短鲷	戈斯氏隐带丽鱼	*Apistogramma gossei*
A.24.24	两点短鲷	Two-spotted Dwarf Cichlid	两点短鲷	巴西隐带丽鱼	*Apistogramma hippolytae*

表 A.24（续）

序号	商业名称	英文名称	俗名	中文学名	拉丁文学名
A. 24. 25	蓝色红两点短鲷	Highfin dwarf cichlid	蓝色红两点短鲷	霍氏隐带丽鱼	*Apistogramma hoignei*
A. 24. 26	女王短鲷	Red-lined Dwarf Cichlid	女王短鲷	杭氏隐带丽鱼	*Apistogramma hongsloi*
A. 24. 27	红帆短鲷	Checkered dwarf cichlid	红帆短鲷	玻利维亚隐带丽鱼	*Apistogramma inconspicua*
A. 24. 28	印地安短鲷	Threadfinned dwarf cichlid	印地安短鲷	圭亚那隐带丽鱼	*Apistogramma iniridae*
A. 24. 29	裘诺公主短鲷	Jurua dwarf cichlid	裘诺公主短鲷	儒鲁亚河隐带丽鱼	*Apistogramma juruensis*
A. 24. 30	林开短鲷	Linke's dwarf cichlid	林开短鲷	林氏隐带丽鱼	*Apistogramma linkei*
A. 24. 31	鲁林吉短鲷	Lueling's dwarf Cichlid	鲁林吉短鲷	利氏隐带丽鱼	*Apistogramma luelingi*
A. 24. 32	马克短鲷	Macmaster's dwarf cichlid	马克短鲷	麦氏隐带丽鱼	*Apistogramma macmasteri*
A. 24. 33	金宝短鲷	Mendezi dwarf cichlid	金宝短鲷	门氏隐带丽鱼	*Apistogramma mendezi*
A. 24. 34	熊猫短鲷	Panda dwarf cichlid	熊猫短鲷	尼氏隐带丽鱼	*Apistogramma nijsseni*
A. 24. 35	帝王短鲷	Norbert's dwarf cichlid's	帝王短鲷	诺氏隐带丽鱼	*Apistogramma norberti*
A. 24. 36	霸王短鲷	Blue panda apisto	霸王短鲷	壮身隐带丽鱼	*Apistogramma panduro*
A. 24. 37	双带短鲷	Glanzbinden-apistogramma	双带短鲷	少鳞隐带丽鱼	*Apistogramma paucisquamis*
A. 24. 38	红珍珠短鲷	Amazon dwarf cichlid	红珍珠短鲷	黄隐带丽鱼	*Apistogramma pertensis*
A. 24. 39	红线西施短鲷			皮奥伊隐带丽鱼	*Apistogramma piauiensis*
A. 24. 40	仆卡短鲷			美身隐带丽鱼	*Apistogramma pulchra*
A. 24. 41	琴尾短鲷	Steindachner's dwarf cichlid	琴尾短鲷	斯坦氏隐带丽鱼	*Apistogramma steindachneri*
A. 24. 42	三线短鲷	Three-stripe dwarf cichlid	三线短鲷	三带隐带丽鱼	*Apistogramma trifasciata*
A. 24. 43	彩面短鲷		彩面短鲷	厄氏隐带丽鱼	*Apistogramma urteagai*
A. 24. 44	维吉塔短鲷	Viejita apisto	维吉塔短鲷	维杰隐带丽鱼	*Apistogramma viejita*
A. 24. 45	T 字短鲷	T-dwarf cichlid	T 字短鲷		*Apistogrammoides pucallpaensis*
A. 24. 46	地图鱼	Oscar	地图鱼、猪仔鱼	星丽鱼	*Astronotus ocellatus*
A. 24. 47	喷点珍珠虎鱼	Congo blackfin	喷点珍珠虎	珍珠高身亮丽鱼	*Altolamprologus calvus*
A. 24. 48	珍珠虎鱼	Compressed cichlid	珍珠虎	荧点高身亮丽鱼	*Altolamprologus compressiceps*
A. 24. 49	闪电蓝波鱼		闪电蓝波	杜氏颅盔丽鱼	*Aulonocranus dewindti*
A. 24. 50	航空母舰鱼	Blue and Gold Streak	航空母舰	特氏深丽鱼	*Benthochromis tricoti*
A. 24. 51	90 天使鱼	Giant cichlid	90 天使	小鳞丽鱼	*Boulengerochromis microlepis*
A. 24. 52	哥伦比亚绿宝石短鲷		哥伦比亚绿宝石短鲷	哥伦比亚生丽鱼	*Biotoecus opercularis*
A. 24. 53	绿宝石短鲷		绿宝石短鲷	盖生丽鱼	*Biotoecus opercularis*
A. 24. 54	月亮宝石鱼	Greenstreaked eartheater	月亮宝石	双耳丽鲷	*Biotodoma cupido*
A. 24. 55	金嘴菠萝鱼		金嘴菠萝	巴西卡奎丽鱼	*Caquetaia spectabilis*
A. 24. 56	七彩菠萝	Yellow belly cichlid	七彩菠萝	索氏丽体鱼	*Cichlasoma salvini*
A. 24. 57	蓝火口鱼	Guayas cichlid	蓝火口鱼	青丽体鱼	*Cichlasoma festae*
A. 24. 58	血钻麒麟鱼		血钻麒麟鱼	线纹丽体鱼	*Cichlasoma grammodes*
A. 24. 59	珍珠豹鱼	Jack dempsey	珍珠豹鱼	十带丽体鱼	*Cichlasoma octofasciatum*
A. 24. 60	银河星钻鱼	Blue jack dampsy	银河星钻鱼	十带丽体鱼	*Cichlasoma octofasciatum* var.
A. 24. 61	青金虎鱼	Three spot cichlid	青金虎鱼	三斑丽体鱼	*Cichlasoma trimaculatum*
A. 24. 62	八线火口鱼	Mexican mojarra	八线火口鱼	尾斑丽体鱼	*Cichlasoma urophthalmus*
A. 24. 63	皇冠三间鱼	Peacock cichlid	皇冠三间	眼点丽鱼	*Cichla ocellaris*
A. 24. 64	黄金三间鱼		黄金三间	阿根廷丽鱼	*Cichla orinocensis*
A. 24. 65	帝王三间鱼	Speckled pavon	帝王三间	金目丽鱼	*Cichla temensis*

表 A.24（续）

序号	商业名称	英文名称	俗名	中文学名	拉丁文学名
A. 24. 66	钥匙洞短鲷	Keyhole cichlid	钥匙洞短鲷	马氏棒丽鱼	*Cleithracara maronii*
A. 24. 67	黄纹七彩孔雀龙鱼		黄纹七彩孔雀龙	狭头矛丽鱼	*Crenicichla compressiceps*
A. 24. 68	红翅孔雀龙鱼		红翅孔雀龙	约翰娜矛丽鱼	*Crenicichla johanna*
A. 24. 69	蓝提孔雀龙鱼		蓝提孔雀龙	雀斑矛丽鱼	*Crenicichla lenticulata*
A. 24. 70	钻石孔雀龙鱼		钻石孔雀龙	红矛丽鱼	*Crenicichla lepidota*
A. 24. 71	大食客孔雀龙鱼		大食客孔雀龙	郁矛丽鱼	*Crenicichla lugubris*
A. 24. 72	红眼纹孔雀龙鱼		红眼纹孔雀龙	背斑矛丽鱼	*Crenicichla notophthalmus*
A. 24. 73	波克那孔雀龙鱼		波克那孔雀龙	黑点矛丽鱼	*Crenicichla percna*
A. 24. 74	紫纹孔雀龙鱼		紫纹孔雀龙	里根氏矛丽鱼	*Crenicichla regani*
A. 24. 75	紫衣皇后鱼	T-bar cichlid	紫衣皇后	萨杰卡丽体鱼	*Cryptoheros sajica*
A. 24. 76	棋盘短鲷	Lyrefinned checkerboard cichlid	棋盘短鲷	长丝双缨丽鱼	*Dicrossus filamentosus*
A. 24. 77	皇冠棋盘短鲷	Spade-tail checkerboard cichlid	皇冠棋盘短鲷	斑点双缨丽鱼	*Dicrossus maculatus*
A. 24. 78	和尚鱼	Argentine humphead	和尚鱼	鲍氏裸光盖丽鱼	*Gymnogeophagus balzanii*
A. 24. 79	皇冠蓝宝石鱼	Smooth-cheek eartheater	皇冠蓝宝石	裸光盖丽鱼	*Gymnogeophagus gymnogenys*
A. 24. 80	炮弹七彩宝石鱼	Earth eater	炮弹七彩宝石		*Gymnogeophagus labiatus*
A. 24. 81	蓝珍珠宝石鱼	Earth eater	蓝珍珠宝石	南方裸光盖丽鱼	*Gymnogeophagus meridionalis*
A. 24. 82	新珍珠宝石鱼	Pearl cichlid	新珍珠宝石	巴西珠母丽鱼	*Geophagus brasiliensis*
A. 24. 83	牛头鲷	Redhump eartheater	牛头鲷	斯氏珠母丽鱼	*Geophagus steindachneri*
A. 24. 84	红珍珠关刀鱼	Redstriped eartheater	红珍珠关刀	苏里南珠母丽鱼	*Geophagus surinamensis*
A. 24. 85	珍珠火口鱼	Nicaragua cichlid	珍珠火口鱼	尼加拉瓜湖高鳍丽鱼	*Hypsophrys nicaraguensis*
A. 24. 86	绿巨人鱼	Lowland cichlid	绿巨人鱼	匠丽体鱼	*Herichthys carpintis*
A. 24. 87	德州豹鱼	Texas cichlid	德州豹鱼	蓝斑丽体鱼	*Herichthys cyanoguttatus*
A. 24. 88	金元宝鱼	Pantano cichlid	金元宝鱼	皮尔斯氏丽体鱼	*Herichthys pearsei*
A. 24. 89	黑菠萝鱼	Banded cichlid	黑菠萝	英丽鱼	*Heros severus*
A. 24. 90	金菠萝鱼	Golden severum	金菠萝	英丽鱼	*Heros severus* var.
A. 24. 91	巧克力菠萝鱼	Vieja	巧克力菠萝	似鲯高地丽鱼	*Hypselecara coryphaenoides*
A. 24. 92	狮王鱼	Emerald cichlid	狮王	狮王高地丽鱼	*Hypselecara temporalis*
A. 24. 93	红鳃皇冠鱼	Flag acara	红鳃皇冠	弯头悦丽鱼	*Laetacara curviceps*
A. 24. 94	紫肚皇冠鱼	Redbreast acara	紫肚皇冠	高背悦丽鱼	*Laetacara dorsigera*
A. 24. 95	蒙面皇冠鱼	Redbellied flag cichlid	蒙面皇冠	塞耶氏悦丽鱼	*Laetacara thayeri*
A. 24. 96	荷兰凤凰鱼	Ram cichlid	荷兰凤凰	拉氏小噬土丽鲷	*Mikrogeophagus ramirezi*
A. 24. 97	玻利维亚凤凰鱼	Bolivian ram	玻利维亚凤凰	高棘小噬土丽鲷	*Mikrogeophagus altispinosus*
A. 24. 98	画眉鱼	Flag cichlid	画眉鱼	花边中丽鱼	*Mesonauta festivus*
A. 24. 99	红眼画眉鱼	Vieja	红眼画眉	粗中丽鱼	*Mesonauta insignis*
A. 24. 100	龙纹短鲷	Zebra acara	龙纹短鲷	亚马逊河矮丽鱼	*Nannacara adoketa*
A. 24. 101	金眼短鲷	Golden dwarf cichlid	金眼短鲷	矮丽鱼	*Nannacara anomala*
A. 24. 102	金头短鲷		金头短鲷	金头矮丽鱼	*Nannacara aureocephalus*
A. 24. 103	古巴酋长鱼	Biajaca	古巴酋长	古巴丽体鱼	*Nandopsis tetracanthus*
A. 24. 104	花老虎鱼	Jaguar cichlid	花老虎	马拉丽体鱼	*Parachromis managuensis*
A. 24. 105	道氏火口鱼	Guapote	道氏火口	达氏丽体鱼	*Parachromis dovii*
A. 24. 106	红老虎鱼	Bay snook	红老虎	灿丽鱼	*Petenia splendida*
A. 24. 107	长吻神仙鱼	Longnose angelfish	长吻神仙	利氏神仙鱼	*Pterophyllum leopoldi*
A. 24. 108	神仙鱼	Freshwater angelfish	神仙、燕鱼	神仙鱼	*Pterophyllum scalare*
A. 24. 109	黑神仙鱼	Black angelfish	黑神仙	神仙鱼	*Pterophyllum scalare* var.
A. 24. 110	钻石神仙鱼	Diamond angelfish	钻石神仙	神仙鱼	*Pterophyllum scalare* var.
A. 24. 111	蓝神仙鱼	Blue angelfish	蓝神仙	神仙鱼	*Pterophyllum scalare* var.

表 A.24（续）

序号	商业名称	英文名称	俗名	中文学名	拉丁文学名
A.24.112	金神仙鱼	Golden angelfish	金神仙	神仙鱼	*Pterophyllum scalare* var.
A.24.113	阴阳神仙鱼	Half-black angelfish	阴阳神仙	神仙鱼	*Pterophyllum scalare* var.
A.24.114	豹点神仙鱼	Leopard angelfish	豹点神仙	神仙鱼	*Pterophyllum scalare* var.
A.24.115	大理石神仙鱼	Marble angelfish	大理石神仙	神仙鱼	*Pterophyllum scalare* var.
A.24.116	珍珠鳞金神仙鱼	PearledGolden Diamond Angelfish	珍珠鳞金神仙	神仙鱼	*Pterophyllum scalare* var.
A.24.117	红眼神仙鱼	Red-eyed Angelfish	红眼神仙	神仙鱼	*Pterophyllum scalare* var.
A.24.118	红顶神仙鱼	Red-top Angelfish	红顶神仙	神仙鱼	*Pterophyllum scalare* var.
A.24.119	皇冠神仙鱼	Royal angelfish	皇冠神仙	神仙鱼	*Pterophyllum scalare* var.
A.24.120	红面神仙鱼	Red gill angelfish	红面神仙	神仙鱼	*Pterophyllum scalare* var.
A.24.121	银神仙鱼	Silver angelfish	银神仙	神仙鱼	*Pterophyllum scalare* var.
A.24.122	玻璃神仙鱼	Gray angelfish	玻璃神仙	神仙鱼	*Pterophyllum scalare* var.
A.24.123	虎皮神仙鱼	Tiger-skined Angelfish	虎皮神仙	神仙鱼	*Pterophyllum scalare* var.
A.24.124	斑马神仙鱼	Zebra angelfish	斑马神仙	神仙鱼	*Pterophyllum scalare* var.
A.24.125	三色神仙鱼	Tri-color Angelfish	三色神仙	神仙鱼	*Pterophyllum scalare* var.
A.24.126	埃及神仙鱼	Deep angelfish	埃及神仙	横纹神仙鱼	*Pterophyllum altum*
A.24.127	三点宝石鱼	Threespot eartheater	三点宝石	圣珠母丽鱼	*Satanoperca daemon*
A.24.128	蓝宝石鱼	Demon eartheater	蓝宝石	苏里南珠母丽鱼	*Satanoperca jurupari*
A.24.129	黄珍珠宝石鱼		黄珍珠宝石	白斑珠母丽鱼	*Satanoperca leucosticta*
A.24.130	黑云鱼	Triangle cichlid	黑云	三角丽鱼	*Uaru amphiacanthoides*
A.24.131	黄金二线黑云鱼		黄金二线黑云	弗氏三角丽鱼	*Uaru fernandezyepezi*
A.24.132	蓝袖鲷	Torpedo dwarf cichlid	蓝袖鲷	坎氏纹首丽鱼	*Taeniacara candidi*
A.24.133	银翡翠鱼	White cichlid	银翡翠鱼		*Vieja argentea*
A.24.134	苹果鱼	Twoband cichlid	苹果鱼	双带丽体鱼	*Vieja bifasciata*
A.24.135	网纹狮头鱼	Blackstripe cichlid	网纹狮头鱼	墨西哥丽体鱼	*Vieja fenestrata*
A.24.136	胭脂火口鱼	Black belt cichlid	胭脂火口鱼	点丽体鱼	*Vieja maculicauda*
A.24.137	绿翡翠鱼	Almoloya cichlid	绿翡翠鱼	里根氏丽体鱼	*Vieja regani*
A.24.138	紫红火口鱼	Redhead cichlid	紫红火口鱼	红头丽体鱼	*Vieja synspila*
A.24.139	血鹦鹉鱼	Blood parrot cichlid	血鹦鹉		*Vieja synspila* ♀× *Amphilophus citrinellus* ♂
A.24.140	金刚鹦鹉鱼	King kong parrot cichlid	金刚鹦鹉		*Vieja synspila* ♀× *Amphilophus citrinellus* ♂
A.24.141	麒麟鹦鹉鱼	Kilin fish (parrot hybrid)	麒麟鹦鹉		*Blood parrot cichlid* ♀× *Herichthys carpintis* ♂
A.24.142	黑格尔七彩神仙鱼	Heckel discus	黑格尔七彩神仙	盘丽鱼	*Symphysodon discus*
A.24.143	棕七彩神仙鱼	Brown discus	棕七彩神仙	棕盘丽鱼	*Symphysodon aequifasciatus axelrodi*
A.24.144	蓝七彩神仙鱼	Blue discus	蓝七彩神仙	蓝盘丽鱼	*Symphysodon aequifasciatus haraldi*
A.24.145	绿七彩神仙鱼	Green discus	绿七彩神仙	绿盘丽鱼	*Symphysodon aequifasciatus aequifasciatus*
A.24.146	鸽子红七彩神仙鱼	Pigeon blood discus	鸽子红七彩神仙	盘丽鱼	*Symphysodon aequifasciatus* var.
A.24.147	蓝松石七彩神仙鱼	Blue-turquoise Discus	蓝松石七彩神仙	盘丽鱼	*Symphysodon aequifasciatus* var.
A.24.148	绿松石七彩神仙鱼	Green- turquoise Discus	绿松石七彩神仙	盘丽鱼	*Symphysodon aequifasciatus* var.
A.24.149	条纹型松石七彩神仙鱼	Turquoise-pattern Discus	条纹型松石七彩神仙	盘丽鱼	*Symphysodon aequifasciatus* var.

表 A.24（续）

序号	商业名称	英文名称	俗名	中文学名	拉丁文学名
A. 24. 150	一片绿七彩神仙鱼	Plain green Discus	一片绿七彩神仙	盘丽鱼	*Symphysodon aequifasciatus* var.
A. 24. 151	一片蓝七彩神仙鱼	Plain blue Discus	一片蓝七彩神仙	盘丽鱼	*Symphysodon aequifasciatus* var.
A. 24. 152	松石七彩神仙鱼	Turquoise discus	松石七彩神仙	盘丽鱼	*Symphysodon aequifasciatus* var.
A. 24. 153	红松石七彩神仙鱼	Red-turquoise Discus	红松石七彩神仙	盘丽鱼	*Symphysodon aequifasciatus* var.
A. 24. 154	一片红七彩神仙鱼	Plain red Discus	一片红七彩神仙	盘丽鱼	*Symphysodon aequifasciatus* var.
A. 24. 155	一片黄七彩神仙鱼	Plain yellow Discus	一片黄七彩神仙	盘丽鱼	*Symphysodon aequifasciatus* var.
A. 24. 156	一片棕七彩神仙鱼	Plain brown Discus	一片棕七彩神仙	盘丽鱼	*Symphysodon aequifasciatus* var.
A. 24. 157	红肚鸟嘴鱼	Cichlasoma longimanus	红肚鸟嘴	伊氏丽体鱼	*Thorichthys ellioti*
A. 24. 158	红肚火口鱼	Firemouth cichlid	红肚火口	焰口丽体鱼	*Thorichthys meeki*
A. 24. 159	金衣女王鱼		金衣女王	勃氏勒纹丽鲷	*Chalinochromis brichardi*
A. 24. 160	蓝波鱼	Featherfin cichlid	蓝波鱼	叉杯咽丽鱼	*Cyathopharynx furcifer*
A. 24. 161	布隆迪六间鱼	Humphead cichlid	布隆迪六间	驼背非鲫	*Cyphotilapia gibberosa Burundi*
A. 24. 162	萨伊蓝六间	Humphead cichlid	萨伊蓝六间	驼背非鲫	*Cyphotilapia gibberosa blue Zaire*
A. 24. 163	曼波蓝六间鱼	Humphead cichlid	曼波蓝六间	驼背非鲫	*Cyphotilapia gibberosa blue Mpimbwe*
A. 24. 164	奇果马七间鱼	7-stripe frontosa	奇果马七间	驼背非鲫	*Cyphotilapia frontosa Kigoma*
A. 24. 165	蓝剑沙鱼	Slender cichlid	蓝剑沙鱼	细体爱丽鱼	*Cyprichromis leptosoma*
A. 24. 166	细鳞剑沙鱼		细鳞剑沙	小鳞爱丽鱼	*Cyprichromis microlepidotus*
A. 24. 167	蓝点狐狸鱼	Tanganyika clown	蓝点狐狸	蓝带桨丽鱼	*Eretmodus cyanostictus*
A. 24. 168	孔雀眼蓝波鱼		孔雀眼蓝波	外丽鲷	*Ectodus descampsii*
A. 24. 169	波玛西珍珠鱼		波玛西珍珠	全颚颌丽鱼	*Gnathochromis permaxillaris*
A. 24. 170	蓝钻珍珠鱼		蓝钻珍珠	小鳞单列齿丽鱼	*Haplotaxodon microlepis*
A. 24. 171	紫衫凤凰鱼	Brown julie	紫衫凤凰	迪氏尖嘴丽鱼	*Julidochromis dickfeldi*
A. 24. 172	棋盘凤凰鱼	Marlieri cichlid	棋盘凤凰	斑带尖嘴丽鱼	*Julidochromis marlieri*
A. 24. 173	黄金二线凤凰	Golden julie	黄金二线凤凰	橙色尖嘴丽鱼	*Julidochromis ornatus*
A. 24. 174	三线凤凰鱼	Convict julie	三线凤凰鱼	雷氏尖嘴丽鱼	*Julidochromis regani*
A. 24. 175	黑间凤凰鱼	Masked julie	黑间凤凰	云斑尖嘴丽鱼	*Julidochromis transcriptus*
A. 24. 176	钻石贝鱼	Pearly ocellatus	钻石贝鱼	珠点亮丽鲷	*Lamprologus meleagris*
A. 24. 177	紫蓝叮当鱼	Shell dweller	紫蓝叮当	眼斑亮丽鲷	*Lamprologus ocellatus*
A. 24. 178	黄金叮当鱼	Gold ocellatus	黄金叮当	眼斑亮丽鲷	*Lamprologus ocellatus* var. "*Gold*"
A. 24. 179	蓝钻贝鱼		蓝钻贝	饰鳍亮丽鲷	*Lamprologus ornatipinnis*
A. 24. 180	蓝眼贝鱼		蓝眼贝	亮丽鲷	*Lamprologus signatus*
A. 24. 181	黑钻石贝鱼		黑钻石贝	灿亮丽鲷	*Lamprologus speciosus*
A. 24. 182	星点炮弹鱼		星点炮弹	狭身雅丽鱼	*Lepidiolamprologus attenuatus*
A. 24. 183	珍珠炮弹鱼		珍珠炮弹	长体雅丽鱼	*Lepidiolamprologus elongatus*
A. 24. 184	虎皮炮弹鱼		虎皮炮弹	肯氏雅丽鱼	*Lepidiolamprologus kendalli*
A. 24. 185	直纹虎皮炮弹鱼		直纹虎皮炮弹	卡氏雅丽鱼	*Lepidiolamprologus nkambae*

表 A.24（续）

序号	商业名称	英文名称	俗名	中文学名	拉丁文学名
A. 24. 186	珍珠蓝波鱼		珍珠蓝波	金色沼泽丽鱼	*Limnochromis auritus*
A. 24. 187	女王燕尾鱼	Fairy cichlid	女王燕尾	布氏新亮丽鲷	*Neolamprologus brichardi*
A. 24. 188	蓝帆二线天堂鸟鱼		蓝帆二线天堂鸟	巴氏新亮丽鲷	*Neolamprologus buescheri*
A. 24. 189	黄帆天堂鸟鱼		黄帆天堂鸟	尾斑新亮丽鲷	*Neolamprologus caudopunctatus*
A. 24. 190	蓝九间鱼		蓝九间	圆筒新亮丽鲷	*Neolamprologus cylindricus*
A. 24. 191	金眼天堂鸟鱼		金眼天堂鸟	叉新亮丽鲷	*Neolamprologus furcifer*
A. 24. 192	柠檬天堂鸟鱼	Lemon cichlid	柠檬天堂鸟	李氏新亮丽鲷	*Neolamprologus leleupi*
A. 24. 193	黄天堂鸟鱼	Elongated lemon cichlid	黄天堂鸟	郎吉新亮丽鲷	*Neolamprologus longior*
A. 24. 194	九间贝鱼	Multi-bar lamprologus	九间贝鱼	带新亮丽鲷	*Neolamprologus multifasciatus*
A. 24. 195	皇帝天堂鸟鱼		皇帝天堂鸟鱼	新亮丽鲷	*Neolamprologus mustax*
A. 24. 196	黄金燕尾鱼		黄金燕尾鱼	美新亮丽鲷	*Neolamprologus pulcher*
A. 24. 197	斑马燕鱼		斑马燕鱼	萨氏新亮丽鲷	*Neolamprologus savoryi*
A. 24. 198	金六间鱼		金六间鱼	六带新亮丽鲷	*Neolamprologus sexfasciatus*
A. 24. 199	斑马贝鱼		斑马贝鱼	似新亮丽鲷	*Neolamprologus similis*
A. 24. 200	珍珠雀鱼		珍珠雀鱼	四棘新亮丽鲷	*Neolamprologus tetracanthus*
A. 24. 201	五间半鱼		五间半	孔头新亮丽鲷	*Neolamprologus tretocephalus*
A. 24. 202	黄金提灯鱼		黄金提灯	金黄大眼非鲫	*Ophthalmotilapia nasuta*
A. 24. 203	蓝帝提灯鱼	Bluegold-tip cichlid	蓝帝提灯	腹大眼非鲫	*Ophthalmotilapia ventralis*
A. 24. 204	黑白翼蓝珍珠鱼		黑白翼蓝珍珠	布氏副爱丽鱼	*Paracyprichromis brieni*
A. 24. 205	蓝翼蓝珍珠鱼		蓝翼蓝珍珠	黑翅副爱丽鱼	*Paracyprichromis nigripinnis*
A. 24. 206	珍珠龙王鲷	Threadfin cichlid	珍珠龙王鲷	特氏岩丽鱼	*Petrochromis trewavasae trewavasae*
A. 24. 207	蓝点狐狸鱼		蓝点狐狸	马氏剑齿丽鱼	*Spathodus marlieri*
A. 24. 208	蓝斑节狐狸鱼	Spotfin goby cichlid	蓝斑节狐狸	艾氏坦加尼可丽鱼	*Tanganicodus irsacae*
A. 24. 209	维多士鱼		维多士鱼	饰圈沼丽鱼	*Telmatochromis vittatus*
A. 24. 210	珍珠金刚鱼		珍珠金刚	耳斑绯丽鱼	*Triglachromis otostigma*
A. 24. 211	虎皮蝴蝶鱼		虎皮蝴蝶鱼	布氏蓝首鱼	*Tropheus brichardi*
A. 24. 212	珍珠蝴蝶鱼	Duboisi cichlid	珍珠蝴蝶鱼	灰体蓝首鱼	*Tropheus duboisi*
A. 24. 213	宽带蝴蝶鱼		宽带蝴蝶鱼	红身蓝首鱼	*Tropheus moorii*
A. 24. 214	七彩珍珠鱼	Yellow sand cichlid	七彩珍珠	黄翅奇非鲫	*Xenotilapia flavipinnis*
A. 24. 215	倚丽莎龙王鲷	Kilesa yellow throat	倚丽莎龙王鲷		*Xenotilapia melanogenys*
A. 24. 216	蓝星珍珠鱼		蓝星珍珠	苍奇非鲫	*Xenotilapia ochrogenys*
A. 24. 217	向日葵天使鱼		向日葵天使	蝶奇非鲫	*Xenotilapia papilio*
A. 24. 218	鹰嘴鲷	Christys lethrinopsbuntbarsch	鹰嘴鲷	克氏美色丽鱼	*Aristochromis christyi*
A. 24. 119	黄帝鱼	Nkhomo-benga Peacock	黄帝鱼	贝氏孔雀鲷	*Aulonocara baenschi*
A. 24. 220	蓝花孔雀鲷	Chitande aulonocara	蓝花孔雀	小鳞孔雀鲷	*Aulonocara ethelwynnae*
A. 24. 221	红肚蓝天使鱼	Aulonocarafort maguire	红肚蓝天使	汉斯孔雀鲷	*Aulonocara hansbaenschi*
A. 24. 222	蓝太阳孔雀鲷	Aulonocara white top	蓝太阳孔雀鲷	休氏孔雀鲷	*Aulonocara hueseri*
A. 24. 223	帝王艳红鱼	Fairy cichlid	帝王艳红鱼	雅氏孔雀鲷	*Aulonocara jacobfreibergi*
A. 24. 224	金头孔雀鲷	Sulfurhead aulonocara	金头孔雀鲷	梅氏孔雀鲷	*Aulonocara maylandi maylandi*
A. 24. 225	蓝天使鱼	Blue peacock cichlid	蓝天使	非洲孔雀鲷	*Aulonocara nyassae*
A. 24. 226	蓝黎明鱼	Pale Usisya aulonocara	蓝黎明	史氏孔雀鲷	*Aulonocara steveni*
A. 24. 227	太阳孔雀鲷	Flavescent peacock	太阳孔雀鲷	斯氏孔雀鲷	*Aulonocara stuartgranti*
A. 24. 228	金火令鱼	Stripeback hap	金火令鱼	背带颊丽鱼	*Buccochromis nototaenia*

表 A.24（续）

序号	商业名称	英文名称	俗名	中文学名	拉丁文学名
A.24.229	蓝月光天使鱼	Trout cichlid	蓝月光天使	黑鳄丽鱼	*Champsochromis caeruleus*
A.24.230	泪眼火箭鱼		泪眼火箭	斑唇鳄丽鱼	*Champsochromis spilorhynchus*
A.24.231	厚唇天使鱼	Big lipped Cichlid	厚唇天使	真唇丽鱼	*Cheilochromis euchilus*
A.24.232	帝王鲷	Bream	帝王鲷	厚唇非鲫	*Chilotilapia rhoadesii*
A.24.233	金属蓝鱼	Azureus cichlid	金属蓝鱼	阿祖桨鳍丽鱼	*Copadichromis azureus*
A.24.234	波里尔鱼	Haplochromis borleyi redfin	波里尔鱼	博氏桨鳍丽鱼	*Copadichromis borleyi*
A.24.235	蓝王子鱼		蓝王子	金桨鳍丽鱼	*Copadichromis chrysonotus*
A.24.236	银边蓝天使鱼	Mloto flourescent	银边蓝天使		*Copadichromis trewavasae*
A.24.237	花天使鱼	Haplochromis borleyi eastern	花天使	维氏桨鳍丽鱼	*Copadichromis verduyni*
A.24.238	红顶火冠鱼	Fire-crest mloto	红顶火冠	维京桨鳍丽鱼	*Copadichromis virginalis*
A.24.239	闪电王子鱼	Dogtooth cichlid	闪电王子	犬齿非鲫	*Cynotilapia afra*
A.24.240	蓝茉莉鱼	Hump-head	蓝茉莉	蓝隆背丽鲷	*Cyrtocara moorii*
A.24.241	马面鱼	Malawi eyebiter	马面	扁首朴丽鱼	*Dimidiochromis compressiceps*
A.24.242	金鹰鱼	Threespot torpedo	金鹰	突背丽鲷	*Exochochromis anagenys*
A.24.243	雪花豹鱼		雪花豹	黑点朴丽鱼	*Fossorochromis rostratus*
A.24.244	花小丑鱼	Blue mbuna	花小丑	菲氏突吻丽鱼	*Labeotropheus fuelleborni*
A.24.245	蓝勾鼻鱼	Scrapermouth mbuna	蓝勾鼻	屈氏突吻丽鱼	*Labeotropheus trewavasae*
A.24.246	非洲王子鱼	Blue streak hap	非洲王子	淡黑镊丽鱼	*Labidochromis caeruleus*
A.24.247	绿遗鼻鲷	Greenface sandsifter	绿遗鼻鲷	叉龙占丽鱼	*Lethrinops furcifer*
A.24.248	米润斯天使鱼	Littletooth sandeater	米润斯天使鱼	小口龙占丽鱼	*Lethrinops microstoma*
A.24.249	鸭嘴鱼	Malawi gar	鸭嘴鱼	尖头艳丽鱼	*Lichnochromis acuticeps*
A.24.250	十二间虎鱼	Zebra cichlid	十二间虎	圆唇丽鱼	*Lobochilotes labiatus*
A.24.251	黄金闪电鱼	William's mbuna	黄金闪电	格氏拟丽鱼	*Maylandia greshake*
A.24.252	非洲凤凰鱼	Golden mbuna	非洲凤凰	纵带黑丽鱼	*Melanochromis auratus*
A.24.253	厚唇朱古力鱼		厚唇朱古力	厚唇黑丽鱼	*Melanochromis labrosus*
A.24.254	红马面鱼	Fuscotaeniatus	红马面	棕条雨丽鱼	*Nimbochromis fuscotaeniatus*
A.24.255	象鼻鲷	Elephant-nose cichlid	象鼻鲷	林氏雨丽鱼	*Nimbochromis linni*
A.24.256	维纳斯鱼	Venustus	维纳斯	爱神雨丽鱼	*Nimbochromis venustus*
A.24.257	金头篮孔雀鱼		金头篮孔雀	石爬大咽非鲫	*Otopharynx lithobates*
A.24.258	靓三点鱼		靓三点	四点大咽非鲫	*Otopharynx tetrastigma*
A.24.259	红大花天使鱼		红大花天使	类原黑丽鱼	*Protomelas similis*
A.24.260	红鹰鱼	Spindle hap	红鹰	条纹原黑丽鱼	*Protomelas taeniolatus*
A.24.261	特蓝斑马鱼	Demasons cichlide	特蓝斑马	德氏拟丽鱼	*Pseudotropheus demasoni*
A.24.262	闪电王子鱼	Elongate mbuna	闪电王子	长体拟丽鱼	*Pseudotropheus elongatus*
A.24.263	金雀鱼	Kenyi cichlid	金雀	黄色拟丽鱼	*Pseudotropheus lombardoi*
A.24.264	花花公子鱼		花花公子	横纹拟丽鱼	*Pseudotropheus tropheops*
A.24.265	马拉威潜艇鱼	Tigerfish	马拉威潜艇	梭嘴丽鱼	*Rhamphochromis esox*
A.24.266	阿里鱼	Electric blue hap	阿里	阿氏鬼丽鱼	*Sciaenochromis ahli*
A.24.267	雪蓝阿里鱼		雪蓝阿里		*Sciaenochromis fryeri*
A.24.268	麦加火箭鱼		麦加火箭	侧点丽鱼	*Stigmatochromis pleurospilus*
A.24.269	火鸟鱼		火鸟	大口暴丽鱼	*Tyrannochromis macrostoma*
A.24.270	红宝石鱼	Jewelfish	红宝石	双斑伴丽鱼	*Hemichromis bimaculatus*
A.24.271	五星上将鱼	Banded jewel cichlid	五星上将	长体伴丽鱼	*Hemichromis elongatus*
A.24.272	红钻石鱼	Lifalili cichlid	红钻石	玫瑰伴丽鱼	*Hemichromis lifalili*
A.24.273	白玉凤凰鱼	Blue cichlid	白玉凤凰	裸头彩短鲷	*Nanochromis nudiceps*

表 A.24（续）

序号	商业名称	英文名称	俗名	中文学名	拉丁文学名
A.24.274	蓝肚凤凰鱼		蓝肚凤凰	蓝腹彩短鲷	*Nanochromis parilus*
A.24.275	虹彩短鲷		虹彩短鲷	横带彩短鲷	*Nanochromis transvestitus*
A.24.276	夜明珠鱼	Black diamond cichlid	夜明珠	副非鲫	*Paratilapia polleni*
A.24.277	红肚凤凰鱼	Rainbow krib	红肚凤凰	矛耙丽鱼	*Pelvicachromis pulcher*
A.24.278	翡翠凤凰鱼	Striped dwarf cichlid	翡翠凤凰	带纹矛耙丽鱼	*Pelvicachromis taeniatus*
A.24.279	七彩仙子鱼	Dwarfvictoria mouthbrooder	七彩仙子	杂色褶唇丽鱼	*Pseudocrenilabrus multicolor*
A.24.280	狮面猴头鱼	Lionhead cichlid	狮面猴头	刚果隆头丽鱼	*Steatocranus casuarius*
A.24.281	长身猴头鱼		长身猴头	细隆头丽鱼	*Steatocranus tinanti*
A.24.282	非洲十间鱼	Zebra cichlid	非洲十间	布氏罗非鱼	*Tilapia buttikoferi*

A.25 辐鳍亚纲 Actinopterygii 鲈形目 Perciformes 丝足鲈科 Osphronemidae 见表 A.25。

表 A.25

序号	商业名称	英文名称	俗名	中文学名	拉丁文学名
A.25.1	暹罗斗鱼	siamese fighting fish	泰国斗鱼、暹罗斗鱼	五彩搏鱼	*Betta splendens*
A.25.2	将军斗鱼	PK(plakat)	将军斗鱼	五彩搏鱼	*Betta splendens* var.
A.25.3	马尾斗鱼	VT(veil tail)	马尾斗鱼	五彩搏鱼	*Betta splendens* var.
A.25.4	三角尾斗鱼	D(delta)	三角尾斗鱼	五彩搏鱼	*Betta splendens* var.
A.25.5	双尾斗鱼	DT(double tail)	双尾斗鱼	五彩搏鱼	*Betta splendens* var.
A.25.6	冠尾斗鱼	CT(crown tail)	冠尾斗鱼	五彩搏鱼	*Betta splendens* var.
A.25.7	半月斗鱼	HM(half moon)	半月斗鱼	五彩搏鱼	*Betta splendens* var.
A.25.8	和平斗鱼	Peacefulbetta	英贝利斯斗鱼、和平斗鱼	新月搏鱼	*Betta imbellis*
A.25.9	史马格汀娜斗鱼	Emeraldbetta	史马格汀娜斗鱼	绿宝搏鱼	*Betta smaragdina*
A.25.10	科琪娜斗鱼	Wine red betta	科琪娜斗鱼、酒红斗鱼	苏门答腊搏鱼	*Betta coccina*
A.25.11	丽维达斗鱼	Jealous betta selangor red fighter	丽维达斗鱼	蓝搏鱼	*Betta livida*
A.25.12	裘思雅斗鱼	Tessy's betta	裘思雅斗鱼	马来西亚搏鱼	*Betta tussyae*
A.25.13	布迪加拉斗鱼	Red brown dwarf fighter	布迪加拉斗鱼	邦加搏鱼	*Betta burdigala*
A.25.14	潘卡拉朋斗鱼	Pangkalanbu dwarf fighter	潘卡拉朋斗鱼	庞卡兰博鱼	*Betta sp. Pangkalanbun*
A.25.15	卢提兰斯斗鱼	Redish dwarf fighter	卢提兰斯斗鱼	红搏鱼	*Betta rutilans*
A.25.16	帕斯风斗鱼	Black small fighter	帕斯风斗鱼	仙搏鱼	*Betta persephone*
A.25.17	迷你欧匹那斗鱼	Small fin fighter	迷你欧匹那斗鱼	红鳍搏鱼	*Betta miniopinna*
A.25.18	贝利卡斗鱼	Slim fighting fish	贝利卡斗鱼	细长搏鱼	*Betta bellica*
A.25.19	熊猫斗鱼	Whiteseam fighter	熊猫斗鱼	白边搏鱼	*Betta olbimarginata*
A.25.20	旁那克斯斗鱼	Forrest betta	旁那克斯斗鱼	好斗搏鱼	*Betta pugnax*
A.25.21	迪米迪亚塔斗鱼	Dwarf mouthbrooder	迪米迪亚塔斗鱼	离搏鱼	*Betta dimidiata*
A.25.22	艾迪赛亚斗鱼	Edith's mouthbrooder	艾迪赛亚斗鱼	伊迪丝搏鱼	*Betta edithae*
A.25.23	匹克特斗鱼	Spotted betta	匹克特斗鱼	爪哇搏鱼	*Betta picta*
A.25.24	蓝月斗鱼	Simple Mouth brooder	辛普勒斯斗鱼、蓝月斗鱼	塘搏鱼	*Betta simplex*
A.25.25	塔耶尼亚塔斗鱼	Borneo betta	塔耶尼亚塔斗鱼	婆罗洲搏鱼	*Betta taeniata*
A.25.26	安妮莎斗鱼	Blue band mouthbrooder	安妮莎斗鱼	伊氏搏鱼	*Betta enisae*
A.25.27	霹雳马斗鱼	Three lined mouthbrooder	霹雳马斗鱼	报春搏鱼	*Betta prima*
A.25.28	福斯卡斗鱼	Brown betta	福斯卡斗鱼	棕搏鱼	*Betta fusca*

表 A.25（续）

序号	商业名称	英文名称	俗名	中文学名	拉丁文学名
A.25.29	莎蕾利斗鱼	Schaller's mouthbrooder	莎蕾利斗鱼	沙勒氏搏鱼	*Betta schalleri*
A.25.30	贝隆加斗鱼	Balunga mouthbrooder	贝隆加斗鱼	加里曼丹搏鱼	*Betta balunga*
A.25.31	奇尼斗鱼	Chini mouthbrooder	奇尼斗鱼	钦氏搏鱼	*Betta chini*
A.25.32	汤米斗鱼	Tomi mouthbrooder	汤米斗鱼	汤姆氏搏鱼	*Betta tomi*
A.25.33	西波斯斗鱼	Big, yellow mouthbrooders	西波斯斗鱼	马来搏鱼	*Betta hipposideros*
A.25.34	瓦色利斗鱼	Wasers mouthbrooder	瓦色利斗鱼	瓦氏搏鱼	*Betta waseri*
A.25.35	史匹罗斗鱼	Double Lipspot Mouth brooder	史匹罗斗鱼	斑颊搏鱼	*Betta spilotogena*
A.25.36	蓝战狗斗鱼		蓝战狗斗鱼	单斑搏鱼	*Betta unimaculata*
A.25.37	红战狗斗鱼	Peacock mouthbrooder	红战狗斗鱼	大口搏鱼	*Betta macrostoma*
A.25.38	思卓依斗鱼	Father strohs mouthbrooder	思卓依斗鱼	斯氏搏鱼	*Betta strohi*
A.25.39	叉尾斗鱼	Paradise fish	叉尾斗鱼	叉尾斗鱼	*Macropodus opercularis*
A.25.40	越南黑叉尾斗鱼	Black paradise fish	越南黑叉尾斗鱼	越南斗鱼	*Macropodus spechti*
A.25.41	黑叉尾斗鱼	Redback paradise fish	黑叉尾斗鱼	红鳍斗鱼	*Macropodus erythropterus*
A.25.42	香港黑叉尾斗鱼	Hong Kong's black paradise fish	香港黑叉尾斗鱼	香港斗鱼	*Macropodus hongkongensis*
A.25.43	绿矛尾天堂鱼	Spiketail paradisefish	绿矛尾天堂鱼	拟丝足鲈	*Pseudosphromenus cupanus*
A.25.44	红矛尾天堂鱼	Brown spike-tailed paradise fish	红矛尾天堂	戴氏拟丝足鲈	*Pseudosphromenus dayi*
A.25.45	潘安斗鱼	Spotted gourami	潘安斗鱼	克氏畸斗鱼	*Malpulutta kretseri*
A.25.46	哈维双线斗鱼	Harverys licorice gourami	哈维双线斗鱼	哈氏副斗鱼	*Parosphromenusharveyi*
A.25.47	帕迪可纳双线斗鱼	Swamp licorice gourami	帕迪可纳双线斗鱼	沼泽副斗鱼	*Parosphromenus paludicola*
A.25.48	耐及双线斗鱼	Nagy's licorice gourami	耐及双线斗鱼	纳氏副斗鱼	*Parosphromenus nagyi*
A.25.49	酒红戴森双线斗鱼	Licorice gourami	酒红戴森双线斗鱼	戴氏副斗鱼	*Parosphromenus deissneri*
A.25.50	安琼双线斗鱼	Anjungan licorice gourami	安琼双线斗鱼	加里曼丹副斗鱼	*Parosphromenus anjunganensis*
A.25.51	欧提那双线斗鱼	Redtail licorice gourami	欧提那双线斗鱼	饰尾副斗鱼	*Parosphromenus ornaticauda*
A.25.52	林开双线斗鱼	Linkes licorice gourami	林开双线斗鱼	林氏副斗鱼	*Parosphromenus linkei*
A.25.53	小扣扣鱼	Sparkling gourami	小扣扣	短攀鲈	*Trichopsis pumila*
A.25.54	大扣扣鱼	Croaking gourami	大扣扣	条纹短攀鲈	*Trichopsis vittata*
A.25.55	三线扣扣鱼	Three stripe gourami	三线扣扣	沙尔氏短攀鲈	*Trichopsis schalleri*
A.25.56	蓝曼龙鱼	Blue gourami	蓝曼龙	毛足鲈	*Trichogaster trichopterus* var.
A.25.57	蓝三星鱼	Three spot gourami	蓝三星	毛足鲈	*Trichogaster trichopterus*
A.25.58	金曼龙鱼		金曼龙	金毛足鲈	*Trichogaster trichopterus*
A.25.59	珍珠马甲鱼	Pearl gourami	珍珠马甲	珍珠毛足鲈	*Trichogaster leeri*
A.25.60	银马甲鱼	Moonlight gourami	银马甲	小鳞毛足鲈	*Trichogaster microlepis*
A.25.61	蛇皮马甲鱼	Snakeskin gourami	蛇皮马甲	糙鳞毛足鲈	*Trichogaster pectoralis*
A.25.62	红丽丽鱼	Honey gourami	红丽丽	蜜鲈	*Colisa chuna*
A.25.63	电光丽丽鱼	Dwarf gourami	电光丽丽	小蜜鲈	*Colisa lalia*
A.25.64	丽丽鱼	Dwarf gourami	丽丽	小蜜鲈	*Colisa lalia* var.
A.25.65	蓝丽丽鱼	Dwarf gourami	蓝丽丽	小蜜鲈	*Colisa lalia* var.
A.25.66	厚唇丽丽鱼	Thick lip gourami	厚唇丽丽	厚唇蜜鲈	*Colisa labiosa*
A.25.67	印度丽丽鱼	Banded gourami	印度丽丽	条纹蜜鲈	*Colisa fasciata*
A.25.68	巧克力飞船鱼	Chocolate gourami	巧克力飞船	锯盖足鲈	*Sphaerichthys osphromenoides*
A.25.69	苇蓝堤飞船鱼	Samurai gourami	苇蓝堤飞船	瓦氏锯盖足鲈	*Sphaerichthys vaillanti*
A.25.70	巨人巧克力飞船鱼	Large chocolate gourami	巨人巧克力飞船		*Sphaerichthys acrostoma*
A.25.71	古代战船鱼	Giant gourami	古代战船	丝足鲈	*Osphronemus goramy*

表 A.25（续）

序号	商业名称	英文名称	俗名	中文学名	拉丁文学名
A.25.72	招财鱼	Giant gourami	招财	丝足鲈	*Osphronemus goramy* var.
A.25.73	紫红战船鱼	Giant red fin gourami	紫红战船	宽丝足鲈	*Osphronemus laticlavius*
A.25.74	印度火箭鱼	Pikehead	印度火箭	梭头鲈	*Luciocephalus pulcher*

A.26 辐鳍亚纲 Actinopterygii 鲈形目 Perciformes 吻鲈科 Helostomatidae 见表 A.26。

表 A.26

序号	商业名称	英文名称	俗名	中文学名	拉丁文学名
A.26.1	接吻鱼	Kissing gourami	接吻鱼	吻鲈	*Helostoma temminkii*

A.27 辐鳍亚纲 Actinopterygii 鲈形目 Perciformes 攀鲈科 Osphronemidae 见表 A.27。

表 A.27

序号	商业名称	英文名称	俗名	中文学名	拉丁文学名
A.27.1	斑点攀鲈	Spotted ctenopoma	斑点攀鲈	小点非洲攀鲈	*Ctenopoma acutirostre*
A.27.2	安索其斗鱼	Ornate ctenopoma	安索其斗鱼	安氏细梳攀鲈	*Microctenopoma ansorgii*
A.27.3	西非军舰鱼	Banded ctenopoma	西非军舰鱼	带纹细梳攀鲈	*Microctenopoma fasciolatum*

A.28 辐鳍亚纲 Actinopterygii 鲈形目 Perciformes 鳢科 channidae 见表 A.28。

表 A.28

序号	商业名称	英文名称	俗名	中文学名	拉丁文学名
A.28.1	珍珠赤雷龙鱼	Small snakehead	珍珠赤雷龙	月鳢	*Channa asiatica*
A.28.2	黄金眼镜蛇雷龙鱼	Orangespotted snakehead	黄金眼镜蛇雷龙	橙斑鳢	*Channa aurantimaculata*
A.28.3	七彩雷龙鱼	Rainbow snakehead	七彩雷龙	布氏鳢	*Channa bleheri*
A.28.4	铅笔雷龙鱼	Giant snakehead	铅笔雷龙	小盾鳢	*Channa micropeltes*
A.28.5	庞克雷龙鱼	Spotted snakehead	庞克雷龙	翠鳢	*Channa punctata*

A.29 辐鳍亚纲 Actinopterygii 鲈形目 Perciformes 叶鲈科 Polycentridae 见表 A.29。

表 A.29

序号	商业名称	英文名称	俗名	中文学名	拉丁文学名
A.29.1	枯叶虎鱼	Guyana leaffish	枯叶虎鱼	叶鲈	*Polycentrus schomburgkii*
A.29.2	枯叶鱼	South american leaffish	枯叶鱼	多棘单须叶鲈	*Monocirrhus polyacanthus*

A.30 辐鳍亚纲 Actinopterygii 鲈形目 Perciformesi 银鳞鲳科 Monodactylidae 见表 A.30。

表 A.30

序号	商业名称	英文名称	俗名	中文学名	拉丁文学名
A.30.1	银鲳鱼	Silver angelfish	银鲳鱼	银大眼鲳	*Monodactylus argenteus*
A.30.2	金鲳鱼	African moony	金鲳鱼、蝙蝠鲳	油脂大眼鲳	*Monodactylus sebae*

A.31 辐鳍亚纲 Actinopterygii 鲈形目 Perciformesi 金钱鱼科 Scatophagidae 见表 A.31。

表 A.31

序号	商业名称	英文名称	俗名	中文学名	拉丁文学名
A.31.1	金鼓鱼	Argus fish	金鼓鱼	金钱鱼	*Scatophagus argus*
A.31.2	银鼓鱼	Many-banded scat	银鼓鱼	条纹钱蝶鱼	*Selenotoca multifasciata*

A.32 辐鳍亚纲 Actinopterygii 鲈形目 Perciformesi 松鲷科 Lobotidae 见表 A.32。

表 A.32

序号	商业名称	英文名称	俗名	中文学名	拉丁文学名
A.32.1	泰国虎鱼	Siamese tiger fish	泰国虎鱼	小鳞拟松鲷	*Datnioides microlepis*
A.32.2	新几内亚虎鱼	New guinea tiger	新几内亚虎		*Datnioides campbelli*
A.32.3	印度尼西亚虎鱼	Indonesian tiger	印度尼西亚虎		*Datnioides pulcher*

A.33 辐鳍亚纲 Actinopterygii 鲈形目 Perciformesi 太阳鱼科 Centrarchidae 见表 A.33。

表 A.33

序号	商业名称	英文名称	俗名	中文学名	拉丁文学名
A.33.1	红太阳鱼	Orangespotted sunfish	红太阳鱼、嫦娥鱼	橙点太阳鱼	*Lepomis humilis*

A.34 辐鳍亚纲 Actinopterygii 鲈形目 Perciformesi 射水鱼科 Toxotidae 见表 A.34。

表 A.34

序号	商业名称	英文名称	俗名	中文学名	拉丁文学名
A.34.1	射水鱼	Archer fish	射水鱼	射水鱼	*Toxotes jaculatrix*

A.35 辐鳍亚纲 Actinopterygii 鲈形目 Perciformesi 双边鱼科 Ambassidae 见表 A.35。

表 A.35

序号	商业名称	英文名称	俗名	中文学名	拉丁文学名
A.35.1	玻璃拉拉鱼	Indian glassfish	玻璃拉拉	蓝副双边鱼	*Parambassis ranga*

A.36 辐鳍亚纲 Actinopterygii 鲈形目 Perciformesi 变色鲈科 Badidae 见表 A.36。

表 A.36

序号	商业名称	英文名称	俗名	中文学名	拉丁文学名
A.36.1	蓝帆变色龙鱼	Dwarf chameleonfish	蓝帆变色龙	变色鲈	*Badis badis*
A.36.2	火焰变色龙鱼	Scarlet badis	火焰变色龙	红变色鲈	*Badis bengalensis*

A.37 辐鳍亚纲 Actinopterygii 鲈形目 Perciformesi 塘鳢科 Eleotridae 见表 A.37。

表 A.37

序号	商业名称	英文名称	俗名	中文学名	拉丁文学名
A.37.1	七彩塘鳢	Peacock gudgeon	七彩塘鳢、孔雀塘鳢	睛尾新几内亚塘鳢	*Tateurndina ocellicauda*
A.37.2	彩塘鳢	Trout mogurnda	彩塘鳢	彩塘鳢	*Mogurnda mogurnda*

A.38 辐鳍亚纲 Actinopterygii 鲈形目 Perciformesi 虾虎鱼科 Gobiidae 见表 A.38。

表 A.38

序号	商业名称	英文名称	俗名	中文学名	拉丁文学名
A.38.1	小蜜蜂鱼	Bumblebee Goby	小蜜蜂鱼	道氏短鰕虎鱼	*Brachygobius doriae*

A.39 辐鳍亚纲 Actinopterygii 鲀形目 Tetraodontiformes 四齿鲀科 Tetraodontidae 见表 A.39。

表 A. 39

序号	商业名称	英文名称	俗名	中文学名	拉丁文学名
A. 39. 1	皇冠狗头鱼	Mbu puffer	皇冠狗头	姆布鲀	*Tetraodon mbu*
A. 39. 2	麒麟狗头鱼	Real palembang puffer	麒麟狗头	苏门答腊鲀	*Tetraodon palembangensis*
A. 39. 3	黄金娃娃鱼	Common puffer	黄金娃娃	河栖凹鼻鲀	*Tetraodon fluviatilis*
A. 39. 4	凹鼻鲀	Spotted green pufferfish	金娃娃、潜水艇鱼	墨绿凹鼻鲀	*Tetraodon nigroviridis*
A. 39. 5	巧克力娃娃鱼	Malabar pufferfish	巧克力娃娃	狡鲀	*Carinotetraodon travancoricus*
A. 39. 6	眼镜娃娃鱼	Ocellated puffer	眼镜娃娃	弓斑东方鲀	*Takifugu ocellatus*

A. 40 辐鳍亚纲 Actinopterygii 骨舌鱼目 Osteoglossiformes 骨舌鱼科 Osteoglossidae 见表 A. 40。

表 A. 40

序号	商业名称	英文名称	俗名	中文学名	拉丁文学名
A. 40. 1	巨骨舌鱼	Giant arapaima	海象、红鱼	巨骨舌鱼	*Arapaima gigas*
A. 40. 2	银龙鱼	Sliver arowana	银龙	双须骨舌鱼	*Osteoglossum bicirrhosum*
A. 40. 3	黑龙鱼	Black arowana	黑龙	费氏骨舌鱼	*Osteoglossum ferreirai*
A. 40. 4	红龙鱼	Red arowana	红龙	美丽硬仆骨舌鱼	*Scleropages formosus*
A. 40. 5	橙红龙鱼	Orange arowana	橙红龙、黄红龙	美丽硬仆骨舌鱼	*Scleropages formosus*
A. 40. 6	过背金龙鱼	Cross back golden arowana	过背金龙	美丽硬仆骨舌鱼	*Scleropages formosu*
A. 40. 7	红尾金龙鱼	Red-tail Arowana	红尾金龙	美丽硬仆骨舌鱼	*Scleropages formosus*
A. 40. 8	青龙鱼	Green arrowana	青龙	美丽硬仆骨舌鱼	*Scleropages formosus*
A. 40. 8	珍珠龙鱼	Australian arowana	珍珠龙	乔氏硬仆骨舌鱼	*Scleropages jardinii*
A. 40. 9	星点珍珠龙鱼	Spotted bonytongue	星点珍珠龙	硬仆骨舌鱼	*Scleropages leichardti*

A. 41 辐鳍亚纲 Actinopterygii 骨舌鱼目 Osteoglossiformes 蝶齿鱼科 Pantodontidae 见表 A. 41。

表 A. 41

序号	商业名称	英文名称	俗名	中文学名	拉丁文学名
A. 41. 1	淡水蝴蝶鱼	Freshwater butterfly fish	古代蝴蝶鱼	蝶齿鱼	*Pantodon buchholzi*

A. 42 辐鳍亚纲 Actinopterygii 骨舌鱼目 Osteoglossiformes 长颌鱼科 Mormyridae 见表 A. 42。

表 A. 42

序号	商业名称	英文名称	俗名	中文学名	拉丁文学名
A. 42. 1	象鼻鱼	Elephantnose fish	象鼻鱼	彼氏锥颌象鼻鱼	*Gnathonemus petersii*

A. 43 辐鳍亚纲 Actinopterygii 骨舌鱼目 Osteoglossiformes 驼背鱼科 Notopteridae 见表 A. 43。

表 A. 43

序号	商业名称	英文名称	俗名	中文学名	拉丁文学名
A. 43. 1	七星刀鱼	Clown knife fish	七星刀	饰妆铠甲弓背鱼	*Chitala ornata*
A. 43. 2	虎纹刀鱼	Indochina featherback	虎纹刀、菜刀鱼	虎纹弓背鱼	*Notopterus blanci*
A. 43. 3	非洲飞刀鱼	African knifefish	非洲飞刀	光背鱼	*Xenomystus nigri*

A. 44 辐鳍亚纲 Actinopterygii 骨舌鱼目 Osteoglossiformes 裸臀鱼科 Gymnarchidae 见表 A. 44。

表 A. 44

序号	商业名称	英文名称	俗名	中文学名	拉丁文学名
A. 44. 1	朝天刀鱼	Frankfish	尼罗河魔鬼、朝天刀	裸臀鱼	*Gymnarchus niloticus*

A.45 辐鳍亚纲 Actinopterygii 弓鳍鱼目 Amiiformes 弓鳍鱼科 Amiidae 见表 A.45。

表 A.45

序号	商业名称	英文名称	俗名	中文学名	拉丁文学名
A.45.1	弓鳍鱼	Bowfin	彩虹海象鱼	弓鳍鱼	*Amia calva*

A.46 辐鳍亚纲 Actinopterygii 雀鳝目 Lepisosteiformes 雀鳝科 Lepisosteidae 见表 A.46。

表 A.46

序号	商业名称	英文名称	俗名	中文学名	拉丁文学名
A.46.1	热带鳄鱼火箭鱼	Tropical gar	热带鳄鱼火箭鱼	热带雀鳝	*Atractosteus tropicus*
A.46.2	鳄鱼火箭鱼	Gemfish	鳄鱼火箭鱼	鳄雀鳝	*Atractosteus spatula*
A.46.3	长吻鳄鱼火箭鱼	Longnose gar	长吻鳄鱼火箭鱼	雀鳝	*Lepisosteus osseus*

A.47 肺鱼亚纲 Dipneusti 美洲肺鱼目 Lepidosireniformes 非洲肺鱼科 Protopteridae 见表 A.47。

表 A.47

序号	商业名称	英文名称	俗名	中文学名	拉丁文学名
A.47.1	东非肺鱼	East african lungfish	东非肺鱼	两栖非洲肺鱼	*Protopterus amphibius*
A.47.2	非洲肺鱼	african lungfish	非洲肺鱼、虎斑肺鱼	非洲肺鱼	*Protopterus annectens*
A.47.3	细鳞肺鱼	Smallscale lungfisha	芝麻肺鱼、细鳞肺鱼	细鳞非洲肺鱼	*Protopterus dolloi*

A.48 肺鱼亚纲 Dipneusti 美洲肺鱼目 Lepidosireniformes 美洲肺鱼科 Lepidosirenidae 见表 A.48。

表 A.48

序号	商业名称	英文名称	俗名	中文学名	拉丁文学名
A.48.1	南美肺鱼	South American lungfish	南美珍珠肺鱼	南美肺鱼	*Lepidosiren paradoxa*

A.49 腕鳍亚纲 Cladistia 多鳍鱼目 Polypteriformes 多鳍鱼科 Polypteridae 见表 A.49。

表 A.49

序号	商业名称	英文名称	俗名	中文学名	拉丁文学名
A.49.1	鳄鱼恐龙鱼	Bichir	鳄鱼恐龙	多鳍鱼	*Polypterus bichir*
A.49.2	斑节恐龙鱼	Banded bichir Senegal bichir	斑节恐龙	斑节多鳍鱼	*Polypterus delhezi*
A.49.3	虎纹恐龙王鱼		虎纹恐龙王	刚果多鳍鱼	*Polypterus endlicheri*
A.49.4	大花恐龙鱼	Ornate bichir	大花恐龙	饰翅多鳍鱼	*Polypterus ornatipinnis*
A.49.5	金恐龙鱼	Senegal bichir	金恐龙	塞内加尔多鳍鱼	*Polypterus senegalus*

A.50 软骨鱼纲 Chondrichthyes 鲼形目 Myliobatiformes 江魟科 Potamotrygonidae 见表 A.50。

表 A.50

序号	商业名称	英文名称	俗名	中文学名	拉丁文学名
A.50.1	黑白魟	White-blotchedRiver Stingray	黑白魟	豹点河魟	*Potamotrygon leopoldi*
A.50.2	珍珠魟	Ocellate river stingray	珍珠魟	南美江魟	*Potamotrygon motoro*
A.50.3	帝王老虎魟	Tiger ray	帝王老虎魟	江魟	*Potamotrygon menchacai*
A.50.4	巨型龟甲魟	Short-tailed river stingray	巨型龟甲魟	短尾江魟	*Potamotrygon brachyura*
A.50.5	苹果魟	Discus ray	苹果魟	巴西副江魟	*Paratrygon aiereba*
A.50.6	天线魟	Long-tailed river stingray	天线魟	近江魟	*Plesiotrygon iwamae*

附录A说明：

说明1 本附录以科为表格单元，共收录了50个科774种（及品种）常见观赏鱼。

说明2 本附录商业名称的来源为：

a）直接使用俗名；

b）就已有的俗名按照本标准制定的命名方法进行修改；

c）直接使用中文学名；

d）按照本标准第3章的方法命名。

说明3 本标准附录中的英文商业名称来源于：

a）《拉汉英鱼类名称》（成庆泰，郑葆珊．科学出版社．1992年11月．）；

b）http://www.fishbase.org/网站公布的鱼类名称；

c）上述两个途径无法查实的，从观赏鱼专业领域的其他技术文件查找，出现多个结果时按下述优先顺序采用：

1）在以英语为母语的国家通用的；

2）最能代表物种或品种特征的；

3）与拉丁文名称原意最接近的；

d）上述三个途径无法查实的，直接以拉丁文学名作为商品名称。

说明4 本附录中的学名来源于：

a）《拉汉英鱼类名称》（成庆泰，郑葆珊．科学出版社．1992年11月．）；

b）《鱼类分类学》（孟庆闻，苏锦祥，缪学祖．中国农业出版社．1995年12月．）；

c）http://www.fishbase.org/网站公布的鱼类名称；

d）上述渠道无法查实的暂空缺。

索　引

B

C

D

E

F

G

H

J

K

L

M

N

O

P

Q

R

S

T

W

X

Y

Z

ICS 65.150
P 87

中华人民共和国水产行业标准

SC/T 5101—2012

观赏鱼养殖场条件　锦鲤

Conditions of ornamental fish farms—Koi

2012-12-07 发布　　　　2013-03-01 实施

中华人民共和国农业部　发布

前　　言

本标准按照 GB/T 1.1 给出的规则起草。

本标准由农业部渔业局提出。

本标准由全国水产标准化技术委员会观赏鱼分技术委员会(SAC/TC 156/SC 8)归口。

本标准起草单位:中国水产科学研究院珠江水产研究所、浙江亿达生物科技有限公司、平湖市产品质量监督检验所。

本标准主要起草人:牟希东、汪学杰、宋红梅、王培欣、杨叶欣、胡隐昌、罗建仁、陆永明、吕琦。

观赏鱼养殖场条件　锦鲤

1　范围

本标准给出了锦鲤养殖场的环境条件、场区划分、养殖设施、养殖设备、配套设施、附属设施和隔离检疫区等要求。

本标准适用于锦鲤养殖场。

2　规范性引用文件

下列文件对于本文件的应用是必不可少的。凡是注日期的引用文件，仅注日期的版本适用于本文件。凡是不注日期的引用文件，其最新版本(包括所有的修改单)适用于本文件。

GB 11607　渔业水质标准

GB/T 22213　水产养殖术语

GB 50303　日光温室与塑料大棚结构与性能要求

SC/T 0004　水产养殖质量安全管理规范

SC/T 6048　淡水池塘养殖场建设　技术要求

SC/T 9101　淡水池塘养殖水排放要求

3　术语和定义

GB/T 22213、SC/T 6048 界定的以及下列术语和定义适用于本文件。

3.1

沉淀池　sedimentation tank

在养殖用原水和废水处理中，用于沉淀水中悬浮物的水池。

3.2

过滤池　filter tank

借助滤材截留细小悬浮物和胶体物质的物理净化水池。

3.3

单池循环过滤　single pool recirculation filtration

在鱼池中分隔出具沉淀和生物净化的水质净化区，养殖区域的底层水经过水质净化区后，重新回到养殖区域的循环水处理方式。

3.4

中央循环过滤　central recirculation filtration

多个养殖池底水流经沉淀池和过滤池，净化后再注入各养殖池循环利用的水处理方式。

4　环境条件

4.1　场址选择

应符合 SC/T 0004 的要求，阳光充足，通风良好，交通便利，供电网络覆盖，通讯网络覆盖。应远离光污染、噪声污染、粉尘污染等不利环境条件。

4.2　水质要求

应符合 GB 11607 的要求。

5 场区划分

5.1 功能区划

按照功能划分场区，设置养殖区、办公与生活区、隔离区和展示交易区4个主要区域。

5.2 区划位置关系

展示交易区、办公与生活区和仓库等宜集中于正门附近。值班室宜设于场区中部，周围可依次环绕暂养池、产卵池、孵化池和鱼苗池等。鱼种池围绕鱼苗池，并与外围的成鱼池、亲鱼池毗邻。蓄水池宜建于水源附近，饵料培养池宜建于低洼处。展示交易区、养殖区和办公与生活区应相互隔离。

6 养殖设施

6.1 土池

6.1.1 面积和深度

养殖土池的面积和深度见表1。

表1 土池的面积和深度

类型	面积，m^2	池深，m	水深，m
鱼苗池	1 000～2 000	≥1.5	0.7～1.2
鱼种池	2 000～10 000	≥2.0	1.5～2.0
成鱼池	5 000～10 000	≥2.0	1.5～2.5
亲鱼池	2 000～5 000	≥2.0	1.5～2.5

6.1.2 形状与方向

一般为长方形，东西走向，长宽比宜为3∶2～4∶1。

6.1.3 池底

应平坦且向排水口倾斜，池底倾斜坡度一般为1∶200～500。底泥厚度宜为0.1 m～0.2 m。

6.1.4 池埂、护坡

池埂宜用均质土筑成，基面宽度为2.5 m～8.0 m。坡比应根据土质状况和护坡情况决定，一般为1∶1～3。

成鱼池和亲鱼池宜采用水泥预制板、水泥浇筑或砖砌护坡，护坡表面应光滑平整，护坡底脚深入池底0.5 m～0.8 m为宜。土池进水口、排水口等易受水流冲击部位的护坡应采取抗冲击防护措施。

面积较大或较深的土池，可在内坡修建一条宽度0.5 m～1.0 m的阶梯。

6.1.5 进、排水口

进水口和排水口应分设于土池两端。进水口位置高于土池最高水位，末端应安装网袋或栅栏。排水口应为土池最低处，使用时宜加设移动方便的防逃网罩。排水口不应妨碍拉网操作。

6.1.6 水质调控设施设备

水质调控可选用设施设备包括生态坡、过滤槽、过滤池或专业过滤设备等。

6.2 水泥池

6.2.1 产卵池和孵化池

产卵池和孵化池宜采用设置在阳光充足的南向避风处的小型水泥池，形状不限。产卵池面积10 m^2～40 m^2，深0.8 m～1.2 m；孵化池面积10 m^2～20 m^2，深0.6 m～0.8 m。

池内壁宜用水泥做护面，光滑无突起，方形池的四角宜抹圆；池底应向排水口适当倾斜，并布置曝气管或气石；产卵池边应设防止亲鱼跳出的防跳网。每个池都设阀门，进水应经过严格处理，避免带入敌害生物。

产卵池和孵化池面积和数量可根据单个品种繁殖量及鱼场繁殖品种数确定。

6.2.2 展示池

展示池为面积 8 m^2～40 m^2 的圆角长方形,深 1.0 m～1.8 m,池周可设防跳网。池内壁要光滑,池底应略向排水口倾斜。

展示池周围地下铺设水管,并构筑沉淀池和过滤池。小池可采用中央循环过滤或独立的过滤装置,大池宜采用单池循环过滤。

6.2.3 暂养池

宜用砖和混凝土砌成圆角长方形,面积 20 m^2～50 m^2,池深 1.2 m～2.0 m,最大蓄水深度 1.0 m～1.8 m。内壁光滑平整,可设阶梯,池边设移动式防逃网。

进水口位于池角略高于水面,朝长边方向。排水口位于进水口相对角的底部,池底略向排水口倾斜。进、排水管阀门设于鱼池水体之外。应采用单池循环过滤方式进行水质调控。

6.3 进排水设施

进、排水沟渠或管道应相互独立,宜根据地形和布局设计。

进水管道或沟渠应高于养殖池最高水位。如采用暗管进水,应每隔一定距离设置检查井。养殖场水源为江河时,总取水口应位于总排水口的上游;水源为湖泊、水库等静止水体时,进排水口不宜设于同一水体。

排水宜用明渠,渠底应为养殖场地势最低处,并向总排水口有一定的比降。排水渠过流载荷量应能达到养殖场日常排水量的 3 倍或以上。

6.4 水处理设施

6.4.1 供水处理设施

应满足蓄水、沉淀、消毒、物理过滤和生物净化的需要,一般包括蓄水池和净化池,处理能力应超过养殖场日用水量。

蓄水池和净化池宜用砖石和混凝土砌成,池沿可高于地面 1 m～2 m,进水口设在净化池,出水口设在蓄水池,通过管道与水泥池相连。

水经处理后,检测确认水质符合 GB 11607 的要求后方可进入养殖池。

6.4.2 排水处理设施

应建排放水处理设施,养殖排放水应经过无害化处理,经检测符合 SC/T 9101 的要求后方可排放到外界水域。

养殖排放水处理可采用废水储蓄池、沉淀池和人工湿地等设施。

6.5 其他养殖设施

应根据当地气候和生产实际建设适当规模的大棚或温室,其结构与性能应符合 GB 50303 的要求。

室外水泥池宜搭建适当的遮阳棚。

7 养殖设备

7.1 增氧设备

应按生产实际配备必要的增氧设备,水泥池宜用空气压缩机或气泵进行底部增氧,土池宜采用水车式增氧机进行增氧。

7.2 排灌设备

总进水口和总排水口应按照养殖规模和水源、地形条件配备适当类型、功率和数量的水泵等排灌设备,有条件的地方尽量采用自流进水。

7.3 循环过滤设备

水泥池循环过滤系统应根据处理负荷安装适当功率的潜水泵。以每 2 h～4 h 循环一次为宜。

7.4 投饲机械

按需要配备自动投饲机等投饲机械。

7.5 水质检测设备

应配备检测常规水质指标的检测设备，测定内容包括溶氧(DO)、酸碱度(pH)、化学耗氧量(COD)、氨氮(NH_3—N)、亚硝酸盐氮(NO_2—N)、硝酸盐氮(NO_3—N)和硬度(dH)等。

7.6 养殖用具

应配备捞网、围网、拖网、浮游生物网、暂养网箱、塑料管、盆和桶等用具。

8 配套设施

8.1 电力

应配备必要的应急发电设备。

8.2 生活垃圾处理设施

办公与生活区应建设生活垃圾分类处理设施。

8.3 围蔽设施、大门、道路、场地

8.3.1 养殖场与外界之间应设置围蔽设施。

8.3.2 大门应具有防止人员、车辆、牲畜等随意进出的功能。应在大门上设显著的锦鲤养殖场标志。

8.3.3 养殖场与公路之间应建设混凝土或沥青路面、净宽不小于 3 m 的道路，承载能力应能保证中型货车正常行驶。内部道路应能保证饲料、苗种、商品鱼、生产工具等的搬移，并应安装路灯。

8.3.4 场内应规划和建设生产生活所必须的场地，生活场地应适当绿化。

8.4 房屋建筑物

8.4.1 场内应建设办公室、工具库、饲料库、仓库、宿舍、食堂和值班室等建筑物。除值班室外，各建筑物应与养殖池保持适当的距离。

8.4.2 建筑区应有独立的集雨排水系统，防止该区域的排放水及地表水进入养殖池。

9 隔离检疫区

9.1 隔离和消毒设施

隔离检疫区应是具有围墙的相对封闭场所，入口处应有消毒室，配备工具消毒池。

9.2 隔离检疫池

应建适量用于入境锦鲤检疫的小型圆角长方形水泥池，面积 4 m^2～40 m^2，池深 1 m 左右，其他要求参照 6.2.3，用水宜为曝气自来水。宜配备若干便于观察诊断的水族箱。

9.3 实验室

应具备显微检查、常规病原检测和水质分析等相关实验设备。

9.4 无害化处理设施

隔离检疫区应具有对排放水、带病鱼体和用品进行无害化处理的设施和设备，如废水消毒池和焚烧炉等。

ICS 65.150
P 87

中华人民共和国水产行业标准

SC/T 5102—2012

观赏鱼养殖场条件　金鱼

Conditions of ornamental fish farms—Goldfish

2012-12-07 发布　　2013-03-01 实施

中华人民共和国农业部　发布

前　言

本标准按照 GB/T 1.1 给出的规则起草。

本标准由农业部渔业局提出。

本标准由全国水产标准化技术委员会观赏鱼分技术委员会(SAC/TC 156/SC 8)归口。

本标准起草单位:中国水产科学研究院珠江水产研究所、浙江亿达生物科技有限公司、平湖市产品质量监督检验所。

本标准主要起草人:汪学杰、宋红梅、牟希东、王培欣、杨叶欣、胡隐昌、罗建仁、陆永明、吕琦。

观赏鱼养殖场条件　金鱼

1　范围

本标准给出了新建或改建金鱼养殖场的环境条件、场区划分、养殖设施、水处理设施和设备、运输前处理设施、隔离观察区和隔离设施、配套和附属设施等要求。

本标准适用于金鱼养殖场。

2　规范性引用文件

下列文件对于本文件的应用是必不可少的。凡是注日期的引用文件，仅注日期的版本适用于本文件。凡是不注日期的引用文件，其最新版本（包括所有的修改单）适用于本文件。

GB 11607　渔业水质标准

GB 16889　生活垃圾填埋场污染控制标准

GB/T 22213　水产养殖术语

NY 5051　无公害食品　淡水养殖用水水质

SC/T 1016　中国池塘养鱼技术规范

SC/T 5051　观赏鱼业通用名词术语

SC/T 6048　淡水池塘养殖场建设　技术要求

SC/T 9101　淡水池塘养殖水排放要求

3　术语和定义

GB/T 22213、SC/T 5051 和 SC/T 6048 界定的术语和定义适用于本文件。

4　场址选择

4.1　环境条件

选择在淡水鱼类非疫区、生态环境良好、水源充足、交通便利的地域。

养殖用水质量应符合 GB 11607 的要求。

4.2　其他条件

均质土或黏土土质，交通便利，供电网络覆盖，并应远离光污染、噪声污染、粉尘污染等不利环境条件。

5　场区划分

划分养殖区、办公与生活区、隔离区 3 个主要区域，不同区域间有一定的间距和明显的物理隔离。各区设有独立的出入口，出入口处设进出人员消毒设施，并具有明显的警示标志。

6　养殖设施

6.1　养殖池

6.1.1　质量

坚固、无渗漏，内壁光滑、能抵御弱酸性或弱碱性水的侵蚀。

6.1.2　形状

以圆角的长方形为宜。也可以建成正方形、圆形、椭圆形、八角形等对称性几何形状。

6.1.3 布局

宜南北向建造,以东西向依次排列。建造应符合 SC/T 1016 和 SC/T 6048 的要求。

6.1.4 规格

池的规格见表 1。

表 1 池的规格

类型	面积,m^2	深度,cm
育苗池	1～20	30～40
鱼种池	5～20	30～60
商品鱼池	5～100	30～60
亲鱼池	5～20	30～60
产卵池	1～10	30～60
孵化池	1～20	30～60

6.2 进排水设施

6.2.1 蓄水池

容量相当于鱼池总容量的 1/20～1/5,出水口水位高程比养殖池进水口高程高 0.5 m～2 m。池内应建集聚和排放沉淀物的构造。

6.2.2 进水口

每个鱼池设一个独立开关的进水口,其位置紧贴池壁。进水口高度等于或略高于鱼池最高蓄水位。

6.2.3 排水口

排水管口位于池底中心点或进水口相对角的底部,池底略向排水口倾斜。排水口上方宜加防逃罩。排水口阀门设在鱼池外。

最高水位线设一朝向排水沟渠的溢流管孔。

6.2.4 排水管渠

总排水宜采用明渠,池的排水宜用直管或排水沟。

6.3 遮阳设施

养殖池上方架设遮阳网,遮阳网遮光率≥70%。遮阳网支架坚实耐用,并带有方便遮阳网片装拆的构造,遮阳网片根据季节装拆。

6.4 遮雨设施

鱼池上宜设遮雨蓬。遮雨蓬与遮阳网使用同一支架,遮雨蓬支架的跨度和斜度应适当。遮雨蓬应使用轻便而结实的材料。

6.5 增氧设施及设备

宜采用气泵向鱼池充气增氧。远距离送气的管道宜采用 PVC 塑料管,至池边再用塑料软管连接气石。

6.6 防鸟害设施

鱼池上方设防鸟网。防鸟网与遮阳网使用同一支架,用轻便而结实的尼龙网制成。

7 水处理设备和设施

7.1 供水处理

原水经过消毒和水质处理,经检测确认水质符合 NY 5051 要求后方可进入鱼池。原水处理设施应在结构上满足消毒、物理过滤、生物净化的需要,日平均处理能力应超过鱼场的日平均换水量。

7.2 排水处理

养殖排放水须经过处理，经检测符合 SC/T 9101 要求后方可排放到外界水域。养殖排放水可采用人工湿地、生物净化等方式进行排放前处理。

提倡循环使用养殖水。养殖排放水经消毒和净化后，经检测确认水质符合 NY 5051 的要求，可重新作为养殖用水。

7.3 水质调控

应配备水质净化装置。鱼池净化水装置宜采用内置式气动过滤水槽。

8 隔离观察区和隔离设施

8.1 地点要求

隔离观察区应设置于邻近养殖区及生活区的位置，分别有通向养殖区和生活区的专用通道。隔离观察池应集中建设于隔离观察区内。

8.2 隔离屏障

采用实体材料对隔离观察区进行围蔽，只保留通向生活区和养殖区的两个(或一个)出入口。围蔽实体与养殖区鱼池的最小距离不小于 3 m。

8.3 隔离观察池

8.3.1 规格及数量

玻璃鱼缸或面积 1 m^2 以下的水池若干个，$(10\pm1)m^2$ 水池不少于 3 个。

8.3.2 结构要求

水泥与砖建造，每个池设一个进水口和一个独立的排水口。池体坚实牢固，无裂缝、无渗漏，内表面光滑。

进水系统宜采用管道结构，池进水口采用球阀或自来水龙头，位置高于蓄水水位。

排水口设在池底最低位置，控制阀门在池外。

8.4 无害化处理设施

隔离检疫区应具有对排放水、带病鱼体和用品进行无害化处理的设施和设备，如废水消毒池和焚烧炉等。

9 运输前处理设施

9.1 地点要求

邻近养殖区，方便车辆进出和停放的区域。

9.2 设施要求

室温保持在 15℃～25℃，室内水池的规格、数量和结构要求同隔离观察池，用于金鱼出场前的吊水和调节水温，具包装平台和鱼箱存放区。

10 配套设备和设施

10.1 排涝设备

总排水口配备水泵，其功率应足以应对日常排水及暴雨时的排洪。

10.2 水质监测设备

应配备检测常规水质指标，包括溶氧(DO)、酸碱度(pH)、化学耗氧量(COD)、氨氮(NH_3—N)、亚硝酸盐氮(NO_2—N)、硝酸盐氮(NO_3—N)、硬度(dH)等的检测设备。

10.3 电力

配备必要的应急发电设备。

10.4 生活垃圾处理设备

养殖场的生活、办公区应建设生活垃圾收集处理设施，生活垃圾处理应符合 GB 16889 的规定。

10.5 大门、围蔽设施、场地和道路

大门及围蔽设施应具有防止人员、车辆、牲畜等随意进出的功能。在大门上应设显著的鱼场标志。

养殖场与公路之间，建设路面净宽不小于 3 m、水泥混凝土或沥青路面、承载能力足以保证中型货车正常行驶的道路。场内道路应能保证饲料、苗种、鱼产品和生产工具搬移的需要。

养殖场内建设生产生活所必须的场地，生活场地应适当绿化。

10.6 房屋建筑物

在办公与生活区建设办公室、工具库、饲料库、宿舍和值班房等建筑物。除值班房外，各建筑物应与养殖区保持适当的距离，各建筑物的高度及风格应符合金鱼养殖场所在地的规划和规定。

办公与生活区建设独立的集雨排水系统，防止该区域的排放水及地表水进入养殖区和隔离观察区。

ICS 65.150
B 50

中华人民共和国水产行业标准

SC/T 6053—2012

渔业船用调频无线电话机(27.5 MHz～39.5 MHz)试验方法

Frequency-modulation radiotelephone for fishery vessels(27.5MHz-39.5MHz) methods of testing

2012-12-07 发布

2013-03-01 实施

中华人民共和国农业部 发布

前　言

本标准按照GB/T 1.1给出的规则起草。

请注意本文件的某些内容可能涉及专利。本文件的发布机构不承担识别这些专利的责任。

本标准由农业部渔业局提出。

本标准由全国水产标准化技术委员会渔业机械仪器分技术委员会(SAC/TC 156/SC 6)归口。

本标准起草单位:国家渔业机械仪器质量监督检验中心、石狮市飞通通讯设备有限公司。

本标准主要起草人:石瑞、林英华、何新勇、曹建军、陈寅杰、郑熠。

渔业船用调频无线电话机(27.5 MHz～39.5 MHz)试验方法

1 范围

本标准规定了渔业船用调频无线电话机(27.5 MHz～39.5 MHz)的术语和定义、性能要求、试验方法。

本标准适用于渔业船用调频无线电话机(27.5 MHz～39.5 MHz)的设计、制造及检验。

2 规范性引用文件

下列文件对于本文件的应用是必不可少的。凡是注日期的引用文件，仅注日期的版本适用于本文件。凡是不注日期的引用文件，其最新版本(包括所有的修改单)适用于本文件。

GB/T 2423.16 电工电子产品环境试验 第2部分：试验方法 试验J及导则：长霉

GB/T 6113.201 无线电骚扰和抗扰度测量设备和测量方法规范 第2-1部分：无线电骚扰和抗扰度测量方法 传导骚扰测量

GB/T 6113.203 无线电骚扰和抗扰度测量设备和测量方法规范 第2-3部分：无线电骚扰和抗扰度测量方法 辐射骚扰测量

GB/T 12192 移动通信调频无线电话发射机测量方法

GB/T 12193 移动通信调频无线电话接收机测量方法

GB/T 15844.3 移动通信调频无线电话机 可靠性要求及试验方法

GB/T 17626.2 电磁兼容 试验和测量技术 静电放电抗扰度试验

GB/T 17626.3 电磁兼容 试验和测量技术 射频电磁场辐射抗扰度试验

GB/T 17626.4 电磁兼容 试验和测量技术 电快速瞬变脉冲抗扰度试验

GB/T 17626.5 电磁兼容 试验和测量技术 浪涌(冲击)抗扰度试验

GB/T 17626.6 电磁兼容 试验和测量技术 射频场感应的传导抗扰度试验

GB/T 17626.8 电磁兼容 试验和测量技术 工频磁场抗扰度试验

SC/T 7002.5 船用电子设备环境试验条件和方法 恒定湿热(Ca)

SC/T 7002.6 船用电子设备环境试验条件和方法 盐雾(Ka)

SC/T 7002.8 船用电子设备环境试验条件和方法 正弦振动

SC/T 7002.9 船用电子设备环境试验条件和方法 碰撞

SC/T 7002.10 船用电子设备环境试验条件和方法 外壳防护

IEC 60945—2002 海上导航和无线电通信设备及系统 一般要求 测试方法和要求的测试结果

IEC 61162—1—2010 海上导航和无线电通信设备及系统 数字接口 第1部分：单通话器和多受话器

农办渔[2007]41号 渔业船用调频无线电话机(27.5—39.5 MHz)通用技术规范(试行)

3 术语和定义

《渔业船用调频无线电话机(27.5—39.5 MHz)通用技术规范(试行)》界定的术语和定义适用于本文件。

3.1

渔业船用调频无线电话机(27.5 MHz～39.5 MHz) frequency-modulation radiotelephone for fishery vessels(27.5 MHz-39.5 MHz)

利用 27.5 MHz～39.5 MHz 专用频段进行船舶间、船舶与专用无线电话台或经海岸电台和陆上通信话路转接等，船舶与用户间通信的无线电话通信设备。

3.2

话音信道　voice channel

在 27.5 MHz～39.5 MHz 的频率范围间，以 27.5 MHz 为载波的无线信道为 1 信道，按 25 kHz 间隔依次增加直至 480 信道。话音信道是指 1 信道～220 信道以及 241 信道～480 信道，共 460 个。

3.3

专用信道　dedicated channel

在 33.0 MHz～33.475 MHz 的频率范围间，按 25 kHz 间隔划分的，以 33.0 MHz 为序号 221 信道直至 240 信道，共 20 个。

4　试验方法

4.1　一般要求

4.1.1　试验环境

除另有规定外，试验应在下列条件下进行：

a)　温度：＋15℃～＋35℃；

b)　相对湿度：20％～75％；

c)　大气压：86 kPa～106 kPa；

d)　振动：无。

4.1.2　测试设备和仪表

功能试验应另行准备符合规定的渔业船用调频无线电话机，作为参考船台。

性能试验应使用射频通信测试仪、信号源以及电磁屏蔽笼等测试仪表及设备。其准确度应比被测试指标准确度高一个数量级，并且应按国家有关计量检定规程或有关标准检定或计量合格，并在有效期内。

4.2　功能试验

4.2.1　人机界面功能

检查船台的发射、接收、信道记忆、信道扫描工作时显示屏的标记、提示状态。船台应给出红色遇险呼叫按键启动过程所对应显示屏的标记、提示状态，并满足《渔业船用调频无线电话机(27.5—39.5 MHz)通用技术规范(试行)》5.1.7a 的要求。

4.2.2　话音功能

分别在 049 信道、241 信道、449 信道上进行船台与参考船台间的话音通信测试，被测船台并应满足有关标准规定的要求，保证正常话音通信。

4.2.3　信令功能

被测船台应与参考船台逐项进行遇险呼叫、选呼、群呼、全呼、海呼等功能的收发测试，并应满足《渔业船用调频无线电话机(27.5—39.5 MHz)通用技术规范(试行)》5.2.2 的要求。

4.2.4　数字接口及协议

船台应配备符合 IEC 61162—2010 中 5.5 的硬件线路。其数据接口应能与计算机正确连接，并能正确接收来自参考船台的信息，且满足有关标准规定的要求。

4.2.5　报警音

检查船台在收到遇险呼叫、选呼等呼叫的报警音，应满足《渔业船用调频无线电话机(27.5—39.5MHz)通用技术规范(试行)》中 5.2.14 的要求。

4.3　性能试验

4.3.1 发射接收性能、信令性能

在电磁屏蔽笼内，按照 GB/T 12192、GB/T 12193 的规定，分别在 049 信道、241 信道、449 信道测试发射性能和接收性能，并应满足《渔业船用调频无线电话机(27.5—39.5 MHz)通用技术规范(试行)》中 5.3.3 的要求。

4.3.2 信令性能

在电磁屏蔽笼内，向船台的天线端注入信号强度 0.2 μV 的测试信令 100 包，设备应能正常接收，误包率应不高于 20%。

4.3.3 天线

在电磁屏蔽笼内，测试通信天线的阻抗及天线驻波比、定位天线的驻波比，应满足《渔业船用调频无线电话机(27.5—39.5 MHz)通用技术规范(试行)》中 5.3.2 的要求。

4.3.4 电源

按船台的标称电压，选取规定的电压及频率的上下限分别进行试验，应满足下列的要求。

当船台工作在额定电压值及额定频率的下限时，其发射接收性能中频率容差、载波功率、参考灵敏度、音频失真等项目，应满足《渔业船用调频无线电话机(27.5—39.5MHz)通用技术规范(试行)》中 4.8.2 的要求。

4.3.5 绝缘电阻

船台的绝缘电阻不应小于 10 MΩ。在特殊条件下(如湿热、盐雾试验后)，其绝缘电阻应不小于 1 MΩ。

4.4 环境适应性

4.4.1 高温

首先测试船台的舱外部分，温度应控制为 70℃，时间 10 h；随后连同其舱内部分，温度应控制为 55℃，时间 10 h；保持试验温度，对船台通电，在随后的 2 h 内进行发射接收性能、信令性能测试。

船台的发射接收性能中的频率容差、载波功率、调整灵敏度、参考灵敏度、深静噪阻塞门限、音频失真、调制接收带宽等项目，应满足《渔业船用调频无线电话机(27.5—39.5 MHz)通用技术规范(试行)》中 5.1.5 的要求。

船台的信令性能，应满足 4.3.2 的要求。

4.4.2 低温

首先测试船台的舱外部分，温度应控制为－25℃，时间 10 h；随后连同其舱内部分，温度应控制为－10℃，时间 10 h；保持试验温度，对船台通电，在随后的 2 h 内进行发射接收性能、信令性能测试。

船台的发射接收性能中的频率容差、载波功率、调整灵敏度、参考灵敏度、深静噪阻塞门限、音频失真、调制接收带宽等项目，应满足《渔业船用调频无线电话机(27.5—39.5 MHz)通用技术规范(试行)》中 5.1.5 的要求。

船台的信令性能，应满足 4.3.2 的要求。

4.4.3 恒定湿热

按 SC/T 7002.5 的规定进行 10 h 试验。试验结束后，将船台取出在常温试验条件下恢复 2 h 期间应能正常工作，其绝缘电阻测试应满足 4.3.5 的要求。

4.4.4 盐雾

试验前应保证船台表面干净、无油污、无临时性防护层。按 SC/T 7002.6 的规定进行 24 h 试验。试验结束后，船台应能正常工作，其绝缘电阻测试应满足 4.3.5 的要求。

4.4.5 振动

试验前，确认船台的外观、功能和机械性能处于完好状态。按 SC/T 7002.8 的规定进行扫频试验和耐振试验。试验结束后，船台应能正常工作，且设备的外观、机械结构及功能应不受振动的影响。

4.4.6 碰撞

试验前,确认船台的外观、功能和机械性能处于完好状态。按 SC/T 7002.9 的规定进行结构牢固性试验。试验结束后,船台应能正常工作,且外观、机械结构应能经受运输过程及非正常使用情况的考验。

4.4.7 外壳防护

按 SC/T 7002.10 的规定进行,设备舱内部分的防护等级不得低于 IP22,其天线的防护等级不得低于 IPX6。

4.4.8 霉菌

按 GB/T 2423.16 的规定进行 28 d 试验,并给出测试结果,且其长霉等级不得低于 GB/T 2423.16 中 2 级(含 2 级)的规定。

4.5 电磁兼容性

4.5.1 干扰

4.5.1.1 传导发射

按 GB/T 6113.201 的规定,对船台的电源端口在 10 kHz～3 MHz 范围内进行传导发射测量。应满足 IEC 60945—2002 中 9.2 的要求。

4.5.1.2 外壳端口辐射发射

按 GB/T 6113.203 的规定,在 150 kHz～2 GHz 范围内,对船台进行电源端口辐射测量。应满足 IEC 60945—2002 中 9.3 条的要求。

4.5.2 抗干扰

4.5.2.1 射频场感应的传导骚扰

按 GB/T 17626.6 的规定,在 150 kHz～80 MHz 范围内对船台进行测试。在测试过程中及完成测试后,船台均应能连续工作,无功能失效的情况出现。

4.5.2.2 射频电磁场辐射抗扰度

按 GB/T 17626.3 的规定,在 80 MHz～2 GHz 范围内对船台进行测试。在测试过程中及完成测试后,船台均应能连续工作,无功能失效的情况出现。

4.5.2.3 快速瞬变抗扰度

按 GB/T 17626.4 的规定对船台进行测试。在测试过程中,允许出现功能或性能暂时失效情况,停止试验应即能自行恢复。在测试完成后,船台应能继续工作,无功能失效的情况出现。

4.5.2.4 浪涌抗扰度

按 GB/T 17626.5 的规定对船台进行测试。在测试过程中,允许出现功能或性能暂时失效情况,停止试验应即能自行恢复。在测试完成后,船台应能继续工作,无功能失效的情况出现。

4.5.2.5 静电放电抗扰度

按 GB/T 17626.2 的规定,对船台进行测试。在测试过程中,允许出现功能或性能暂时失效情况,停止试验应即能自行恢复。在测试完成后,船台应能继续工作,无功能失效的情况出现。

4.5.3 磁罗经安全距

按 GB/T 17626.8 的规定,分别测试设备在供电工作的前后、磁化的前后,对于标准罗经以及舵罗经的安全距离数据。磁罗经安全距的极限距离不得大于 5 m。

4.5.4 可靠性

按照 GB/T 15844.3 的规定,测试船台的平均无故障时间(MTBF)不应小于 500 h。

ICS 65.150
B 50

中华人民共和国水产行业标准

SC/T 6054—2012

渔业仪器名词术语

Terminology of fisheries instrument

2012-12-07 发布　　　　2013-03-01 实施

中华人民共和国农业部 发布

前　言

本标准按照GB/T 1.1给出的规则起草。

本标准由农业部渔业局提出。

本标准由全国水产标准化技术委员会渔业机械仪器分技术委员会(SAC/TC 156/SC 6)归口。

本标准起草单位:国家渔业机械仪器质量监督检验中心、石狮市飞通通讯设备有限公司。

本标准主要起草人:石瑞、林英华、曹建军、张建华、郑熠、陈寅杰。

渔业仪器名词术语

1 范围

本标准规定了渔业仪器专用名词术语及其定义。

本标准适用于渔业仪器的设计、使用、生产和管理及相关资料文献的编写。

2 规范性引用文件

下列文件对于本文件的应用是必不可少的。凡是注日期的引用文件，仅注日期的版本适用于本文件。凡是不注日期的引用文件，其最新版本(包括所有的修改单)适用于本文件。

JT/T 704—2007 水上通信、导航和信息词汇

3 术语和定义

下列术语和定义适用于本文件。

3.1 通信类

3.1.1

渔业船用调频无线电话机(27.5 MHz～39.5MHz)　frequency-modulation radiotelephone for fishery vessels

利用27.5 MHz～39.5 MHz专用频段进行船舶间、船舶与专用无线电话台或经海岸电台和陆上通信话路转接等，船舶与用户间通话的无线电话通信设备。

3.1.2

单边带　single sideband(SSB)

去除调幅信号中的载波及一边带，剩下另一边带。

[JT/T 704—2007，定义2.1.25]

3.1.3

中频无线电话　medium frequency communication radiotelephone

利用0.3 MHz～3 MHz频段间的水上移动频率进行无线电通信的设备，简称MF。

3.1.4

高频无线电话　high frequency communication radiotelephone

利用3 MHz～30 MHz频段间的水上移动频率进行无线电通信的设备，简称HF。

3.1.5

甚高频无线电装置　VHF installtion

工作在156 MHz～174 MHz之间的无线电通信装置。

[JT/T 704—2007，定义2.3.7]

3.1.6

数字选择性呼叫　digital selective calling(DSC)

采用数字编码检错方法，使一无线电台与另一电台或一组电台建立通信联系的预约呼叫技术。

[JT/T 704—2007，定义2.1.38]

3.1.7

窄带直接印字电报　narrow band direct printing telegraphy(NBDP)

带宽小能直接印字的移频电报,分自动请求重发(ARQ)和前向纠错(FEC)两种模式。

[JT/T 704—2007,定义 2.1.21]

3.1.8

双向甚高频无线电话设备 two-way VHF radiotelephone apparatus

遇险或紧急情况下,在救生艇(筏)之间、母船救生艇(筏)之间或救助船与救生艇(筏)之间,主要用于现场通信的必须至少有两个信道(含 16 信道)的甚高频无线电话设备。

[JT/T 704—2007,定义 2.3.8]

3.1.9

应急无线电示位标 emergency position-indicating radio beacon(EPIRB)

能迅速发出遇险报警,向搜救中心发出位置信息的无线电装置。

[JT/T 704—2007,定义 2.3.9]

3.1.10

搜救雷达应答器 search and rescue radar transponder(SART)

工作在 9 GHz 频段并在受到船载或机载 9GHz 雷达触发时能产生响应信号的无线电装置。

[JT/T 704—2007,定义 2.3.13]

3.1.11

国际海事卫星船舶终端 INMARSAT ship earth station

通过海事卫星系统,可获得电话、用户电报、传真通信业务、遇险报警和安全通信业务,也可以进入其先进、完善数据网络获得互联网接入服务等功能的终端设备。

3.1.12

增强群呼 enhanced group call system(EGC)

通过国际移动卫星通信系统进行广播的系统。EGC 是 INMARSAT-C 系统的组成部分,它支持"安全通信网(SafetyNET)"业务和"船队通信网(FleetNET)"。

[JT/T 704—2007,定义 2.1.45]

3.1.13

奈伏泰斯 navigationl telex(NAVTEX)

通过 FEC 方式,由岸台播发并由船舶自动接收的船舶航行警告、气象警告、气象预报和紧急信息等海上安全信息(MSI)的系统。

[JT/T 704—2007,定义 2.1.39]

3.1.14

渔业船舶自动识别系统 B 类船载设备 shipborne equipment of class B automatic identification system of fishing vessel

为实现岸对船的监视、船船间相互识别等目的,在原甚高频通信频段上,通过自组织时分多址(SOTDMA)、载波侦测时分多址(CSTDMA)等技术,自动广播本船信息并接收其他船舶信息,且不干扰甚高频无线电话通信的渔船用 B 类 AIS 船载通信设备,简称 AIS 终端。

3.2 导航类

3.2.1

全球导航卫星系统 global navigation satellite system

能向民间提供实时的对地球三维位置、速度、时间等信息服务,由空间段、地面控制段和用户机等组成并由多国参与运行和控制的系统,简称 GNSS。目前,有美国全球定位系统(Global Position System,简称 GPS)、前苏联全球导航卫星系统(Global Navigation Satellite System,简称 GLONASS)、欧盟伽利略系统(Galileo System)等。

3.2.2

渔业船舶卫星导航仪　GPS plotter for fishery vessels

采用GPS接收机,内置航海导航算法、电子海图等功能,通过电子海图实时标注船位、显示航向、速度等信息的设备。

3.2.3

渔业船舶船载北斗卫星导航系统终端　fishing shipborne terminal based on BeiDou navigation satellite system

采用我国北斗卫星系统接收机,内置航海导航算法、电子海图等功能,通过电子海图实时标注船位、显示航向、速度等信息的设备。

3.2.4

渔业船舶CDMA导航仪　CDMA terminal for fishery vessels

采用CDMA通信、CDMA网络A-GPS定位、CDMA地图数据传送服务等技术,通过定制软件及硬件实现通信导航功能,适于近岸渔业船舶使用的设备。

3.2.5

船载航行数据记录仪　shipborne voyage data recorder(VDR)

以安全和可恢复的方式,实时记录存储船舶发生事故前后一段时间的船舶位置、动态、物理状况、命令和操纵等信息的装置。

[JT/T 704—2007,定义4.5]

3.2.6

罗兰C　loran C

一种远程、低频、脉冲相位差双曲线无线电导航系统。其工作频率为100 kHz,作用距离为1 000 n mile,定位精度为传播距离的0.1%。

[JT/T 704—2007,定义3.2.2]

3.2.7

电子海图显示及信息系统终端　electronic chart display and information system terminal

能收集各种传感器的信息,特别是雷达/ARPA雷达、GPS/差分GPS、气象传真等信息,结合数字化海图、航用数据和导航数据等,经过集成数据处理,通过图形直观显示的综合处理终端,简称ECDIS。

3.2.8

雷达　radar

利用目标对电磁波的反射特性,来探测与测量目标的无线电设备。

[JT/T 704—2007,定义3.4.1]

3.2.9

磁罗经　magnetic compass

依靠地磁取得指向性能的罗经。

3.2.10

GPS罗经　GPS compass

利用GPS接收机、相位侦测及解算技术取得指向性能的设备。相对于磁罗经,其数据为真北指向。

3.3　水声助渔类

3.3.1

回声测深仪　echo sounder

利用超声波在水中传输的物理特性而制成的一种测量水深的水声导航仪器。

[JT/T 704—2007,定义3.6.4]

3.3.2

垂直回声探鱼仪 fish finder

利用水中超声波的传输特性,通过换能器向渔船下方收发声波,测量鱼类的声反射时延,探测和确定鱼群位置及评估其数量的电子设备。

3.3.3

水平探鱼仪 horizontal fish finder

利用水中超声波的传输特性,采用换能器阵列,通过机械或电子相位控制辅助等手段,针对渔船四周水体鱼类目标进行探测、定位的电子设备,简称声纳。

3.3.4

多普勒计程仪 doppler log

利用声波在水中传播的多普勒效应来测量船舶航速和累计航程的计程仪。

[JT/T 704—2007,定义 3.6.22]

3.3.5

网位仪 net monitor

以水声技术为主,综合其他技术,实现对网具所在的水层深度、网口高度及开口、水下温度、盐度等参数进行监测的设备。

3.4 水质分析类

3.4.1

溶氧仪 dissolved oxygen analyzer

测定水体溶解氧含量的仪器。

3.4.2

氨氮水质分析仪 water quality analyzer of total ammonia

测定水体溶解氨氮量的仪器同溶氧仪类似,用于各种渔业水体的水质分析。

3.4.3

电导率仪 conductivity meter

测定水体导电离子量的仪器。

3.4.4

pH 仪 pH meter

测定水体酸碱度值的仪器。

3.5 其他

3.5.1

拦鱼电栅 electricity grid for fishery

利用鱼类的电生物反应特性,为达到拦截鱼类、防止逃逸且不伤害鱼类等目的,在水中形成特定电场的设备。

ICS 65.150
B 50

中华人民共和国水产行业标准

SC/T 6072—2012

渔船动态监管信息系统建设技术要求

Technical requirements for information system construction of fishing vessel dynamic monitoring

2012-12-24 发布　　　　2013-03-01 实施

中华人民共和国农业部 发布

目　次

前　言

本标准按照 GB/T 1.1 给出的规则起草。

本标准由农业部渔业局提出。

本标准由全国水产标准化委员会渔业机械分技术委员会(SAC/TC 156/SC 6)归口。

本标准主要起草单位:农业部东海区渔政局、中国交通通信信息中心。

本标准起草协作单位:北京兴兴交通通信工程技术公司、北京海事通科技有限公司、北斗星通信息服务有限公司、上海埃威航空电子有限公司。

本标准主要起草人:宋志俊、庄会柏、施宏斌、何瞿秋、郭毅、孔祥伦、王建江、成健、郭飚、杨世杰。

渔船动态监管信息系统建设技术要求

1 范围

本标准规定了渔船动态监管信息系统的总体框架、通用要求、系统要求、应用服务接口要求、系统功能及技术指标要求、应用集成中间件、接口协议。本标准不包括渔船动态监管信息系统运行所需客户端设备的有关技术要求内容和采用B/S结构进行建设的渔船动态监管Web GIS系统的有关技术要求内容。

本标准适用于渔业管理部门在进行渔船动态监管信息系统建设的设计、建设、验收、使用和管理。

2 规范性引用文件

下列文件对于本文件的应用是必不可少的。凡是注日期的引用文件,仅注日期的版本适用于本文件。凡是不注日期的引用文件,其最新版本(包括所有的修改单)适用于本文件。

GB 50174 电子信息系统机房设计规范

GB/T 22240 信息安全技术 信息系统安全等级保护定级指南

GB/T 25058 信息安全技术 信息系统安全等级保护实施指南

YD/T 1132 防火墙设备技术要求

IEC PAS 61162—100—2002 海上导航和无线电通信设备及系统的数字接口 第100部分:单通话器和多受话器UAIS用IEC 61162-1的额外要求

IHO S-52 电子海图显示与信息系统的海图内容和显示方法规范

IHO S-57 数字海道测量数据传输标准

3 术语和定义

下列术语和定义适用于本文件。

3.1

渔船动态监管信息系统 information system of fishing vessel dynamic monitoring

是指以计算机技术、网络通讯技术和无线通信技术、地理信息系统(GIS)、全球定位系统(GPS)等现代化手段,对渔业管理部门及提供渔船监管服务的运营商所产生的船舶信息(船位、报警、短信等)、业务信息、管理信息等数据进行采集、处理、存储、分析、展示、传输及交换,为渔业管理部门、渔业生产企业及社会公众提供全面的、自动化的管理及各种服务的信息系统。

3.2

渔船动态监管信息数据 information data of fishing vessel dynamic monitoring system

是指在渔船动态监管中应用的各类信息数据,如船位信息、船舶基础资料信息、报警信息、短消息信息等。

4 总体框架

4.1 网络结构

渔船动态监管信息系统采用4级网络结构,第一级为国家级渔船动态监管信息系统中心,第二级为海区级渔船动态监管信息系统中心,第三级为省(自治区、直辖市)级渔船动态监管信息系统中心,第四级为地市/县区级渔船动态监管信息系统中心。

注：乡镇和村社一级可以采用海区、省或市级建设的 Web 渔船动态监管信息系统数据中心实现属地船舶的监管和应用服务。

4.2 组网方式

各级系统间应采用租用专线的方式进行数据传输或者采用公网宽带组网方案的方式进行数据传输。

租用专线的带宽：租用专线的带宽不应低于 2 M，国家级和海区级宜采用 4 M。

公网宽带组网方案：各级系统之间应采用 VPN 的方式建立连接，各接入点带宽应不小于同等级中心的专线带宽要求。

4.3 系统应用服务构架

系统应用服务构架由数据采集、数据反馈、数据分布、数据交换、数据存储、功能应用服务等部分组成。

5 通用要求

5.1 硬件要求

系统硬件应包括但不限于以下设备：

a) 数据库服务器、备份服务器、应用服务器等服务器。

b) 交换机、路由器、防火墙、VPN 等网络设备。

c) 磁盘阵列或磁带库等存储设备。

本标准按高、中、低三种建议方案分别列出系统硬件配置，并提出最低配置的要求，见附录 A。

注：建设中采用旧设备的配置不应低于最低配置的要求。

5.2 软件要求

5.2.1 软件分类

5.2.1.1 操作系统软件

小型机宜选用 Unix、Solaris 或 Linux 操作系统；PC 服务器宜选用 64 位及以上主流服务器操作系统；PC 机的操作系统宜选用 32 位或者 64 位及以上主流 PC 操作系统。

5.2.1.2 数据库系统软件

数据库系统应采用主流的关系型数据库。

5.2.1.3 网络防病毒系统

网络防病毒系统应采用主流的企业版防病毒软件，见附录 A。

5.2.2 软件接口分类

软件接口分类至少应包含用户接口、外部接口和内部接口三个部分。

a) 用户接口包含用户操作和反馈结果等；

b) 外部接口包含数据输入输出、网络传输协议等；

c) 内部接口包含模块间传值、数据传递等。

5.2.3 信息服务要求

5.2.3.1 系统信息接入

应包括但不限于以下系统信息数据的接入：

a) 卫星系统数据。

b) AIS 数据。

c) 公众移动通信数据。

d) 短波/超短波数据。

e) 雷达数据。

f) RFID数据。

5.2.3.2 系统信息接入处理及信息反馈

能处理数据源输入的位置信息、短消息信息和报警信息等,并解释成系统标准数据格式输入到本系统中,同时应提供数据接收回执给数据源所在的系统。

5.2.3.3 系统信息处理

应包括但不限于以下系统信息处理:

a) 位置数据处理时间:不大于1 s。

b) 调位处理时间:符合所调船位的各卫星运营商通信系统技术指标要求。

c) 报警消息接收的处理时间:接收平台间转发的报警消息时间应不大于3 s。

d) 系统内轨迹回放下载处理时间:客户端软件从渔船动态监管信息系统中心数据库下载8 h内20 000个位置信息时间应不大于60 s。

e) 轨迹回放处理时间:单船轨迹回放的时间应不少于30 d,区域船舶回放时间应不少于8 h。

5.2.3.4 系统信息数据存储、备份和恢复

系统数据存储采用国家级数据中心集中存储和海区、省(市)数据中心分布存储的方式;省级以下的系统数据存储宜采用数据集中模式或数据交换模式,或采用两种模式相结合的方式。

数据的备份应采用定期全备份和每周增量备份的方式。

5.2.3.5 系统应用服务

系统应用服务应包含但不限于以下服务内容:

a) 基本应用服务:应包含电子海图显示及控制、船舶监控、船舶搜索、船舶定位、轨迹回放、短消息收发、调取船位等功能的服务。

b) 高级应用服务:应包含在线离线船舶统计、港内港外船舶统计、电子海图下载等功能的服务。

c) 管理应用服务:应包含用户接入的管理、数据分发的管理、其他系统接入服务的管理、基站运行状态监控的管理、船舶基础的维护管理等功能的服务。

d) 报警及安全应用服务:应包含船舶预警、船舶报警、报警处理、搜救救助、指挥调度功能的服务。

e) 灾害应用服务:应包含台风、海浪等气象信息的叠加显示,并能提供预警短信息播发等灾害应用服务。

f) 视频应用服务:可支持直接链接调用渔船渔港视频监控系统实现视频监控服务,也可在渔船渔港视频监控系统的厂商提供视频监控接口协议的基础上实现等同接口协议的相关视频监控设备的操作服务。

g) 其他及扩展应用服务:应预留支持其他系统为渔船动态监管信息系统提供的渔业船舶安全监管所需的扩展应用服务。

5.2.3.6 系统信息输出

应包括船舶历史轨迹数据的输出、各类服务的统计报表输出、船舶基础资料的输出和需要与其他系统进行数据交换的数据输出。

5.3 系统信息的交互要求

5.3.1 人机交互要求

a) 界面设计应采用主流的视窗风格界面,支持屏幕分辨率自适应。

b) 支持鼠标滚轮、左键和右键的常用功能快捷键操作。

c) 告警类信息应自动弹出告警窗口且不能自动解除。

d) 用户操作C/S结构的客户端软件在20 000艘船舶同时在线显示的情况下,海图刷新速度应不大于2 s。

5.3.2 与数据源的交互要求

通过专线实现接入的数据源交互数据延时不应大于1 s,通过公网实现接入的数据源交互数据延时不应大于2 s。

交互数据失败应可以自动进行重发,报警类信息重发次数不应少于3次,其他类信息重发次数不应大于3次。

5.4 系统运行稳定性指标要求

服务端软件连续运行不出现异常情况的时间不应少于30 d,严重异常或者宕机时间间隔不应少于6个月。

客户端软件连续运行不出现异常情况的时间不应少于10 d,严重异常或者宕机时间间隔不应少于20 d。

5.5 机房环境要求

机房环境应符合GB 50174的要求。

6 系统要求

6.1 系统信息输入

应包含单向输入和双向输入输出两种类型数据源。单向数据源至少应包含AIS数据、雷达数据、RFID数据;双向数据源至少应包含海事卫星数据、北斗卫星数据、公众移动通信数据、短波/超短波数据。

6.2 系统信息输入信息预处理及反馈

信息系统预处理应采用应用集成中间件的方式实现,中间件的功能及技术要求见第9章。可支持双向数据输入的系统应按照紧急信息、安全信息和常规业务信息不同等级进行信息的反馈回执,并应按照重发次数的设定自动进行回执失败信息的重发。

6.3 系统数据处理

系统数据应由应用服务程序处理,包含位置信息、调取船位、短信息、报警信息等数据处理;各数据源输入的数据处理能力应不低于1 s/100条。

应用服务应按照通用的船舶航海预警算法和用户设定的预警值进行预警运算。

应用服务应对船舶报警进行接收处理,并实时转发至相应的用户监控终端。

6.4 服务器数据存储、数据备份、数据恢复

6.4.1 数据存储

船舶动态数据在服务器上的存储时间不应少于12个月,静态数据和报警数据应能永久保存。

6.4.2 数据备份要求

应每月对服务器上的数据进行一次数据完全备份和每周进行一次数据增量备份。

6.4.3 数据恢复

当系统信息数据异常或丢失时,可采用服务器上最近一次的完全备份数据、增量备份数据和运行日志进行联合恢复。

6.5 信息安全

6.5.1 信息安全保护

系统服务器在应用服务、数据库、数据发布等方面的信息安全可采用以下技术进行保护:

a) 身份认证技术。

b) 加解密技术。

c) 边界防护技术。

d) 访问控制技术。

e) 主机加固技术。

f) 安全审计技术。

g) 检测监控技术。

6.5.2 信息安全等级保护评定

系统建设中,应按照 GB/T 25058 的规定进行信息系统安全等级保护实施。系统建设完成后,应按照 GB/T 22240 的规定进行信息安全保护等级进行评定定级。

7 应用服务接口要求

7.1 船舶基本位置服务接口

应提供 Web Service 方式的船舶基本位置接口。船舶基本位置接口至少应包含船名、设备 ID 或 MMSI、呼号、IMO 号码、经纬度、报位终端类型、航速、航向、船艏向、目的港、遇到达时间、获取位置的时间等,见附录 B。

7.2 船舶基础数据服务接口

应提供 Web Service 方式的船舶基础数据服务接口。船舶基础数据服务接口至少应包含船名、设备 ID 或 MMSI、呼号、船舶类型、作业类型、属地、总吨、净吨、船东和联系方式等,见附录 B。

7.3 数据发布接口

应包含管理平台数据发布和 C/S 构架客户端数据发布两个部分。

管理平台数据发布接口应采用 TCP/IP 通信协议,并应提供 Web Service 方式接口;C/S 构架客户端数据发布接口应采用 Socket 通信,并应提供 Web Service 方式接口,见附录 B。

7.4 报警服务接口

应包含报警船舶的名称、设备 ID 或 MMSI、经纬度、报警类型、报警时间、报警终端类型、属地和船东等, 见附录 B。

7.5 功能应用服务接口

应提供包含第 7 章中要求的所有应用服务接口,见附录 B。

7.6 异构系统数据交换服务接口

应提供与其他异构渔船动态监管信息系统之间数据的传输和交换的服务接口。

7.7 调用视频服务接口

应根据需要调用的视频系统的接口协议而开发调用视频服务接口。

7.8 其他拓展服务接口

应采用通用标准的拓展服务接口实现与其他系统的整合和资源共享。

7.9 数据输出接口

7.9.1 内部接口数据输出

应包含应用服务端输出至客户端的船舶基本位置数据、船舶基础数据、短信息、调取船位、船舶预报警、轨迹回放、查询搜索、船舶定制和电子海图下载等数据,见附录 B。

7.9.2 外部接口数据输出

应包含 Web 服务、各级系统间数据交互、异构系统数据交换、数据源输入的信息回执等,见附录 B。

8 系统功能及技术指标要求

8.1 渔船动态监管信息系统客户端软件的基本功能要求

8.1.1 电子海图显示基本功能要求

应包含但不限于以下基本功能:

a) 显示背景控制:应包含白天、黄昏和夜晚三种显示背景。

b) 电子海图放大和缩小:能支持鼠标滚轮缩放、拉框无级放大、固定倍数缩放。

c) 电子海图定位：能支持以定位点为中心，按设定比例尺显示电子海图；还可通过输入渔区号自动定位到该渔区。
d) 漫游：可在指定比例尺下漫游电子海图。
e) 分层显示：应包含基础层显示、标准层显示和完全层显示。
f) 电子海图导入：能导入和显示符合国际标准的S57格式的电子海图，还可导入平台开发商采用S57格式转换后生成自定义格式的电子海图。
g) 电子海图符号：应实现简单符号和传统符号切换显示。
h) 电子海图量算：应支持量算标绘两点之间的距离、方位以及多点的总距离。
i) 船舶标签显示：应符合IHO S-52标准的要求，并能选择显示船艏向、轨迹线、矢量线，同时能选择显示船舶的基本信息，如船名、设备ID或MMSI、呼号、船舶类型、作业类型、船东、报位终端类型和经纬度等。
j) 电子海图自动下载和更新：客户端软件应具有从渔船动态监管信息系统中心服务器自动下载和更新电子海图的功能。
k) 多目标融合：至少应支持3种监控目标的融合，并应支持融合后的显示。
l) 船型等比放大：监控目标应支持船型等比放大显示。
m) 辅助图层：辅助图层应作为电子海图的独立图层，并应支持以辅助图层的方式在电子海图上自行添加标注港区、泊位、码头、禁航区、警戒区(线)、地物名称的功能。
n) 事件记录：应支持在电子海图上进行重要事件记录和快速定位功能，能选择添加事件记录显示的图形符号。
o) 经纬网格显示：应支持选择性显示经纬度网格的功能。

8.1.2 渔业图层显示基本要求

渔业图层应作为一个独立的图层，支持单选或者组合选择显示渔区图、中韩渔业协定、中日渔业协定、中越渔业协定、拖网渔业禁渔线、禁渔区及禁渔线、长江口渔业管理区和自定义等图层。

8.1.3 船舶监管、事故调查功能基本要求

应包含但不限于以下基本要求：

a) 轨迹回放：应支持按单船、多船和按区域指定时间段回放船舶的历史轨迹。
b) 数据导出：应实现将轨迹回放的数据导出至excel文件或者文本文件，AIS数据还可支持将历史轨迹数据转换成符合IEC 61162标准要求格式的AIS语句并可导出为文本文件。
c) 区域告警：船舶定位数据传输到渔船动态监管信息系统中心后应支持在电子海图上设置报告线、禁航区等，能根据船舶实时的位置信息实现船舶越界、进入禁航区等船舶的告警。
d) 船舶定位监控：应支持实时监控船舶航行的位置与状态，并能显示经纬度、速度、航向、时间、船艏向(如有)、矢量线(如有)、尾迹点等。
e) 船舶动态信息：至少应包括船舶航行的位置与状态，如显示经纬度、速度、航向和时间等。
f) 船舶分类显示：应支持对船舶进行分组，如根据船舶的类型(商船和渔船)、终端设备的类型(AIS、公众移动通信、短波、超短波、雷达目标、北斗卫星、海事卫星、RFID等)、在线和不在线情况等对船舶进行分组和区分显示。
g) 定制船舶：应提供根据用户需要而定制监控单艘船舶或者多艘船舶的功能，定制的船舶应能区别显示于非定制船舶，定制船舶的显示应不受在线和离线条件的限制，在定制删除前定制船舶的特殊显示方式不应自动解除。
h) 跟踪船舶：应支持对于某一船舶进行跟踪监控显示，电子海图应随跟踪的船舶自动漫游。
i) 模糊查询：应支持按照船舶名称、设备ID或MMSI、呼号、作业类型、船东等不同条件模糊查询船舶，并以列表的形式进行显示；对于离线或当前没有数据的船舶应支持从服务器端查询并将查询后的数据下载到本地显示和保存。

j) 视频录制功能:船舶历史轨迹回放时,应支持自动进行回放轨迹的视频录制和存储功能。视频文件格式可存储为“WAV”格式或者“AVI”格式。
k) 应提供当前显示的电子海图窗口海图快照、海图打印功能。文件至少应能保存为BMP或JPG图像格式。
l) 搜索功能:应支持拉框式圆搜、矩形和多边形搜索船舶功能;能对系统数据中心接入的所有数据源的船舶进行搜索,并可按照终端类型分成不同页的列表进行显示;列表右键应支持居中定位、发短信、调船位、轨迹回放和临时分组功能;应具有仅显示在线船舶的功能;应支持将查询结果导出为excel文件。
m) 事故记录维护:应支持在海图上进行事故录入、查询及修改功能。
n) 离线船舶显示要求:可支持离线船舶显示和离线船舶时间设置功能。
o) 船舶出入港的统计、管理:应根据终端设备的进出港报告和岸基设备读取或接收的信息对船舶进出港进行统计、管理,同时应支持将统计结果导出生成excel文件。
p) 监控目标信息显示窗口的快捷功能:应支持在电子海图上显示的船舶详细信息窗口上快速使用“定位”、“轨迹查询”、“调船位”、“发短信”、“搜救”等快捷功能。
q) 开关机统计:根据船载终端开关机的报告或者离线时间可自动统计任意地区的船舶开关机的情况,统计结果应支持导出生成excel文件。

8.1.4 船舶服务基本功能要求

a) 调船位:应支持对单船、群组船舶调取即时位置。
b) 设置船位报间隔:可设置船舶动态信息自动上传到渔船动态监管信息系统中心的时间间隔。
c) 消息发送:应包含普通消息、安全信息和搜救救助信息发送,发送信息应支持按照不同的船舶终端选择性发送。
d) 发送信息查询:可按发送人、接收船舶、时间、指令类别和指令内容查询。
e) 接收信息查询:可按发送船舶、接收时间和信息类别查询。

8.1.5 接收船舶报警和处理报警功能

应包含但不限于以下功能:

a) 报警区域设置:应具有在电子海图上编辑报警区域、区域类型和自动保存功能。
b) 禁航区域报警:进入禁航区域或设定的报警区域船舶应自动报警。
c) 接处警功能:声光方式提示船舶发送的遇险报警,报警应仅能人工解除和进行后续的报警处置。
d) 历史报警查询功能:应支持按照报警类型、报警船舶、报警时间查询历史报警信息。
e) 报警处置的流程:应满足渔船主管部门制定的报警处置流程。
f) 报警处置的数据流:船舶报警数据发送至卫星运营商数据中心(或陆地的基站),卫星运营商数据中心(或陆地的基站)应将数据发送至该船所属的省级渔船动态监管信息系统中心,省级渔船动态监管数据中心可将数据向上转发至海区级渔船动态监管信息系统中心和国家级渔船动态监管信息系统中心,向下可转发至船舶所属的地市/县区级渔船动态监管信息系统中心。

8.1.6 台风预警和防台辅助决策功能

应包含但不限于以下功能:

a) 应支持直接从气象部门或通过渔船动态监管信息系统中心的服务器获取实时台风信息。
b) 应支持通过渔船动态监管信息系统中心的服务器按照年度台风信息下载近2年的台风历史数据。
c) 可通过台风的路径信息快速在电子海图上定位该路径点的台风信息,并显示相关台风信息。
d) 应支持对7级风圈和10级风圈内船舶的预警功能,7级风圈和10级风圈内船舶以列表的形式展示。

e) 应支持对7级风圈外一定区域的船舶设置为预报警范围。

f) 应支持对7级风圈和10级风圈内船舶以属地管理的结构导出生成Excel文件，提供防台辅助决策分析功能。

8.1.7 视频监控系统调用功能

可支持直接链接调用渔船渔港视频监控系统实现视频监控功能；或在渔船渔港视频监控系统的厂商提供视频监控接口协议的基础上实现等同接口协议的相关视频监控设备操作的功能。

8.2 管理平台的基本要求

8.2.1 软件构架要求

应采用B/S结构的Web管理平台。

8.2.2 客户端软件接入的管理要求

应支持对接入系统的客户端用户进行用户名、密码和权限的分配、认证和管理功能。

8.2.3 在线用户查询

应支持通过管理平台实时查询当前在线的用户。

8.2.4 船舶终端的管理

应支持增加、删除、修改船舶终端。

8.2.5 船舶的统计功能

应具有对在线/离线船舶进行统计和对船舶航行里程进行统计的功能。

8.2.6 数据管理功能

应包含但不限于以下功能：

a) 渔船动态监管数据中心应集中存储和管理船舶的基本档案信息。

b) 可支持从中国渔政管理指挥系统调取渔船基本档案信息，实时或定期保持渔船基本档案信息的一致。

c) 按照不同的管理权限，各级渔船动态监管数据中心应支持通过管理平台浏览所有船舶的基本档案信息，可编辑、录入和修改自己管辖区域的船舶基本档案信息。

d) 船舶的基本档案信息下载功能：客户端软件在经过身份验证后应具有自动下载船舶的最后一次船位和基本档案信息的功能。

8.2.7 其他系统平台(异构)系统互联互通基本要求

应支持其他系统数据的接入、显示、处理和短信息发送功能，数据交换的功能应由渔船动态监管信息系统中心服务端程序实现。

8.2.8 平台接入数据源管理功能

应包含但不限于以下功能：

a) 接入数据源的通信配置管理：应具有配置接入端的IP地址、端口号等功能。

b) 接入数据源的鉴权管理：应具有配置接入端的用户名、密码等功能。

c) 接入数据源的状态监控管理：应支持对AIS基站运行状态的实时监测和各接入数据源的通信状态检测功能，并可对异常的接入数据源自动发送手机短信息或邮件等至管理员进行提醒。

d) 接入数据源的数据管理：可配置管理各接入数据源，如AIS数据源、卫星数据源、公众移动通信数据源、短波/超短波数据源、RFID数据源和雷达数据源等。

8.3 系统软件构架要求

渔船动态监管信息系统建设宜采用C/S+B/S软件构架。客户端软件应采用C/S结构，渔船动态监管信息系统中心管理平台软件宜采用B/S结构。

8.4 系统主要性能指标要求

8.4.1 海图数据

电子海图数据应符合 IHO S-57 的要求。

8.4.2 **海图显示**

电子海图显示应符合 IHO S-52 的要求。

8.4.3 **系统容量**

渔船动态监管信息系统中心系统服务端可以同时处理船舶动态位置数据的能力不应少于 5 000 条/s。国家级、海区级客户端软件应支持大于 50 000 艘船舶的同时在线显示、省级客户端软件应支持大于 30 000 艘船舶的同时在线显示、市级客户端软件应支持大于 20 000 艘船舶的同时在线显示、县区及客户端软件应支持大于 10 000 艘船舶的同时在线显示。

8.4.4 **渔业图层**

应作为单独图层进行显示,可支持选择性显示最新出版的渔区图、中韩渔业协定、中日渔业协定、中越渔业协定和长江口渔业管理区等图层。

8.4.5 **数据存储**

见 6.4.1。

8.4.6 **用户数量**

每台服务器应支持不少于 500 个客户端用户的同时接入。

8.4.7 **多目标融合显示**

应包含但不限于以下方式:

a) 采用 S52 显示风格:AIS 目标应按照 IHO S-52 的要求显示(B 类 AIS 终端按照蓝色显示,RGB 值分别为 0、0、64),卫星终端显示采用 AIS 目标三角形内切圆(如无 AIS 可以单独以圆形显示,红色代表北斗卫星终端,RGB 值分别为 255、0、0;蓝色代表海事卫星终端,RGB 值分别为 0、0、64;其他卫星终端可自定义显示),雷达目标按照矩形显示(显示方式为 AIS 目标三角形作为雷达目标矩形的内接三角形),公众移动通信目标采用菱形表示(显示方式为菱形为雷达目标矩形的外接菱形),如图 1 所示,其他目标可以在此基础上进行扩展自定义显示。

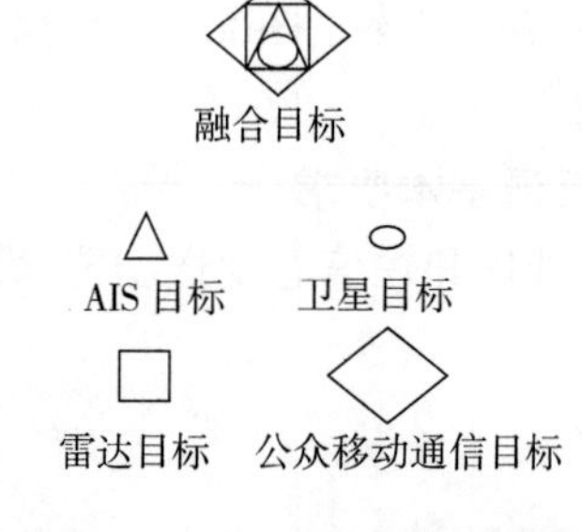

图 1 多目标融合示意图

b) 或采用监控目标按照 IHO S-52 要求的 AIS 显示为基础(B 类 AIS 终端按照蓝色显示,RGB 值分别为 0、0、64)。系统外 AIS 船舶三角形内部填充色为黄色(RGB 值分别为 255、255、0);系统内 AIS 船舶三角形内部填充色为蓝色(RGB 值分别为 0、0、255);海事卫星终端在船舶三角形内部填充色为紫色(RGB 值分别为 255、0、255);北斗卫星终端在船舶三角形内部填充色为绿色(RGB 值分别为 0、255、0);公网移动通信终端在船舶三角形内部填充色为浅蓝色(RGB 值分别为 0、255、255)。其他终端可以在此基础上进行扩展显示。

c) 或采用位图的方式显示目标船舶,但应提供通过设置船舶显示的标签内容来进行多目标融合功能,船舶显示标签应可选择性地显示船舶安装的所有终端类型、终端 ID 和报位终端类型等内容。

9 应用集成中间件平台功能及技术要求

9.1 一般要求

9.1.1 技术要求

应采用消息机制，同时应采用符合 XML 技术或 Web Service 数据传输格式规范。

9.1.2 数据交换中心

国家级、海区级和省级渔船动态监管信息系统的数据中心均可作为数据交换中心。

9.1.3 配置管理

应提供配置和管理各网络接入机构接入的参数、运行配置文件分发、各业务信息系统提供的功能服务注册中心、发布/订阅管理、消息流转、接入接点与接入接点之间数据交互权限与安全认证管理、各种标准和协议的管理。

9.1.4 运行监控

应具备运行监控功能，包括对各接入点业务消息流转进行监控，管理和远程控制各接入点机构通讯前置机应用，监控接入点机构通讯前置机上源服务器和目标服务器运行状态，各接入点运行日志远程查看，统计和查询流转消息，监控接入点应用、中心负载情况。

9.2 数据业务分类

9.2.1 基础业务系统

应满足渔船动态监管信息系统所需要的各种共性的基础业务组件，如数据采集表自定义系统、用户角色权限管理系统、渔船出入港统计管理系统等。

9.2.2 数据查询、分析系统

应采用数据仓库和 GIS 等技术进行数据查询、分析和数据展示。

9.2.3 系统标准接口群

应遵循最新发布的渔业信息系统集成标准协议，可向各种业务系统提供标准的数据接口，可与其他各系统间的数据交换与共享。

接口至少应包含服务、认证、通信、消息指令等接口协议。

9.3 其他数据

9.3.1 异构系统数据交换

9.3.1.1 数据交换格式

应采用数据交换格式标准，并应符合数据集模式标准、数据元标准和渔船动态监管信息代码标准。

9.3.1.2 数据交换技术

应包含但不限于以下技术：

a) 将待集成的数据移植到新建系统的数据库中，宜采用以下两种技术方式实现：
   1) 同构的数据之间，宜采用数据库复制技术进行数据的交换；
   2) 异构的数据之间，宜采用数据的抽取、转换、加载过程进行数据的整合、共享。
b) 不进行数据的物理移动实现数据的交换和共享，宜采用以下三种技术方式实现：
   1) 可通过应用之间或者应用于数据库之间的数据访问接口实现；
   2) 可通过中间件进行交换，通过应用中间件访问异构的数据源，通过消息中间件实现不同应用间的数据交换；
   3) 可通过数据联邦的方法。

9.3.2 其他数据的集成处理

对于异构系统的集成处理可采用表 1 中的方式。

表 1　异构系统集成处理方式

系统分类	异构系统集成处理方式
不准备继续投入使用的遗产系统	应先分析系统数据库或数据导出文件格式，系统集成时应最大限度地利用好原历史数据
继续投入使用的已建系统	应通过数据的抽取、转换、加载过程来实现数据的整合、共享
已开始建设的业务系统	
未建系统	

附 录 A
（规范性附录）
硬 件 设 备

A.1 低级配置方案

A.1.1 适用条件

a) 具有数据交换和系统接入服务职能的海区级、省级渔船动态监管信息系统建设。

b) 具有系统接入服务和指挥调度职能的地市级渔船动态监管信息系统建设。

A.1.2 性能要求

A.1.2.1 应用服务器

a) 最低配置数量：1 台。

b) 最低配置性能要求：

1) CPU：4 核处理器，主频优于 2.13 GHz，处理器数量不应少于 2 个；

2) 内存：不应低于 4 GB，可支持扩展至 64 GB；

3) 硬盘：内置硬盘，容量不低于 300 G×2，硬盘转速不低于 10 000 r/min；

4) 网络适配器：整合的双千兆以太网，2 块 10/100/1 000 Mbps 自适应网卡；

5) 冗余组件：冗余电源和冗余风扇。

A.1.2.2 数据库服务器

a) 最低配置数量：1 台。

b) 最低配置性能要求：

1) CPU：4 核处理器，主频优于 2.13 GHz，处理器数量不应少于 2 个；

2) 内存：不应低于 4 GB，可支持扩展至 64 GB；

3) 硬盘：内置硬盘，容量不低于 300G×4，硬盘转速不低于 10 000 r/min；

4) 网络适配器：整合的双千兆以太网，2 块 10/100/1 000 Mbps 自适应网卡；

5) 冗余组件：冗余电源和冗余风扇。

A.1.2.3 磁盘阵列

a) 最低配置数量：1 台。

b) 最低配置性能要求：

1) 容量：不应低于 2 TB，最大支持≥12 TB；

2) 单机磁盘数量≥14 块；

3) 控制器阵列支持：RAID 0,1,10,5,50；

4) 支持分区、快照、克隆等基本功能；

5) 集群支持：支持基于主流操作系统的双路冗余集群方案；

6) 支持在线扩容，无须停机；

7) 冗余组件：配置冗余电源、冗余风扇；冗余控制器，双路全冗余。

A.1.2.4 交换机

a) 最低配置数量：1 台。

b) 最低配置性能要求：

1） VLAN：支持 4 000 个符合 IEEE 802.1Q 标准的 VLAN，支持基于端口的 VLAN 和基于协议的 VLAN，支持 GuestVlan，支持 GVRP；
2） 冗余配置：支持电源、交换引擎、时钟的冗余配置，关键系统部件应无单点故障；
3） 引擎速度：交换容量 ≥720 Gbps，第三层包转发能力≥500 Mpps；
4） 插槽：业务插槽≥8 个；
5） 交换端口：至少应配置 24 个 10/100/1 000M 自适应电口和 4 个千兆 SFP 接口；
6） 镜像：支持流镜像，支持基于 VLAN 的镜像，支持基于 MAC 的镜像；
7） 端口汇聚：支持 LACP 协议，支持 FE 端口汇聚，支持 GE 端口汇聚；支持 IP 地址、VLANID、MAC 地址和端口等多种组合绑定；
8） 组播：支持 IGMP Snooping、支持组播 VLAN；
9） 资证：产品应具有工信部入网证。

A.1.2.5 路由器

a） 最低配置数量：1 台。
b） 最低配置性能要求：
1） 系统能力：背板交换能力≥64Gbps，第三层包转发能力≥24 Mpps；
2） 用户槽位：业务插槽数≥6；
3） 接口配置：千兆路由电口≥16；
4） 路由协议：支持 IPv4/IPv6 双协议栈，支持高速 IPv4/v6 过渡机制，支持 IPv4/v6 静态路由以及 RIP/RIPng、OSPFv1/v2/v3、IS-ISv4/v6、BGP4/BGP4＋等动态路由协议；
5） 冗余配置：支持电源、交换引擎的冗余配置，关键系统部件应无单点故障，支持主备切换无丢包，配置冗余电源及冗余高速风扇，支持设备热插拔；
6） QOS：支持提供 IP QOS，支持基于业务的 QOS，提供对控制平面的安全控制；
7） VPN：支持传统的 L2TP 和 GRE 等 VPN 功能，支持大容量的 VPN 隧道和并发会话数；支持 NAT，可实现基于 VRF 的 NAT 地址转换功能；可实现多个 VPN 的重叠地址的统一地址转换功能，可配置 NAT 功能；
8） 支持 MPLS：支持 MPLS TE 流量工程，可实现 MPLS VPN 骨干网的路径优化和带宽优化，支持 MPLS TE FRR 快速重路由，可实现电信级的切换（小于 50 ms）；支持 MPLS DS-TE，基于业务的流量工程；支持 Ethernet 、HDLC 及 PPP over MPLS 功能；
9） 网络管理接口：Console，RJ-45；
10） 资证：产品应具有工信部入网证。

A.1.2.6 防火墙

a） 最低配置数量：1 台。
b） 最低配置性能要求：
1） 最大吞吐量≥400 Mbps；
2） 端口数量：100 BASE-T 端口≥4，1 000BASE-T 端口≥2；
3） 并发会话数≥40 000；
4） 功能要求：支持 VPN 透传，支持查杀协议 HTTP、FTP、SMTP、POP3、MSN、IMAP；
5） 支持系统及病毒库升级，支持反垃圾邮件功能；
6） 符合 YD/T 1132 的要求，应具有计算机信息系统专用安全产品销售许可证和国家信息安全认证产品型号证。

A.1.2.7 网络防病毒系统

a） 可针对运行主流操作系统的服务器、数据库系统进行网络防病毒监控。
b） 可对连接到专网的各接入点前置服务器的网络病毒防范。

c) 应采用中央集中控制和管理方式。

A.2 中级配置方案

A.2.1 适用条件

具有数据交换、系统接入服务、指挥调度、搜救救助、应急指挥等职能的海区、省级及地市级渔船动态监管信息系统建设。

A.2.2 性能要求

A.2.2.1 应用服务器

a) 最低配置数量:2 台。

b) 最低配置性能要求:

1) CPU:4 核处理器,主频优于 2.13 GHz,处理器数量不应少于 4 个;
2) 内存:不应低于 8 GB,可支持扩展至 64 GB;
3) 硬盘:内置硬盘,容量不低于 300 G×4,硬盘转速不低于 10 000 r/min;
4) 网络适配器:整合的双千兆以太网,2 块 10/100/1 000 Mbps 自适应网卡;
5) 冗余组件:冗余电源和冗余风扇。

A.2.2.2 数据库服务器

a) 最低配置数量:2 台,宜采用集群的方式。

b) 最低配置性能要求:

1) CPU:4 核处理器,主频优于 2.13 GHz,处理器数量不应少于 2 个;
2) 内存:不应低于 8 GB,可支持扩展至 64 GB;
3) 硬盘:内置硬盘,容量不低于 300 G×6,硬盘转速不低于 10 000r/min;
4) 网络适配器:整合的双千兆以太网,2 块 10/100/1 000 Mbps 自适应网卡;
5) 冗余组件:冗余电源和冗余风扇。

A.2.2.3 磁盘阵列

a) 最低配置数量:1 台。

b) 最低配置性能要求:

1) 容量:不应低于 4 TB,最大支持≥12 TB;
2) 单机磁盘数量≥14 块;
3) 控制器阵列支持:RAID 0,1,10,5,50;
4) 支持分区、快照、克隆等基本功能;
5) 集群支持:支持基于主流操作系统的双路冗余集群方案;
6) 支持在线扩容,无须停机;
7) 冗余组件:配置冗余电源、冗余风扇,冗余控制器,双路全冗余。

A.2.2.4 交换机

a) 最低配置数量:2 台。

b) 最低配置性能要求见 A.1.2.4。

A.2.2.5 路由器

a) 最低配置数量:1 台。

b) 最低配置性能要求见 A.1.2.5。

A.2.2.6 防火墙

a) 最第配置数量:1 台。

b) 最低配置性能要求见 A.1.2.6。

A.2.2.7 网络防病毒系统

见 A.1.2.7。

A.3 高级配置方案

A.3.1 适用条件

具有数据交换、系统接入服务、指挥调度、搜救救助、应急指挥等职能，同时对于船舶动态数据存储时间要求超过 12 个月以上时间的国家级、海区级、省级和地市级渔船动态监管信息系统建设。

A.3.2 性能要求

A.3.2.1 应用服务器

a) 最低配置数量:2 台。

b) 最低配置性能要求:

  1) CPU:4 核处理器，主频优于 2.13 GHz，处理器数量≥6 个;

  2) 内存:不应低于 16 GB，可支持扩展至 64 GB;

  3) 硬盘:内置硬盘，容量不低于 300 G×4，硬盘转速≥15 000 r/min;

  4) 网络适配器:整合的双千兆以太网，2 块 10/100/1 000Mbps 自适应网卡;

  5) 冗余组件:冗余电源和冗余风扇。

注:在条件具备的系统建设单位可采用不低于 PC 服务器性能指标的小型机。

A.3.2.2 数据库服务器

a) 最低配置数量:2 台，宜采用集群方式。

b) 最低配置性能要求:

  1) CPU:4 核处理器，主频优于 2.13 GHz，处理器数量≥4 个;

  2) 内存:不应低于 8 GB，可支持扩展至 64 GB;

  3) 硬盘:内置硬盘，容量不应低于 300 G×4，硬盘转速≥15 000 r/min;

  4) 网络适配器:整合的双千兆以太网，2 块 10/100/1 000 Mbps 自适应网卡;

  5) 冗余组件:冗余电源和冗余风扇。

A.3.2.3 磁盘阵列

a) 最低配置数量:2 台。

b) 最低配置性能要求:

  1) 容量:不应低于 6 TB，最大支持≥12 TB;

  2) 单机磁盘数量≥14 块;

  3) 控制器阵列支持:RAID 0,1,10,5,50;

  4) 支持分区、快照、克隆等基本功能;

  5) 集群支持:支持基于主流操作系统的双路冗余集群方案;

  6) 支持在线扩容，无须停机;

  7) 冗余组件:配置冗余电源、冗余风扇，冗余控制器，双路全冗余。

A.3.2.4 交换机

a) 最低配置数量:2 台。

b) 最低配置性能要求见 A.1.2.4。

A.3.2.5 路由器

a) 最低配置数量:2 台。

b) 最低配置性能要求见 A.1.2.5。

A.3.2.6 防火墙

a） 最低配置数量:2 台。

b） 最低配置性能要求见 A. 1. 2. 6。

A. 3. 2. 7 网络防病毒系统

见 A. 1. 2. 7。

附 录 B
（规范性附录）
渔船动态监管信息系统接口协议

B.1 约定

B.1.1 数据单位定义

系统传输统一采用整数传输，所有数字类型的传输参数都应经过单位换算，变换为整数进行传输，数据单位定义见表 B.1。

表 B.1 数据单位定义

名 称	单 位	备 注
UTC	秒	自 1970－01－01 00：00：00 以来的秒数（64 位 long），最大不超过 3001 年 1 月 1 日 0 时 0 分 0 秒
Longitude	1/10 000 分	经度
Latitude	1/10 000 分	纬度
Course	1/10 度	航向
Trueheading	1/10 度	船艏向
Speed	1/10 节	速度
Span	1 秒	报位间隔
字符串	字符串中的“,”转义为 \.（两个字符） 字符串中的“\r\n”转义为“\\r\\n”（四个字符）	需要传输的字符串在传输前都应经过转义

B.1.2 通信服务商代码定义

应采用 4 位数字（$X_1X_2X_3X_4$）表示通信服务商代码，其中前两位（X_1X_2）表示通信类型代码，后两位（X_3X_4）表示厂商代码。通信类型代码定义见表 B.2，通信服务商代码见表 B.3。

表 B.2 通信类型定义

代码（X_1X_2）	通信类型
10	海事卫星
11	北斗卫星
12	AIS
13	公众移动通信
14	短波
15	超短波
16	RFID
17	雷达目标
18～99	待定

表 B.3 通信服务商代码

代码（$X_1X_2X_3X_4$）	通信类型
1001～10XX	海事卫星运营商 1…XX
1101～11XX	北斗运营商 1…XX

表 B.3（续）

代码($X_1X_2X_3X_4$)	通信类型
1201～12XX	AIS运营商1…XX
1301～13XX	公众移动通信运营商1…XX
1401～14XX	短波运营商1…XX
1501～15XX	超短波运营商1…XX
1601～16XX	RFID运营商1…XX
1701～17XX	雷达目标运营商1…XX
1801～99XX	待定服务商运营商1…XX

B.1.3 数据类型定义

系统中传输基本数据可分为位置数据和信息数据，位置类型定义见表B.4，信息类型定义见表B.5，定位状态定义见表B.6。

表 B.4 位置类型定义

类型代码	说 明	备 注
0	定时回传位置	
1	单次回传位置	
100	报警回传位置	未明确定义的报警回传位置均应按此类型传输数据
101	区域报警回传位置	
200	出港报	
201	进港报	
202	显控开机	
203	显控关机	
204	通电报告	
205	断电报告	
206	告警应答	
299	其他类型报告	未明确定义的回传位置类型应按此类型传输数据
$X_1X_2X_3$	待定	

表 B.5 信息类型定义

类型代码	说 明	备 注
0	普通信息	
1	报警信息	任何报警类信息都应按此类型传输数据

表 B.6 定位状态定义

类型代码	说 明	备 注
0	正常	
1	终端故障	任何终端故障都应按此状态传输数据

B.2 接口协议

B.2.1 系统静态信息交换接口

应包含渔船动态监管信息系统中心对外发布静态信息接口以及中心获取外部静态信息接口。静态信息交换接口应采用Web Service方式提供统一的数据接口，可用于系统数据中心和通信服务商，见表B.7。

表 B.7　系统静态信息交换接口

功　　能	服务端	客户端
数据中心对外发布静态信息	系统数据中心	通信服务商
数据中心获取外部静态信息	通信服务商	系统数据中心

静态信息交换接口的功能至少应包括获取通信基础信息、获取组织机构信息、获取船舶与组织对应关系、增加船舶信息和删除船舶信息，见表 B.8。

表 B.8　静态信息交换接口功能

功　　能	服务端	客户端
getShipInfo	获取船舶通信基础信息	系统数据中心/通信服务商
getGroupInfo	获取组织机构信息	系统数据中心
getShipGroup	获取船舶与组织对应关系	系统数据中心
addShip	增加船舶信息	系统数据中心/通信服务商
delShip	删除船舶信息	系统数据中心/通信服务商

服务访问地址：http://ip:port/shipinfo。

说明：

a）IP：服务器 IP 地址或者域名。

b）Port：端口号。

c）Shipinfo：Web Services 入口。

d）可以通过 http://IP:Port/Shipinfo? wsdl 获取到该 Web Service 的语义 XML 文件。

B.2.1.1　获取船舶通信基础信息

函数：getShipInfo。函数说明见表 B.9。

描述：获取船舶的基本通信信息，包括船舶名称、通信终端类型、通信终端代码以及船舶内部编码等。

表 B.9　函数 getShipInfo 说明

数据方向	参　　数	类　　型	说　　明
输入	Username	String	
	Password	String	
输出	GetShipInfoReturn	Ship Arrey	见表 B.10

表 B.10　Ship Arrey 数据结构

名　　称	字 段 名	类　　型	说　　明
船舶系统 id	Ship_id	Int	内部 ID
船舶名称	Shipname	String	船舶名称中文
通信终端类型	Terminal_type	Int	通信服务商代码见表 B.3
通信终端号码	Terminal_code	String	通信终端号码

B.2.1.2　获取组织机构基本信息

函数：getGroupInfo。函数说明见表 B.11。

描述：获取组织机构的基本信息，包括名称、ID 和上级组等。

表 B. 11 函数 getGroupInfo 说明

数据方向	参数	类型	说明
输入	Username	String	
	Password	String	
输出	getGroupInfoReturn	ShipGroup Arrey	见表 B. 12

表 B. 12 ShipGroup Arrey 数据结构

名称	字段名	类型	说明
组织编码	Group_id	Int	船舶组内部编码
船舶组名称	Group_name	String	船舶组名称
上级组编码	Parent_id	Int	上级组内部编码

B. 2. 1. 3 获取船舶与组织机构对应关系

函数:getShipGroup。函数说明见表 B. 13。

描述:获取终端与组对应关系,包括船舶 ID、所属组 ID 等。

表 B. 13 函数 getShipGroup 说明

数据方向	参数	类型	说明
输入	Username	String	
	Password	String	
输出	getShipGroupReturn	ShipGroupAssign Arrey	见表 B. 14

表 B. 14 ShipGroupAssign Arrey 数据结构

名称	字段名	类型	说明
组织编码	Group_id	Int	船舶组内部编码
船舶编码	Mobile_id	Int	船舶内部编码

B. 2. 1. 4 增加船舶

函数:addShip。函数说明见表 B. 15。

描述:添加船舶的基本通信信息,包括船舶名称、通信终端类型和通信终端代码等。

表 B. 15 函数 addShip 说明

数据方向	参数	类型	说明
输入	Username	String	
	Password	String	
	Shipname	String	
	Terminal_type	Int	通信服务商代码见表 B. 3
	Terminal_code	String	
输出	addShipReturn	Boolean	成功返回 True,失败返回 False

B. 2. 1. 5 删除船舶

函数:delShip。函数说明见表 B. 16。

描述:删除船舶的基本通信信息,包括船舶名称,通信终端类型,通信终端代码等。

表 B.16 函数 delShip 说明

数据方向	参 数	类 型	说 明
输入	Username	String	
	Password	String	
	Shipname	String	
	Terminal_type	Int	通信服务商代码见表 B.3
	Terminal_code	String	
输出	delShipReturn	Boolean	成功返回 True,失败返回 False

B.2.2 系统历史通信信息交换接口

可用于通信服务商提供给渔船动态监管信息系统中心查询历史通信数据功能,应采用 Web Service 方式提供统一的数据接口。历史信息交换接口可用于系统数据中心和通信服务商,见 B.17。接口功能见表 B.18。

表 B.17 系统历史通信信息交换接口

功 能	服务端	客户端
系统数据中心获取通信历史数据	通信服务商	系统中心
系统数据中心获取通信历史数据	通信服务商	系统中心

表 B.18 历史信息交换接口功能

服务名	说 明	服务端实现者	客户端调用者
GetTracksByID	获取某一终端的位置信息	通信服务商	系统数据中心
GetRectTracks	获取某一区域的位置信息	通信服务商	系统数据中心
GetMsgsByID	获取某一终端的通信信息	通信服务商	系统数据中心
GetAllMsgs	获取全部的通信信息	通信服务商	系统数据中心

服务访问地址:http://IP:PORT/track。

说明:

a) IP:服务器 IP 地址或者域名。

b) Port:端口号。

c) Track:Web Services 入口。

d) 应可以通过 http://IP:Port/Track? wsdl 获取到该 Web Service 的语义 XML 文件。

B.2.2.1 获取某一终端历史位置

函数:GetTracksByID。函数说明见表 B.19。

描述:获取某一船舶在一定时间内的位置信息。

表 B.19 函数 GetTracksByID 说明

数据方向	参 数	类 型	说 明
输入	Username	String	用户名
	Password	String	密码
	Terminal_code	String	终端号码
	Begin_UTC	Int	起始 UTC 时间
	End_UTC	Int	结束 UTC 时间
输出	GetTracksByIDResponse	Track Arrey	见表 B.20

表 B.20 Track 数据格式定义

名　称	参　数	类　型	说　明
信息 ID	Msg_id	String	数据序列号，在整个系统中是唯一的，规则：由通信服务商代码(4 位 10 进制数，系统分配)、表示系统数据中心的用户 id“0000”、UTC 日期戳(14 位 10 进制数，格式 YYYYMMDDHH24MISS)和 5 位唯一的十进制序列号串联而成，如：1101000020090130115523111111
通信终端号码	Terminal_code	String	通信终端号码
通信终端类型	Terminal_type	Int	通信服务商代码见表 B.3
位置类型	Pos_type	Int	见表 B.4
定位时间	UTC	Int	定位 UTC 时间，见表 B.1
经度	Longitude	Int	见表 B.1
纬度	Latitude	Int	见表 B.1
方向	Course	Int	见表 B.1
船艏向	Trueheading	Int	见表 B.1
速度	Speed	Int	见表 B.1
状态	Status	Int	状态定义见表 B.6
描述	Vdesc	String	船舶状态描述

B.2.2.2 获取某一区域历史位置

函数：GetRectTracks。函数说明见表 B.21。

描述：获取某一区域在一定时间内的位置信息。

表 B.21 函数 GetRectTracks 说明

数据方向	参　数	类　型	说　明
输入	Username	String	用户名
	Password	String	密码
	Begin_UTC	Int	起始 UTC 时间
	End_UTC	Int	结束 UTC 时间
	Begin_long	Int	起始经度
	End_long	Int	结束经度
	Begin_lat	Int	起始纬度
	End_lat	Int	结束纬度
输出	GetRectTracksResponse	Track Arrey	见表 B.22

表 B.22 Track Arrey 数据格式定义

名　称	参　数	类　型	说　明
信息 ID	Msg_id	String	数据序列号，在整个系统中是唯一的，规则：由通信服务商代码(4 位 10 进制数，系统分配)、表示系统数据中心的用户 id“0000”、UTC 日期戳(14 位 10 进制数，格式 YYYYMMDDHH24MISS)和 5 位唯一的十进制序列号串联而成，如：1101000020090130115523111111
通信终端号码	Terminal_code	String	通信终端号码
通信终端类型	Terminal_type	Int	通信服务商代码见表 B.3
位置类型	Pos_type	Int	见表 B.4
定位时间	UTC	Int	定位 UTC 时间，见表 B.1
经度	Longitude	Int	见表 B.1
纬度	Latitude	Int	见表 B.1
方向	Course	Int	见表 B.1

表 B.22（续）

名　称	参　数	类　型	说　明
船艏向	Trueheading	Int	见表 B.1
速度	Speed	Int	见表 B.1
状态	Status	Int	状态定义，见表 B.6
描述	Vdesc	String	船舶状态描述

B.2.2.3 获取某一终端历史通信信息

函数：GetMsgsByID。函数说明见表 B.23。

描述：获取某一船舶在一定时间内的通信信息。

表 B.23 函数 GetMsgsByID 说明

数据方向	参　数	类　型	说　明
输入	Username	String	用户名
	Sassword	String	密码
	Terminal_src_code	String	终端号码
	Begin_UTC	Int	起始 UTC 时间
	End_UTC	Int	结束 UTC 时间
输出	GetMsgsByIDResponse	Message Arrey	见表 B.24

表 B.24 Message Arrey 数据格式定义

名　称	参　数	类　型	说　明
信息 ID	Msg_id	String	数据序列号，在整个系统中是唯一的，规则：由通信服务商代码(4 位 10 进制数，系统分配)、表示系统数据中心的用户 id“0000”、UTC 日期戳(14 位 10 进制数，格式 YYYYMMDDHH24MISS)和 5 位唯一的十进制序列号串联而成，如：1101000020090130115523111111
发送通信终端号码	Terminal_src_code	String	通信终端号码
发送通信终端类型	Terminal_ src_type	Int	通信服务商代码见表 B.3
目标通信终端号码	Terminal_dst_code	String	通信终端号码
目标通信终端类型	Terminal_dst_type	Int	通信服务商代码见表 B.3
信息类型	Msg_type	Int	见表 B.5
通信时间	UTC	Int	定位 UTC 时间
通信内容	Msg	String	信息内容

B.2.2.4 获取所有终端历史通信信息

函数：GetAllMsgs。函数说明见表 B.25。

描述：获取所有船舶在一定时间内的通信信息。

表 B.25 函数 GetAllMsgs 说明

数据方向	参　数	类　型	说　明
输入	Username	String	用户名
	Password	String	密码
	Begin_UTC	Int	起始 UTC 时间
	End_UTC	Int	结束 UTC 时间
输出	GetAllMsgsResponse	Message Arrey	见表 B.26

表 B.26 Message 数据格式定义

名　称	参　数	类　型	说　明
信息 ID	Msg_id	String	数据序列号,在整个系统中是唯一的,规则:由通信服务商代码(4 位 10 进制数,系统分配)、表示系统数据中心的用户 id"0000"、UTC 日期戳(14 位 10 进制数,格式 YYYYMMDDHH24MISS)和 5 位唯一的十进制序列号串联而成,如:11010000200901301155231 1111
发送通信终端号码	Terminal_src_code	String	通信终端号码
发送通信终端类型	Terminal_ src_type	Int	通信服务商代码见表 B.3
目标通信终端号码	Terminal_dst_code	String	通信终端号码
目标通信终端类型	Terminal_dst_type	Int	通信服务商代码见表 B.3
信息类型	Msg_type	Int	见表 B.5
通信时间	UTC	Int	定位 UTC 时间
通信内容	Msg	String	信息内容

B.2.3 动态数据交换接口

可用于接收通信服务商发送的船舶动态信息(包括单不限于船舶定位终端的位置信息、船舶发送的短信息、船舶发送的报警信息、进出港信息等),同时可用于系统数据中心向船舶定位终端发送指令(包括但不限于单船单次调位、单船设定船舶报位频率、多船单次调位、多船设定报位间隔、单船发送信息、多船发送信息)。动态信息交换接口应采用 TCP 自定义协议实现数据接口,通信服务商提供 TCP 服务,渔船动态监管信息系统中心以客户端方式访问通信服务商。

通信服务商应提供服务所在 IP、端口、用户名和密码等必须的数据。动态信息交换接口的功能见表 B.27。

表 B.27 动态信息交换接口

功　能	说　明	备　注
登录	登录通信服务商服务	不登录无法进行后续操作
退出登录	退出通信服务商服务	
连接保持	保持当前连接	如无数据通信,应定期发送连接保持信息
发送请求	发送指令,包括但不限于单船单次调位、单船设定船舶报位频率、多船单次调位、多船设定报位间隔、单船发送信息、多船发送信息	
位置数据	定位终端的位置信息	
短信数据	定位终端发送的信息	

B.2.3.1 通信格式

应采用 Telnet 终端的命令应答方式通信,以\r\n 为结束符的字符串为通信指令基本单元。其中,逗号作为通信指令中的字段分隔符,字符编码英文采用 ASCII,中文编码采用 GBK。指令结构见表 B.28。

表 B.28 指令结构表

字　段	长　度	类　型
指令码	1	字符
分隔符	1	空格
指令内容	变长	字符串
结束符	2	回车换行

指令内容中各参数应以逗号为分隔符,参数可为空,分隔符不可省略。指令内容结构见表 B.29,指令内容的详细说明见表 B.30,具体指令类型见表 B.31。

表 B.29 指令内容结构说明表

内容	参数1	分隔符	参数2	…	分隔符	参数 n
类型	字符串	逗号	字符串	…	逗号	字符串

表 B.30 指令内容详细说明表

项　　目	长　　度	类　　型	可否为空
参数1	不定	字符串	是
分隔符	1	逗号	否
参数2	不定	字符串	是
…	…	…	…
分隔符	1	逗号	否
参数 n	不定	字符串	是

表 B.31 指令类型表

指令符	定　　义	方　　式	发送方	接收方	说　　明
w	欢迎标识,连接服务		S	C	登陆服务后,服务端首先发送此信息
i	登录	同步	C	S	登录服务端
i	登录回执	同步	S	C	登陆回执
o	退出登录	同步	C	S	退出
o	退出登录回执	同步	S	C	退出回执
k	连接保持	同步	C	S	连接保持
k	连接保持回执	同步	S	C	连接保持回执
s	发送请求	同步	C	S	客户端发出命令请求
s	发送请求回执	同步	S	C	服务端请求处理回执
p	位置数据	异步	S	C	服务端推送位置数据
P	位置接收回执	异步	C	S	客户端接收位置回执
m	短信数据	异步	S	C	服务端推送信息数据
m	短信接收回执	异步	C	S	客户端接收信息回执
r	回执信息	异步	S	C	服务端推送发送命令异步状态回执
x	错误信息返回	同步	S	C	
注:C——客户端;S——服务器。					

所有客户端发送的指令,格式错误以及登录失败在服务器端出错都应返回"x"指令。

B.2.4 通信指令说明

B.2.4.1 欢迎标识

客户端主动和服务器建立 TCP 连接后,应会收到服务器返回的本指令。指令的格式及解释见表 B.32。

表 B.32 欢迎标识

名　　称	类　　型	长　　度	描　　述
w	字符串	1	命令字
Version	字符串	不定	服务软件版本
Date	时间字符串	不定	软件发布日期

B.2.4.2 登录

通信接口需要登录后才能发送各种请求消息。指令的格式及解释见表 B.33。

表 B.33 登　陆

名　称	类　型	长　度	描　述
i	字符串	1	命令字
User	字符串	不定	用户名
Password	字符串	不定	密码

登录成功服务器返回登陆回执参数见表 B.34。

表 B.34 服务器登陆回执

名　称	类　型	长　度	描　述
i	字符串	1	命令字
User_id	十进制表示整数	不定	用户名对应的 ID

登录失败后，服务器返回失败信息见 B.2.4.10。

B.2.4.3 退出登录

客户端退出程序前，应发送退出登录指令，以便结束事务关闭连接。服务器发送返回指令后，服务器应断开 TCP 连接。指令的格式及解释见表 B.35。

表 B.35 退出登陆

名　称	类　型	长　度	描　述
o	字符串	1	命令字

服务器退出登陆回执格式解释见表 B.36。

表 B.36 服务器退出登陆回执

名　称	类　型	长　度	描　述
o	字符串	1	命令字

B.2.4.4 连接保持

客户端应以一定周期发送此指令，保证通信接口的 TCP 连接不被服务器断开。指令的格式及解释见表 B.37。

表 B.37 连接保持

名　称	类　型	长　度	描　述
k	字符串	1	命令字
Data	字符串	不定	任何字符，可用当前的 UTC 时间对应的字符串

服务器返回连接保持回执格式及解释见表 B.38。

表 B.38 服务器返回连接保持回执

名　称	类　型	长　度	描　述
k	字符串	1	命令字
Data	字符串	不定	返回接收到的客户端发送的数据

B.2.4.5 发送命令(系统数据中心－>通信服务商)

客户端发送与通信服务商相关的通信请求时应采用此命令。指令的格式及解释见表 B.39。

表 B.39　发送命令

名　　称	类　　型	长　　度	描　　述
s	字符串	1	命令字
Sequence	字符串	27	序列号，在整个系统中是唯一的，规则：由通信服务商代码(4 位 10 进制数，系统分配)、用户 ID 码(4 位 10 进制数，登录后获得)、UTC 日期戳(14 位 10 进制数，格式 YYYYMMDDHH24MISS)和 5 位唯一的十进制序列号串联而成，如：110101992009013011552311111
Terminal_code	字符串	不定	通信目标代码。可为移动终端通信码或组 ID
Terminal_type	十进制数	不定	通信服务商代码见表 B.3
Request_type	十进制数	不定	见表 B.40
Args	字符串	不定	请求命令附带参数(可选)。如无，前面逗号应保留。 参数组合见表 B.41

表 B.40　参数组合内容

Request_type	Args	定　　义
0	无	无
2	无	无
1	UTC，Span	UTC：自动报位起始时间 Span：自动报位间隔，单位秒
6	无	无
9	Msg	Msg：需要传输的短信内容，是经过转义的字符串，中文采用 GBK 编码
12	Msg	Msg：需要传输的短信内容，是经过转义的字符串，中文采用 GBK 编码
21	Msg	Msg：需要传输的确认报警信息，是经过转义的字符串，中文采用 GBK 编码

表 B.41　请求类型与目标组合表

Request_type	Terminal_code
0,1,6,9,21	指定的通信终端代码
2,12	组 ID

服务器返回发送命令回执格式及解释见表 B.42。

表 B.42　服务器返回发送命令回执

名　　称	类　　型	长　　度	描　　述
s	字符串	1	命令字
Sequence	字符串	不定	客户端发送命令的序列号
Receipt_code	十进制数	不定	命令执行状态码，见表 B.48
Description	字符串	不定	命令执行状态描述

B.2.4.6　动态位置类数据推送(通信服务商－＞系统数据中心)

本指令用于推送终端位置数据。

位置类数据推送指令的格式及解释见表 B.43。

表 B.43 位置数据推送表

名　　称	类　　型	长　　度	描　　述
p	字符串	1	命令字
Msg_id	字符串	27	数据序列号，在整个系统中是唯一的，规则：由通信服务商代码(4位10进制数，系统分配)、表示系统数据中心的用户id“0000”、UTC日期戳(14位10进制数，格式YYYYMMDDHH24MISS)和5位唯一的十进制序列号串联而成，如：110100002009013011552311111
Terminal_code	字符串	不定	终端号码
Terminal_type	十进制数	不定	通信服务商代码，见表B.3
Pos_type	十进制数	不定	位置类型，见表B.4
UTC	十进制数	不定	定位UTC时间，见表B.1
Longitude	十进制数	不定	见表B.1
Latitude	十进制数	不定	见表B.1
Course	十进制数	不定	见表B.1
Trueheading	十进制数	不定	见表B.1
Speed	十进制数	不定	见表B.1
Status	十进制数	不定	状态，见表B.6
Vdesc	字符串	不定	备注，位置描述

客户端返回接收位置的确认回执指令，指令的格式与解释见表B.44。

表 B.44 客户端返回接收位置确认回执

名　　称	类　　型	长　　度	描　　述
p	字符串	1	命令字
Msg_id	字符串	27	服务端发送位置的序列号
Receipt_code	十进制数	不定	命令执行状态码，见表B.45
Description	字符串	不定	命令执行状态描述

表 B.45 发送状态代码表

状态代码	说　　明
0	收到数据处理成功
10000	开始处理
10100	处理成功
10200	处理失败
10300	通信链路不可用
10400	船舶未响应
10500	船舶不可用
10700	请求参数错误
10800	终端不存在
10900	终端未分配

B.2.4.7 信息类数据推送

本指令用于推送终端发送的短信数据。

指令的格式及解释见表B.46。

表 B.46 信息类数据推送

名称	类型	长度	描述
m	字符串	1	命令字
Msg_id	字符串	27	数据序列号，在整个系统中是唯一的，规则：由通信服务商代码(4 位 10 进制数，系统分配)、表示系统数据中心的用户 id"0000"、UTC 日期戳(14 位 10 进制数，格式 YYYYMMDDHH24MISS)和 5 位唯一的十进制序列号串联而成，如：110100002009013011552311111
Terminal_src_code	字符串	不定	发送信息终端号码
Terminal_src_type	十进制数	不定	发送信息终端通信服务商代码，见表 B.3
Terminal_dst_code	字符串	不定	接收信息终端号码
Terminal_dst_type	十进制数	不定	接收信息终端通信服务商代码，见表 B.3
Msg_type	十进制数	不定	短信类型，见表 B.5
UTC	十进制数	不定	短信发送时间，见表 B.1
Msg	字符串	不定	短信内容

客户端返回接收信息类数据的确认回执指令，指令的格式与解释见表 B.47。

表 B.47 客户端返回接收信息类数据确认回执

名称	类型	长度	描述
m	字符串	1	命令字
Msg_id	字符串	27	服务端发送位置的序列号
Receipt_code	十进制数	不定	命令执行状态码，见表 B.45
Description	字符串	不定	命令执行状态描述

B.2.4.8 组发指令

应包含但不限于组发短信息和组调船位等指令。

a) 中心按照 B.2.1.2 和 B.2.1.3 提供中心的船舶组织结构给通信服务商；

b) 中心按照 B.2.4.5 中的指令类型 2 和指令类型 12 指令发送给通信服务商通信指令；

c) 通信服务商收到指令后，根据指令中的组代码 ID 在中心的组织结构数据中查询到组名称，根据组名称对应服务商本身的组织，按照服务商自定义的组发送命令方法下发指令。如指令发送成功返回相应的成功信息，如失败或没有对应组织名称返回相应的错误提示。

注 1：组发短信可针对目标组内的所有通信终端发送短信，仅发送目标组 ID 给通信服务商。

注 2：组调位可针对目标组内的所有终端发送调位指令，仅发送目标组 ID 给通信服务商。

B.2.4.9 发送请求异步状态信息回执

本指令用于推送处理命令所产生的异步回执。

指令的格式及解释见表 B.48。

表 B.48 发送请求异步状态信息回执

名称	类型	长度	描述
r	字符串	1	命令字
Terminal_code	字符串	不定	终端号码
Terminal_type	十进制数	不定	通信服务商代码见表 B.3
Sequence	字符串	不定	回执对应命令的序列号
UTC	十进制数	不定	状态更新时间
Receipt_code	十进制数	不定	命令执行状态码，见表 B.45
Msg	字符串	不定	回执状态文字描述

B.2.4.10 错误信息返回

本指令用于推送处理命令返回的错误回执。指令的格式及解释见表 B.49。

表 B.49 错误信息返回

名　称	类　型	长　度	描　述
x	字符串	1	命令字
Error_code	十六进制字符串	不定	错误代码,见表 B.50

表 B.50 错误代码表

错误代码	定　义	备　注
F0000000	用户名或密码错	
F0000002	用户已登录	
F0000003	无效指令	
F0000004	用户未登录	用户尚未登陆情况下发送非登陆及连接保持指令时发送此回执
F0000007	指令格式错误	
F0000011	该用户已由其他位置登录	
F0000016	指令解释失败	
F0000017	无权发送此命令	
F1000000	其他错误	未明确定义的错误按照此类型返回错误信息

附 录 C
(资料性附录)
系统拓扑结构

系统拓扑结构应包括应用服务基础平台、数据交换基础平台和船舶动态监管客户端基础软件等，如图 C.1 所示。

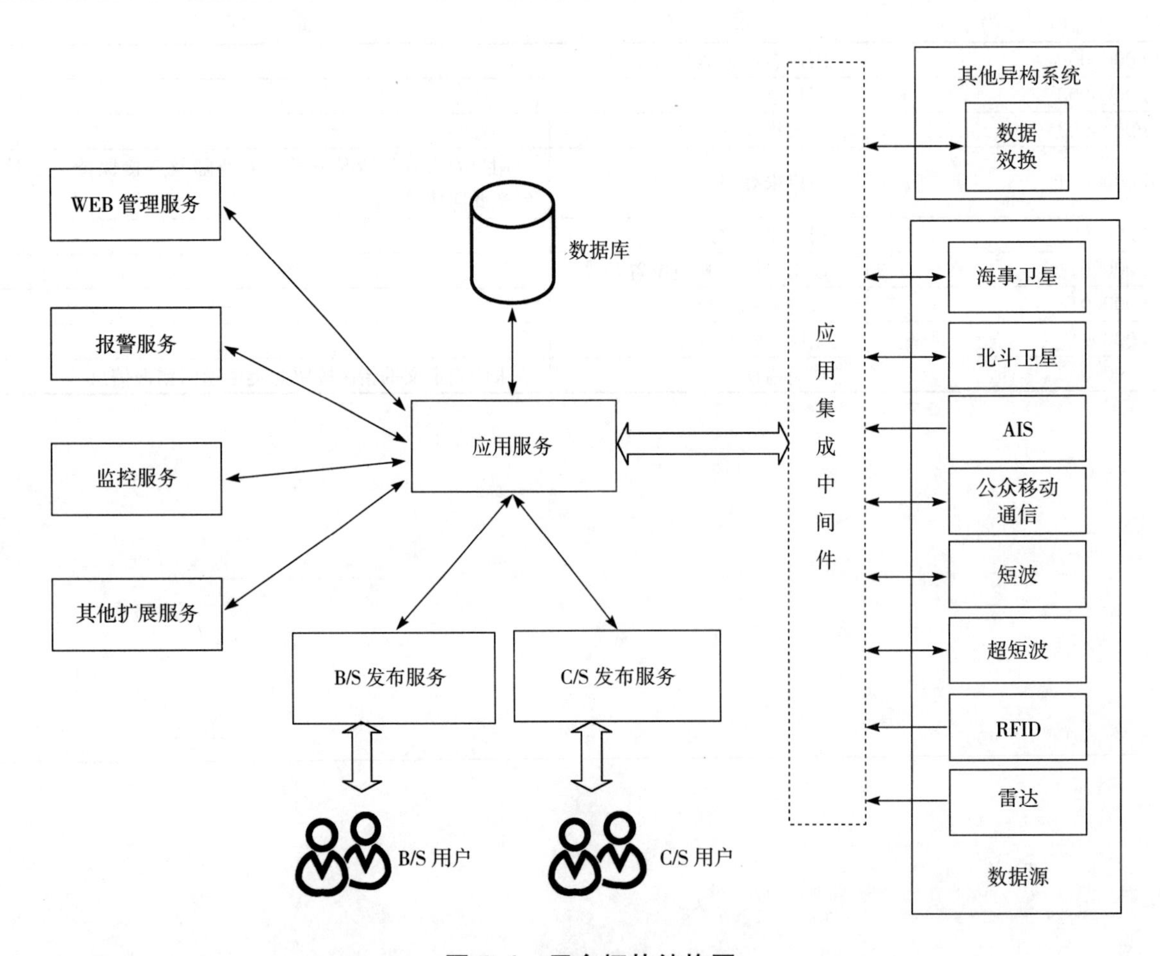

图 C.1 平台拓扑结构图

参 考 文 献

[1] GB/T 2887　计算机场地通用规范
[2] GB/T 9361　计算站场地安全要求
[3] GB/T 14394　计算机软件可靠性和可维护性管理
[4] GB/T 15237.1　术语工作　词汇　第1部分　理论与应用
[5] GB/T 18018　信息安全技术　路由器安全技术要求
[6] GB/T 18336.1　信息技术　安全技术　信息技术安全性评估准则　第1部分　简介和一般模型
[7] GB/T 18336.2　信息技术　安全技术　信息技术安全性评估准则　第2部分　安全功能要求
[8] GB/T 18336.3　信息技术　安全技术　信息技术安全性评估准则　第3部分　安全保证要求
[9] GB/T 20011　信息安全技术　路由器安全评估准则
[10] GB/T 20281　信息安全技术　防火墙技术要求和测试评价方法
[11] GB/T 222398　信息系统安全等级保护基本要求
[12] YD/T 1097　路由器设备技术要求　核心路由器

ICS 65.150
B 50

中华人民共和国水产行业标准

SC/T 6073—2012

水生哺乳动物饲养设施要求

Requirements for aquatic mammal rearing facility

2012-12-24 发布 2013-03-01 实施

中华人民共和国农业部 发布

前　言

本标准按照 GB/T 1.1 给出的规则起草。

请注意本文件的某些内容可能涉及专利。本文件的发布机构不承担识别这些专利的责任。

本标准由农业部渔业局提出。

本标准由全国水产标准化技术委员会渔业机械仪器分技术委员会(SAC/TC 156/SC 6)归口。

本标准主要起草单位:中国野生动物保护协会水生野生动物保护分会、洛阳龙门海洋馆有限责任公司、北京亿华海景科技发展有限公司、香港海洋公园、中国科学院水生生物研究所、北京利达海洋生物馆有限公司、武汉海洋世界水族观赏有限公司、天津极地旅游有限公司、成都极地海洋实业有限公司管理分公司、宁波神凤海洋世界有限公司、广州海洋生物科普有限公司、北京工体富国海底世界、建荣皇家海洋科普世界(沈阳)有限公司、通用海洋生态工程(北京)有限公司。

本标准主要起草人:丁宏伟、刘仁俊、张先锋、王元群、宋智修、刘振国、黄开明、覃杰、李承唐、李永庆、王立男、郭熹微、陈汝俊、王志祥、张军英、姚志平、刘月辉。

水生哺乳动物饲养设施要求

1 范围

本标准规定了水生哺乳动物饲养的设施要求。

本标准适用于水族馆及相关机构鲸类动物和鳍足类动物的饲养;其他水生哺乳动物可参照执行。

2 规范性引用文件

下列文件对于本文件的应用是必不可少的。凡是注日期的引用文件,仅注日期的版本适用于本文件。凡是不注日期的引用文件,其最新版本(包括所有的修改单)适用于本文件。

SC/T 6074 水族馆术语

SC/T 9411 水族馆水生哺乳动物饲养水质

3 术语和定义

SC/T 6074 界定的以及下列术语和定义适用于本文件。

3.1

最小水平尺寸 minimum horizontal dimension,MHD

满足水生哺乳动物有足够的回转空间的饲养水池的最小水平直线距离。

3.2

净空高度 clearance above water surface

水池溢水口至顶盖最低点的垂直距离。

4 设施要求

4.1 基本要求

4.1.1 场馆净空要求

鲸类动物饲养场馆净空高度应大于 3.5 m,表演场馆净空高度应大于 7.5 m;鳍足类动物饲养场馆净空高度应大于 3.5 m。

4.1.2 池体要求

水池内壁应光滑,采用无毒、附着牢固的防水涂层。内壁四周应设置进、出水口和溢水口。进水口位于水面以下,并与内壁形成一定倾角,以便使池水转动。出水口位于底部。

4.1.3 水源设施

水族馆应配备适当的水处理设施,以保证供给水符合 SC/T 9411 的要求。

4.1.4 电力供应设施

水族馆应具备配电系统及发电设备,满足不间断供电要求。

4.2 布局要求

水族馆内各场馆设施布局应保障动物正常活动和运营安全。

4.3 鲸类动物空间要求

4.3.1 空间要素

鲸类动物所需的最小水池空间需满足四个因素,即最小水平尺寸、水深、水体容积和表面积。

4.3.2 饲养池

4.3.2.1 MHD应不小于该类动物平均成体身长(从吻端到尾鳍两侧最尖端连线的中点的直线距离)的4倍。体长不足2.3 m的鲸类动物,其MHD均按10 m计。

不规则池或矩形池的MHD最多可减少20%,减下来的尺寸必须加至与之垂直的另一边。同时,要达到最小水体容积和表面积的要求。

示例:

对于MHD应达到10 m的矩形池,则其最小边长为10 m−10 m×20%=8 m,同时另一边长为10 m+10 m×20%=12 m。即:饲养池要达到长12 m、宽8 m。

池深应不小于该类动物平均成体身长的1.5倍。体长小于2 m的鲸类动物水池深度不小于3 m,水体容积不小于236 m^3。水深未达到最小水深要求的池面不能用于计算所需表面积。

鲸类动物的饲养池最小空间计算:

a) 饲养池的最小水平尺寸按式(1)计算。

$$MHD = l \times 4 \quad (1)$$

式中:

MHD——最小水平尺寸,单位为米(m);

l ——动物平均成体身长,单位为米(m)(参见表A.1)。

b) 饲养池的最小深度按式(2)计算。

$$h = l \times 1.5 \quad (2)$$

式中:

h——饲养池的最小深度,单位为米(m);

l——动物平均成体身长,单位为米(m)。

c) 饲养池的最小水体容积按式(3)计算。

$$V = (MHD/2)^2 \times \pi \times h \quad (3)$$

式中:

V——饲养池的最小水体容积,单位为立方米(m^3);

h——饲养池水的深度,单位为米(m)。

部分鲸类动物最小饲养空间参见附录B。

符合MHD以及最小水深要求的鲸类饲养池需具有足够的水体容积与表面积,最多可饲养两头鲸类动物。如果饲养池内要增加动物,需要按照4.3.2.2的要求额外增加水的表面积及体积。

注:鲸类动物饲养池的最小空间以2头动物为基数计算。

4.3.2.2 超过两头时,每增加1头鲸类动物需额外增加的饲养池空间计算方法如下:

a) 每增加1头动物需额外增加的表面积按式(4)计算。

$$s_1 = (l/2)^2 \times \pi \times 1.5 \quad (4)$$

式中:

s_1 ——每增加1头动物需额外增加的表面积,单位为平方米(m^2);

l ——动物平均成体身长,单位为米(m);

1.5——系数。

b) 每增加1头动物需额外增加的水体容积按式(5)计算。

$$V_1 = s_1 \times h \quad (5)$$

式中:

V_1 ——每增加1头动物需额外增加的水体容积,单位为立方米(m^3);

s_1 ——每增加1头动物需额外增加的表面积,单位为平方米(m^2);

h ——饲养池水的深度,单位为米(m)。

4.3.2.3 混养不同种鲸类的饲养池,MHD和水深应以平均成体身长最大的动物为准。

4.3.3 暂养池

暂养池可略小于饲养池。饲养 2 头鲸类动物的暂养池 MHD 应不小于该动物平均成体身长的 2 倍,池深应不小于平均成体身长。饲养 2 头以上鲸类动物的暂养池需扩大空间。

暂养池一般与饲养池相通,各池之间设置闸门,便于各池之间的隔离和动物的进出。

4.3.4 医疗池

医疗池可略小于和浅于饲养池,具备医疗场地、设施和蓄排水系统。医疗池和暂养池可兼作隔离检疫池。

4.3.5 表演池

表演池应大于饲养池。水平直线距离不小于 20 m,池深不小于 6 m,并视动物体长、数量和表演要求做适当增加。表演池可兼作饲养池。

4.4 鳍足类动物空间要求

4.4.1 空间要素

鳍足类动物空间包括饲养池和与之毗邻的陆上干燥休息区(Dry Resting Area,DRA)。

4.4.2 陆上干燥休息区(DRA)

4.4.2.1 一只动物的 DRA 按式(6)计算。

$$DRA = 2 \times l^2 \quad (6)$$

式中:

l——动物平均成体身长(在水平或延长位置以直线方式从其鼻部顶端至尾部顶端测得的长度),单位为米(m)(参见表 A.2)。

4.4.2.2 两只同种不同性别的鳍足类动物的总 DRA 按式(7)计算。

$$DRA = l_m^2 + l_f^2 \quad (7)$$

式中:

l_m——雄性动物的平均成体身长,单位为米(m);

l_f——雌性动物的平均成体身长,单位为米(m)。

4.4.2.3 池内全部动物所需 DRA:如果饲养池中的动物为同一个种,按 1.5、1.4、1.3、1.2、1.1、1、1……的降式系数,先雄后雌计算 DRA 总和。具体计算方法如式(8):

$$DRA = (l_m^2 \times 1.5) + (l_m^2 \times 1.4) + \cdots\cdots + (l_f^2 \times R_n) + (l_f^2 \times R_{n+1}) + \cdots \quad (8)$$

式中:

l_m——雄性动物的平均成体身长,单位为米(m);

l_f——雌性动物的平均成体身长,单位为米(m);

R_n——降式系数中第 n 个系数,当动物数量大于 5 只时,系数均为 1。

示例:

南美海狮,雄性平均成体身长 2.4 m,雌性平均成体身长 2 m。容纳 2 只雄性与 2 只雌性南美海狮的 DRA 应为:$[(2.4)^2 \times 1.5] + [(2.4)^2 \times 1.4] + [2^2 \times 1.3] + [2^2 \times 1.2]$。

如果两只或以上成熟雄性动物放在一个池中,应采用栅栏、岩石等障碍将 DRA 分成两个或多个独立区域,以降低动物间相互攻击的风险。

4.4.2.4 混养不同种鳍足类动物的饲养池,应按照平均成体身长最大的动物计算 DRA。同样,应采用栅栏、岩石等障碍将 DRA 分成两个或多个独立区域,以降低动物间相互攻击的风险。

4.4.3 饲养池

饲养池最小面积应不小于其 DRA 面积。

饲养池的 MHD 应不小于所饲养的最大动物的平均成体身长的 1.5 倍;水池的深度至少应为 1 m 深或池中最长鳍足动物品种的平均成体身长的一半,以较大者为准。不规则池或矩形池的 MHD 最多可减少 20%，减下来的尺寸必须加至与之垂直的另一边。

4.4.4 **暂养池**

暂养池可小于饲养池。暂养池可兼作医疗池和隔离检疫池。

4.5 **维生系统设施**

水族馆应具有与所饲养的水生哺乳动物相匹配的维生系统，包括动力循环系统、过滤系统、杀菌系统、温度控制系统、供电设施、设备控制系统以及配水、储水设施等。

4.6 **辅助设施要求**

4.6.1 **室内设施**

4.6.1.1 **通风**

根据饲养动物的需要配备通风设施。

4.6.1.2 **采光**

饲养场所应有充足的自然或人工采光，以满足动物生活和饲养管理工作的需要，避免强聚光灯直接照射动物。

4.6.2 **室外设施**

4.6.2.1 **室外池**

室外池水质条件应与室内池要求一致。室外池周围应建有安全防护栏。

4.6.2.2 **陆上活动场所**

陆上活动场所宜设有遮阳装置。

4.6.3 **饲料储存及饲料间设施**

根据所养水生哺乳动物数量、种类和食量，配备足够的饲料储存间。储存间以能储存 3 个月的饲料量为宜。储存间温度宜控制在－18℃以下。

配备足够的饲料间，以满足饲料解冻及加工需要。冷藏设施温度宜控制在 0℃～4℃。

4.6.4 **围栏要求**

应设置围栏，以保持动物和观众之间的安全距离，并防止动物逃逸。

4.6.5 **排污设施**

应有污水处理设施。

4.6.6 **废物处理设施**

应有足够的废物处理设施。保持游览区、饲料间的干净整洁。

4.6.7 **盥洗设施**

应具有卫生间、淋浴房等设施，并具有消毒设备。

4.6.8 **医疗室**

应具备药物储存和医疗设施及可进行手术及尸体解剖的场地。

附 录 A
(资料性附录)
水生哺乳动物种名和平均成体身长

A.1 部分鲸类动物的种名和平均成体身长见表A.1。

表A.1 部分鲸类动物种名和平均成体身长

中文名	学 名	平均成体身长,m
鲸类		
长江江豚	*Neophocaena phocaenoides asiaeorientalis*	1.70
白点原海豚	*Stenella attenuata*	1.95
黄海江豚	*Neophocaena phocaenoides sunameri*	2.00
南海江豚	*Neophocaena phocaenoides*	2.00
镰鳍斑纹海豚	*Lagenorhynchus obliquidens*	2.30
中华白海豚	*Sousa chinensis*	2.50
白鱀豚	*Lipotes vexillifer*	2.50
瓶鼻海豚	*Tursiops truncatus*	3.00
南瓶鼻海豚	*Tursiops aduncus*	2.50
灰海豚	*Grampus griseus*	4.00
白鲸	*Delphinapterus leucas*	4.00
伪虎鲸	*Pseudorca crassidens*	4.00
短肢领航鲸	*Globicephala macrorhynchus*	5.50
虎鲸	*Orcinus orca*	7.32

A.2 部分鳍足类动物种名和平均成体身长见表A.2。

表A.2 部分鳍足类动物种名和平均成体身长

中文名	学 名	平均成体身长,m	
		雄性	雌性
海豹科			
斑海豹	*Phoca largha*	1.70	1.50
带纹海豹	*Phoca fasciata*	1.75	1.68
海狮科			
加州海狮	*Zalophus californianus*	2.24	1.75
南美海狮	*Arctocephalus australis*	2.40	2.00
北海狮	*Eumetopias jubatus*	2.86	2.40
南非毛皮海狮	*Arctocephalus pusillus pusillus*	2.73	1.83
澳洲毛皮海狮	*Arctocephalus pusillus doriferus*	2.30	1.70

附 录 B
(资料性附录)
部分鲸类动物最小饲养空间

部分鲸类动物最小饲养空间见表B.1。

表B.1 部分鲸类动物最小饲养空间

中文名	平均成体身长 m	MHD m	水深 m	容积 m^3
长江江豚	1.70	10.00	3.00	236
白点原海豚	1.95	10.00	3.00	236
黄海江豚	2.00	10.00	3.00	236
南海江豚	2.00	10.00	3.00	236
镰鳍斑纹海豚	2.30	10.00	3.45	271
中华白海豚	2.50	10.00	3.75	295
白鱀豚	2.50	10.00	3.75	295
瓶鼻海豚	3.00	12.00	4.50	509
南瓶鼻海豚	2.50	10.00	3.75	295
灰海豚	4.00	16.00	6.00	1 206
白鲸	4.00	16.00	6.00	1 206
伪虎鲸	4.00	16.00	6.00	1 206
短肢领航鲸	5.50	22.00	8.25	3 136
虎鲸	7.32	29.28	10.98	7 393

ICS 65.150
B 50

中华人民共和国水产行业标准

SC/T 6074—2012

水族馆术语

Terminology of aquarium

2012-12-24 发布 2013-03-01 实施

中华人民共和国农业部 发布

前　言

本标准按照 GB/T 1.1 给出的规则起草。

本标准由农业部渔业局提出。

本标准由全国水产标准化技术委员会渔业机械仪器分技术委员会(SAC/TC 156/SC 6)归口。

本标准主要起草单位:山西太原迎泽公园海底世界、中国野生动物保护协会水生野生动物保护分会、香港海洋公园、广州海洋生物科普有限公司(广州海洋馆)、西安曲江文化旅游(集团)有限公司海洋公园分公司、山东蓬莱八仙过海旅游有限公司海洋科技馆、铃兰太湖水底世界(苏州)有限公司、北京太平洋海底世界、南京海底世界有限公司、武汉海洋世界水族观赏有限公司、合肥汉海极地海洋世界有限责任公司等。

本标准主要起草人:史怀钦、张伟、吴乃江、李承唐、况伟、郭子有、郭莉、殷明恩、康雷、刘仁俊、罗锦华、王志祥、孙珂、邓俊等。

水 族 馆 术 语

1 范围

本标准规定了水族馆及水族馆密切相关的基本术语和定义。

本标准适用于水族馆及水族馆密切相关领域。

2 通用术语

2.1

水族馆 aquarium

水生生物饲养、繁育、展示、科普教育、资源保护和科学研究的场所，也称为公共水族馆。

2.2

水生动物救助 aquatic animal rescue

对因生病、意外等原因导致的受伤、搁浅或不能正常活动的水生动物所实施的救治和保护行为。

2.3

水生哺乳动物 aquatic mammals

长时间在水中生活，并需要靠水中的资源为生的哺乳动物，包含鲸类、鳍足类、海牛类和部分生活在北极地区的动物等。

2.4

维生系统 life support system

保障水生生物生命活动的基本条件和设备系统。

3 场馆设施

3.1

表演池 show pool

水生哺乳动物表演、日常训练和活动的水池。

3.2

触摸池 touch pool

供参观者与各种无危险小型水生生物进行接触和互动的浅水池。

3.3

隔离检疫池 quarantine pool

对水生动物进行医学检验、卫生检查，具有独立循环系统和消毒处理系统的水池。

3.4

化盐池 salt-mixing pool

按照比例配制人工海水的水池，又称配盐池。

3.5

科普中心 education center

利用各种媒介和技术手段进行科学技术知识展示的场所。

3.6

配水间 salt water preparation facilities

淡水脱氯处理及人工海水配制、回收、循环利用的场所。主要包括砂滤池、化盐池、蓄水池等。

3.7

饲料间　food preparation facilities

短期存放、加工、制作水生生物食物的场所。

3.8

水下观赏隧道　underwater viewing tunnel

利用透明材料制造的,供参观者通过并观赏水生生物生存状态的水下特殊建筑构造,也称海底隧道或者海底观赏隧道。

3.9

饲养池　holding pool

供水生动物日常基本生活需要的水池。

3.10

水族展示箱　aquatic animals display tank

配备有维生系统,供饲养和展示水生生物的容器,也称水族展示槽。

3.11

医疗池　medical pool

具有相应配套设施,对水生动物进行医疗操作的水池。

3.12

暂养池　temporary holding pool

为水生动物提供短期饲养的水池。

3.13

陆上干燥休息区　dry resting area,DRA

鳍足类动物的离水休息区。

4　水生生物饲养与展示

4.1

动物福利　animal welfare

人类对于动物所提供的照顾和人道关怀,包括满足其生理、环境、卫生、行为、心理等方面的需求,即提供合适且足够的食物、适宜的栖息地或居所、及时的医疗救护,保障动物行为的自然表达,使其免受痛苦和恐惧的伤害等。

4.2

环境丰容　environmental enrichment

在动物生活的人造环境中,提供各种不同程度的环境刺激物,以强化动物自然行为的动态过程。在环境变化的过程中,有目的地增加动物行为的选择性,展现出物种的特有行为,从而提高动物福利。

4.3

迁地保护性展示　ex-situ conservation display

将濒危或生存受到威胁的物种从原栖息地迁移到一个受到良好保护的栖息地,进行保护并适度开放供参观,以达到教育保育的目的。

4.4

动物行为训练　animal behavior training

训练者通过适当的方式训练动物,以达到训练者所期望的目标行为的训练过程。

4.5

维生系统技术人员　life support system technician

操作、维护、保养和管理维生系统的专业技术人员。

4.6

水生哺乳动物驯养师　aquatic mammal trainer

从事水生哺乳动物饲养、训练、表演和管理工作的人员。本职业分为五个级别:初级(国家职业资格五级)、中级(国家职业资格四级)、高级(国家职业资格三级)、技师(国家职业资格二级)、高级技师(国家职业资格一级)。

5　其他

5.1

海水素　seasalt

为满足水族馆海洋生物生存需要,按一定配方配制的人工海盐。

5.2

人工海水　artificial seawater

利用淡水和海水素配制的接近于天然海水理化指标的适合水族馆海洋生物生存需要的水。

5.3

总氯　total chlorine

水处理过程中,水中加入的含氯消毒剂(通常是次氯酸和次氯酸盐),经水中微生物、有机物、无机物等作用消耗后余留的部分氯量,又称为总余氯。

注:总余氯分为化合性余氯和游离性余氯,化合性余氯又叫结合性余氯,游离性余氯又叫自由氯。

5.4

自由氯　free chlorine

可自由获得氯　free available chlorine

水中加入含氯消毒剂以后,水解形成的次氯酸和次氯酸盐离子的总称。

索　引

汉语拼音索引

英文对应词索引

ICS 65.150
B 50

中华人民共和国水产行业标准

SC/T 7016.1—2012

鱼类细胞系
第1部分:胖头鲂肌肉细胞系(FHM)

Fish cell lines—
Part 1:Fathead monnow cell line (FHM)

2012-12-07 发布　　　　2013-03-01 实施

中华人民共和国农业部　发布

前　言

SC/T 7016《鱼类细胞系》分为下列部分：

——第1部分：胖头鲅肌肉细胞系(FHM)；

——第2部分：草鱼肾细胞系(CIK)；

——第3部分：草鱼卵巢细胞系(CO)；

——第4部分：虹鳟性腺细胞系(RTG-2)；

——第5部分：鲤上皮瘤细胞系(EPC)；

——第6部分：大鳞大麻哈鱼胚胎细胞系(CHSE)；

——第7部分：棕鮰细胞系(BB)；

——第8部分：斑点叉尾鮰卵巢细胞系(CCO)；

——第9部分：蓝鳃太阳鱼细胞系(BF-2)；

——第10部分：狗鱼性腺细胞系(PG)；

——第11部分：虹鳟肝细胞系(R1)；

——第12部分：鲤白血球细胞系(CLC)；

…………

本部分为SC/T 7016的第1部分。

本部分按照GB/T 1.1给出的规则起草。

请注意本文件的某些内容可能涉及专利。本文件的发布机构不承担识别这些专利的责任。

本部分由农业部渔业局提出。

本部分由全国水产标准化技术委员会(SAC/TC 156)归口。

本部分起草单位：全国水产技术推广总站、深圳出入境检验检疫局。

本部分主要起草人：孙喜模、张利峰、高隆英、徐立蒲、钱冬、刘琪。

鱼类细胞系
第1部分:胖头鲹肌肉细胞系(FHM)

1 范围

本部分描述了胖头鲹肌肉细胞系(fathead monnow cell line,FHM)的形态、传代培养条件、生长特性、针对部分鱼类病毒的敏感谱及传代细胞的质量控制。

本部分适用于对胖头鲹肌肉细胞系的培养、使用和保藏。

2 规范性引用文件

下列文件对于本文件的应用是必不可少的。凡是注日期的引用文件,仅注日期的版本适用于本文件。凡是不注日期的引用文件,其最新版本(包括所有的修改单)适用于本文件。

GB/T 6682 分析实验室用水规格和试验方法

3 术语和定义

3.1

胖头鲹肌肉细胞系 fathead monnow cell line,FHM

Gravell,M. & R. G. Malsbergen 1965年从胖头鲹(*Pimephales promelas*)的肌肉组织细胞经原代培养、衍生的连续细胞。

4 细胞的形态、大小与特性

4.1 形态

为上皮样细胞(参见附录A)。

4.2 大小

经细胞实时分析系统测定细胞悬浮后的平均直径约为10.67 μm,其中,最大量细胞的峰值直径约9.36 μm(参见附录B)。

4.3 特性

4.3.1 生长特性

贴壁生长。

4.3.2 对部分水生动物病病原的敏感性

FHM对鲤春病毒血症病毒(Spring viraemia of carp virus,SVCV)、传染性造血器官坏死病毒(Infectious haematopoietic necrosis virus,IHNV)、病毒性出血性败血症病毒(Viral haemoprhagic septicaemia, VHSV)、流行性造血器官坏死病毒(Epizootic haematopoietic necrosis virus,EHNV)等病毒敏感,接种后的CPE形态参见附录A。

5 主要材料与仪器设备

5.1 水

应符合GB/T 6682中一级水的规定。

5.2 细胞培养液

主要成分见 C.1。

5.3 细胞消化液

主要成分及其含量见 C.2。

5.4 仪器设备

主要包括：

——生化培养箱、超净工作台、真空泵和废液瓶等培养细胞所用的设备；

——倒置显微镜；

——血球计数板或电子细胞计数仪；

——细胞培养瓶、移液器或洗耳球以及移液管等培养细胞所用的耗材。

6 细胞培养条件

6.1 培养温度

细胞置于生化培养箱内，在 15℃～28℃下培养，其最适生长温度为 25℃。

6.2 培养液 pH

7.2～7.6。

7 细胞传代和保藏

7.1 传代程序

7.1.1 吸弃旧培养液

在超净工作台内、无菌环境下吸弃长满单层 FHM 的细胞培养瓶中的旧培养液。

7.1.2 消化细胞

用细胞消化液消化分散细胞。沿细胞培养瓶一侧加入细胞消化液，一般在 50 mL 培养瓶中加入 5 mL 或按细胞培养瓶培养面每平方厘米加入 0.1 mL～0.2 mL，加入量必须完全浸没细胞层。贴壁长满的 FHM 消化时间一般为 1 min～3 min，细胞开始呈雾状之后吸弃细胞消化液，轻轻拍打细胞培养瓶以分散细胞。

7.1.3 更换细胞生长液与稀释

将消化液吸弃后，在 50 mL 细胞培养瓶中加入 10 mL～15 mL 细胞培养液（见 C.1），按每瓶 5 mL 分成 2 瓶～3 瓶，使细胞浓度达到 1×10^5 个/mL。分瓶后 8 h 内，细胞贴壁并生长；18 h 后能长满单层细胞。不同规格的细胞培养瓶按培养面每平方厘米加入 0.1 mL～0.2 mL 的细胞培养液。

7.1.4 细胞的传代周期

细胞长满单层 5 d 后再次传代较好。

7.2 细胞的保藏

7.2.1 保藏条件

7.2.1.1 温度与天数

传代后的 FHM 细胞经 25℃下 24 h 的培养后，移入生化培养箱 15℃或 20℃保藏。在 15℃下可保存 45 d，20℃下可保存 30 d～45 d。

7.2.1.2 保藏液 pH

7.2～7.6。

7.2.2 液氮冻存

保种时也可在液氮中冻存。细胞冻存液中需要加入 10%的二甲基亚砜（DMSO）作为保护剂，其胎牛血清浓度应为 20%。保种细胞经程序降温后放入液氮中。

8 传代细胞的质量控制

传代细胞的质量检查包括：

——培养的 FHM，依 4.3.2 的要求在一年内至少要进行一次病毒敏感谱的检测，其接种后的 CPE 形态参见附录 A；

——在移入生化培养箱的第二天用倒置显微镜观察细胞形态、生长情况，并连续观察 7 d～10 d；

——可根据培养液中酚红的颜色判定培养液的 pH 是否保持在 7.2～7.6；

——细胞培养液混浊或出现丝状物时，视为细菌或真菌污染。

附 录 A
（资料性附录）
FHM 及其接种病毒产生的 CPE 形态图

A.1 长满单层正常的 FHM 见图 A.1。

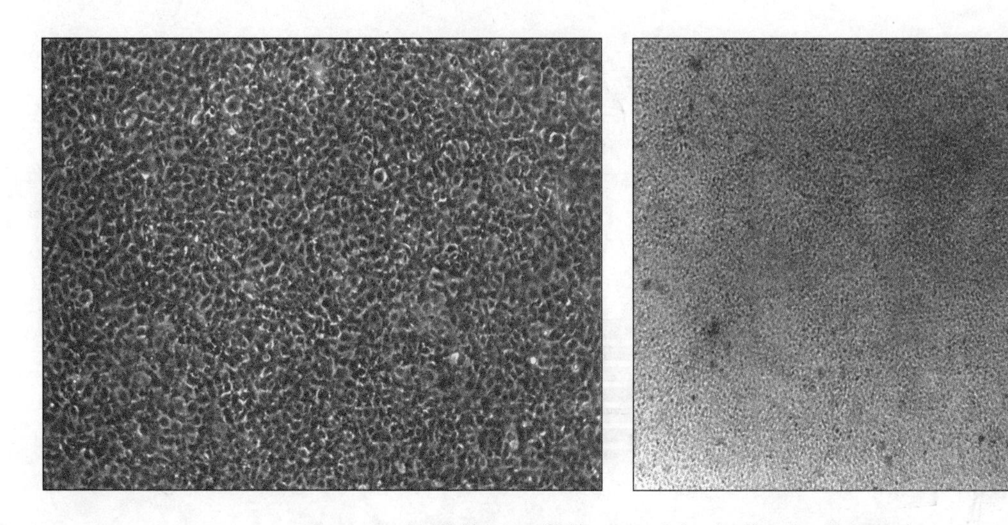

图 A.1 长满单层正常的 FHM（左：相差；右：普通光场）

A.2 FHM 在接种 SVCV 后出现的 CPE 见图 A.2。

A.3 FHM 在接种 EHNV 后形成的空斑形态见图 A.3。

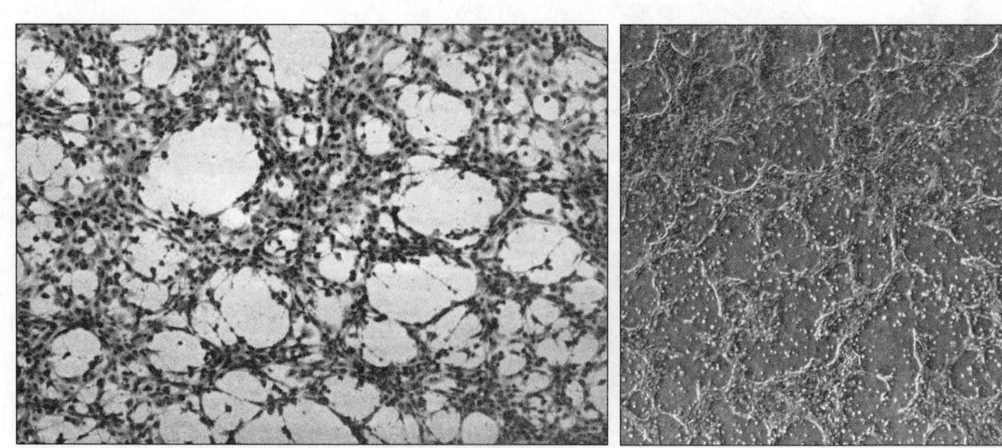

图 A.2 FHM 在接种 SVCV 后出现的 CPE　　**图 A.3 FHM 在接种 EHNV 后形成的空斑形态**

A.4 FHM 在接种 IHNV 后出现的 CPE 见图 A.4。

A.5 FHM 在接种 VHSV 后出现的 CPE 见图 A.5。

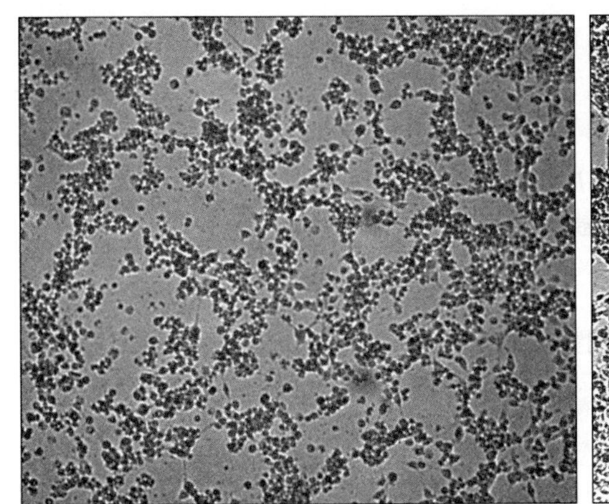

图 A.4 FHM 在接种 IHNV 后出现的 CPE

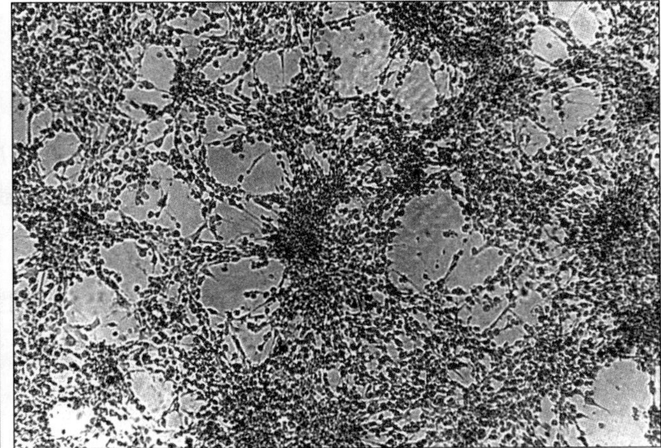

图 A.5 FHM 在接种 VHSV 后出现的 CPE

附　录　B
（资料性附录）
细胞实时分析系统测定的悬浮 FHM 特性

B.1　细胞实时分析系统（CASY TT）测定的悬浮 FHM 特性

见图 B.1。

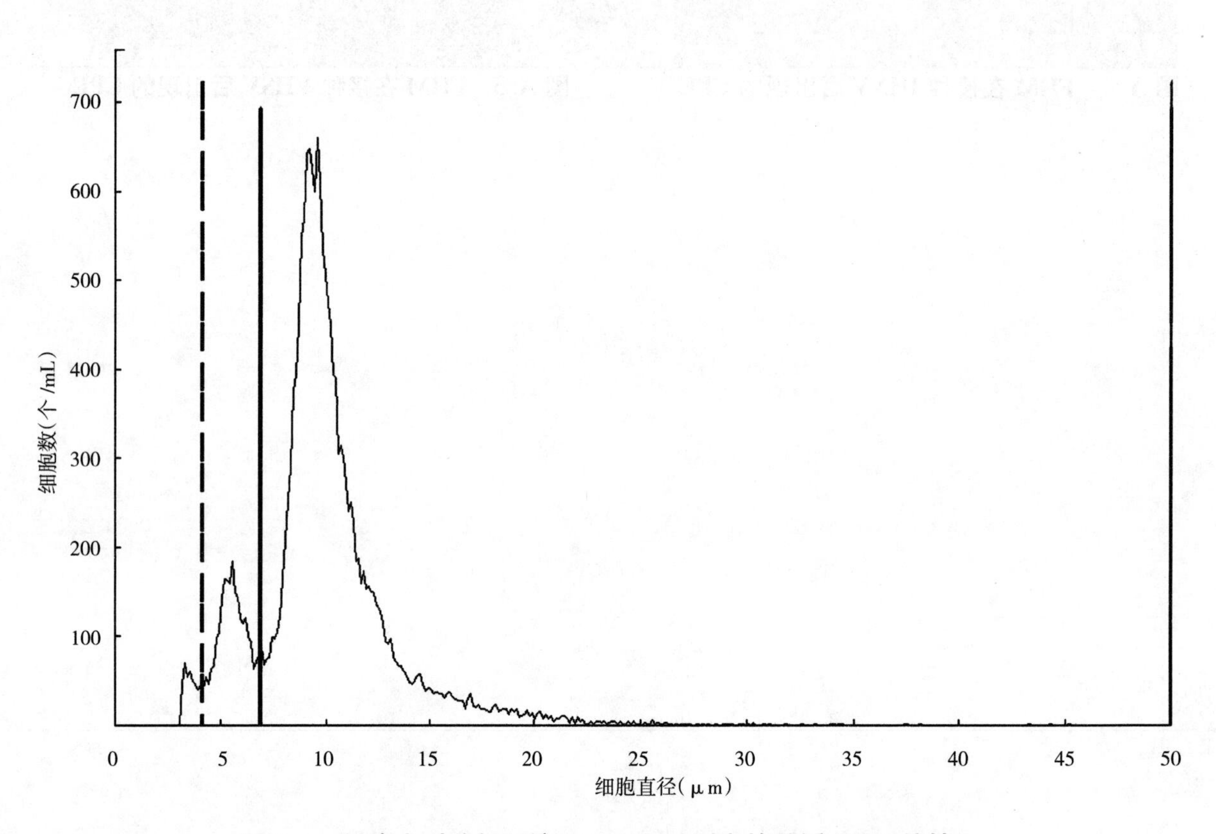

图 B.1　细胞实时分析系统（CASY TT）测定的悬浮 FHM 特性

B.2　悬浮 FHM 检测参数

细胞计数：16 524 个；
平均体积：806.0 fL；
体积峰值：429.0 fL；
平均直径：10.67 μm；
直径峰值：9.36 μm。

附 录 C
（规范性附录）
试 剂 配 制

C.1 细胞培养液

根据 Medium199 培养基(含 Earle's 平衡盐溶液)说明书要求，在容器中加入适量的水，并将容器放到磁力搅拌器上，边搅拌边加入 199 培养基(含 Earle's 平衡盐溶液)干粉。当充分搅匀和溶解后，加入 10%经 56℃ 30 min 灭活的胎牛血清；用粉状 $NaHCO_3$ 调节培养液的 pH 至 7.2～7.4。尽快过滤除菌，分装后－20℃保存。

C.2 细胞消化液

$Na_2HPO_4 \cdot 12H_2O$	2.3 g
KH_2PO_4	0.1 g
NaCl	8.0 g
KCl	0.2 g
EDTA	0.2 g
胰酶	0.6 g
水	1 000 mL

在 1 L 水中依次加入以上试剂，并加入 $NaHCO_3$ 0.4 g～0.6 g。因 pH<7.4 时 EDTA 难溶，必须将 pH 调至 7.4～8.0。充分搅拌至完全溶解后过滤除菌，分装后－20℃保存。

ICS 65.150
B 50

中华人民共和国水产行业标准

SC/T 7016.2—2012

鱼类细胞系 第2部分：草鱼肾细胞系(CIK)

Fish cell lines—
Part 2：Grass carp kidney cell line (CIK)

2012-12-07 发布　　2013-03-01 实施

中华人民共和国农业部　发布

前　言

SC/T 7016《鱼类细胞系》分为下列部分：

——第 1 部分：胖头鲹肌肉细胞系（FHM）；

——第 2 部分：草鱼肾细胞系（CIK）；

——第 3 部分：草鱼卵巢细胞系（CO）；

——第 4 部分：虹鳟性腺细胞系（RTG - 2）；

——第 5 部分：鲤上皮瘤细胞系（EPC）；

——第 6 部分：大鳞大麻哈鱼胚胎细胞系（CHSE）；

——第 7 部分：棕鮰细胞系（BB）；

——第 8 部分：斑点叉尾鮰卵巢细胞系（CCO）；

——第 9 部分：蓝鳃太阳鱼细胞系（BF - 2）；

——第 10 部分：狗鱼性腺细胞系（PG）；

——第 11 部分：虹鳟肝细胞系（R1）；

——第 12 部分：鲤白血球细胞系（CLC）；

…………

本部分为 SC/T 7016 的第 2 部分。

本部分按照 GB/T 1.1 给出的规则起草。

请注意本文件的某些内容可能涉及专利。本文件的发布机构不承担识别这些专利的责任。

本部分由农业部渔业局提出。

本部分由全国水产标准化技术委员会（SAC/TC 156）归口。

本部分起草单位：全国水产技术推广总站、深圳出入境检验检疫局。

本部分主要起草人：陈爱平、兰文升、高隆英、张利峰、徐立蒲、钱冬、刘琪。

鱼类细胞系
第2部分:草鱼肾细胞系(CIK)

1 范围

本部分描述了草鱼肾细胞系(grass carp kidney cell line,CIK)的形态、传代培养条件、生长特性、对部分水生动物病毒的敏感谱及传代细胞的质量控制。

本部分适用于草鱼肾细胞系的培养、使用和保藏。

2 规范性引用文件

下列文件对于本文件的应用是必不可少的。凡是注日期的引用文件,仅注日期的版本适用于本文件。凡是不注日期的引用文件,其最新版本(包括所有的修改单)适用于本文件。

GB/T 6682 分析实验室用水规格和试验方法

3 术语和定义

3.1

草鱼肾细胞系 grass carp kidney cell line,CIK

左文功、钱华鑫1984年从草鱼(*Ctenopharyngodon idella*)肾组织细胞经原代培养、衍生的连续细胞。

4 细胞的形态、大小与特性

4.1 形态

为成纤维样细胞(参见图A.1)。

4.2 大小

经细胞实时分析系统测定细胞悬浮后的平均直径约11.15 μm,其中最大量细胞的峰值直径约9.63 μm(参见B.2)。

4.3 特性

4.3.1 生长特性

贴壁生长。

4.3.2 对部分水生动物病病原的敏感性

CIK主要对水生呼肠孤病毒即草鱼出血病病毒(Grass carp reovirus,GCRV;或者称Grass carp hemorrhagic virus,GCHV)、鲅呼肠孤病毒(Threadfin reovirus,TFV)病毒敏感,接种后的CPE形态参见图A.2。

5 主要材料与仪器设备

5.1 水

应符合GB/T 6682中一级水的规定。

5.2 细胞培养液

主要成分见附录C.1。

5.3 细胞消化液

主要成分及其含量见附录C.2。

5.4 仪器设备

主要包括：

——生化培养箱、超净工作台、真空泵和废液瓶等培养细胞所用的设备；

——倒置显微镜；

——血球计数板或电子细胞计数仪；

——细胞培养瓶、移液器或洗耳球以及移液管等培养细胞所用的耗材。

6 细胞培养条件

6.1 培养温度

细胞置于生化培养箱内，在15℃～28℃下培养，其最适生长温度为25℃。

6.2 培养液 pH

7.2～7.6。

7 细胞传代与保藏

7.1 传代程序

7.1.1 吸弃旧培养液

在超净工作台内，无菌环境下吸弃长满单层CIK细胞培养瓶中的旧培养液。

7.1.2 消化细胞

用细胞消化液消化分散细胞。沿细胞培养瓶一侧加入细胞消化液，一般在50 mL培养瓶中加入5 mL左右或按细胞培养瓶培养面每平方厘米加入0.1 mL～0.2 mL，加入量必须完全浸没细胞层。贴壁长满的CIK消化时间一般为1.5 min～3 min，细胞开始呈雾状之后吸弃细胞消化液，轻轻拍打细胞培养瓶以分散细胞。

7.1.3 更换细胞生长液与稀释

将消化液吸弃后，在50 mL细胞培养瓶中加入10 mL～15 mL细胞培养液(见C.1)，按每瓶5 mL分成2瓶～3瓶，使细胞浓度保持在1×10^5个/mL。分瓶后在25℃下培养，8 h内细胞贴壁并生长；18 h后能长满单层细胞；不同规格的细胞培养瓶按培养面每平方厘米加入0.1 mL～0.2 mL的细胞培养液。

7.1.4 细胞的传代周期

细胞长满单层5 d后再次传代较好。

7.2 细胞的保藏

7.2.1 保藏条件

7.2.1.1 温度与天数

传代后的CIK经25℃培养24 h后，移入生化培养箱15℃或20℃保藏。在15℃下可保存30 d以上，20℃下可保存20 d～30 d。

7.2.1.2 保藏液 pH

7.2～7.6。

7.2.2 液氮冻存

保种时也可在液氮中冻存，细胞冻存液中需要加入10 %的二甲基亚砜(DMSO)作为保护剂，其胎牛血清浓度应为20 %，保种细胞经程序降温后放入液氮中。

8 传代细胞的质量检查

传代细胞的质量检查包括：

——培养的 CIK，依 4.3.2 在一年内至少要进行一次病毒敏感谱的检测，其接种后的 CPE 形态参见附录 A；
——在移入生化培养箱的第二天用倒置显微镜观察细胞形态、生长情况，并连续观察 7 d～10 d；
——可根据培养液中酚红的颜色判定培养液的 pH 是否保持在 7.2～7.6；
——细胞培养液混浊或出现丝状物时，视为细菌或真菌污染。

附 录 A
(资料性附录)
CIK及其接种病毒产生的CPE以及空斑形态图

A.1 长满单层正常的CIK见图A.1。

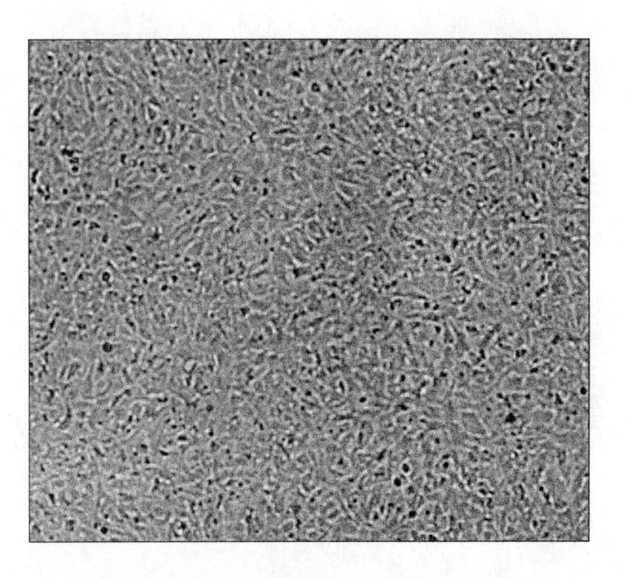

图A.1 长满单层正常的CIK

A.2 CIK在接种GCRV(GV873)后出现的CPE见图A.2。

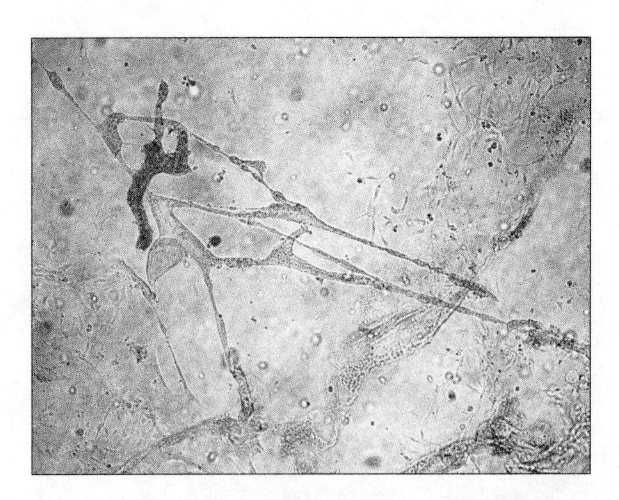

图A.2 CIK在接种GCRV(GV873)后出现的CPE

A.3 CIK 在接种 GCRV 后形成的空斑形态见图 A.3。

图 A.3 CIK 在接种 GCRV 后形成的空斑形态

附　录　B
（资料性附录）
细胞实时分析系统测定悬浮 CIK 特性

B.1　细胞实时分析系统(CASY TT)测定的悬浮 CIK 特性

见图 B.1。

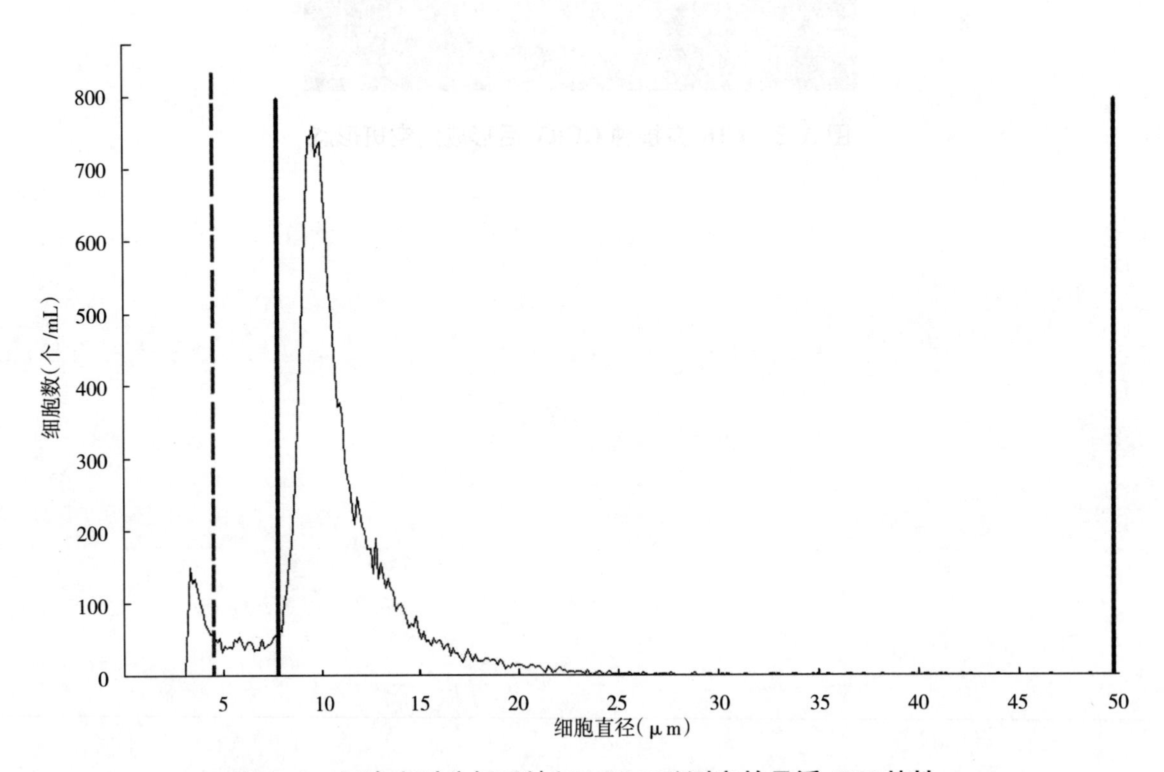

图 B.1　细胞实时分析系统(CASY TT)测定的悬浮 CIK 特性

B.2　悬浮 CIK 检测参数

细胞计数：18 282 个；
平均体积：895.5 fL；
体积峰值：467.5 fL；
平均直径：11.15 μm；
直径峰值：9.63 μm。

附 录 C
(规范性附录)
试 剂 配 制

C.1 细胞培养液

根据 Medium199 培养基(含 Earle's 平衡盐溶液)说明书要求,在容器中加入适量的水,并将容器放到磁力搅拌器上,边搅拌边加入 199 培养基(含 Earle's 平衡盐溶液)干粉。当充分搅匀和溶解后,加入 10%经 56℃ 30 min 灭活的胎牛血清。用粉状 $NaHCO_3$ 调节培养液的 pH 至 7.2～7.4。尽快过滤除菌,分装后−20℃保存。

C.2 细胞消化液

$Na_2HPO_4 \cdot 12H_2O$	2.3 g
KH_2PO_4	0.1 g
NaCl	8.0 g
KCl	0.2 g
EDTA	0.2 g
胰酶	0.6 g
水	1 000 mL

在 1 L 水中依次加入以上试剂,并加入 $NaHCO_3$ 0.4 g～0.6 g。因 pH<7.4 时 EDTA 难溶,必须将 pH 调至 7.4～8.0。充分搅拌至完全溶解后,过滤除菌并分装后−20℃保存。

ICS 65.150
B 50

中华人民共和国水产行业标准

SC/T 7016.3—2012

鱼类细胞系
第3部分:草鱼卵巢细胞系(CO)

Fish cell lines—
Part 3:Grass carp ovary cell line (CO)

2012-12-07 发布　　　　2013-03-01 实施

中华人民共和国农业部　发布

前 言

SC/T 7016《鱼类细胞系》分为下列部分：

——第1部分：胖头鲹肌肉细胞系(FHM)；

——第2部分：草鱼肾细胞系(CIK)；

——第3部分：草鱼卵巢细胞系(CO)；

——第4部分：虹鳟性腺细胞系(RTG-2)；

——第5部分：鲤上皮瘤细胞系(EPC)；

——第6部分：大鳞大麻哈鱼胚胎细胞系(CHSE)；

——第7部分：棕鮰细胞系(BB)；

——第8部分：斑点叉尾鮰卵巢细胞系(CCO)；

——第9部分：蓝鳃太阳鱼细胞系(BF-2)；

——第10部分：狗鱼性腺细胞系(PG)；

——第11部分：虹鳟肝细胞系(R1)；

——第12部分：鲤白血球细胞系(CLC)；

…………

本部分为SC/T 7016的第3部分。

本部分按照GB/T 1.1给出的规则起草。

请注意本文件的某些内容可能涉及专利。本文件的发布机构不承担识别这些专利的责任。

本部分由农业部渔业局提出。

本部分由全国水产标准化技术委员会(SAC/TC 156)归口。

本部分起草单位：全国水产技术推广总站、深圳出入境检验检疫局。

本部分主要起草人：陈爱平、高隆英、张利峰、徐立蒲、钱冬、刘琪。

鱼类细胞系
第3部分:草鱼卵巢细胞系(CO)

1 范围

本部分描述了草鱼卵巢细胞系(grass carp ovary cell line,CO)的形态、传代培养条件、生长特性、针对部分水生动物病毒的敏感谱及传代细胞的质量控制。

本部分适用于对草鱼卵巢细胞系的培养、使用和保藏。

2 规范性引用文件

下列文件对于本文件的应用是必不可少的。凡是注日期的引用文件,仅注日期的版本适用于本文件。凡是不注日期的引用文件,其最新版本(包括所有的修改单)适用于本文件。

GB/T 6682 分析实验室用水规格和试验方法

3 术语和定义

3.1

草鱼卵巢细胞系 grass carp ovary cell line,CO

陈燕新、李正秋1978年从草鱼(*Ctenopharyngodon idella*)卵巢组织细胞经原代培养、衍生的连续细胞。

4 细胞的形态、大小与特性

4.1 形态

为上皮样细胞(参见图A.1)。

4.2 大小

经细胞实时分析系统测定细胞悬浮后的平均直径约为11.78 μm,其中最大量细胞的峰值直径约为9.92 μm(参见B.2)。

4.3 特性

4.3.1 生长特性

贴壁生长。

4.3.2 对部分水生动物病病原的敏感性

CO对鲤春病毒血症病毒(Spring viraemia of carp virus,SVCV)、草鱼出血病病毒(Grass carp reovirus,GCRV)、鲤呼肠孤病毒(Carp reovirus)、甲鱼虹彩病毒(Soft shelled turtle iridovirus,STIV)等病毒敏感,接种后的CPE形态参见附录A。

5 主要材料与仪器设备

5.1 水

应符合GB/T 6682中一级水的规定。

5.2 细胞培养液

主要成分见C.1。

5.3 细胞消化液

主要成分及其含量见C.2。

5.4 仪器设备

主要包括：

——生化培养箱、超净工作台、真空泵和废液瓶等培养细胞所用的设备；

——倒置显微镜；

——血球计数板或电子细胞计数仪；

——细胞培养瓶、移液器或洗耳球以及移液管等培养细胞所用的耗材。

6 细胞培养条件

6.1 培养温度

细胞置生化培养箱内，在15℃～28℃下培养，其最适生长温度为25℃。

6.2 培养液pH

7.2～7.6。

7 细胞传代与保藏

7.1 传代程序

7.1.1 吸弃旧培养液

置于超净工作台内，无菌环境下吸弃长满单层CO的细胞培养瓶中的旧培养液。

7.1.2 消化细胞

用细胞消化液消化分散细胞。沿细胞培养瓶一侧加入细胞消化液，一般在50 mL细胞培养瓶中加入5 mL左右或按细胞培养瓶培养面每平方厘米加入0.1 mL～0.2 mL，加入量必须完全浸没细胞层。贴壁长满的CO消化时间一般为1.5 min～3 min，细胞开始呈雾状之后吸弃细胞消化液，轻轻拍打培养瓶以分散细胞。

7.1.3 更换细胞培养液与分瓶

将消化液吸弃后，在50 mL细胞培养瓶中加入10 mL～15 mL细胞培养液(见C.1)，按每瓶5 mL分成2瓶～3瓶，使细胞浓度达到1×10^5个/mL。分瓶后在25℃下培养，8 h内细胞贴壁并生长；18 h后能基本长满单层细胞。不同规格的细胞培养瓶按培养面每平方厘米加入0.1 mL～0.2 mL的细胞培养液。

7.1.4 细胞的传代周期

细胞长满单层5 d后再次传代较好。

7.2 细胞的保藏

7.2.1 保藏条件

7.2.1.1 温度与天数

传代后的CO经25℃ 24 h的培养后，移入生化培养箱15℃或20℃保藏。在15℃下可保存45 d，20℃下可保存30 d～45 d。

7.2.1.2 保藏液pH

7.2～7.6。

7.2.2 液氮冻存

保种也可在液氮中冻存。细胞冻存液中需要加入10%的二甲基亚砜(DMSO)作为保护剂，其胎牛血清浓度应为20%，保种细胞经程序降温后放入液氮中。

8 传代细胞的质量检查

传代细胞的质量检查包括：

——培养的CO，依4.3.2在一年内至少要进行一次病毒敏感谱的检测，其接种后的CPE形态参见附录A；

——在移入生化培养箱的第二天用倒置显微镜观察细胞形态、生长情况，并连续观察7 d～10 d；

——可根据培养液中酚红的颜色判定培养液的pH是否保持在7.2～7.6；

——细胞培养液混浊或出现丝状物时，视为细菌或真菌污染。

附 录 A
(资料性附录)
CO及其接种病毒产生的CPE形态图

A.1 长满单层正常的CO见图A.1。

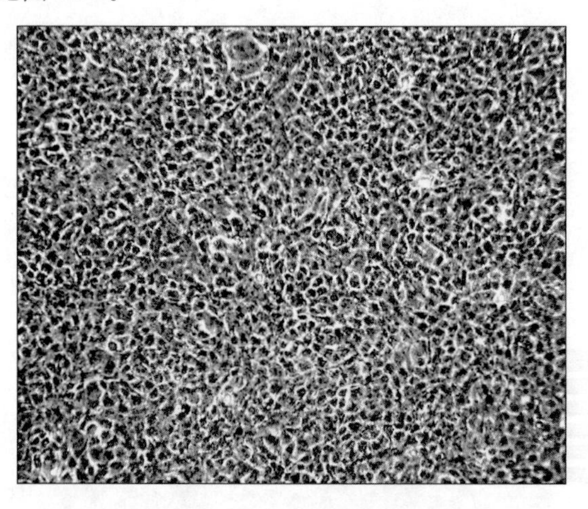

图A.1 长满单层正常的CO

A.2 CO在接种SVCV和鲤呼肠孤病毒后出现的CPE见图A.2、图A.3。

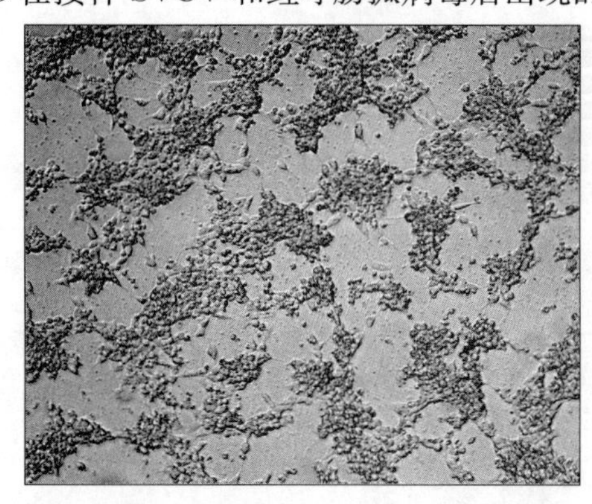

图A.2 CO在接种SVCV后出现的CPE

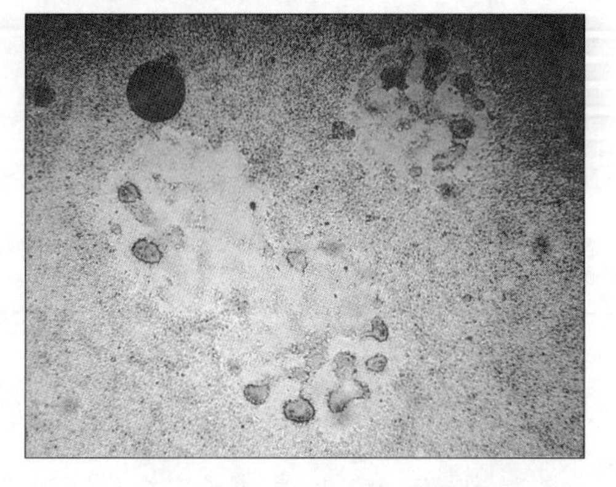

图A.3 CO在接种鲤呼肠孤病毒后出现的CPE

A.3 CO在接种STIV和GCRV后出现的CPE见图A.4、图A.5。

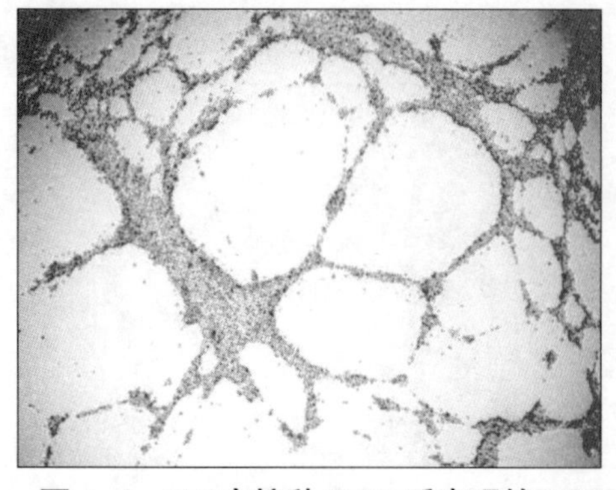

图A.4 CO在接种STIV后出现的CPE

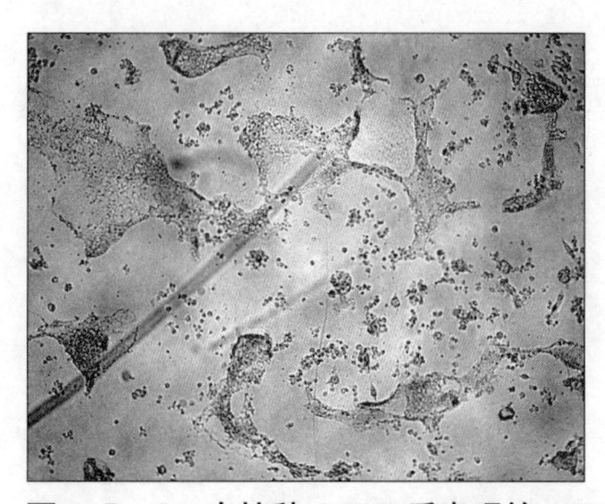

图A.5 CO在接种GCRV后出现的CPE

附 录 B
（资料性附录）
细胞实时分析系统测定的悬浮 CO 特性

B.1 细胞实时分析系统(CASY TT)测定的悬浮 CO 特性

见图 B.1。

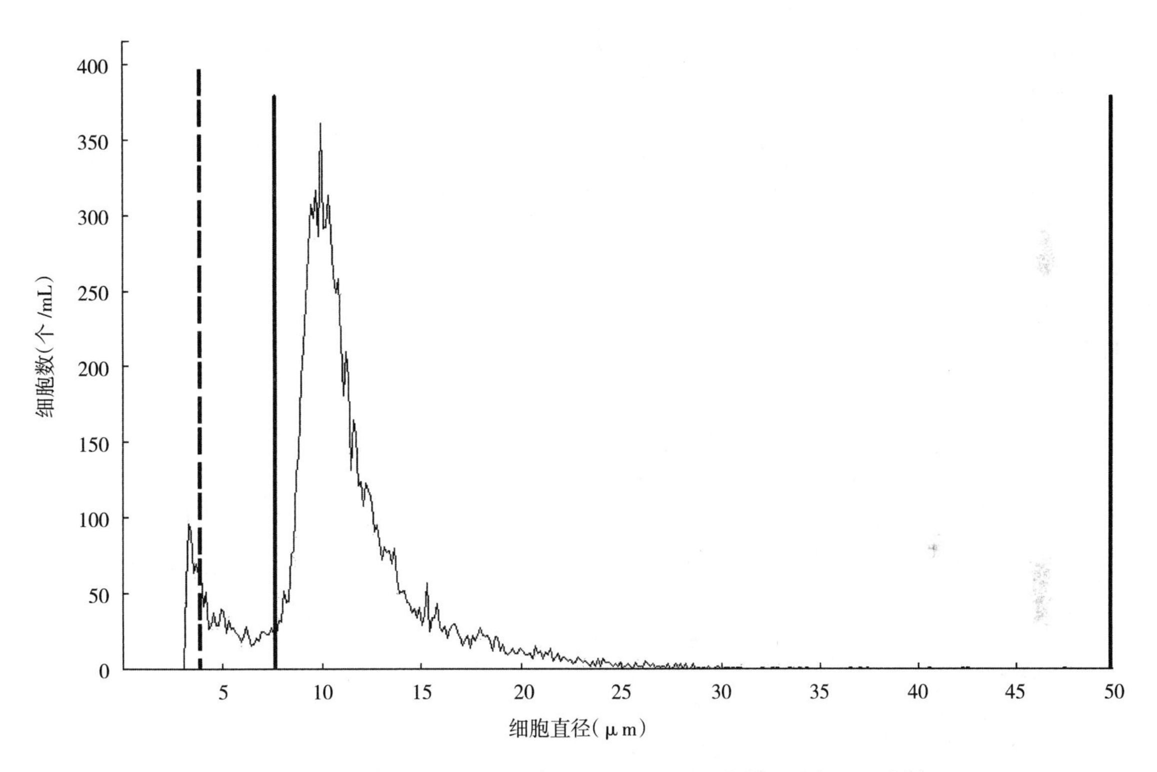

图 B.1 细胞实时分析系统(CASY TT)测定的悬浮 CO 特性

B.2 悬浮 CO 检测参数

细胞计数：9 576 个；
平均体积：1 110 fL；
体积峰值：511.2 fL；
平均直径：11.78 μm；
直径峰值：9.92 μm。

附　录　C
（规范性附录）
试 剂 配 制

C.1　细胞培养液

根据 Medium199 培养基（含 Earle′s 平衡盐溶液）说明书要求，在容器中加入适量的水，并将容器放到磁力搅拌器上，边搅拌边加入 199 培养基（含 Earle′s 平衡盐溶液）干粉。当充分搅匀和溶解后，加入 10%经 56℃30 min 灭活的胎牛血清。用粉状 $NaHCO_3$ 调节培养液的 pH 至 7.2～7.4。尽快过滤除菌，分装后－20℃保存。

C.2　细胞消化液

$Na_2HPO_4 \cdot 12H_2O$	2.3 g
KH_2PO_4	0.1 g
NaCl	8.0 g
KCl	0.2 g
EDTA	0.2 g
胰酶	0.6 g
水	1 000 mL

在 1 L 水中依次加入以上试剂，并加入 $NaHCO_3$ 0.4 g～0.6 g。因 pH＜7.4 时 EDTA 难溶，必须将 pH 调至 7.4～8.0。充分搅拌至完全溶解后，过滤除菌并分装－20℃保存。

ICS 65.150
B 50

中华人民共和国水产行业标准

SC/T 7016.4—2012

鱼类细胞系
第4部分:虹鳟性腺细胞系(RTG-2)

Fish cell lines—
Part 4:Rainbow trout gonad cell line (RTG-2)

2012-12-07 发布　　2013-03-01 实施

中华人民共和国农业部 发布

前　　言

SC/T 7016《鱼类细胞系》分为下列部分：
——第1部分：胖头鲹肌肉细胞系(FHM)；
——第2部分：草鱼肾细胞系(CIK)；
——第3部分：草鱼卵巢细胞系(CO)；
——第4部分：虹鳟性腺细胞系(RTG-2)；
——第5部分：鲤上皮瘤细胞系(EPC)；
——第6部分：大鳞大麻哈鱼胚胎细胞系(CHSE)；
——第7部分：棕鮰细胞系(BB)；
——第8部分：斑点叉尾鮰卵巢细胞系(CCO)；
——第9部分：蓝鳃太阳鱼细胞系(BF-2)；
——第10部分：狗鱼性腺细胞系(PG)；
——第11部分：虹鳟肝细胞系(R1)；
——第12部分：鲤白血球细胞系(CLC)；
…………
本部分为SC/T 7016的第4部分。
本部分按照GB/T 1.1给出的规则起草。
请注意本文件的某些内容可能涉及专利。本文件的发布机构不承担识别这些专利的责任。
本部分由农业部渔业局提出。
本部分由全国水产标准化技术委员会(SAC/TC 156)归口。
本部分起草单位：全国水产技术推广总站、深圳出入境检验检疫局。
本部分主要起草人：孙喜模、张旻、高隆英、张利峰、徐立蒲、钱冬、刘琪。

鱼类细胞系
第4部分:虹鳟性腺细胞系(RTG-2)

1 范围

本部分描述了虹鳟性腺细胞系(rainbow trout gonad cell line,RTG-2)的形态、传代培养条件、生长特性、针对部分鱼类病毒的敏感谱及传代细胞的质量控制。

本部分适用于对虹鳟性腺细胞系的培养、使用和保藏。

2 规范性引用文件

下列文件对于本文件的应用是必不可少的。凡是注日期的引用文件,仅注日期的版本适用于本文件。凡是不注日期的引用文件,其最新版本(包括所有的修改单)适用于本文件。

GB/T 6682 分析实验室用水规格和试验方法

3 术语和定义

3.1

虹鳟性腺细胞系 rainbow trout gonad cell line,RTG-2

Wolf. K & Quimby,M. C. 1962年从虹鳟(*Oncorhynchus mykiss*)性腺性腺经原代培养、衍生的连续细胞系。

4 细胞的形态、大小与特性

4.1 形态

为成纤维样细胞(参见图A.1)。

4.2 大小

经细胞实时分析系统测定细胞悬浮后的平均直径约20.41 μm,其中最大量细胞的峰值直径约18.03 μm(参见B.2)。

4.3 特性

4.3.1 生长特性

贴壁生长。

4.3.2 对部分水生动物病病原的敏感性

RTG-2对传染性造血器官坏死病毒(Infectious haematopoietic necrosis,IHNV)、病毒性出血性败血症(Viral haemoprhagic septicaemia,VHSV)、流行性造血器官坏死病毒(Epizootic haematopoietic necrosis,EHNV)、马苏大麻哈鱼病毒(Oncorhynchus masou virus,OMV)、传染性胰脏坏死病毒(Infectious pancreatic necrosis,IPNV)等病毒敏感,接种后的CPE形态参见附录A。

5 主要材料与仪器设备

5.1 水

应符合GB/T 6682中一级水的规定。

5.2 细胞培养液

主要成分见 C.1。

5.3 细胞消化液

主要成分及其含量见 C.2。

5.4 仪器设备

主要包括：

——生化培养箱、超净工作台、真空泵和废液瓶等培养细胞所用的设备；

——倒置显微镜；

——血球计数板或电子细胞计数仪；

——细胞培养瓶、移液器或洗耳球以及移液管等培养细胞所用的耗材。

6 细胞培养条件

6.1 培养温度

细胞置生化培养箱内，在 15℃～20℃下培养，其最适生长温度为 20℃。

6.2 培养液 pH

7.2～7.6。

7 细胞传代与保藏

7.1 传代程序

7.1.1 吸弃旧培养液

在超净工作台内，无菌环境下吸弃长满单层 RTG-2 的细胞培养瓶中的旧培养液。

7.1.2 消化细胞

用细胞消化液消化分散细胞。沿细胞培养瓶一侧加入细胞消化液，一般在 50 mL 培养瓶中加入 5 mL 左右或按细胞培养瓶培养面每平方厘米加入 0.1 mL～0.2 mL，加入量必须完全浸没细胞层。贴壁长满的 RTG-2 消化时间一般为 1.5 min～4 min，细胞开始呈雾状之后吸弃细胞消化液，轻轻拍打细胞培养瓶以分散细胞。

7.1.3 更换细胞生长液与稀释

将消化液吸弃后，在 50 mL 培养瓶中加入 5 mL 或按细胞培养瓶培养面每平方厘米加入 0.1 mL～0.2 mL 的细胞生长液(C.1)。

细胞浓度超过 1×10^5 个/mL 时，按 1∶2 稀释并分瓶。细胞传代后 18 h～24 h 能基本长满培养瓶培养面。RTG-2 细胞的培养浓度较上皮样细胞的培养浓度低近一半，浓度过高易造成细胞形态的改变。

7.1.4 细胞的传代周期

细胞长满单层并在上次传代 5 d 以上才可再次传代。

7.2 细胞的保藏

7.2.1 保藏条件

7.2.1.1 温度与天数

传代后的 RTG-2 经 20℃ 24 h 的培养后，可移入生化培养箱 15℃或 20℃保藏。在 15℃下可保存 20 d～30 d，20℃下可保存 15 d～20 d。

7.2.1.2 保藏液 pH

7.2～7.6。

7.2.2 液氮冻存

保种时也可在液氮中冻存。细胞冻存液中需要加入 10%的二甲基亚砜(DMSO)作为保护剂，其胎牛血清浓度应为20％。

8 传代细胞的质量控制

传代细胞的质量检查包括：

——培养的RTG-2，依4.3.2在一年内至少要进行一次病毒敏感谱的检测，其接种后的CPE形态见附录A；

——在移入生化培养箱的第二天用倒置显微镜观察细胞形态、生长情况并连续观察7 d～10 d；

——可根据培养液中酚红的颜色判定培养液的pH是否保持在7.2～7.6；

——细胞培养液混浊或出现丝状物时，视为细菌或真菌污染。

附 录 A
（资料性附录）
RTG-2 及其接种 IHNV 等产生的 CPE 及空斑形态图

A.1 长满单层正常的 RTG-2 见图 A.1。

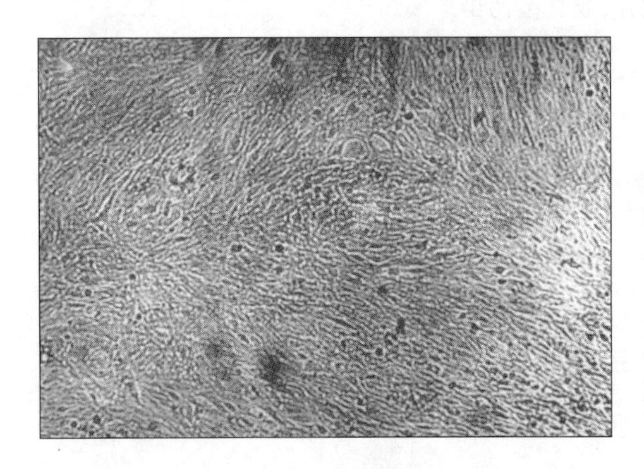
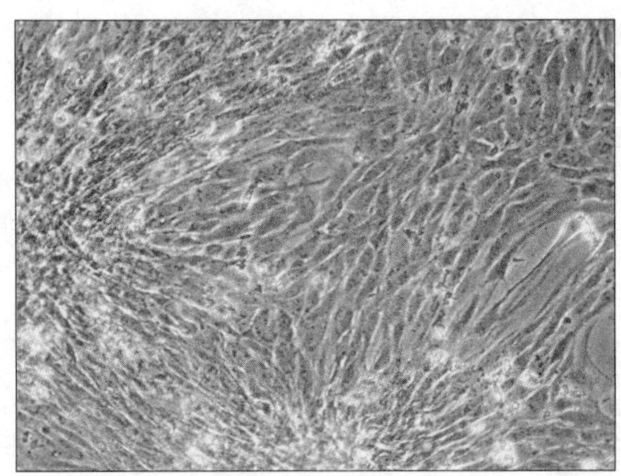

图 A.1 长满单层正常的 RTG-2（左：普通光场；右：相差）

A.2 RTG-2 在接种 EHNV 和 OMV 后出现的 CPE 见图 A.2、图 A.3。

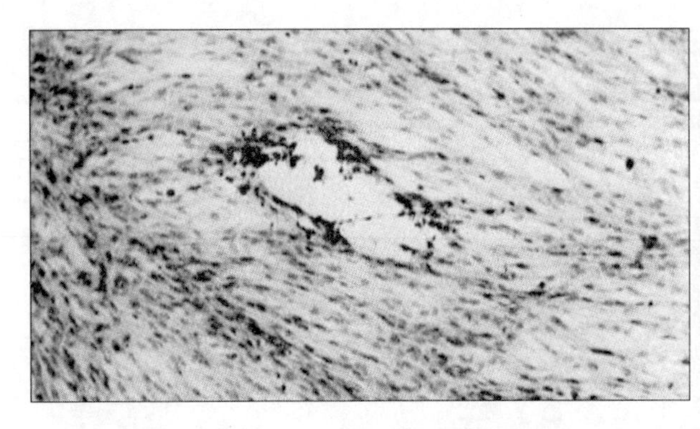

图 A.2 RTG-2 在接种 EHNV 后出现的 CPE

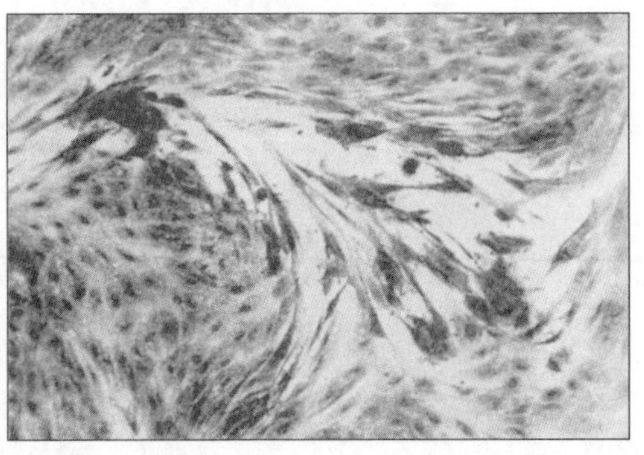

图 A.3 RTG-2 在接种 OMV 后出现的 CPE

A.3 RTG-2 在接种 IHNV 后出现的 CPE 见图 A.4。RTG-2 在接种 VHSV 后产生的空斑见图 A.5。

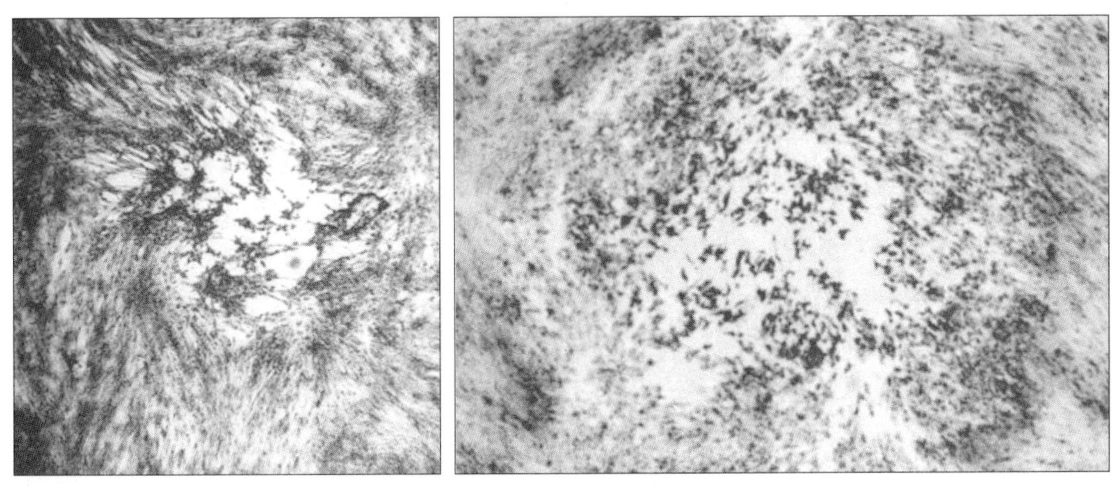

图 A.4 RTG-2 在接种 IHNV 后出现的 CPE

图 A.5 RTG-2 在接种 VHSV 后产生的空斑

A.4 RTG-2 接种 IPNV 后出现的 CPE 和产生的空斑见图 A.6、图 A.7。

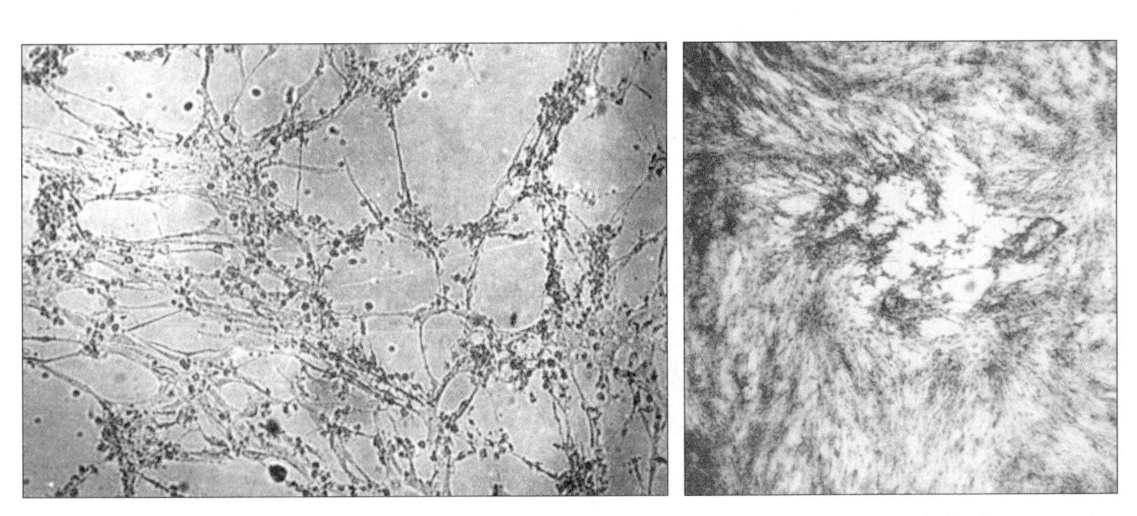

图 A.6 RTG-2 接种 IPNV 后出现的 CPE

图 A.7 RTG-2 在接种 IPNV 后产生的空斑

附　录　B
（资料性附录）
细胞实时分析系统测定的悬浮 RTG-2 特性

B.1　细胞实时分析系统(CASY TT)测定的悬浮 RTG-2 特性

见图 B.1。

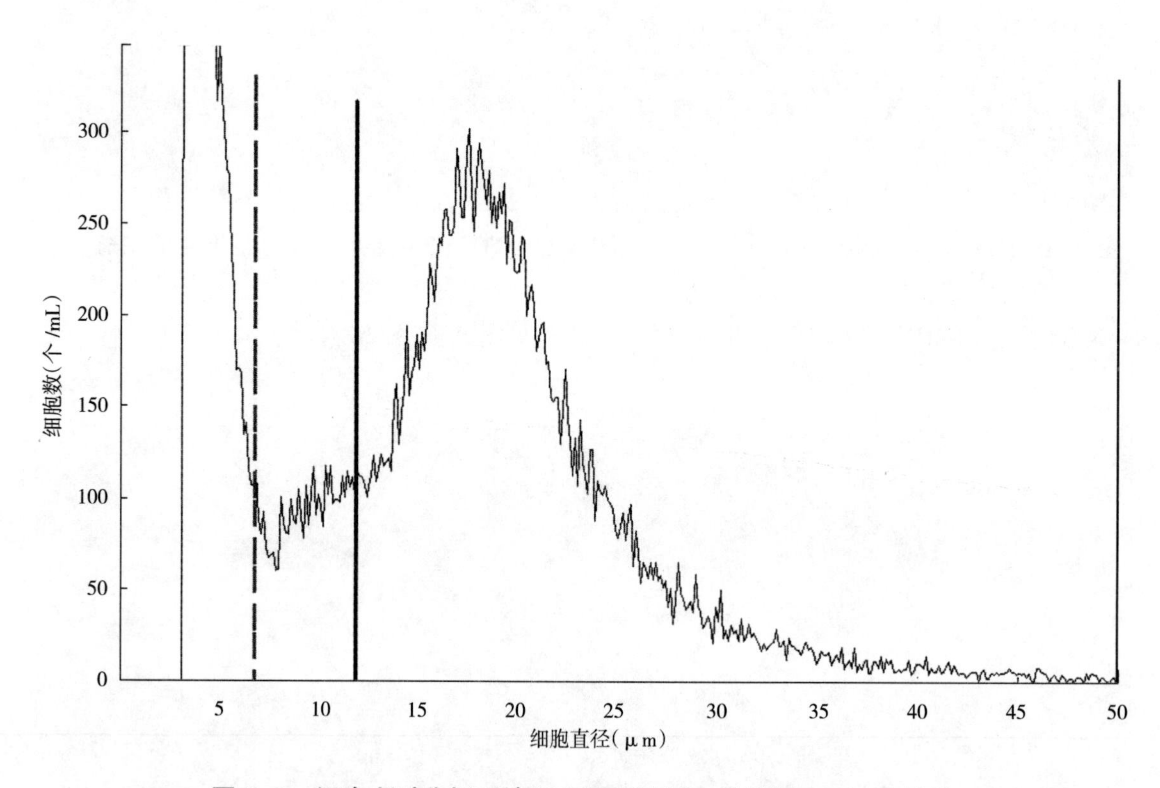

图 B.1　细胞实时分析系统(CASY TT)测定的悬浮 RTG-2 特性

B.2　悬浮 RTG-2 检测参数

细胞计数：2 314 2 个；
平均体积：5 780 fL；
体积峰值：3 067 fL；
平均直径：20.41 μm；
直径峰值：18.03 μm。

附 录 C
(规范性附录)
试 剂 配 制

C.1 培养液

根据 MEM 培养基说明书要求,在容器中加入适量的一级水,并将容器放到磁力搅拌器上,边搅拌边加入 MEM 培养基干粉。当充分搅匀和溶解后,加入 10%经 56℃ 30 min 灭活的胎牛血清。用 $NaHCO_3$ 粉末调节培养液的 pH 至 7.2～7.6。尽快过滤除菌,分装后－20℃保存。

C.2 细胞消化液

$Na_2HPO_4 \cdot 12H_2O$	2.3 g
KH_2PO_4	0.1 g
NaCl	8.0 g
KCl	0.2 g
EDTA	0.2 g
胰酶	0.6 g
水	1 000 mL

在 1 L 水中顺序加入以上试剂,并加入 $NaHCO_3$ 0.4 g～0.6 g。因 pH<7.4 时 EDTA 难溶,必须将 pH 调至 7.4～8.0。充分搅拌至完全溶解后,过滤除菌并分装,－20℃保存。

ICS 65.150
B 50

中华人民共和国水产行业标准

SC/T 7016.5—2012

鱼类细胞系 第5部分：鲤上皮瘤细胞系(EPC)

Fish cell lines—
Part 5: Epithelioma papulosum cyprini cell line (EPC)

2012-12-07 发布　　　　2013-03-01 实施

中华人民共和国农业部　发布

前　言

SC/T 7016《鱼类细胞系》分为下列部分：

——第 1 部分：胖头鲅肌肉细胞系(FHM)；

——第 2 部分：草鱼肾细胞系(CIK)；

——第 3 部分：草鱼卵巢细胞系(CO)；

——第 4 部分：虹鳟性腺细胞系(RTG-2)；

——第 5 部分：鲤上皮瘤细胞系(EPC)；

——第 6 部分：大鳞大麻哈鱼胚胎细胞系(CHSE)；

——第 7 部分：棕鮰细胞系(BB)；

——第 8 部分：斑点叉尾鮰卵巢细胞系(CCO)；

——第 9 部分：蓝鳃太阳鱼细胞系(BF-2)；

——第 10 部分：狗鱼性腺细胞系(PG)；

——第 11 部分：虹鳟肝细胞系(R1)；

——第 12 部分：鲤白血球细胞系(CLC)；

…………

本部分为 SC/T 7016 的第 5 部分。

本部分按照 GB/T 1.1 给出的规则起草。

请注意本文件的某些内容可能涉及专利。本文件的发布机构不承担识别这些专利的责任。

本部分由农业部渔业局提出。

本部分由全国水产标准化技术委员会(SAC/TC 156)归口。

本部分起草单位：全国水产技术推广总站、深圳出入境检验检疫局。

本部分主要起草人：陈爱平、王姝、兰文升、张利峰、高隆英、沈锦玉、李乐。

鱼类细胞系
第5部分:鲤上皮瘤细胞系(EPC)

1 范围

本标准描述了鲤上皮瘤细胞系(Epithelioma papulosum cyprini cell line,EPC)的形态、传代培养条件、生长特性、针对部分水生动物病毒的敏感谱及传代细胞的质量控制。

本标准适用于鲤上皮瘤细胞系的培养、使用和保藏。

2 规范性引用文件

下列文件对于本文件的应用是必不可少的。凡是注日期的引用文件,仅注日期的版本适用于本文件。凡是不注日期的引用文件,其最新版本(包括所有的修改单)适用于本文件。

GB/T 6682 分析实验室用水规格和试验方法

3 术语和定义

3.1

鲤上皮瘤细胞系 epithelioma papulosum cyprini cell line,EPC

Fijan N. 等人1983年从鲤(*Cyprinus carpio*)的上皮瘤细胞经原代培养、衍生的连续细胞系。

4 细胞的形态、大小与特性

4.1 形态

为上皮样细胞(参见图A.1)。

4.2 大小

经细胞实时分析系统测定细胞悬浮后的平均直径约11.19 μm,其中最大量细胞的峰值直径约9.55 μm(参见B.2)。

4.3 特性

4.3.1 生长特性

贴壁生长。

4.3.2 对部分水生动物病原的敏感性

EPC对鲤春病毒血症病毒(Spring viraemia of carp virus,SVCV)、传染性造血器官坏死病毒(Infectious haematopoietic necrosis virus,IHNV)、流行性造血器官坏死病毒(Epizootic haematopoietic necrosis virus,EHNV)、病毒性出血性败血症病毒(Viral haemorrhagic septicaemia virus,VHSV)等病毒敏感,接种后的CPE形态参见附录A。

5 主要材料与仪器设备

5.1 水

应符合GB/T 6682中一级水的规定。

5.2 细胞培养液

主要成分见附录C.1。

5.3 细胞消化液

主要成分及其含量见 C.2。

5.4 血清

胎牛血清。

5.5 仪器设备

主要包括：

——生化培养箱、超净工作台、真空泵和废液瓶等培养细胞所用的设备；

——倒置显微镜；

——血球计数板或电子细胞计数仪；

——细胞培养瓶、移液器或洗耳球以及移液管等培养细胞所用的耗材。

6 细胞培养条件

6.1 培养温度

细胞置于生化培养箱内，在 15℃～27℃下培养，最适生长温度为 25℃。

6.2 培养液 pH

7.2～7.6。

7 细胞传代与保藏

7.1 传代程序

7.1.1 吸弃旧培养液

置于超净工作台内，无菌环境下吸弃长满单层 EPC 细胞培养瓶中的旧培养液。

7.1.2 消化细胞

用细胞消化液消化分散细胞。沿细胞培养瓶一侧加入细胞消化液，一般在 50 mL 细胞培养瓶中加入 5 mL 左右或按细胞培养瓶培养面每平方厘米加入 0.1 mL～0.2 mL，加入量必须完全浸没细胞层。贴壁长满的 EPC 消化时间一般为 1 min～3 min，细胞开始呈雾状之后吸弃细胞消化液，轻轻拍打培养瓶以分散细胞。

7.1.3 更换细胞培养液与分瓶

将消化液吸弃后，在 50 mL 细胞培养瓶中加入 10 mL～15 mL 细胞培养液(C.1)，按每瓶 5 mL 分成 2 瓶～3 瓶，使细胞终浓度达到 1×10^5 个/mL。分瓶后在 25℃下培养，8 h 内细胞贴壁并生长；18 h 后能基本长满单层细胞。不同规格的细胞培养瓶，按培养面每平方厘米加入 0.1 mL～0.2 mL 的细胞培养液。

7.1.4 细胞的传代周期

细胞长满单层 5 d 后再次传代较好。

7.2 细胞的保藏

7.2.1 保藏条件

7.2.1.1 温度与天数

传代后的 EPC 经 25℃ 24 h 的培养后，移入生化培养箱 15℃或 20℃保藏。在 15℃下可保存 30 d 以上，20℃下可保存 20 d～30 d。

7.2.1.2 保藏液 pH

7.2～7.6。

7.2.2 液氮冻存

保种也可在液氮中冻存。细胞冻存液中需要加入10%的二甲基亚砜(DMSO)作为保护剂,其胎牛血清浓度应为20%,保种细胞应经程序降温后放入液氮中。

8 传代细胞的质量检查

传代细胞的质量检查包括:

——培养的EPC,依4.3.2在一年内至少要进行一次病毒敏感谱的检测,其接种后的CPE形态参见附录A;

——在移入生化培养箱的第二天用倒置显微镜观察细胞形态、生长情况,并连续观察7 d~10 d;

——可按培养液中酚红的颜色判定培养液的pH是否保持在7.2~7.6;

——细胞培养液混浊或出现丝状物时,视为细菌或真菌污染。

附　录　A
（资料性附录）
EPC及其接种病毒产生的CPE形态图

A.1　长满单层正常的EPC见图A.1。

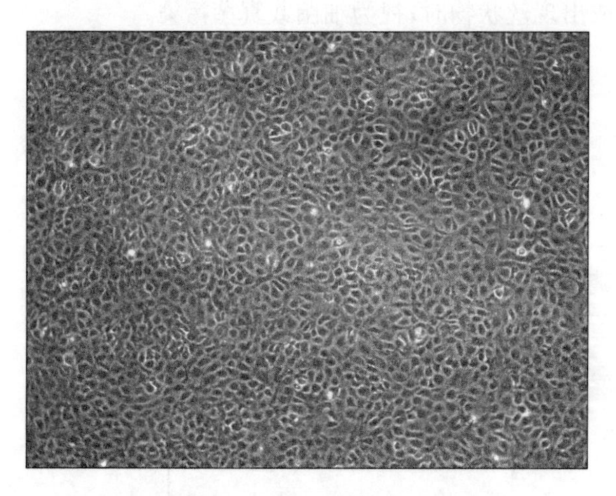

图A.1　长满单层正常的EPC

A.2　EPC在接种SVCV后出现的CPE见图A.2。

A.3　EPC在接种VHSV后出现的CPE见图A.3。

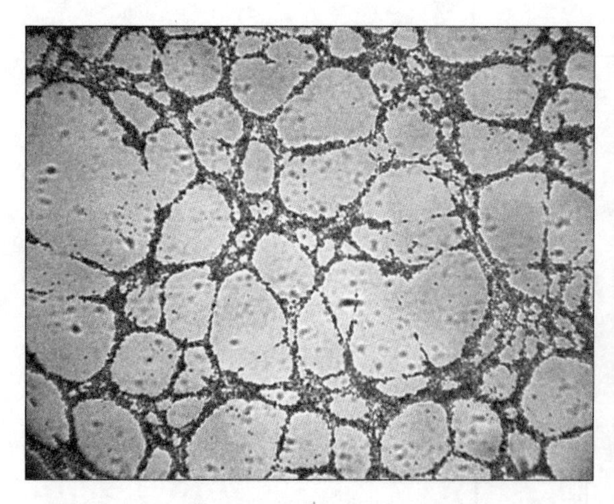

图A.2　EPC在接种SVCV后出现的CPE

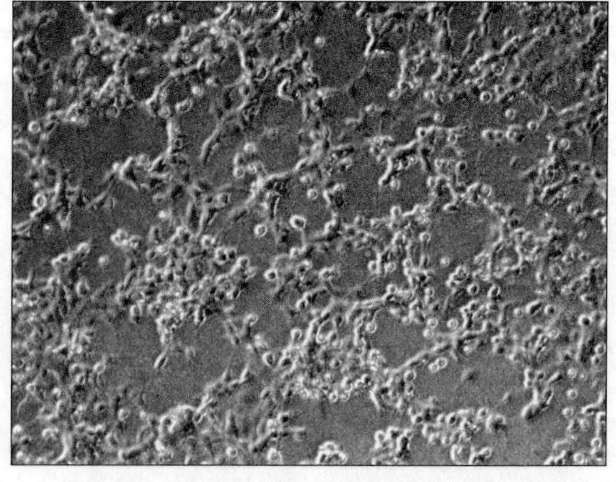

图A.3　EPC在接种VHSV后出现的CPE

A.4 EPC 在接种 IHNV 后出现的 CPE 见图 A.4。

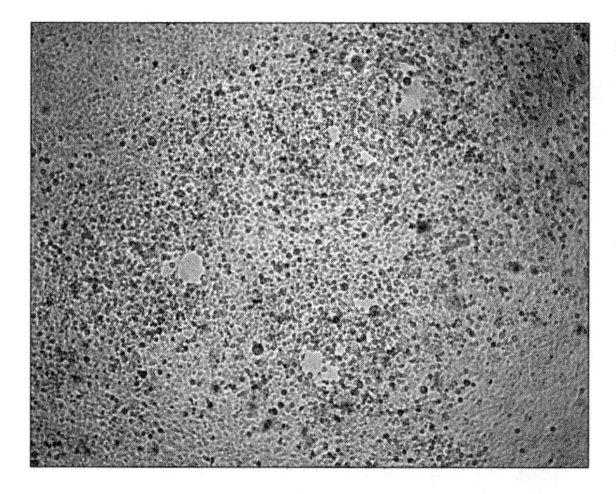

图 A.4 病变初期 EPC 在接种 IHNV 后出现的 CPE

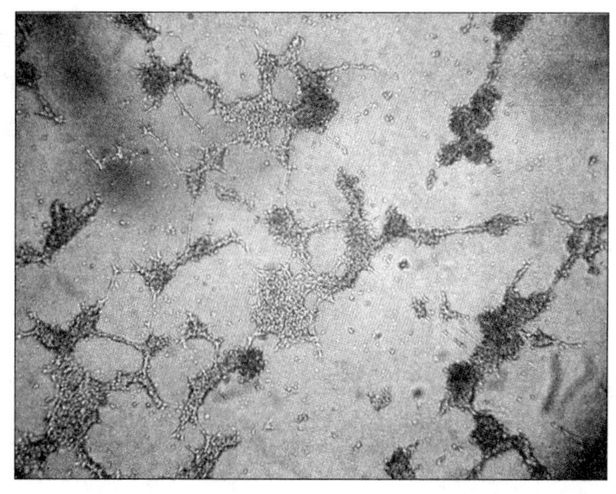

图 A.5 病变后期 EPC 在接种 IHNV 后出现的 CPE

附 录 B
（资料性附录）
细胞实时分析系统测定的悬浮 EPC 特性

B.1 细胞实时分析系统(CASY TT)测定的悬浮 EPC 特性

见图 B.1。

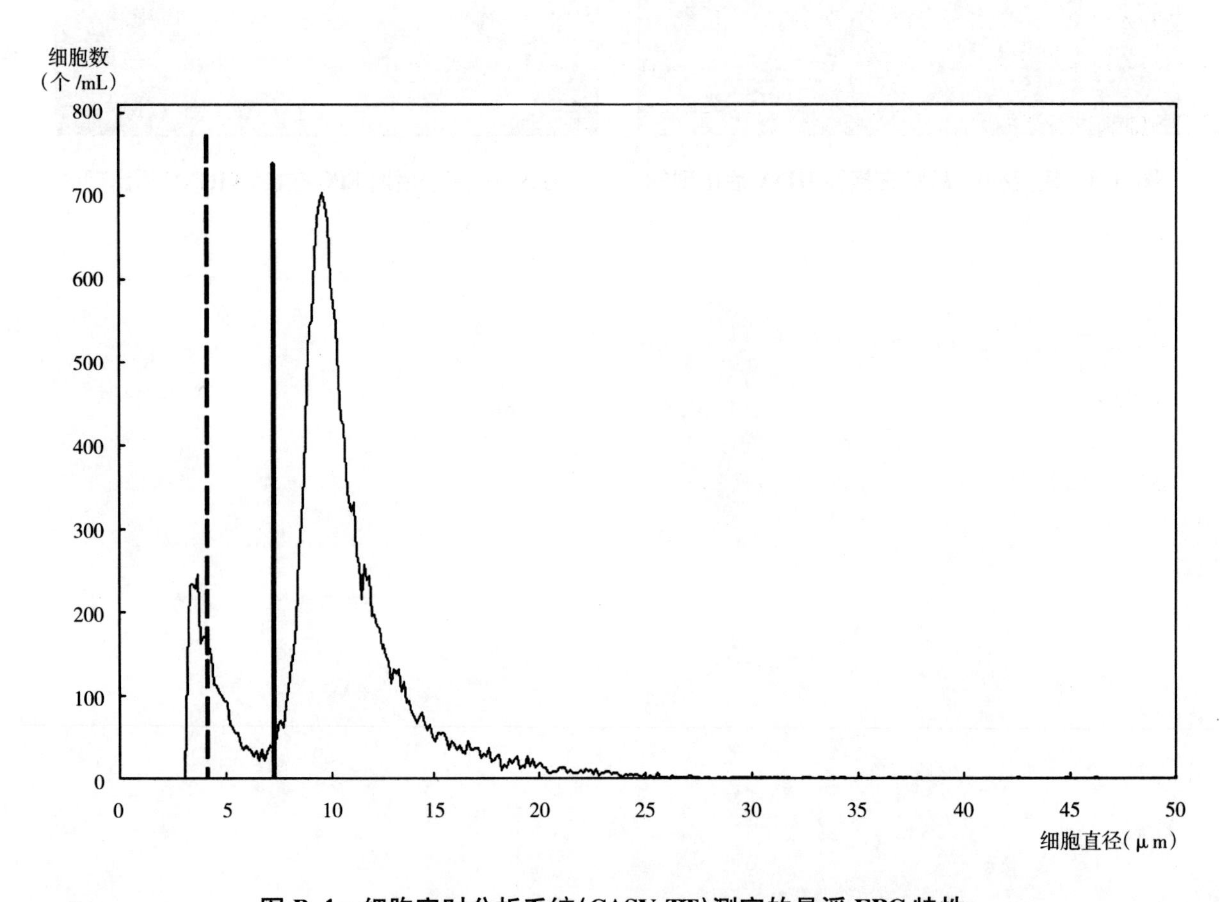

图 B.1 细胞实时分析系统(CASY TT)测定的悬浮 EPC 特性

B.2 悬浮 EPC 检测参数

细胞计数：17 790 个；
平均体积：9 067 fL；
体积峰值：456.6 fL；
平均直径：11.19 μm；
直径峰值：9.55 μm。

附 录 C
(规范性附录)
试 剂 配 制

C.1 细胞培养液

按 Medium199 培养基说明书要求，在容器中加入适量的一级水，并将容器放到磁力搅拌器上，边搅拌边加入 199 培养基干粉。当充分搅匀和溶解后，加入 10%经 56℃ 30 min 灭活的胎牛血清；用 $NaHCO_3$粉末调节培养液的 pH 至 7.2～7.4。尽快过滤除菌，分装后－20℃保存。

C.2 细胞消化液

$Na_2HPO_4 \cdot 12H_2O$	2.3 g
KH_2PO_4	0.1 g
NaCl	8.0 g
KCl	0.2 g
EDTA	0.2 g
胰酶	0.6 g
水	1 000 mL

在 1L 水中顺序加入以上试剂，并加入 $NaHCO_3$ 0.4 g～0.6 g。因 pH<7.4 时 EDTA 难溶，必须将 pH 调节至 7.4～8.0。充分搅拌至完全溶解后，过滤除菌并分装－20℃保存。

ICS 65.150
B 50

中华人民共和国水产行业标准

SC/T 7016.6—2012

鱼类细胞系
第6部分:大鳞大麻哈鱼胚胎细胞系(CHSE)

Fish cell lines—
Part 6:Chinook salmon embryo cell line(CHSE)

2012-12-07 发布　　2013-03-01 实施

中华人民共和国农业部 发布

前言

SC/T 7016《鱼类细胞系》分为下列部分：

——第1部分：胖头鲹肌肉细胞系(FHM)；

——第2部分：草鱼肾细胞系(CIK)；

——第3部分：草鱼卵巢细胞系(CO)；

——第4部分：虹鳟性腺细胞系(RTG-2)；

——第5部分：鲤上皮瘤细胞系(EPC)；

——第6部分：大鳞大麻哈鱼胚胎细胞系(CHSE)；

——第7部分：棕鮰细胞系(BB)；

——第8部分：斑点叉尾鮰卵巢细胞系(CCO)；

——第9部分：蓝鳃太阳鱼细胞系(BF-2)；

——第10部分：狗鱼性腺细胞系(PG)；

——第11部分：虹鳟肝细胞系(R1)；

——第12部分：鲤白血球细胞系(CLC)；

…………

本部分为SC/T 7016的第6部分。

本部分按照GB/T 1.1给出的规则起草。

请注意本文件的某些内容可能涉及专利。本文件的发布机构不承担识别这些专利的责任。

本部分由农业部渔业局提出。

本部分由全国水产标准化技术委员会(SAC/TC 156)归口。

本部分起草单位：全国水产技术推广总站、深圳出入境检验检疫局。

本部分主要起草人：陈爱平、高隆英、张利峰、王姝、钱冬、陈艳。

鱼类细胞系
第6部分:大鳞大麻哈鱼胚胎细胞系(CHSE)

1 范围

本部分描述了大鳞大麻哈鱼胚胎细胞系(chinook salmon embryo cell line,CHSE)的形态、传代培养条件、生长特性、针对部分水生动物病毒的敏感谱及传代细胞的质量控制。

本部分适用于大鳞大麻哈鱼胚胎细胞系的培养、使用和保藏。

2 规范性引用文件

下列文件对于本文件的应用是必不可少的。凡是注日期的引用文件,仅注日期的版本适用于本文件。凡是不注日期的引用文件,其最新版本(包括所有的修改单)适用于本文件。

GB/T 6682 分析实验室用水规格和试验方法

3 术语和定义

3.1

大鳞大麻哈鱼胚胎细胞系 chinook salmon embryo cell line,CHSE

Lannan C. N. 、Winton J. R. 和 Fryer J. L. 1984 年从大鳞大麻哈鱼(*Oncorhynchus kisutch*)的胚胎细胞经原代培养、衍生的连续细胞系。

4 细胞的形态、大小与特性

4.1 形态

为上皮样细胞(参见图 A.1)。

4.2 大小

经细胞实时分析系统测定细胞悬浮后的平均直径约 10.71 μm,其中最大量细胞的峰值直径约 9.52 μm(参见 B.2)。

4.3 特性

4.3.1 生长特性

贴壁生长。

4.3.2 对部分水生动物病原的敏感性

CHSE 对流行性造血器官坏死病毒(Epizootic haematopoietic necrosis virus,EHNV)、传染性胰脏坏死病毒(Infectious pacreatic necrosis virus,IPNV)等病毒敏感,接种后的 CPE 形态参见附录 A。

5 主要材料与仪器设备

5.1 水

应符合 GB/T 6682 中一级水的规定。

5.2 细胞培养液

主要成分见 C.1。

5.3 细胞消化液

主要成分及其含量见 C.2。

5.4 血清

胎牛血清。

5.5 仪器设备

主要包括：

——生化培养箱、超净工作台、真空泵和废液瓶等培养细胞所用的设备；

——倒置显微镜；

——血球计数板或电子细胞计数仪；

——细胞培养瓶、移液器或洗耳球以及移液管等培养细胞所用的耗材。

6 细胞培养条件

6.1 培养温度

细胞置于生化培养箱内，在 15℃～22℃下培养，最适生长温度为 20℃。

6.2 培养液 pH

7.2～7.6。

7 细胞传代与保藏

7.1 传代程序

7.1.1 吸弃旧培养液

置于超净工作台内，无菌环境下吸弃长满单层 CHSE 细胞培养瓶中的旧培养液。

7.1.2 消化细胞

用细胞消化液消化分散细胞。沿细胞培养瓶一侧加入细胞消化液，一般在 50 mL 细胞培养瓶中加入 5 mL 左右或按细胞培养瓶培养面每平方厘米加入 0.1 mL～0.2 mL，加入量必须完全浸没细胞层。贴壁长满的 CHSE 消化时间一般为 1.5 min ～5 min，细胞开始呈雾状之后吸弃细胞消化液，轻轻拍打培养瓶以分散细胞。

7.1.3 更换细胞培养液与分瓶

将消化液吸弃后，在 50 mL 细胞培养瓶中，加入 10 mL～15 mL 细胞培养液(C.1)，按每瓶 5 mL 分成 2 瓶～3 瓶，使细胞终浓度达到 1×10^5 个/mL。分瓶后在 20℃下培养，18 h 内细胞贴壁并生长；24 h 后能基本长满单层细胞。不同规格的细胞培养瓶，按培养面每平方厘米加入 0.1 mL～0.2 mL 的细胞培养液。

7.1.4 细胞的传代周期

细胞长满单层 5 d 后再次传代较好。

7.2 细胞的保藏

7.2.1 保藏条件

7.2.1.1 温度与天数

传代后的 CHSE 经 20℃ 24 h 的培养后，移入生化培养箱 15℃或 20℃保藏。在 15℃下可保存 45 d 以上，20℃下可保存 30 d 以上。

7.2.1.2 保藏液 pH

7.2～7.6。

7.2.2 液氮冻存

保种也可在液氮中冻存。细胞冻存液中需要加入 10％二甲基亚砜(DMSO)作为保护剂，其胎牛血清浓度应为 20％，保种细胞应经程序降温后放入液氮中。

8 传代细胞的质量检查

传代细胞的质量检查包括：

——培养的 CHSE，依 4.3.2 在一年内至少要进行一次病毒敏感谱的检测，其接种后的 CPE 形态参见附录 A；

——在移入生化培养箱的第二天用倒置显微镜观察细胞形态、生长情况，并连续观察 7 d～10 d；

——可按培养液中酚红的颜色判定培养液的 pH 是否保持在 7.2～7.6；

——细胞培养液混浊或出现丝状物时，视为细菌或真菌污染。

附　录　A
（资料性附录）
CHSE 及其接种病毒产生的 CPE 形态图

A.1　长满单层正常的 CHSE 见图 A.1。

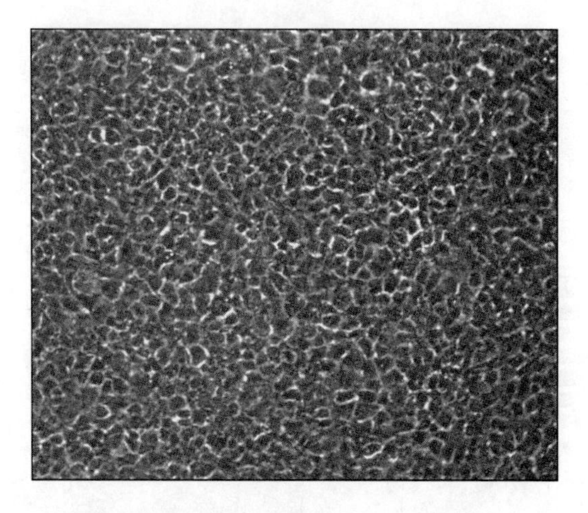

图 A.1　长满单层正常的 CHSE

A.2　CHSE 在接种 IPNV 后出现的 CPE 见图 A.2。

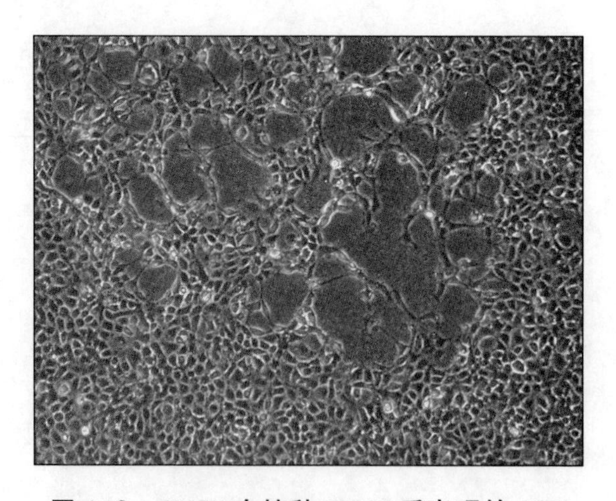

图 A.2　CHSE 在接种 IPNV 后出现的 CPE

A.3　CHSE 在接种 EHNV 后出现的 CPE 见图 A.3。

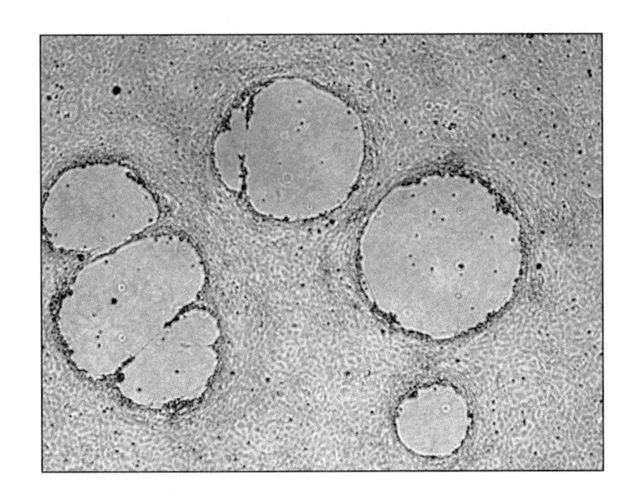

图 A.3　CHSE 在接种 EHNV 后出现的 CPE

附　录　B
(资料性附录)
细胞实时分析系统测定的悬浮 CHSE 特性

B.1　细胞实时分析系统(CASY TT)测定的悬浮 CHSE 特性

见图 B.1。

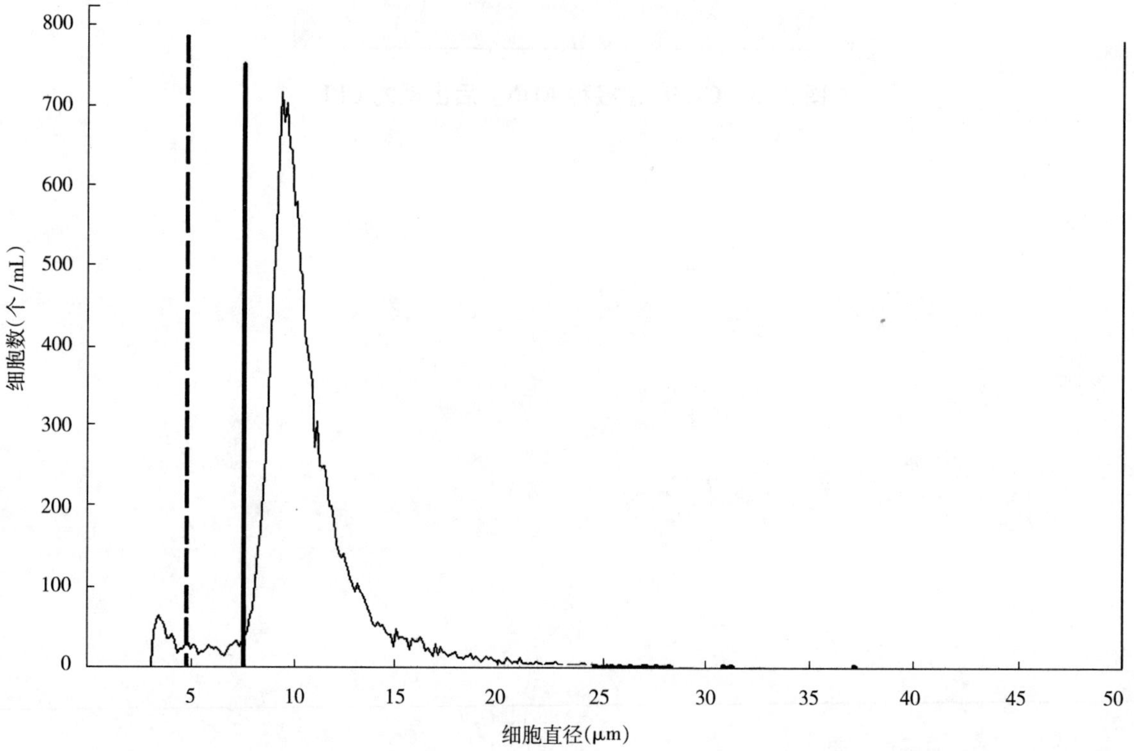

细胞数(个/mL)

细胞直径(μm)

图 B.1　细胞实时分析系统(CASY TT)测定的悬浮 CHSE 特性

B.2　悬浮 CHSE 检测参数

细胞计数:15 604 个;
平均体积:7 476 fL;
体积峰值:451.8 fL;
平均直径:10.71 μm;
直径峰值:9.52 μm。

附 录 C
(规范性附录)
试剂配制

C.1 细胞培养液

按 Medium199 培养基说明书要求，在容器中加入适量的一级水，并将容器放到磁力搅拌器上，边搅拌边加入 199 培养基干粉。当充分搅匀和溶解后，加入 10%经 56℃ 30 min 灭活的胎牛血清；用 $NaHCO_3$ 粉末调节培养液的 pH 至 7.2～7.4。尽快过滤除菌，分装后－20 ℃保存。

C.2 细胞消化液

$Na_2HPO_4 \cdot 12H_2O$	2.3 g
KH_2PO_4	0.1 g
NaCl	8.0 g
KCl	0.2 g
EDTA	0.2 g
胰酶	0.6 g
水	1 000 mL

在 1 L 水中顺序加入以上试剂，并加入 $NaHCO_3$ 0.4 g～0.6 g。因 pH＜7.4 时 EDTA 难溶，必须将 pH 调至 7.4～8.0。充分搅拌至完全溶解后，过滤除菌并分装，－20℃保存。

ICS 65.150
B 50

中华人民共和国水产行业标准

SC/T 7016.7—2012

鱼类细胞系 第7部分:棕鮰细胞系(BB)

Fish cell lines—
Part 7:Brown bullhead cell line (BB)

2012-12-07 发布　　2013-03-01 实施

中华人民共和国农业部 发布

前　言

SC/T 7016《鱼类细胞系》分为下列部分：

——第1部分：胖头鲹肌肉细胞系(FHM)；

——第2部分：草鱼肾细胞系(CIK)；

——第3部分：草鱼卵巢细胞系(CO)；

——第4部分：虹鳟性腺细胞系(RTG-2)；

——第5部分：鲤上皮瘤细胞系(EPC)；

——第6部分：大鳞大麻哈鱼胚胎细胞系(CHSE)；

——第7部分：棕鮰细胞系(BB)；

——第8部分：斑点叉尾鮰卵巢细胞系(CCO)；

——第9部分：蓝鳃太阳鱼细胞系(BF-2)；

——第10部分：狗鱼性腺细胞系(PG)；

——第11部分：虹鳟肝细胞系(R1)；

——第12部分：鲤白血球细胞系(CLC)；

…………

本部分为SC/T 7016的第7部分。

本部分按照GB/T 1.1给出的规则起草。

请注意本文件的某些内容可能涉及专利。本文件的发布机构不承担识别这些专利的责任。

本部分由农业部渔业局提出。

本部分由全国水产标准化技术委员会(SAC/TC 156)归口。

本部分起草单位：全国水产技术推广总站、深圳出入境检验检疫局。

本部分主要起草人：高隆英、陈爱平、张利峰、王姝、沈锦玉、李乐。

鱼类细胞系
第7部分:棕鮰细胞系(BB)

1 范围

本部分描述了棕鮰细胞系(brown bullhead cell line,BB)的形态、传代培养条件、生长特性、针对部分水生动物病毒的敏感谱及传代细胞的质量控制。

本部分适用于棕鮰细胞系的培养、使用和保藏。

2 规范性引用文件

下列文件对于本文件的应用是必不可少的。凡是注日期的引用文件,仅注日期的版本适用于本文件。凡是不注日期的引用文件,其最新版本(包括所有的修改单)适用于本文件。

GB/T 6682 分析实验室用水规格和试验方法

3 术语和定义

3.1

棕鮰细胞系 brown bullhead cell line, BB

Cerini C. P. 和 Malsberger R. G. 1962年从棕鮰(*Ictalurus nebulosus*)的结缔组织和肌肉细胞经原代培养、衍生的连续细胞系。

4 细胞的形态、大小与特性

4.1 形态

为上皮样细胞(参见图A.1)。

4.2 大小

经细胞实时分析系统测定细胞悬浮后的平均直径约16.10 μm,其中最大量细胞的峰值直径约14.27 μm(参见B.2)。

4.3 特性

4.3.1 生长特性

贴壁生长。

4.3.2 对部分水生动物病原的敏感性

BB主要对斑点叉尾鮰病毒(Channel catfish virus, CCV)敏感,接种后的CPE形态参见图A.2。

5 主要材料与仪器设备

5.1 水

应符合GB/T 6682中一级水的规定。

5.2 细胞培养液

主要成分见C.1。

5.3 细胞消化液

主要成分及其含量见C.2。

5.4 血清

胎牛血清。

5.5 仪器设备

主要包括：

——生化培养箱、超净工作台、真空泵和废液瓶等培养细胞所用的设备；

——倒置显微镜；

——血球计数板或电子细胞计数仪；

——细胞培养瓶、移液器或洗耳球以及移液管等培养细胞所用的耗材。

6 细胞培养条件

6.1 培养温度

细胞置于生化培养箱内，在15℃～27℃下培养，最适生长温度为25℃。

6.2 培养液 pH

7.2～7.6。

7 细胞传代与保藏

7.1 传代程序

7.1.1 吸弃旧培养液

置于超净工作台内，无菌环境下吸弃长满单层BB细胞培养瓶中的旧培养液。

7.1.2 消化细胞

用细胞消化液消化分散细胞。沿细胞培养瓶一侧加入细胞消化液，一般在50 mL细胞培养瓶中加入5 mL左右或按细胞培养瓶培养面每平方厘米加入0.1 mL～0.2 mL，加入量必须完全浸没细胞层。贴壁长满的BB消化时间一般为2 min～4 min，细胞开始呈雾状之后吸弃细胞消化液，轻轻拍打培养瓶以分散细胞。

7.1.3 更换细胞培养液与分瓶

将消化液吸弃后，在50 mL细胞培养瓶中，加入10 mL～15 mL细胞培养液(C.1)，按每瓶5 mL分成2瓶～3瓶，使细胞终浓度达到1×10^5个/mL。分瓶后在25℃培养8 h内细胞贴壁并生长；18 h后能基本长满单层细胞。不同规格的细胞培养瓶，按培养面每平方厘米加入0.1 mL～0.2 mL的细胞培养液。

7.1.4 细胞的传代周期

细胞长满单层并在5 d后再次传代较好。

7.2 细胞的保藏

7.2.1 保藏条件

7.2.1.1 温度与天数

传代后的BB经25℃ 24 h的培养后，移入生化培养箱15℃或20℃保藏。在15℃下可保存30 d以上，20℃下可保存20 d左右。

7.2.1.2 保藏液 pH

7.2～7.6。

7.2.2 液氮冻存

保种也可在液氮中冻存。细胞冻存液中需要加入10％二甲基亚砜(DMSO)作为保护剂，其胎牛血清浓度应为20％，保种细胞应经程序降温后放入液氮中。

8 传代细胞的质量检查

传代细胞的质量检查包括：

——培养的 BB，依 4.3.2 在一年内至少要进行一次病毒敏感谱的检测，其接种后的 CPE 形态参见图 A.2；

——在移入生化培养箱的第二天用倒置显微镜观察细胞形态、生长情况，并连续观察 7 d～10 d；

——可按培养液中酚红的颜色判定培养液的 pH 是否保持在 7.2～7.6；

——细胞培养液混浊或出现丝状物时，视为细菌或真菌污染。

附　录　A
（资料性附录）
BB 及其接种病毒产生的 CPE 形态图

A.1　长满单层正常的 BB 见图 A.1。

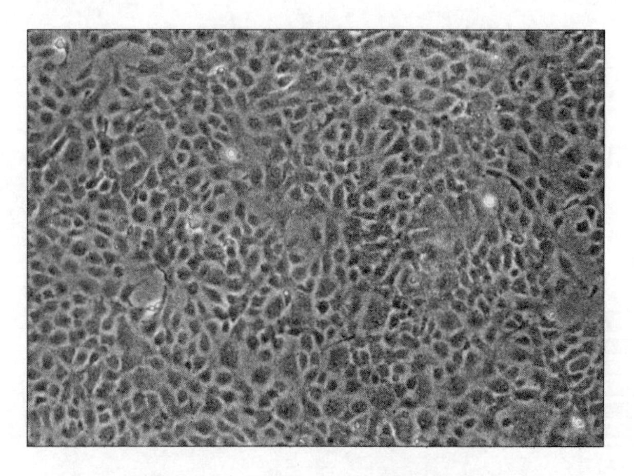

图 A.1　长满单层正常的 BB

A.2　BB 在接种 CCV 后出现的 CPE 见图 A.2。

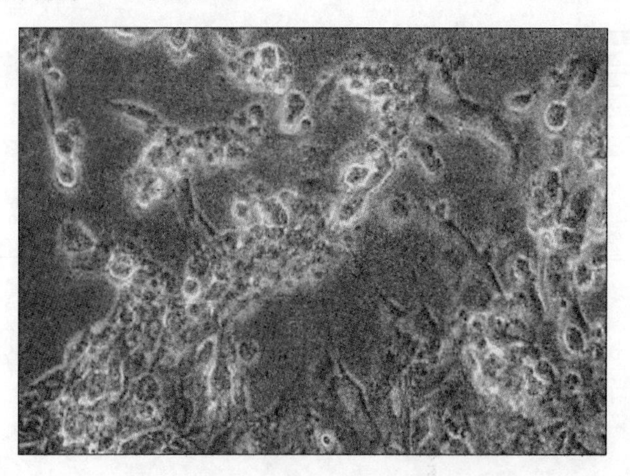

图 A.2　BB 在接种 CCV 后出现的 CPE

附　录　B
（资料性附录）
细胞实时分析系统测定的悬浮 BB 特性

B.1　细胞实时分析系统(CASY TT)测定的悬浮 BB 特性

见图 B.1。

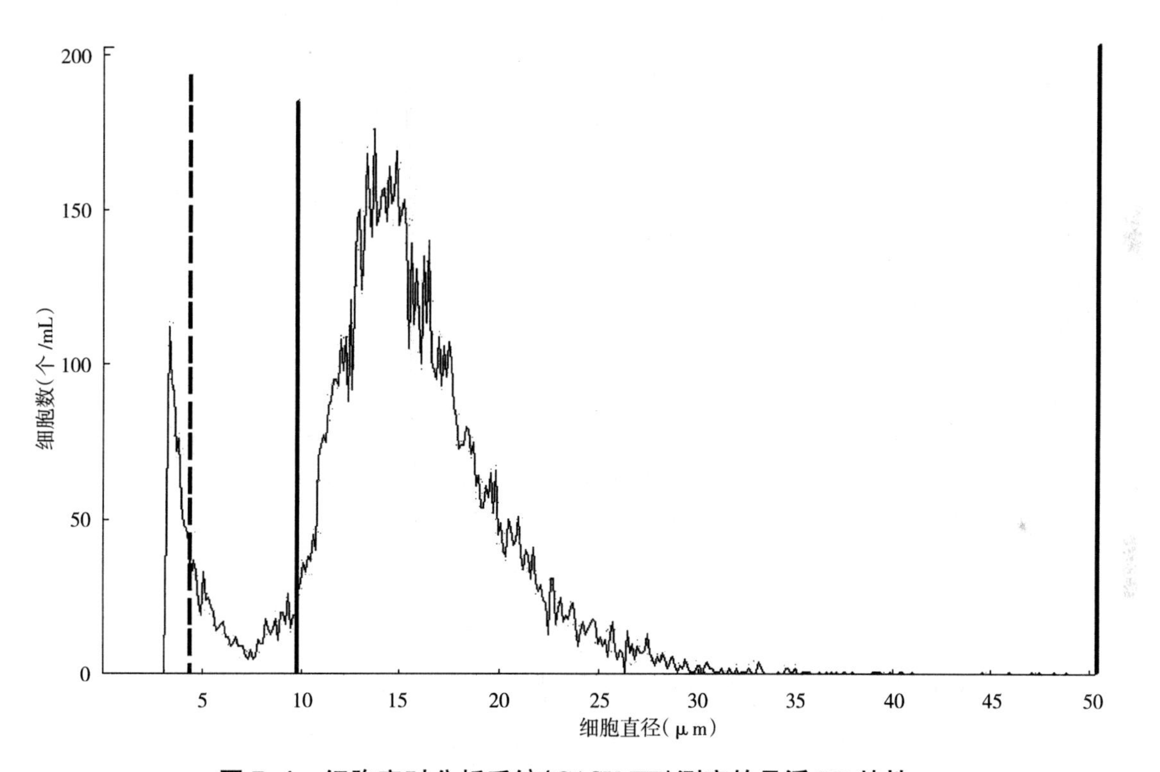

图 B.1　细胞实时分析系统(CASY TT)测定的悬浮 BB 特性

B.2　悬浮 BB 检测参数

细胞计数：9 646 个；
平均体积 ：2 652 fL；
体积峰值：152.6 fL；
平均直径：16.10 μm；
直径峰值：14.27 μm。

附 录 C
（规范性附录）
试 剂 配 制

C.1 细胞培养液

按DMEM培养基说明书要求，在容器中加入适量的一级水，并将容器放到磁力搅拌器上，边搅拌边加入DMEM培养基干粉。当充分搅匀和溶解后，加入10%经56℃ 30 min灭活的胎牛血清；用$NaHCO_3$粉末调节培养液的pH至7.2～7.4。尽快过滤除菌，分装后−20℃保存。

C.2 细胞消化液

$Na_2HPO_4 \cdot 12H_2O$	2.3 g
KH_2PO_4	0.1 g
NaCl	8.0 g
KCl	0.2 g
EDTA	0.2 g
胰酶	0.6 g
水	1 000 mL

在1 L水中顺序加入以上试剂，并加入$NaHCO_3$ 0.4 g～0.6 g。因pH<7.4时EDTA难溶，必须将pH调至7.4～8.0。充分搅拌至完全溶解后，过滤除菌并分装，−20℃保存。

ICS 65.150
B 50

中华人民共和国水产行业标准

SC/T 7016.8—2012

鱼类细胞系 第8部分:斑点叉尾鮰卵巢细胞系(CCO)

Fish cell lines—
Part 8:Channel catfish ovary cell line(CCO)

2012-12-07 发布　　2013-03-01 实施

中华人民共和国农业部 发布

前　言

SC/T 7016《鱼类细胞系》分为下列部分：

——第1部分：胖头鲹肌肉细胞系(FHM)；

——第2部分：草鱼肾细胞系(CIK)；

——第3部分：草鱼卵巢细胞系(CO)；

——第4部分：虹鳟性腺细胞系(RTG-2)；

——第5部分：鲤上皮瘤细胞系(EPC)；

——第6部分：大鳞大麻哈鱼胚胎细胞系(CHSE)；

——第7部分：棕鮰细胞系(BB)；

——第8部分：斑点叉尾鮰卵巢细胞系(CCO)；

——第9部分：蓝鳃太阳鱼细胞系(BF-2)；

——第10部分：狗鱼性腺细胞系(PG)；

——第11部分：虹鳟肝细胞系(R1)；

——第12部分：鲤白血球细胞系(CLC)；

…………

本部分为SC/T 7016的第8部分。

本部分按照GB/T 1.1给出的规则起草。

请注意本文件的某些内容可能涉及专利。本文件的发布机构不承担识别这些专利的责任。

本部分由农业部渔业局提出。

本部分由全国水产标准化技术委员会(SAC/TC 156)归口。

本部分起草单位：全国水产技术推广总站、深圳出入境检验检疫局。

本部分主要起草人：高隆英、陈爱平、张利峰、王姝、沈锦玉、李乐。

鱼类细胞系
第8部分:斑点叉尾鮰卵巢细胞系(CCO)

1 范围

本部分描述了斑点叉尾鮰卵巢细胞系(channel catfish ovary cell line,CCO)的形态、传代培养条件、生长特性、针对部分水生动物病毒的敏感谱及传代细胞的质量控制。

本部分适用于斑点叉尾鮰卵巢细胞系的培养、使用和保藏。

2 规范性引用文件

下列文件对于本文件的应用是必不可少的。凡是注日期的引用文件,仅注日期的版本适用于本文件。凡是不注日期的引用文件,其最新版本(包括所有的修改单)适用于本文件。

GB/T 6682 分析实验室用水规格和试验方法

3 术语和定义

3.1

斑点叉尾鮰卵巢细胞系 channel catfish ovary cell line,CCO

Bowser P. R. 和 Plumb J. A. 1980 年从斑点叉尾鮰(*Parasilurus asotus*)的卵巢组织细胞经原代培养、衍生的连续细胞系。

4 细胞的形态、大小与特性

4.1 形态

为上皮样细胞(参见图 A.1)。

4.2 大小

经细胞实时分析系统测定细胞悬浮后的平均直径约 16.22 μm,其中最大量细胞的峰值直径约 13.24 μm(参见 B.2)。

4.3 特性

4.3.1 生长特性

贴壁生长。

4.3.2 对部分水生动物病原的敏感性

CCO 主要对斑点叉尾鮰病毒(Channel catfish virus,CCV)敏感,接种后的 CPE 形态参见图 A.2。

5 主要材料与仪器设备

5.1 水

应符合 GB/T 6682 中一级水的规定。

5.2 细胞培养液

主要成分见 C.1。

5.3 细胞消化液

主要成分及其含量见 C.2。

5.4 血清

胎牛血清。

5.5 仪器设备

主要包括：

——生化培养箱、超净工作台、真空泵和废液瓶等培养细胞所用的设备；

——倒置显微镜；

——血球计数板或电子细胞计数仪；

——细胞培养瓶、移液器或洗耳球以及移液管等培养细胞所用的耗材。

6 细胞培养条件

6.1 培养温度

细胞置于生化培养箱内，在15℃～27℃下培养，最适生长温度为25℃。

6.2 培养液 pH

7.2～7.6。

7 细胞传代与保藏

7.1 传代程序

7.1.1 吸弃旧培养液

置于超净工作台内，无菌环境下吸弃长满单层CCO细胞培养瓶中的旧培养液。

7.1.2 消化细胞

用细胞消化液消化分散细胞。沿细胞培养瓶一侧加入细胞消化液，一般在50 mL细胞培养瓶中加入5 mL左右或按细胞培养瓶培养面每平方厘米加入0.1 mL～0.2 mL，加入量必须完全浸没细胞层。贴壁长满的CCO消化时间一般为1.5 min～3 min，细胞开始呈雾状之后吸弃细胞消化液，轻轻拍打培养瓶以分散细胞。

7.1.3 更换细胞培养液与分瓶

将消化液吸弃后，在50 mL细胞培养瓶中，加入10 mL～15 mL细胞培养液(C.1)，按每瓶5 mL分成2瓶～3瓶，使细胞终浓度达到1×10^5个/mL。分瓶后在25℃培养，8 h内细胞贴壁并生长；18 h后能基本长满单层细胞。不同规格的细胞培养瓶，按培养面每平方厘米加入0.1 mL～0.2 mL的细胞培养液。

7.1.4 细胞的传代周期

细胞长满单层5 d后再次传代较好。

7.2 细胞的保藏

7.2.1 保藏条件

7.2.1.1 温度与天数

传代后的CCO经25℃ 24 h的培养后，移入生化培养箱15℃或20℃保藏。在15℃下可保存20 d以上，20℃下可保存15 d～20 d。

7.2.1.2 保藏液 pH

7.2～7.6。

7.2.2 液氮冻存

保种也可在液氮中冻存。细胞冻存液中需要加入10%二甲基亚砜(DMSO)作为保护剂，其胎牛血清浓度应为20%，保种细胞应经程序降温后放入液氮中。

8 传代细胞的质量检查

传代细胞的质量检查包括：

——培养的 CCO，依 4.3.2 在一年内至少要进行一次病毒敏感谱的检测，其接种后的 CPE 形态参见图 A.2；

——在移入生化培养箱的第二天用倒置显微镜观察细胞形态、生长情况，并连续观察 7 d～10 d；

——可按培养液中酚红的颜色判定培养液的 pH 是否保持在 7.2～7.6；

——细胞培养液混浊或出现丝状物时，视为细菌或真菌污染。

附　录　A
（资料性附录）
CCO及其接种病毒产生的CPE形态图

A.1　长满单层正常的CCO见图A.1。

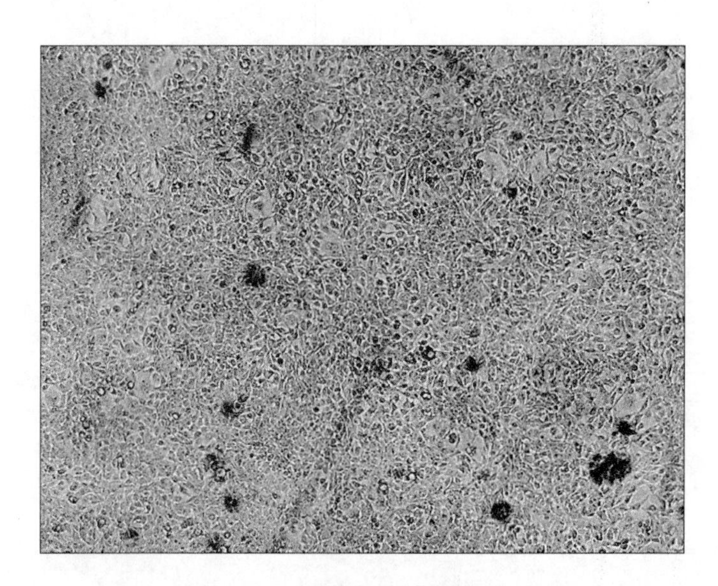

图A.1　长满单层正常的CCO

A.2　CCO在接种CCV后出现的CPE见图A.2。

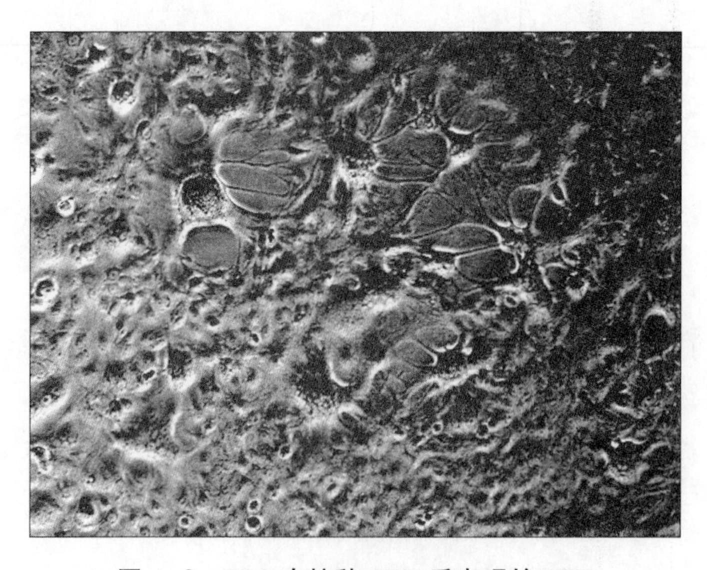

图A.2　CCO在接种CCV后出现的CPE

附　录　B
(资料性附录)
细胞实时分析系统(CASY TT)测定的悬浮 CCO 特性

B.1　细胞实时分析系统(CASY TT)测定的悬浮 CCO 特性

见图 B.1。

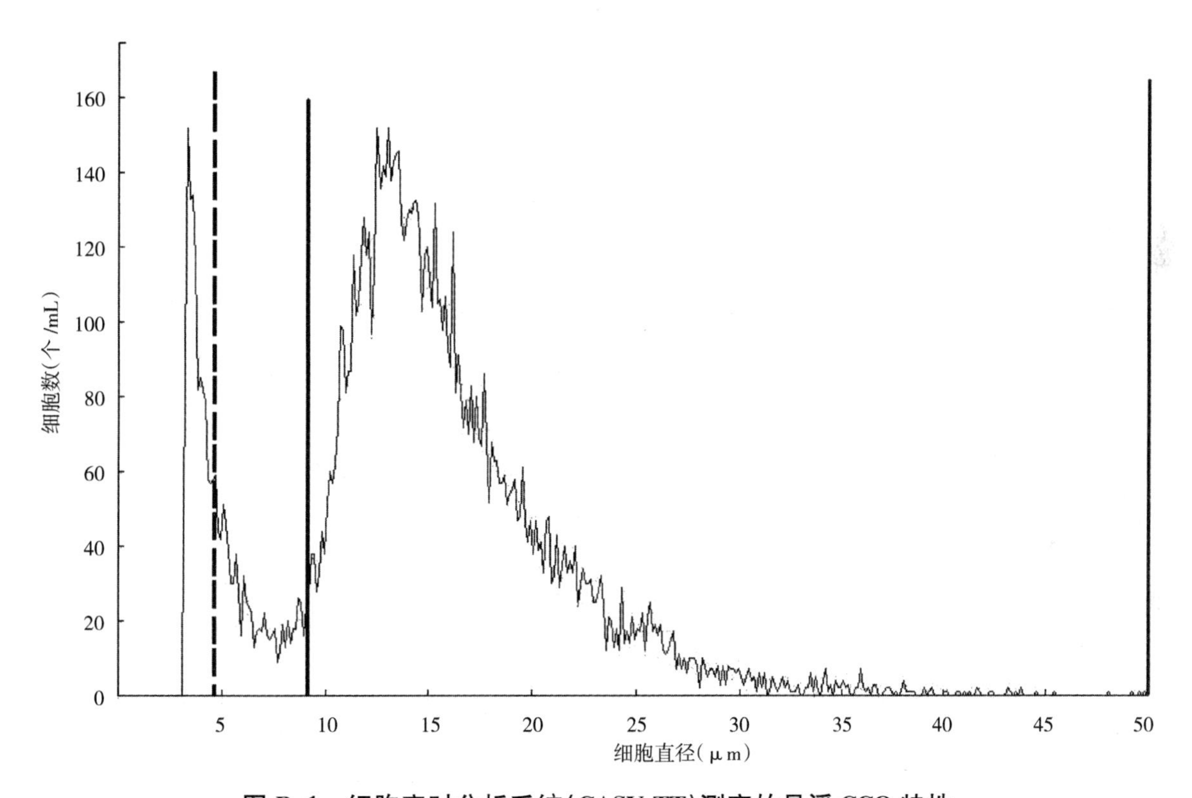

图 B.1　细胞实时分析系统(CASY TT)测定的悬浮 CCO 特性

B.2　悬浮 CCO 检测参数

细胞计数:9 605 个;
平均体积:2 652 fL;
体积峰值:298.6 fL;
平均直径:16.22 μm;
直径峰值:13.24 μm。

附 录 C
（规范性附录）
试 剂 配 制

C.1 细胞培养液

按 DMEM 培养基说明书要求，在容器中加入适量的一级水，并将容器放到磁力搅拌器上，边搅拌边加入 DMEM 培养基干粉。当充分搅匀和溶解后，加入 10%经 56℃ 30 min 灭活的胎牛血清；用 $NaHCO_3$粉末调节培养液的 pH 至 7.2～7.4。尽快过滤除菌，分装后－20℃保存。

C.2 细胞消化液

$Na_2HPO_4 \cdot 12H_2O$	2.3 g
KH_2PO_4	0.1 g
NaCl	8.0 g
KCl	0.2 g
EDTA	0.2 g
胰酶	0.6 g
水	1 000 mL

在 1 L 水中顺序加入以上试剂，并加入 $NaHCO_3$ 0.4 g～0.6 g。因 pH<7.4 时 EDTA 难溶，必须将 pH 调至 7.4～8.0。充分搅拌至完全溶解后，过滤除菌并分装，－20℃保存。

ICS 65.150
B 50

中华人民共和国水产行业标准

SC/T 7016.9—2012

鱼类细胞系 第9部分:蓝鳃太阳鱼细胞系(BF-2)

Fish cell lines—
Part 9:Bluegill fry cell line (BF-2)

2012-12-07 发布　　　　2013-03-01 实施

中华人民共和国农业部 发布

前　言

SC/T 7016《鱼类细胞系》分为下列部分：

——第 1 部分：胖头鲹肌肉细胞系(FHM)；

——第 2 部分：草鱼肾细胞系(CIK)；

——第 3 部分：草鱼卵巢细胞系(CO)；

——第 4 部分：虹鳟性腺细胞系(RTG-2)；

——第 5 部分：鲤上皮瘤细胞系(EPC)；

——第 6 部分：大鳞大麻哈鱼胚胎细胞系(CHSE)；

——第 7 部分：棕鮰细胞系(BB)；

——第 8 部分：斑点叉尾鮰卵巢细胞系(CCO)；

——第 9 部分：蓝鳃太阳鱼细胞系(BF-2)；

——第 10 部分：狗鱼性腺细胞系(PG)；

——第 11 部分：虹鳟肝细胞系(R1)；

——第 12 部分：鲤白血球细胞系(CLC)；

…………

本部分为 SC/T 7016 的第 9 部分。

本部分按照 GB/T 1.1 给出的规则起草。

请注意本文件的某些内容可能涉及专利。本文件的发布机构不承担识别这些专利的责任。

本部分由农业部渔业局提出。

本部分由全国水产标准化技术委员会(SAC/TC 156)归口。

本部分起草单位：全国水产技术推广总站、深圳出入境检验检疫局。

本部分主要起草人：陈爱平、高隆英、张利峰、王静波、钱冬、陈艳。

鱼类细胞系
第9部分:蓝鳃太阳鱼细胞系(BF-2)

1 范围

本部分描述了蓝鳃太阳鱼细胞系(bluegill fry cell line,BF-2)的形态、传代培养条件、生长特性、针对部分水生动物病毒的敏感谱及传代细胞的质量控制。

本部分适用于蓝鳃太阳鱼细胞的培养、使用和保藏。

2 规范性引用文件

下列文件对于本文件的应用是必不可少的。凡是注日期的引用文件,仅注日期的版本适用于本文件。凡是不注日期的引用文件,其最新版本(包括所有的修改单)适用于本文件。

GB/T 6682 分析实验室用水规格和试验方法

3 术语和定义

3.1

蓝鳃太阳鱼细胞系 bluegill fry cell line,BF-2

Wolf K. 和 Quimby M. C. 1966年从蓝鳃太阳鱼(*Lepomis macrochirus*)鱼苗尾柄部分的组织经原代培养、衍生的连续细胞系。

4 细胞的形态、大小与特性

4.1 形态

为上皮样细胞(参见图A.1)。

4.2 大小

经细胞实时分析系统测定细胞悬浮后的平均直径约12.08 μm,其中最大量细胞的峰值直径约10.07 μm(参见B.2)。

4.3 特性

4.3.1 生长特性

贴壁生长。

4.3.2 对部分水生动物病原的敏感性

BF-2对传染性造血器官坏死病毒(Infectious haematopoietic necrosis virus,IHNV)、流行性造血器官坏死病毒(Epizootic haematopoietic necrosis virus,EHNV)、病毒性出血性败血症病毒(Viral haemorrhagic septicaemia virus,VHSV)、传染性胰脏坏死病毒(Infectious pacreatic necrosis virus,IPNV)等病毒敏感,接种后的CPE形态参见附录A。

5 主要材料与仪器设备

5.1 水

应符合GB/T 6682中一级水的规定。

5.2 细胞培养液

主要成分见C.1。

5.3 细胞消化液

主要成分及其含量见 C.2。

5.4 血清

胎牛血清。

5.5 仪器设备

主要包括：

——生化培养箱、超净工作台、真空泵和废液瓶等培养细胞所用的设备；

——倒置显微镜；

——血球计数板或电子细胞计数仪；

——细胞培养瓶、移液器或洗耳球以及移液管等培养细胞所用的耗材。

6 细胞培养条件

6.1 培养温度

细胞置于生化培养箱内，在 15℃～27℃下培养，最适生长温度为 25℃。

6.2 培养液 pH

7.2～7.6。

7 细胞传代与保藏

7.1 传代程序

7.1.1 吸弃旧培养液

置于超净工作台内，无菌环境下吸弃长满单层 BF-2 细胞培养瓶中的旧培养液。

7.1.2 消化细胞

用细胞消化液消化分散细胞。沿细胞培养瓶一侧加入细胞消化液，一般在 50 mL 细胞培养瓶中加入 5 mL 左右或按细胞培养瓶培养面每平方厘米加入 0.1 mL～0.2 mL，加入量必须完全浸没细胞层。贴壁长满的 BF-2 消化时间一般为 1.5 min～3 min，细胞开始呈雾状之后吸弃细胞消化液，轻轻拍打培养瓶以分散细胞。

7.1.3 更换细胞培养液与分瓶

将消化液吸弃后，在 50 mL 细胞培养瓶中，加入 10 mL～15 mL 细胞培养液(C.1)，按每瓶 5 mL 分成 2 瓶～3 瓶，使细胞终浓度达到 1×10^5 个/mL。分瓶后在 25℃培养，8 h 内细胞贴壁并生长；18 h 后能基本长满单层细胞。不同规格的细胞培养瓶，按培养面每平方厘米加入 0.1 mL～0.2 mL 的细胞培养液。

7.1.4 细胞的传代周期

细胞长满单层 5 d 后再次传代较好。

7.2 细胞的保藏

7.2.1 保藏条件

7.2.1.1 温度与天数

传代后的 BF-2 经 25℃ 24 h 的培养后，移入生化培养箱 15℃或 20℃保藏。在 15℃下可保存 30 d 以上，20℃下可保存 20 d～30 d。

7.2.1.2 保藏液 pH

7.2～7.6。

7.2.2 液氮冻存

保种也可在液氮中冻存。细胞冻存液中需要加入10%二甲基亚砜(DMSO)作为保护剂,其胎牛血清浓度应为20%,保种细胞应经程序降温后放入液氮中。

8 传代细胞的质量检查

传代细胞的质量检查包括:

——培养的BF-2,依4.3.2在一年内至少要进行一次病毒敏感谱的检测,其接种后的CPE形态参见附录A;

——在移入生化培养箱的第二天用倒置显微镜观察细胞形态、生长情况;持续观察7 d~10 d;

——可按培养液中酚红的颜色判定培养液的pH是否保持在7.2~7.6;

——细胞培养液混浊或出现丝状物时,视为细菌或真菌污染。

附 录 A
(资料性附录)
BF-2及其接种病毒产生的CPE形态图

A.1 长满单层正常的BF-2见图A.1。

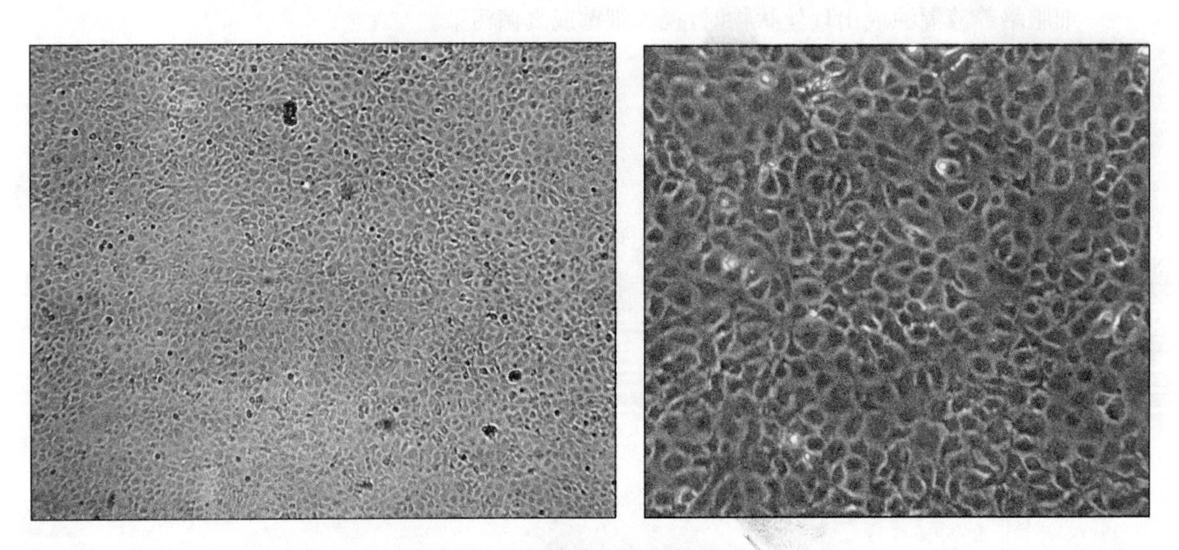

图A.1 长满单层正常的BF-2

A.2 BF-2在接种VHSV后出现的CPE见图A.2。

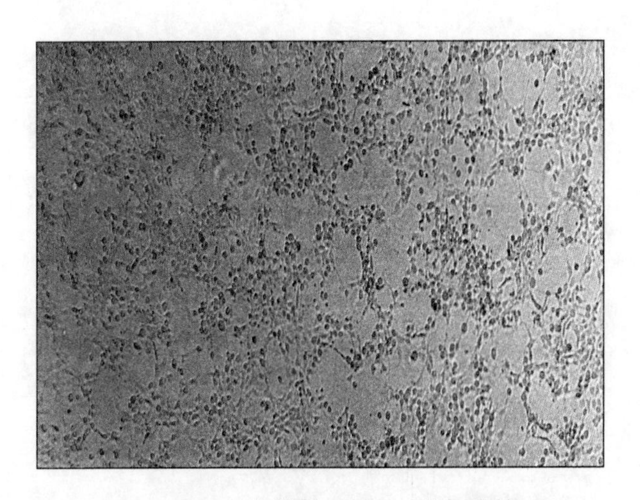

图A.2 BF-2在接种VHSV后出现的CPE

A.3 BF-2在接种IHNV后出现的CPE见图A.3。

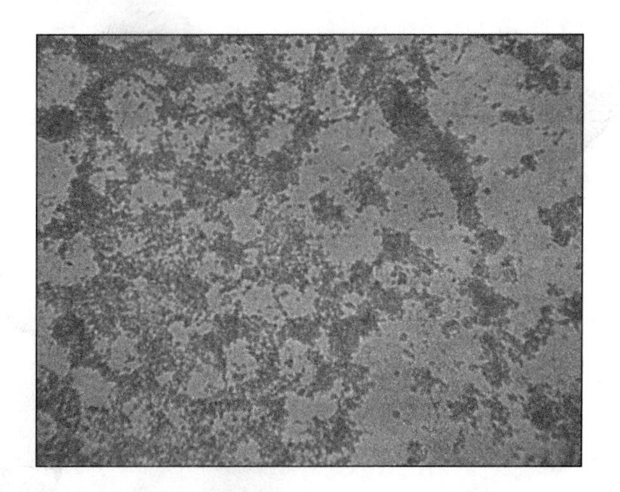

图 A.3　BF-2 在接种 IHNV 后出现的 CPE

附　录　B
(资料性附录)
细胞实时分析系统测定的悬浮 BF-2 特性

B.1　细胞实时分析系统(CASY TT)测定的悬浮 BF-2 特性

见图 B.1。

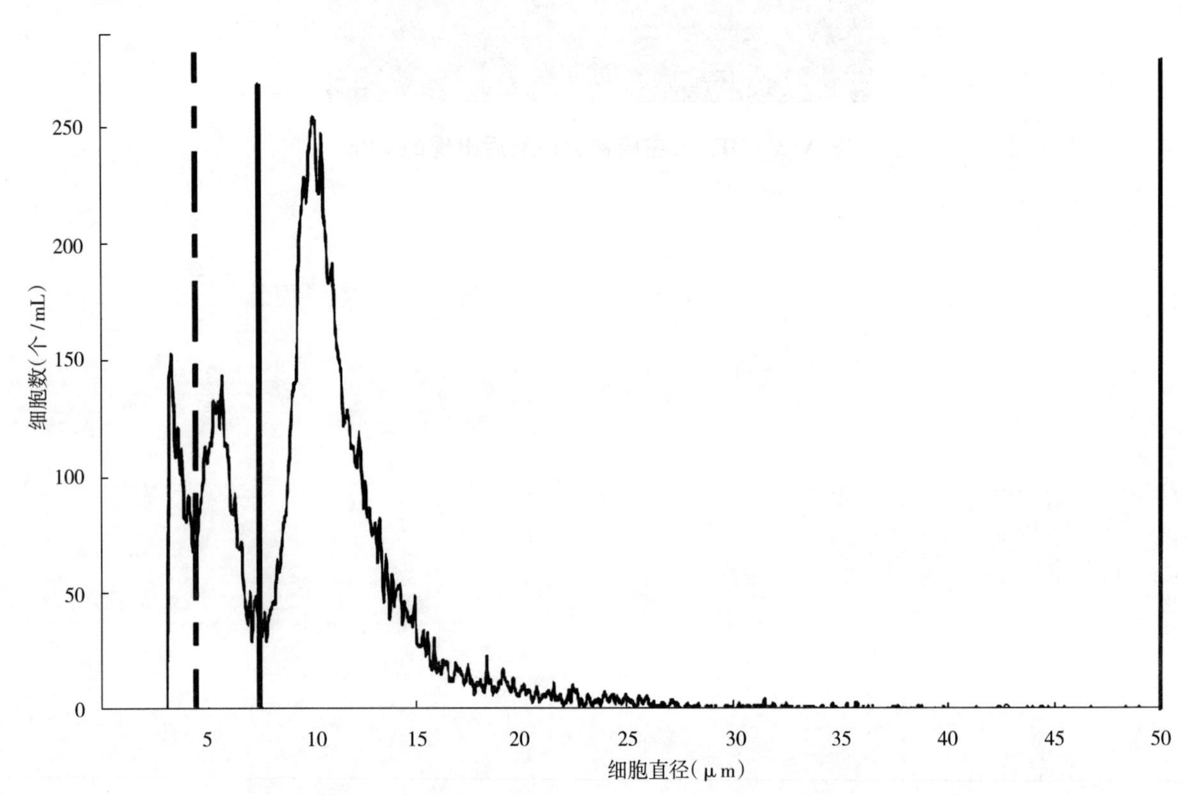

图 B.1　细胞实时分析系统(CASY TT)测定的悬浮 BF-2 特性

B.2　悬浮 BF-2 检测参数

细胞计数:9 853 个;
平均体积:1 317 fL;
体积峰值:534.20 fL;
平均直径:12.08 μm;
直径峰值:10.07 μm。

附 录 C
（规范性附录）
试 剂 配 制

C.1 细胞培养液

按MEM培养基说明书要求，在容器中加入适量的一级水，并将容器放到磁力搅拌器上，边搅拌边加入MEM培养基干粉。当充分搅匀和溶解后，加入10%经56℃ 30 min灭活的胎牛血清；用$NaHCO_3$粉末调节培养液的pH至7.2～7.4。尽快过滤除菌，分装后－20℃保存。

C.2 细胞消化液

$Na_2HPO_4 \cdot 12H_2O$	2.3 g
KH_2PO_4	0.1 g
NaCl	8.0 g
KCl	0.2 g
EDTA	0.2 g
胰酶	0.6 g
水	1 000 mL

在1 L水中顺序加入以上试剂，并加入$NaHCO_3$ 0.4 g～0.6 g。因pH<7.4时EDTA难溶，必须将pH调至7.4～8.0。充分搅拌至完全溶解后，过滤除菌并分装，－20℃保存。

ICS 65.150
B 50

中华人民共和国水产行业标准

SC/T 7016.10—2012

鱼类细胞系
第10部分:狗鱼性腺细胞系(PG)

Fish cell lines—
Part 10:Pike gonad cell line(PG)

2012-12-07 发布　　　　2013-03-01 实施

中华人民共和国农业部 发布

前　　言

SC/T 7016《鱼类细胞系》分为下列部分：

——第1部分：胖头鲹肌肉细胞系(FHM)；

——第2部分：草鱼肾细胞系(CIK)；

——第3部分：草鱼卵巢细胞系(CO)；

——第4部分：虹鳟性腺细胞系(RTG-2)；

——第5部分：鲤上皮瘤细胞系(EPC)；

——第6部分：大鳞大麻哈鱼胚胎细胞系(CHSE)；

——第7部分：棕鮰细胞系(BB)；

——第8部分：斑点叉尾鮰卵巢细胞系(CCO)；

——第9部分：蓝鳃太阳鱼细胞系(BF-2)；

——第10部分：狗鱼性腺细胞系(PG)；

——第11部分：虹鳟肝细胞系(R1)；

——第12部分：鲤白血球细胞系(CLC)；

…………

本部分为SC/T 7016的第10部分。

本部分按照GB/T 1.1给出的规则起草。

请注意本文件的某些内容可能涉及专利。本文件的发布机构不承担识别这些专利的责任。

本部分由农业部渔业局提出。

本部分由全国水产标准化技术委员会(SAC/TC 156)归口。

本部分起草单位：全国水产技术推广总站、深圳出入境检验检疫局。

本部分主要起草人：陈爱平、高隆英、张利峰、曹欢、钱冬、段翠兰。

鱼类细胞系
第10部分:狗鱼性腺细胞系(PG)

1 范围

本部分描述了狗鱼性腺细胞(pike gonad cell line,PG)的形态、传代培养条件、生长特性、针对部分水生动物病毒的敏感谱及传代细胞的质量控制。

本部分适用于狗鱼性腺细胞系的培养、使用和保藏。

2 规范性引用文件

下列文件对于本文件的应用是必不可少的。凡是注日期的引用文件,仅注日期的版本适用于本文件。凡是不注日期的引用文件,其最新版本(包括所有修改单)适用于本文件。

GB/T 6682 分析实验室用水规格和试验方法

3 术语和定义

3.1

狗鱼性腺细胞 pike gonad cell line,PG

Ahne W. 1979年从狗鱼(*Esox lucius*)性腺组织经原代培养、衍生的连续细胞系。

4 细胞的形态、大小与特性

4.1 形态

为上皮样细胞(参见图A.1)。

4.2 大小

经细胞实时分析系统测定细胞悬浮后的平均直径约13.54 μm,其中最大量细胞的峰值直径约10.60 μm(参见B.2)。

4.3 特性

4.3.1 生长特性

贴壁生长。

4.3.2 对部分水生动物病原的敏感性

PG对传染性胰脏坏死病毒(Infectious pacreatic necrosis virus, IPNV) 敏感,接种后的CPE形态参见图A.2。

5 主要材料与仪器设备

5.1 水

应符合GB/T 6682中一级水的规定。

5.2 细胞培养液

主要成分见C.1。

5.3 细胞消化液

主要成分及其含量见C.2。

5.4 血清

胎牛血清。

5.5 仪器设备

主要包括：

——生化培养箱、超净工作台、真空泵和废液瓶等培养细胞所用的设备；

——倒置显微镜；

——血球计数板或电子细胞计数仪；

——细胞培养瓶、移液器或吸耳球以及移液管等培养细胞所用的耗材。

6 细胞培养条件

6.1 培养温度

细胞置于生化培养箱内，在 15 ℃～22 ℃下培养，最适生长温度为 20 ℃。

6.2 培养液 pH

7.2～7.6。

7 细胞传代与保藏

7.1 传代程序

7.1.1 吸弃旧培养液

置于超净工作台内，无菌环境下吸弃长满单层 PG 的细胞培养瓶中的旧培养液。

7.1.2 消化细胞

用细胞消化液消化分散细胞。沿细胞培养瓶一侧加入细胞消化液，一般在 50 mL 细胞培养瓶中加入 5 mL 左右或按细胞培养瓶培养面每平方厘米加入 0.1 mL～0.2 mL，加入量必须完全浸没细胞层。贴壁长满的 PG 消化时间一般为 1.5 min～5 min，细胞开始呈雾状之后吸弃细胞消化液，轻轻拍打培养瓶以分散细胞。

7.1.3 更换细胞培养液与分瓶

将消化液吸弃后，在 50 mL 细胞培养瓶中，加入 10 mL～15 mL 细胞培养液(C.1)，按每瓶 5 mL 分成 2 瓶～3 瓶，使细胞浓度达到 1×10^5 个/mL。分瓶后在 20℃培养，8 h 内细胞贴壁并生长；24 h 后能基本长满单层细胞。不同规格的细胞培养瓶，按培养面每平方厘米加入 0.1 mL～0.2 mL 的细胞培养液。

7.1.4 细胞的传代周期

细胞长满单层 7 d 后再次传代较好。

7.2 细胞的保藏

7.2.1 保藏条件

7.2.1.1 温度与天数

传代后的 PG 经 20℃ 24 h 的培养后，移入生化培养箱 15℃或 20℃保藏。在 15℃下可保存 30 d 以上，20℃下可保存 20 d～30 d。

7.2.1.2 保藏液 pH

7.2～7.6。

7.2.2 液氮冻存

保种也可在液氮中冻存。细胞冻存液中需要加入 10%二甲基亚砜(DMSO)作为保护剂，其胎牛血清浓度应为 20%，保种细胞应经程序降温后放入液氮中。

8 传代细胞的质量检查

传代细胞的质量检查包括：

——培养的 PG，依 4.3.2 在一年内至少要进行一次病毒敏感谱的检测，其接种后的 CPE 形态参见图 A.1；
——在移入生化培养箱的第二天用倒置显微镜观察细胞形态、生长情况，并连续观察 7 d～10 d；
——可按培养液中酚红的颜色判定培养液的 pH 是否保持在 7.2～7.6；
——细胞培养液混浊或出现丝状物时，视为细菌或真菌污染。

附 录 A
（资料性附录）
PG 及其接种 IPNV 后产生的 CPE 形态图

A.1 长满单层正常的 PG 见图 A.1。

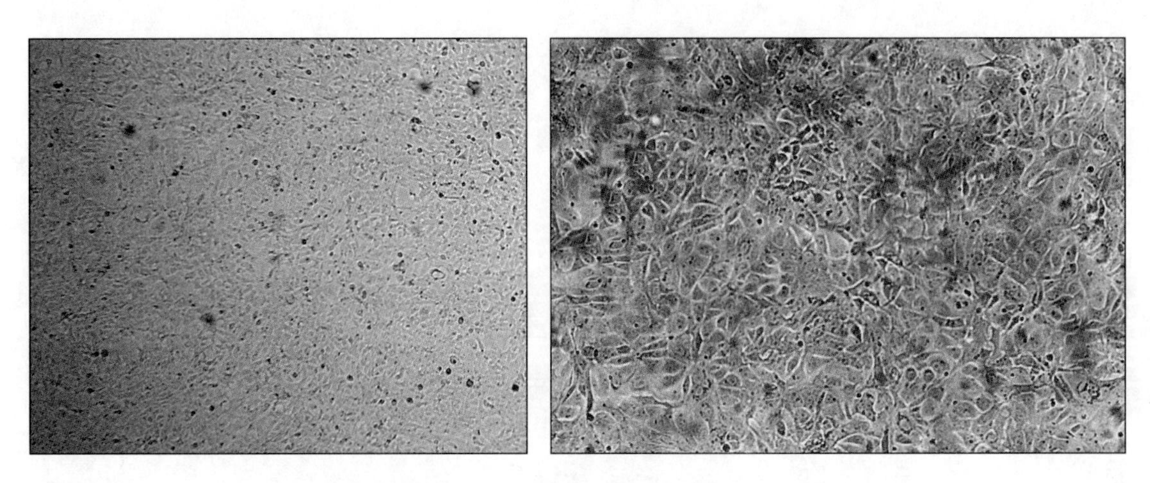

图 A.1 长满单层正常的 PG

A.2 PG 在接种 IPNV 后的 CPE 见图 A.2。

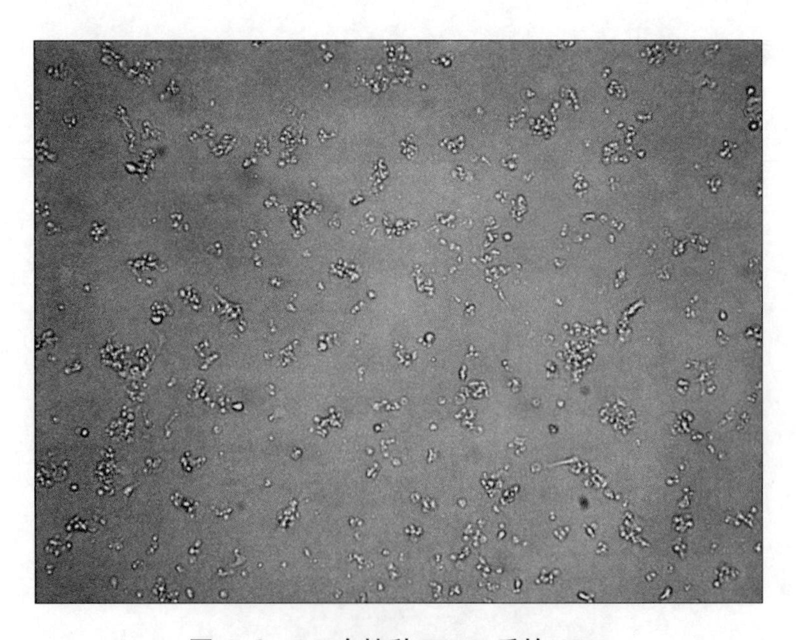

图 A.2 PG 在接种 IPNV 后的 CPE

附　录　B
(资料性附录)
细胞实时分析系统测定的悬浮 PG 特性

B.1　细胞实时分析系统(CASY TT)测定的悬浮 PG 特性

见图 B.1。

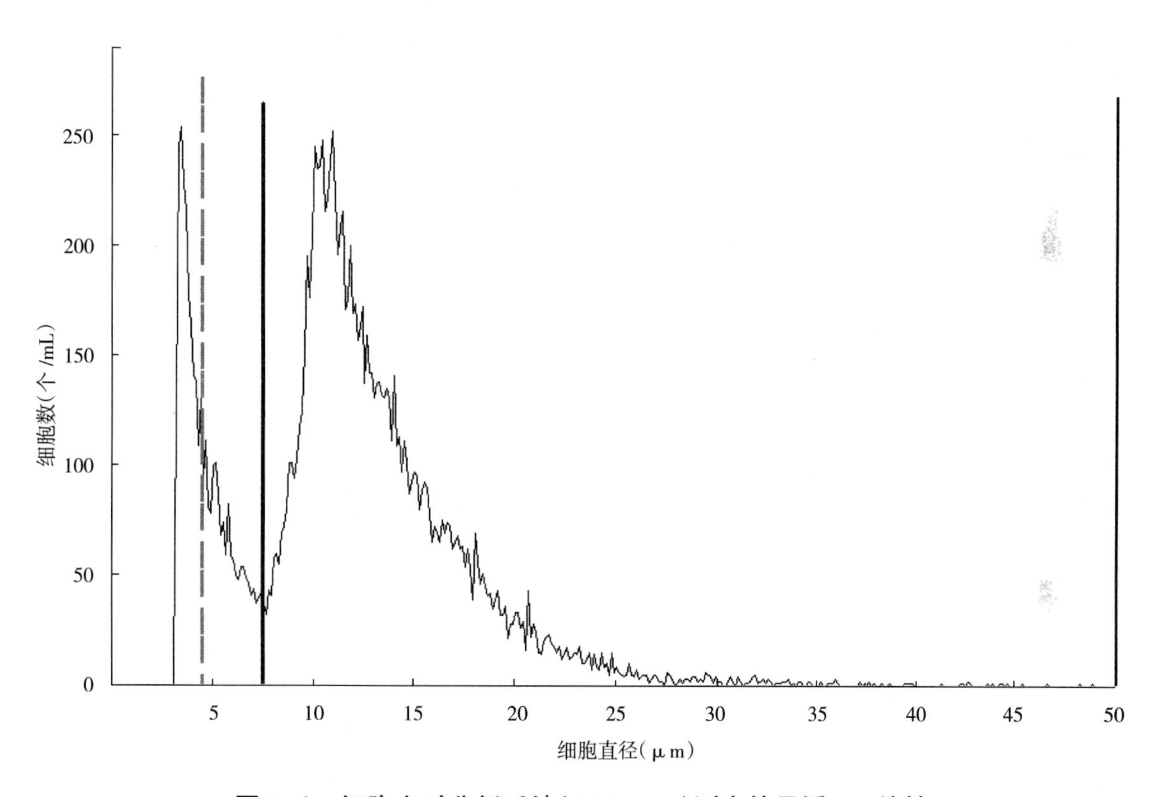

图 B.1　细胞实时分析系统(CASY TT)测定的悬浮 PG 特性

B.2　悬浮 PG 检测参数

细胞计数:1 1781 个;
平均体积:1 784 fL;
体积峰值:624.00 fL;
平均直径:13.54 μm;
直径峰值:10.60 μm。

附 录 C
(规范性附录)
试 剂 配 制

C.1 细胞培养液

按 Medium199 培养基(含 Earle′s 平衡盐溶液)说明书要求，在容器中加入适量的水，并将容器放到磁力搅拌器上，边搅拌边加入 199 培养基(含 Earle′s 平衡盐溶液)干粉。当充分搅匀和溶解后，加入 10%经 56 ℃ 30 min 灭活的胎牛血清；用粉状 $NaHCO_3$ 调节培养液的 pH 至 7.2～7.4。尽快过滤除菌，分装后－20 ℃保存。

C.2 细胞消化液

$Na_2HPO_4 \cdot 12H_2O$	2.3 g
KH_2PO_4	0.1 g
NaCl	8.0 g
KCl	0.2 g
EDTA	0.2 g
胰酶	0.6 g
水	1 000 mL

在 1 L 水中依次加入以上试剂，并加入 $NaHCO_3$ 0.4 g～0.6 g，必须调节 pH 至 7.4～8.0。充分搅拌至完全溶解后，过滤除菌、分装后－20 ℃保存。

ICS 65.150
B 50

中华人民共和国水产行业标准

SC/T 7016.11—2012

鱼类细胞系
第11部分：虹鳟肝细胞系(R1)

Fish cell lines—
Part 11:Rainbow trout liver cell line (R1)

2012-12-07 发布　　　　2013-03-01 实施

中华人民共和国农业部 发布

前　言

SC/T 7016《鱼类细胞系》分为下列部分：

——第1部分：胖头鲹肌肉细胞系(FHM)；

——第2部分：草鱼肾细胞系(CIK)；

——第3部分：草鱼卵巢细胞系(CO)；

——第4部分：虹鳟性腺细胞系(RTG-2)；

——第5部分：鲤上皮瘤细胞系(EPC)；

——第6部分：大鳞大麻哈鱼胚胎细胞系(CHSE)；

——第7部分：棕鮰细胞系(BB)；

——第8部分：斑点叉尾鮰卵巢细胞系(CCO)；

——第9部分：蓝鳃太阳鱼细胞系(BF-2)；

——第10部分：狗鱼性腺细胞系(PG)；

——第11部分：虹鳟肝细胞系(R1)；

——第12部分：鲤白血球细胞系(CLC)；

…………

本部分为SC/T 7016的第11部分。

本部分按照GB/T 1.1给出的规则起草。

请注意本文件的某些内容可能涉及专利。本文件的发布机构不承担识别这些专利的责任。

本部分由农业部渔业局提出。

本部分由全国水产标准化技术委员会(SAC/TC 156)归口。

本部分起草单位：全国水产技术推广总站、深圳出入境检验检疫局。

本部分主要起草人：陈爱平、高隆英、张利峰、王小亮、钱冬、李文旭。

鱼类细胞系
第11部分:虹鳟肝细胞系(R1)

1 范围

本部分描述了虹鳟肝细胞系(rainbow trout liver cell line,R1)的形态、传代培养条件、生长特性、针对部分水生动物病毒的敏感谱及传代细胞的质量控制。

本部分适用于虹鳟肝细胞的培养、应用和保藏。

2 规范性引用文件

下列文件对于本文件的应用是必不可少的。凡是注日期的引用文件,仅注日期的版本适用于本文件。凡是不注日期的引用文件,其最新版本(包括所有的修改单)适用于本文件。

GB/T 6682 分析实验室用水规格和试验方法

3 术语和定义

3.1

虹鳟肝细胞系 rainbow trout liver cell line (简称 R1)

Ahne W. 1985年从虹鳟(*Oncorhynchus mykiss*)肝组织经原代培养、衍生的连续细胞系。

4 细胞的形态、大小与特性

4.1 形态

为上皮样细胞(参见图A.1)。

4.2 大小

经细胞实时分析系统测定细胞悬浮后的平均直径约12.52 μm,其中最大量细胞的峰值直径约10.25 μm(参见B.2)。

4.3 特性

4.3.1 生长特性

贴壁生长。

4.3.2 对部分水生动物病原的敏感性

R1对传染性胰脏坏死病毒(Infectious pacreatic necrosis virus, IPNV)敏感,接种后的CPE形态参见图A.2、图A.3。

5 主要材料与仪器设备

5.1 水

应符合GB/T 6682中一级水的规定。

5.2 细胞培养液

主要成分见C.1。

5.3 细胞消化液

主要成分及其含量见C.2。

5.4 血清

胎牛血清。

5.5 仪器设备

主要包括：

——生化培养箱、超净工作台、真空泵和废液瓶等培养细胞所用的设备；

——倒置显微镜；

——血球计数板或电子细胞计数仪；

——细胞培养瓶、移液器或洗耳球以及移液管等培养细胞所用的耗材。

6 细胞培养条件

6.1 培养温度

细胞置于生化培养箱内，在15℃～22℃下培养，最适生长温度为20℃。

6.2 培养液 pH

7.2～7.6。

7 细胞传代与保藏

7.1 传代程序

7.1.1 吸弃旧培养液

置于超净工作台内，无菌环境下吸弃长满单层R1的细胞培养瓶中的旧培养液。

7.1.2 消化细胞

用细胞消化液消化分散细胞。沿细胞培养瓶一侧加入细胞消化液，一般在50 mL细胞培养瓶中加入5 mL左右或按细胞培养瓶培养面每平方厘米加入0.1 mL～0.2 mL，加入量必须完全浸没细胞层。贴壁长满的R1消化时间一般为1.5 min～5 min，细胞开始呈雾状之后吸弃细胞消化液，轻轻拍打培养瓶以分散细胞。

7.1.3 更换细胞培养液与分瓶

将消化液吸弃后，在50 mL细胞培养瓶中，加入10 mL～15 mL细胞培养液(C.1)，按每瓶5 mL分成2瓶～3瓶，使细胞浓度达到5×10^5个/mL。分瓶后在20℃下培养，8 h内细胞贴壁并生长；24 h后能基本长满单层细胞。不同规格的细胞培养瓶，按培养面每平方厘米加入0.1 mL～0.2 mL的细胞培养液。

7.1.4 细胞的传代周期

细胞长满单层7 d后再次传代较好。

7.2 细胞的保藏

7.2.1 保藏条件

7.2.1.1 温度与天数

传代后的R1经20℃ 24 h的培养后，移入生化培养箱15℃或20℃保藏。在15℃下可保存30 d以上，20℃下可保存30 d。

7.2.1.2 保藏液 pH

7.2～7.6。

7.2.2 液氮冻存

保种也可在液氮中冻存。细胞冻存液中需要加入10％二甲基亚砜(DMSO)作为保护剂，其胎牛血清浓度应为20％，保种细胞应经程序降温后放入液氮中。

8 传代细胞的质量检查

传代细胞的质量检查包括：

——培养的 R1，依 4.3.2 在一年内至少要进行一次病毒敏感谱的检测，其接种后的 CPE 形态参见附录 A；

——在移入生化培养箱的第二天用倒置显微镜观察细胞形态、生长情况，并连续观察 7 d～10 d；

——可按培养液中酚红的颜色判定培养液的 pH 是否保持在 7.2～7.6；

——细胞培养液混浊或出现丝状物时，视为细菌或真菌污染。

附 录 A
（资料性附录）
R1 及其接种 IPNV 后产生的 CPE 形态图

A.1 长满单层正常的 R1 见图 A.1。

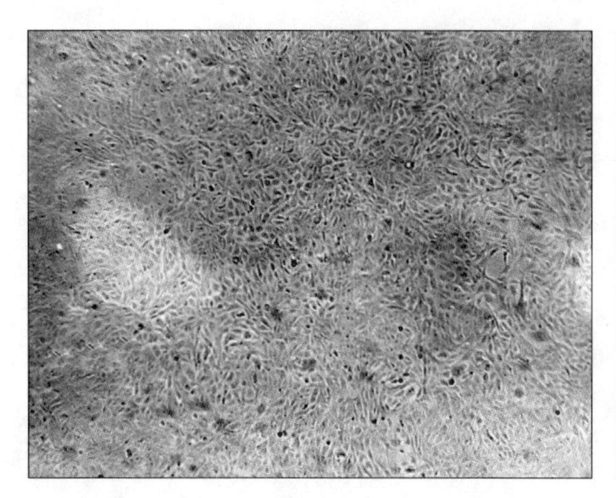

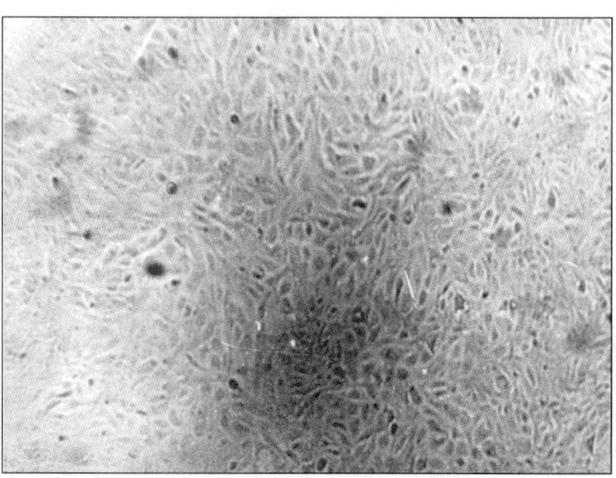

图 A.1 长满单层正常的 R1

A.2 R1 被 IPNV 感染后的空斑见图 A.2。

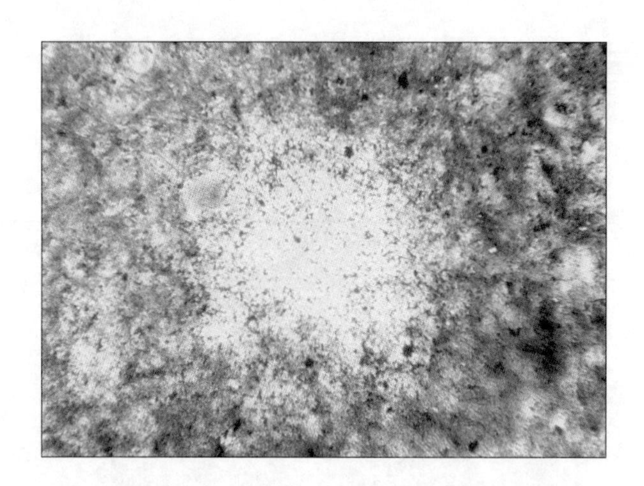

图 A.2 R1 被 IPNV 感染后的空斑

A.3 R1 在接种 IPNV 24 h 后，用免疫荧光检测阳性见图 A.3。

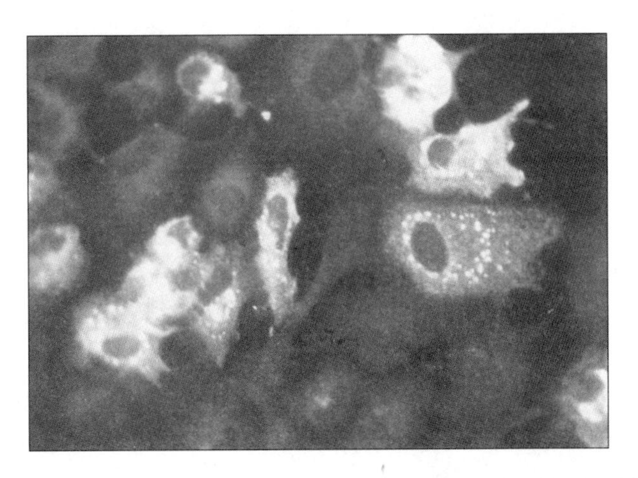

图 A.3 R1 在接种 IPNV 24 h 后，用免疫荧光检测阳性

附　录　B
（资料性附录）
细胞实时分析系统测定的悬浮 R1 特性

B.1　细胞实时分析系统(CASY TT)测定的悬浮 R1 特性

见图 B.1。

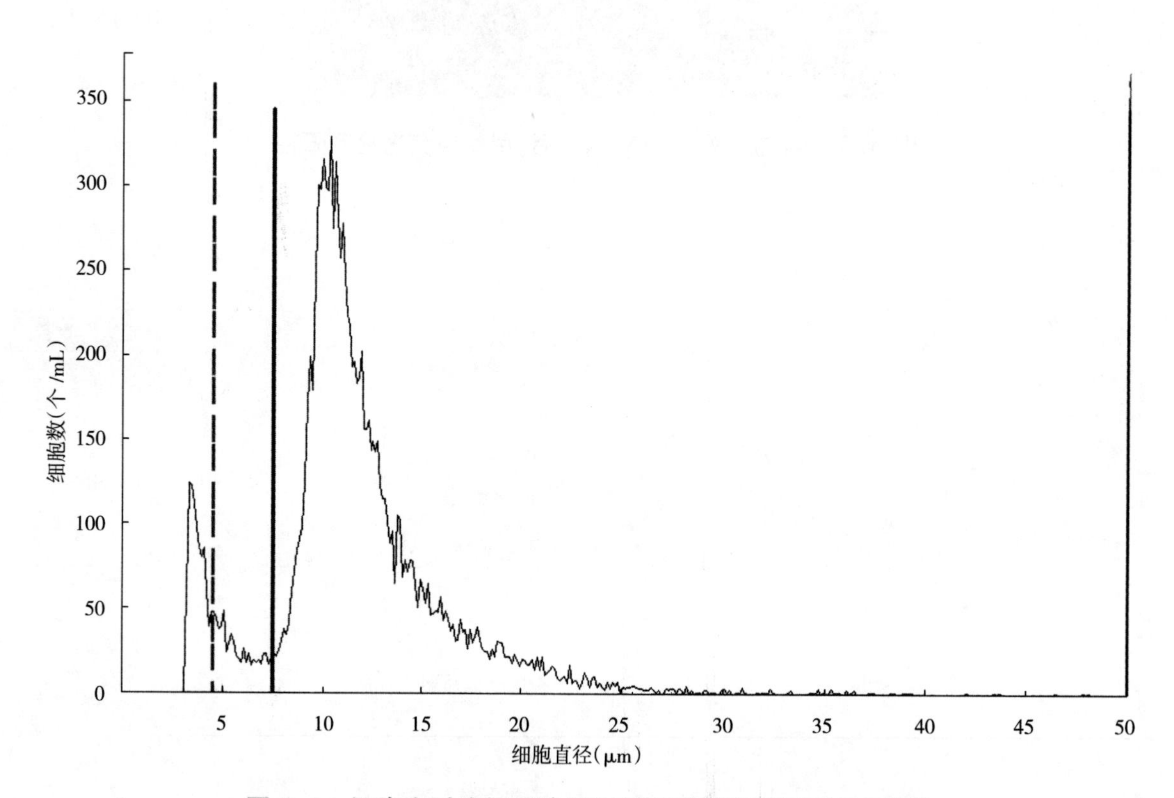

图 B.1　细胞实时分析系统(CASY TT)测定的悬浮 R1 特性

B.2　悬浮 R1 检测参数

细胞计数：10 909 个；
平均体积：1 373 fL；
体积峰值：564.40 fL；
平均直径：12.52 μm；
直径峰值：10.25 μm。

附 录 C
（规范性附录）
试 剂 配 制

C.1 细胞培养液

按 Medium199 培养基（含 Earle's 平衡盐溶液）说明书要求，在容器中加入适量的水，并将容器放到磁力搅拌器上，边搅拌边加入 199 培养基（含 Earle's 平衡盐溶液）干粉。当充分搅匀和溶解后，加入10%经 56℃ 30 min 灭活的胎牛血清；用粉状 $NaHCO_3$ 调节培养液的 pH 至 7.2～7.4。尽快过滤除菌，分装后－20℃保存。

C.2 细胞消化液

$Na_2HPO_4 \cdot 12H_2O$	2.3 g
KH_2PO_4	0.1 g
NaCl	8.0 g
KCl	0.2 g
EDTA	0.2 g
胰酶	0.6 g
水	1 000 mL

在 1 L 水中依次加入以上试剂，并加入 $NaHCO_3$ 0.4 g～0.6 g，必须调节 pH 至 7.4～8.0。充分搅拌至完全溶解后，过滤除菌、分装后－20℃保存。

ICS 65.150
B 50

中华人民共和国水产行业标准

SC/T 7016.12—2012

鱼类细胞系 第12部分：鲤白血球细胞系(CLC)

Fish cell lines—
Part 12：Carp leucocytes cell line (CLC)

2012-12-07 发布 2013-03-01 实施

中华人民共和国农业部 发布

前　言

SC/T 7016《鱼类细胞系》分为下列部分：

——第1部分：胖头鲹肌肉细胞系(FHM)；
——第2部分：草鱼肾细胞系(CIK)；
——第3部分：草鱼卵巢细胞系(CO)；
——第4部分：虹鳟性腺细胞系(RTG-2)；
——第5部分：鲤上皮瘤细胞系(EPC)；
——第6部分：大鳞大麻哈鱼胚胎细胞系(CHSE)；
——第7部分：棕鮰细胞系(BB)；
——第8部分：斑点叉尾鮰卵巢细胞系(CCO)；
——第9部分：蓝鳃太阳鱼细胞系(BF-2)；
——第10部分：狗鱼性腺细胞系(PG)；
——第11部分：虹鳟肝细胞系(R1)；
——第12部分：鲤白血球细胞系(CLC)；
…………

本部分为SC/T 7016的第12部分。

本部分按照GB/T 1.1给出的规则起草。

请注意本文件的某些内容可能涉及专利。本文件的发布机构不承担识别这些专利的责任。

本部分由农业部渔业局提出。

本部分由全国水产标准化技术委员会(SAC/TC 156)归口。

本部分起草单位：全国水产技术推广总站、深圳出入境检验检疫局。

本部分主要起草人：陈爱平、高隆英、张利峰、王姝、钱冬、陈艳。

鱼类细胞系
第12部分:鲤白血球细胞系(CLC)

1 范围

本部分描述了鲤白血球细胞系(carp leucocytes cell line,CLC)的形态、传代培养条件、生长特性、针对部分水生动物病毒的敏感谱及传代细胞的质量控制。

本部分适用于鲤白血球细胞系的培养、使用和保藏。

2 规范性引用文件

下列文件对于本文件的应用是必不可少的。凡是注日期的引用文件,仅注日期的版本适用于本文件。凡是不注日期的引用文件,其最新版本(包括所有的修改单)适用于本文件。

GB/T 6682 分析实验室用水规格和试验方法

3 术语和定义

3.1

鲤白血球细胞 carp leucocytes cell line,CLC

Faisal和Ahne 1990年将鲤(*Cyprinus carpio*)的白血球细胞经培养、衍生的连续细胞系。

4 细胞的形态、大小与特性

4.1 形态

为上皮样细胞(参见附录A)。

4.2 大小

经细胞实时分析系统测定细胞悬浮后的平均直径约13.32 μm,其中最大量细胞的峰值直径约10.58 μm(参见B.2)。

4.3 特性

4.3.1 生长特性

贴壁生长。

4.3.2 对部分水生动物病原的敏感性

CLC对从患病大鲵中分离到的虹彩病毒—大鲵虹彩病毒(Andrias davidianus iridovirus,ADIV)、从德国养殖草鱼中分离到的一种杆形RNA病毒—33/86敏感,并能导致细胞出现合胞体。接种后的CPE或合胞体形态参见附录A。

CLC在接种了鲤春病毒血症病毒(Spring viraemia of carp virus,SVCV)、草鱼出血病病毒(Grass carp reovirus, GCRV)、病毒性出血性败血症病毒(Viral haemorrhagic septicaemia virus,VHSV)、传染性胰脏坏死病毒(Infectious pacreatic necrosis virus, IPNV)等病毒后,可以出现CPE,但滴度不高。

5 主要材料与仪器设备

5.1 水

应符合GB/T 6682中一级水的规定。

5.2 细胞培养液

主要成分见 C.1。

5.3 细胞消化液

主要成分及其含量见 C.2。

5.4 血清

胎牛血清。

5.5 仪器设备

主要包括：

——生化培养箱、超净工作台、真空泵和废液瓶等培养细胞所用的设备；

——倒置显微镜；

——血球计数板或电子细胞计数仪；

——细胞培养瓶、移液器或洗耳球以及移液管等培养细胞所用的耗材。

6 细胞培养条件

6.1 培养温度

细胞置于生化培养箱内，在15℃～28℃下培养，其最适生长温度为25℃。

6.2 培养液 pH

7.2～7.6。

7 细胞传代与保藏

7.1 传代程序

7.1.1 吸弃旧培养液

置于超净工作台内，无菌环境下吸弃长满单层 CLC 的细胞培养瓶中的旧培养液。

7.1.2 消化细胞

用细胞消化液消化分散细胞。沿细胞培养瓶一侧加入细胞消化液，一般在 50 mL 细胞培养瓶中加入 5 mL 左右或按细胞培养瓶培养面每平方厘米加入 0.1 mL～0.2 mL，加入的消化液必须完全浸没细胞层。贴壁长满的 CLC 消化时间一般为 2 min～3.5 min，细胞开始呈雾状之后吸弃细胞消化液，轻轻拍打培养瓶以分散细胞。

7.1.3 更换细胞培养液与分瓶

将消化液吸弃后，在 50 mL 细胞培养瓶中，加入 10 mL～15 mL 细胞培养液(C.1)，按每瓶 5 mL 分成 2 瓶～3 瓶，使细胞浓度达到1×10^5个/mL。分瓶后在25℃培养，8 h 内细胞贴壁并生长；18 h 后能基本长满单层细胞。不同规格的细胞培养瓶，按培养面每平方厘米加入 0.1 mL～0.2 mL 的细胞培养液。

7.1.4 细胞的传代周期

细胞长满单层 5 d 后再次传代较好。

7.2 细胞的保藏

7.2.1 保藏条件

7.2.1.1 温度与天数

传代后的 CLC 经25℃ 24 h 的培养后，移入生化培养箱15℃或20℃保藏。在15℃下可保存 45 d 以上，20℃下可保存 30 d～45 d。

7.2.1.2 保藏液 pH

7.2～7.6。

7.2.2 液氮冻存

保种也可在液氮中冻存。细胞冻存液中需要加入10%二甲基亚砜(DMSO)做为保护剂,其胎牛血清浓度应为20%,保种细胞应经程序降温后放入液氮中。

8 传代细胞的质量检查

传代细胞的质量检查包括:

——培养的CLC,依4.3.2在一年内至少要进行一次病毒敏感谱的检测,其接种后的CPE形态参见附录A;

——在移入生化培养箱的第二天用倒置显微镜观察细胞形态、生长情况,并持续观察7 d~10 d;

——可按培养液中酚红的颜色判定培养液的pH是否保持在7.2~7.6;

——细胞培养液混浊或出现丝状物时,视为细菌或真菌污染。

附 录 A
（资料性附录）
CLC及其接种病毒产生的CPE形态图

A.1　长满单层正常的CLC见图A.1。

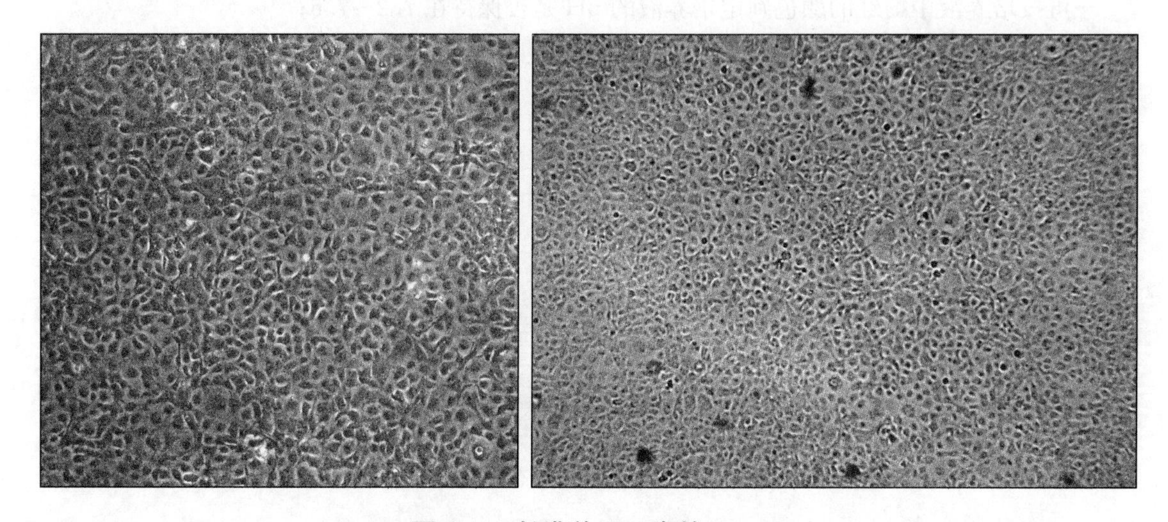

图A.1　长满单层正常的CLC

A.2　CLC被大鲵虹彩病毒感染后的CPE见图A.2。

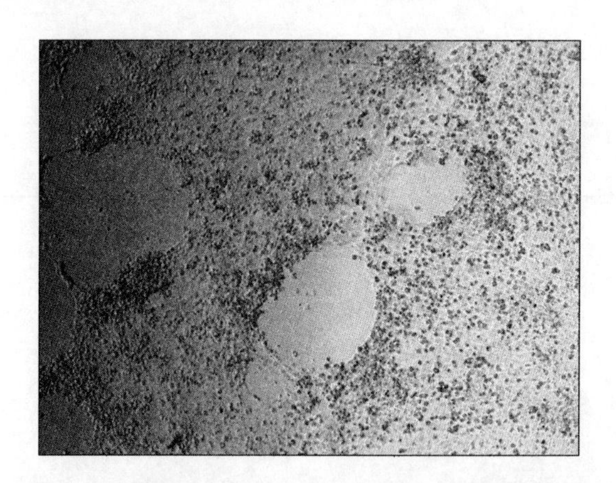

图A.2　CLC被大鲵虹彩病毒感染后的CPE

A.3 CLC 被 33/86(一种杆形 RNA 病毒)感染后的 CPE 见图 A.3。

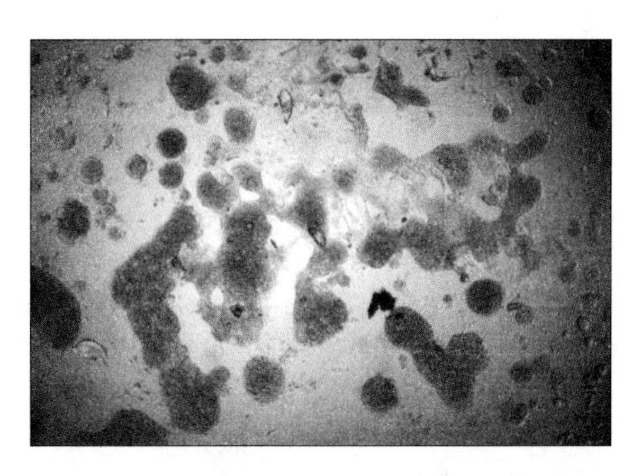

图 A.3 CLC 被 33/86(一种杆形 RNA 病毒)感染后的 CPE

A.4 CLC 被 33/86 感染后形成的合胞体见图 A.4。

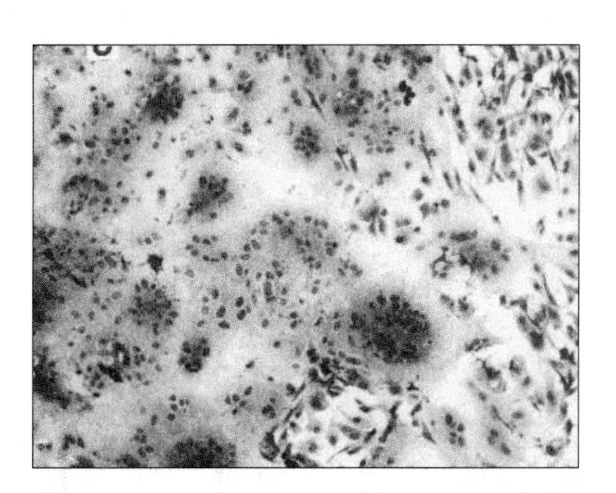

图 A.4 CLC 被 33/86 感染后形成的合胞体

附 录 B
(资料性附录)
细胞实时分析系统测定的悬浮 CLC 特性

B.1 细胞实时分析系统(CASY TT)测定的悬浮 CLC 特性

见图 B.1。

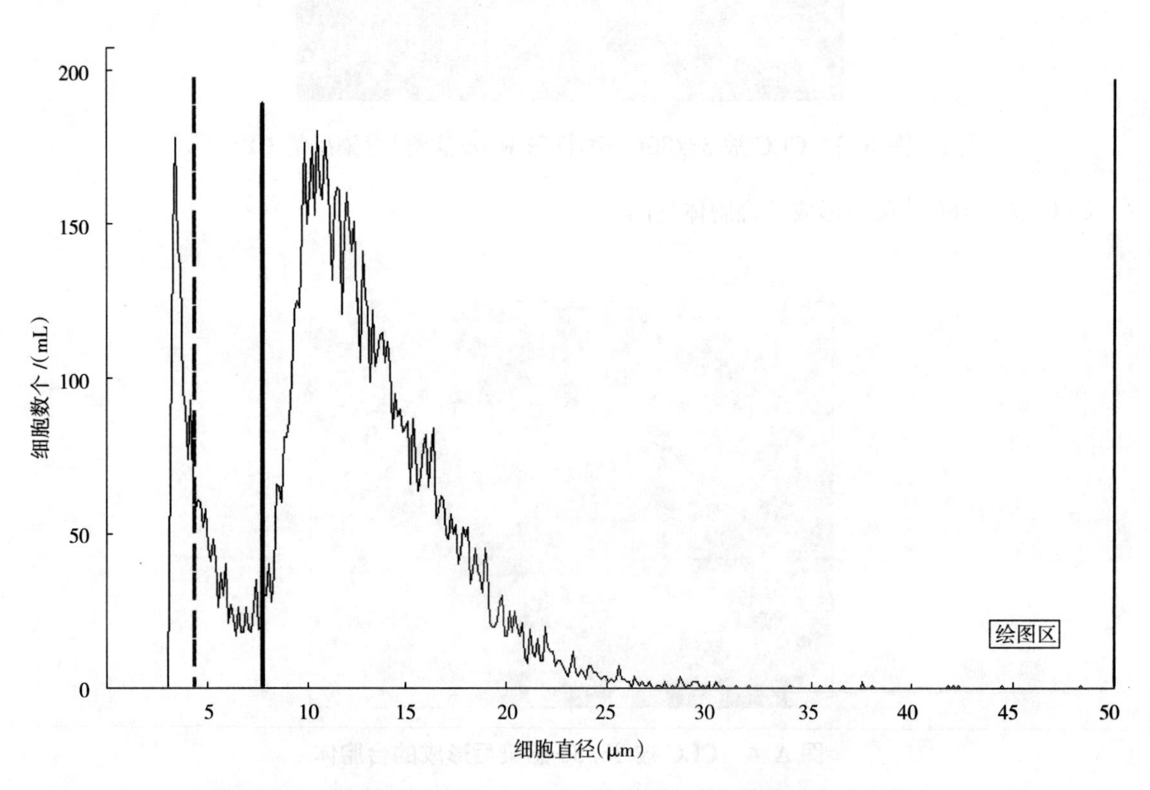

图 B.1 细胞实时分析系统(CASY TT)测定的悬浮 CLC 特性

B.2 悬浮 CLC 检测参数

细胞计数:9 293 个;
平均体积:1 562 fL;
体积峰值:619.90 fL;
平均直径:13.32 μm;
直径峰值:10.58 μm。

附 录 C
（规范性附录）
试 剂 配 制

C.1 细胞培养液

按 Medium199 培养基（含 Earle's 平衡盐溶液）说明书要求，在容器中加入适量的水，并将容器放到磁力搅拌器上，边搅拌边加入 199 培养基（含 Earle's 平衡盐溶液）干粉。当充分搅匀和溶解后，加入 10%经 56℃ 30 min 灭活的胎牛血清；用粉状 $NaHCO_3$ 调节培养液的 pH 至 7.2～7.4。尽快过滤除菌，分装后－20℃保存。

C.2 细胞消化液

$Na_2HPO_4 \cdot 12H_2O$	2.3 g
KH_2PO_4	0.1 g
NaCl	8.0 g
KCl	0.2 g
EDTA	0.2 g
胰酶	0.6 g
水	1 000 mL

在 1 L 水中依次加入以上试剂，并加入 $NaHCO_3$ 0.4 g～0.6 g，必须调节 pH 至 7.4～8.0。充分搅拌至完全溶解后，过滤除菌、分装后－20 ℃保存。

ICS 65.150
B 51

中华人民共和国水产行业标准

SC/T 7017—2012

水生动物疫病风险评估通则

The guide of risk assessment for aquatic animal diseases

2012-12-07 发布　　2013-03-01 实施

中华人民共和国农业部 发布

前　言

本标准按照 GB/T 1.1 给出的规则起草。

本标准由农业部渔业局提出。

本标准由全国水产标准化技术委员会(SCA/TC 156)归口。

本标准起草单位:浙江大学、全国水产技术推广总站。

本标准主要起草人:吴信忠、朱泽闻、陈爱平、孙敬锋、罗鸣、吴刘记、许婷、娄绘芳。

水生动物疫病风险评估通则

1 范围

本标准规定了水生动物及其产品疫病风险评估的流程、内容、方法和风险判断的通用准则。

本标准适用于我国水生动物及其产品疫病的风险评估。

2 术语和定义

下列术语和定义适用于本文件。

2.1

水生动物及其产品 aquatic animals and products

指水生动物、水生动物产品、水生动物遗传物质、饲料、生物制品、病料。

2.1.1

水生动物 aquatic animals

指生活史主要阶段生活在水中的各类动物(包括卵和配子)。

2.1.2

水生动物产品 aquatic animal products

指非活体、来源于水生动物的产品。

2.1.3

水生动物遗传物质 aquatic animal genetic materials

指具有动物遗传性能的物质,包括水生动物的精液、胚胎、卵和受精卵。

2.1.4

饲料 feeds

指用于水生动物饲养的人工配合或鲜活饲料。

2.1.5

生物制品 biological products

包括:诊断疾病用的生物制剂;预防和治疗疾病用的血清;免疫预防用的灭活或弱毒疫苗;传染性病原体的遗传物质;鱼体或鱼用内分泌组织。

2.1.6

病料 pathological materials

指送往实验室的从活体或死亡水生动物中获得的、含有或怀疑含有传染性病原的样品。

2.2

疫病 diseases

指列入国家以及相关区域或国际组织法定疫病名录的疫病。

2.3

危害 hazard

指水生动物及其产品引入过程中可能引有害后果的疫病。

2.4

危害确认 hazard identification

指对水生动物及其产品引入过程中可能引起危害的疫病进行确认的过程。

2.5

风险评估　risk assessment

指对确认为危害的疫病发生的可能性和后果的严重性进行综合估计，测算风险值的过程，包括释放评估、暴露评估、后果评估、风险估计四个步骤。

2.5.1

释放评估　release assessment

指对水生动物及其产品的引入过程中疫病病原释放(或引入)的概率及其影响因素等进行定性说明或定量计算的过程。

2.5.2

暴露评估　exposure assessment

指对水生动物及其产品引入过程中疫病病原与易感群体接触概率进行评估的过程。

2.5.3

后果评估　consequence assessment

指对水生动物及其产品引入过程中潜在危害发生的可能性和后果严重性进行综合评估的过程。

2.5.4

风险估计　risk estimation

指对释放评估、暴露评估、后果评估的结果进行综合分析，估算风险值的过程。

2.6

区域　area

指从水源地至某一自然或人工屏障，相对隔离、具有阻断疫病传播功能的一定区域。区域的划定因疫病防控的实际需要而定，可能是从水源头到入海(江)口的整个流域，也可能是建有疫病隔离措施的养殖区(场)。

3　风险评估总则

3.1　风险评估的原则

风险评估实施中应遵循如下原则：

a）风险评估应以科学信息为基础；

b）风险评估与风险管理应在职能上分离，以保证评估过程的独立性和结果的公正性；

c）风险评估应采用结构化方法，包括危害确认、释放评估、暴露评估、后果评估和风险估计，以保证评估过程的规范性和结果的可靠性；

d）风险评估应确立评估的目标，对结果产出的形式有明确的规定；

e）风险评估的过程应公开透明，评估结果易为各方理解，并允许利益相关方协同处理风险评估的问题；

f）影响风险评估的限制条件(如资金、资源或时间等)应明确，并描述可能的后果；

g）风险评估引用信息应将不确定因素最小化，在不忽略定性信息价值的前提下，鼓励使用定量或半定量的信息；

h）当信息有局限、不完整，甚至相互矛盾时，应明确限制条件和不确定因素，在正式文件中加以描述，并评价其影响；

i）当新的信息可能对原评估结果产生影响时，应进行再评价；

j）风险评估应充分考虑评估成本和评估效果的平衡；

k）每种疫病的风险应单独进行评估。

3.2　风险评估的流程

评估步骤：

a） 评估准备：确立目标、建立组织、规划方案和收集信息；

b） 危害确认；

c） 风险评估：包括释放评估、暴露评估、后果评估和风险估计；

d） 风险综合判定；

e） 正式报告的生成。

4 风险评估的实施

4.1 评估准备

4.1.1 确立目标

评估者应首先确立风险评估的目标，为评估过程提供导向。目标描述是对风险评估范围的界定。表1给出了目标描述的要素解释及示例。目标描述要素依次为：产品引入地＋产品输出地＋时间＋引入方式＋产品种类＋拟评估的疫病＋拟评估的危害形式。如果某一要素没有进行具体描述，则认为该要素无特定范围。

表1 目标描述的要素解释及示例

要 素	解 释
引入地和输出地	指水生动物及其产品引入或输出地区(场)
引入时间	指水生动物及其产品引入时间(或时段)以及引入频率(如一次或多次)
引入方式	指引入行为方式，如引种、增殖放流、被动携带等
产品种类	指水生动物种类以及产品类型，如对虾苗种、鲤亲本、鳕鱼粉等
拟评估的疫病	指准备实施评估的疫病，如白斑综合征、鲤春病毒血症等
拟评估的危害形式	指疫病引发危害的形式，如养殖损失、卫生隐患、生态危害等
示例1：××省从××省春季引入凡纳滨对虾苗种传入对虾桃拉病造成养殖损失的风险评估； 示例2：××养殖场从××育种场引入斑点叉尾鮰鱼卵传入斑点叉尾鮰病毒的风险评估； 示例3：××海域夏季放流牙鲆鱼苗传入疫病引起野生鱼类感染的风险评估。	

4.1.2 建立组织

应成立独立的风险评估小组。评估过程中所有的决策或决定，应得到的评估机构最高管理者的批准。

4.1.3 规划方案

评估者应勾画一条在跨区域引入水生动物及其产品过程中疫病病原传入及其在引入地易感群体中扩散和传播的假想途径，并对风险发生的可能环节进行评估。可能环节如下：

a） 水生动物及其产品输出地区水域中病原存在的可能性；

b） 水生生物及产品中病原存在的可能性；

c） 水生动物及其产品在加工、运输、贮藏、诊断、检疫等过程中，受到病原感染或污染的可能性；

d） 经过加工、运输、贮藏等过程，仍具有感染剂量的病原存活的可能性；

e） 水生动物及其产品引入地区感染易感群体的可能性；

f） 在引入地区易感群体中，从发生个别感染到传播并引起疫病流行的可能性；

g） 通过采取防控措施，降低风险和减少病原存活的可能性；

h） 疫病可能引起的经济损失、社会影响、生态危害的严重性。

评估者应根据风险发生可能环节的评估情况，综合考虑产业发展、法律法规、公共卫生、生态环境等方面的要求，以及资金、人员、技术等方面的现实条件，制定风险评估方案。

风险评估方案应包括风险评估的目的、组织、评估所需资源、评估结果形式等内容。如果相关资料太少以致风险评估难以开展时，可以有针对性地引入一些减少风险的措施，降低某些可能环节的风险，以简化风险评估方案。

4.1.4 收集信息

信息来源主要包括：

a） 科学文献；

b） 兽医机构的监测和评估报告；

c） 政府机构、国际组织以及企业的数据库；

d） 咨询意见；

e） 有针对性开展的专题研究报告。

4.2 危害确认

评估者应按如下流程来确认方案中拟评估的疫病是否成为危害。

a） 确认疫病在输出地区是否可能存在。主要确认依据：

——疫病是否在输出地区有控制计划或疫病区划；

——疫病是否在有关兽医机构监测报告显示为阳性；

——疫病是否有治疗或检疫记录；

——疫病是否为公开发表的科学文献所报道。

如果确认疫病可能存在，则进行下一步确认；否则，可得出无危害的结论。

b） 确认疫病在引入地区是否需要控制。主要确认依据：

——疫病是否为引入地区的法定疫病；

——疫病是否在引入地区有控制计划或疫病区划；

——疫病是否属外来病，包括外来株、外来血清亚型、外来种或亚种等；

——疫病是否可能造成严重经济、社会、生态影响。

如果确认需要控制，则进行下一步确认；否则，可得出无危害的结论。

c） 确认水生动物及其产品中是否可能存在疫病病原。主要确认依据：

——引入相关水生动物是否为疫病的感染对象；

——在生产、加工、储存、运输过程中是否可能感染疫病病原；

——经过加工、储存、运输的处理疫病病原是否仍可能具有致病性。

如果确认可能存在疫病病原，则进行下一步确认；否则，可得出无危害的结论。

d） 确认疫病在引入地区是否存在传播的条件。主要确认依据：

——是否存在易感群体；

——是否存在可能的传染媒介以及潜在传染途径；

——是否存在疫病流行的环境条件。

如果确认存在传播的条件，则将疫病确认为危害，进入风险评估程序；否则，可得出无危害的结论。

4.3 风险评估

4.3.1 释放评估

评估者应客观描述水生动物及其产品引入行为导致疫病病原传入的可能途径，根据引入行为的具体情况及引起的相关变化，估计释放风险发生的可能性。评估所需信息如下：

a） 生物学因素：

——水生动物种类和生长阶段；

——病原的种类；

——病原感染部位（靶器官）；

——免疫注射、治疗和隔离检疫的有关信息。

b） 地区因素：

——输出地区发病率、死亡率、流行率情况；

——输出地区的兽医机构的监测监督水平以及疫病区带划分的评价。

c) 产品因素：

——产品是活体或非活体；

——产品引进的数量；

——产品污染难易程度；

——加工方法对产品中致病因子的影响；

——运输和贮存措施对产品中致病因子的影响。

如果释放评估证明无风险，即可得出无风险的结论。

4.3.2 暴露评估

评估者应客观描述疫病病原与引入地区易感群体接触的生物途径，根据接触的剂量、时间、频度、期限、途径以及接触水生动物的种类和人群的数量等信息，估计暴露风险发生的可能性。评估所需信息如下：

a) 生物学因素：

——引入地区有潜在的媒介或疫病病原的中间宿主的分布；

——病原体的特性，如毒力、致病性等指标。

b) 地区因素：

——易感群体种类及分布；

——人和动物统计数；

——习惯和文化风俗；

——地区地理和环境特征，如水文地理、温度范围等。

c) 商品因素：

——商品是活体或非活体的水生动物；

——商品引进的数量；

——引入商品的用途（如本地消费、养殖生产、作为养殖饲料的原料等）。

如果暴露评估证明没有风险，即可得出无风险的结论。

4.3.3 后果评估

评估者应客观分析疫病病原与危害后果的因果关系，客观描述水生动物及其产品引入行为可能导致的潜在生物、环境和经济结果。后果评估通常分为：

a) 直接后果：

——水生动物发病死亡、生产受损和设备闲置；

——暴发水生动物疫情；

——对环境的影响；

——公共卫生后果。

b) 间接后果：

——需要的监控成本；

——补偿成本；

——潜在贸易损失；

——消费者不良反应。

4.3.4 风险估计模型

风险估计模型如图 1 所示。

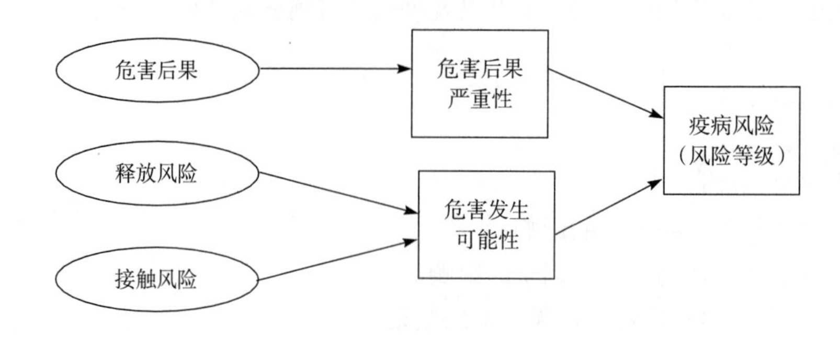

图 1　风险估计模型

模型中包含引入水生动物及其产品过程中水生动物疫病的释放风险、暴露风险、危害后果等风险评估要素。风险估计的过程：

a）对危害后果进行识别，并对危害后果的严重性赋值；

b）对疫病释放、暴露的情况进行分析，并对危害发生可能性赋值；

c）按危害严重性和发生的可能性估计引入水生动物及其产品的风险等级。

4.3.5　风险估计方法

评估者应充分考虑评估的目的、要求、时间、效果、经费、习惯、人员素质以及现实条件等因素。结构化风险估计方法，参见附录 A。

4.4　风险的综合判定

4.4.1　判定风险的安全水平

评估者应确立风险的安全水平，即判定风险可否接受。安全水平的确立应考虑发展战略、法律法规、社会经济、生态环境的要求以及风险控制的成本等因素。风险安全水平的确立，应得到最高管理者评审并批准。

4.4.2　风险优先级的确定

当存在多种疫病风险时，评估者应判定不同疫病风险的优先次序或等级，比较不同疫病风险的相对值，对于风险级别高的疫病应优先配置资源进行防控。

4.4.3　控制措施的建议

评估者应提出回避风险、降低风险、转移风险、接受风险等风险处理的建议。在风险处理方式选择上，应考虑发展战略、企业文化、人员素质的现实条件，充分考虑成本与风险的平衡。风险处理建设包括：

——选择产品产地；

——限制目的地；

——运输前后检疫；

——诊断试验；

——免疫接种；

——在特定的时间和温度下进行加工、运输和贮存；

——在特定的时间和温度下进行热处理；

——消毒处理；

——限制引入数量和引入频率。

4.5　正式报告

风险评估应形成正式报告。正式报告至少应包括以下内容：

——风险评估方案；

——危害确认文件；

——风险估计文件；
——风险综合判定文件；
——风险处理建议文件。

附　录　A
（资料性附录）
结构化的风险计算方法

A.1　风险矩阵测量法

该方法是分别确立释放风险、暴露风险、危害后果的风险等级，按预先建立的风险矩阵测量表，测量引入行动的风险值。风险矩阵测量法示意见表 A.1。

表 A.1　风险矩阵测量法示意表

	释放风险级别	低			中			高		
	暴露风险级别	低	中	高	低	中	高	低	中	高
危害后果	0	0	1	2	1	2	3	2	3	4
	1	1	2	3	2	3	4	3	4	5
	2	2	3	4	3	4	5	4	5	6
	3	3	4	5	4	5	6	5	6	7
	4	4	5	6	5	6	7	6	7	8

对某种疫病的风险值进行测量。例如，某疫病经评估，危害后果等级为 3，释放风险等级为"高"，暴露风险为"低"。查表可知风险值为 5。另外，风险矩阵测量表可随着危害后果、释放风险、暴露风险的风险等级的增加而扩大。

当引入行为存在若干种疫病危害时，分别测量每种疫病的风险值，然后累加计算风险总值，并判定各种疫病风险的优化等级。

A.2　威胁分级法

该方法是通过风险评估分别对危害发生的可能性和后果的严重性进行赋值，然后用两者赋值之积或之和表示风险值。方法示例见表 A.2。

表 A.2　某引入产品威胁分级法示意表

疫病危害	危害发生可能性(P)	危害后果影响性(D)	风险值($R=P\times D$)	风险管理优先级
疫病 A	5	2	10	2
疫病 B	2	4	8	3
疫病 C	3	5	15	1
疫病 D	1	3	3	4

例如，经过评估，对某引入产品疫病 A 发生的可能性赋值为 5，后果的严重值赋值为 2，风险值＝2×5＝10。根据风险值，设立风险管理的优先级依次为疫病 C、疫病 A、疫病 B 和疫病 D。

A.3　风险综合评价

该方法是先建立一个危害列表（见表 A.3），分别对危害发生的可能性、危害的影响值以及风险控制措施的有效性进行赋值，风险值＝可能性值＋有关影响值－风险控制措施有效值。该方法的特点是单独考虑风险控制措施的有效性，在评估发生风险可能性和相关影响时，假定没有采用风险控制措施。

表 A.3　风险综合评价示意表

疫病危害	发生可能性	对生产经济的影响	对公共卫生的危害	对生态环境的影响	已采用的风险控制措施		风险值
					内部	外部	
疫病 A	4	1	1	2	2	2	4
……							
……							

例如，疫病 A 发生可能性赋值为 4、对生产经济影响值为 1、公共卫生影响值为 1、生态环境影响值为 2，然后，对内部控制措施有效值为 2，外部控制措施有效值为 2，则风险值＝4＋1＋1＋2－2－2＝4。

ICS 65.150
B 51

中华人民共和国水产行业标准

SC/T 7018.1—2012

水生动物疫病流行病学调查规范 第1部分：鲤春病毒血症(SVC)

The specification for the epidemiological survey of aquatic animal diseases—Part 1: Spring viraemia of carp(SVC)

2012-12-07 发布　　2013-03-01 实施

中华人民共和国农业部 发布

前　言

SC/T 7018 《水生动物疫病流行病学调查规范》分为下列部分：

——第1部分：鲤春病毒血症(SVC)；

…………

本部分为SC/T 7018的第1部分。

本部分按照GB/T 1.1给出的规则起草。

请注意本文件的某些内容可能涉及专利。本文件的发布机构不承担识别这些专利的责任。

本部分由农业部渔业局提出。

本部分由全国水产标准化技术委员会(SCA/TC 156)归口。

本部分起草单位：全国水产技术推广总站。

本部分主要起草人：孙喜模、朱泽闻、陈爱平、高隆英、钱冬、李月红、邹勇、刘善成、江育林。

水生动物疫病流行病学调查规范 第1部分:鲤春病毒血症(SVC)

1 范围

本部分规定了鲤春病毒血症(SVC)疫情的最初调查、现况调查和追踪调查的技术要求。

本部分适用于SVC流行病学调查。

2 规范性引用文件

下列文件对于本文件的应用是必不可少的。凡是注日期的引用文件,仅注日期的版本适用于本文件。凡是不注日期的引用文件,其最新版本(包括所有的修改单)适用于本文件。

GB/T 15805.5 鱼类检疫方法 第5部分:鲤春病毒血症病毒(SVCV)

SC/T 7103 水生动物产地检疫采样技术规范

3 术语和定义

下列术语和定义适用于本文件。

3.1

鲤春病毒血症 spring viraemia of carp,SVC

指由鲤春病毒血症病毒(SVCV)感染引起的急性传染性鱼类疾病。该病易于春季发生,并主要危害鲤、锦鲤、草鱼、鲢、鳙、鲫等鲤科鱼类。

3.2

疫点 infected site

指发生或疑似发生疫情的所在地。

3.3

疫区 infected zone

指根据防控要求划定,从疫点至某一自然或人工屏障、相对隔离、具有阻断疫病传播功能的一定水域。

4 调查方式

流行调查主要包括最初调查、现况调查和跟踪调查。

a) 最初调查:在接到SVC疫情报告后,由疫点所在地水生动物疾病预防控制机构对疫点疫情进行的初步核实调查;

b) 现况调查:在最初调查判定为疑似SVC疫情后,由省级以上水生动物疾病预防控制机构组织开展对疫点进行全面调查,以确定疫情、提出疫区划定和防控建议;

c) 跟踪调查:在现况调查确定为SVC疫情后,由省级以上水生动物疾病预防控制机构组织对划定疫区进行全面调查,以确定疫情风险,提出防控建议。

5 调查要求

5.1 最初调查

5.1.1 水生动物疫病预防控制机构在接到SVC疫情报告后,应立即派出水产兽医人员,赴现场调查疫点的基本情况、发病特点和防疫条件等,填写最初调查表(见附录A)。

5.1.2 调查人员应对疫情进行核实。如发病水温22℃以下;发病种类属于鲤科鱼类;并具呼吸困难、体色发黑、肌肉内脏有出血点、腹部膨大、眼球突出、肛门红肿、运动异常等临床症状,则判定为SVC疑似疫情。

5.1.3 如判定为SVC疑似疫情,则提请省级以上水生动物疫病预防控制机构做进一步诊断,并立即报告当地动物卫生监督机构。同时,调查人员应做好采样、送样和留样工作,为后续疫情的确诊和现况调查做好准备。

5.2 现况调查

5.2.1 省级以上水生动物疫病预防控制机构接到SVC疑似疫情报告后,应立即组织有关人员赴现场,做进一步取样、诊断和调查。按SC/T 7103的要求完成病料样品采集和送样工作,按GB/T 15805.5的要求检测病原。

5.2.2 如确认SVCV病原存在,则可确定SVC疫情,调查人员应按重大疫情管理规定及时上报。

5.2.3 调查人员应调查发病特点、疫病来源、产品流向、处置措施、防疫条件和周边情况等内容,填写现况调查表(见附录B)。

5.2.4 调查人员应根据调查情况和防控要求,提出疫区划定建议和疫情防控的技术方案,协助当地人民政府和动物卫生监督机构做好疫病防控。

5.3 跟踪调查

5.3.1 在确定SVC疫情后,省级以上水生动物疫病预防控制机构应及时组织有关机构和专家,开展对疫区发病情况、疫病可能来源、传播范围以及相关的风险进行评估。主要包括疫区调查、追踪调查和溯源调查。

5.3.2 疫区调查应主要了解疫区内SVC发生情况、可能的传染源、传播方式、传播途径,掌握SVCV分布和变异情况。

5.3.3 追踪调查应追踪首次确定SVC疫情后,流出疫点水生动物及产品(特别是苗种)的流向,确定可能受SVCV威胁的地区,调查受威胁地区疫病发生以及病原监测情况。

5.3.4 溯源调查应排查SVCV的可能传染来源以及传播途径,了解可能来源地的疫病发生及病原监测情况。

5.3.5 调查人员根据有关调查,填写跟踪调查表(见附录C),编写调查报告。报告内容应包括疫区调查、追踪调查、溯源调查的有关情况、防控的技术建议以及为可能公共卫生危害的预警预报,并报送有关主管部门。

6 调查取证

调查取证的内容应包括:

a) 证物包括证明物件(如生产档案)以及相关视听资料(如照片、录音和录像等);
b) 书证包括有关证明文件,如诊断报告、检疫证明等;
c) 笔录包括调查问询笔录、档案资料查阅笔录和现场勘验笔录,样式见附录D、附录E和附录F。

7 调查报告

7.1 最初调查、现况调查和跟踪调查结束后,调查人员都应及时形成书面调查报告。

7.2 调查报告结论应有调查证据为支撑,对原始证明材料要做好标识、检索和保存。

7.3 调查报告应至少包括:

a) 任务来源;

b） 调查方式和方法；

c） 调查过程(时间、地点和对象)；

d） 调查资料分析、调查结论；

e） 建议；

f） 附件(调查表格、调查证据等)。

附 录 A
(规范性附录)
最 初 调 查 表

任务编号：　　　　　　　　　　　　　　　　　　　　　　　　调查日期：　　年　　月　　日

<table>
<tr><td colspan="2">任务来源：</td><td></td></tr>
<tr><td colspan="2">调查人员姓名、单位：</td><td>电话：</td></tr>
<tr><td>疫点情况</td><td colspan="2">被调查场/户名称：________
负责人姓名：________；联系方式：________
被调查场/户地址：________</td></tr>
<tr><td>发病情况</td><td colspan="2">发病品种、规格：________；发病数量：________
发病水温：________℃；发病率：________%；死亡率：________%；
典型症状：□急性发病死亡　□体色发黑　□呼吸困难　□运动异常　□腹部膨大　□眼球突出
□肛门红肿　□肌肉内脏有出血点
其他：________</td></tr>
<tr><td>发病期间
天气情况</td><td colspan="2">天气状况：
水温：
其他：________</td></tr>
<tr><td>发病范围</td><td colspan="2">□单个养殖场　□附近养殖场　□附近乡镇　□跨县
□其他________</td></tr>
<tr><td>近三年疫病
发生情况</td><td colspan="2"></td></tr>
<tr><td>防疫条件</td><td colspan="2">□检测实验室　□无害化处理场所设备　□兽医机构　□其他________</td></tr>
<tr><td>采送检情况</td><td colspan="2">采样：□否　□是：抽样情况：________
送检：□否　□是：送检单位________
送检时间、批次：________
□其他：________</td></tr>
<tr><td>疫情核实结论</td><td colspan="2">疑似鲤春病毒血症疫情：□是　□否
□其他：________</td></tr>
<tr><td colspan="3">记录人签字：　　　　　　　　审核人签字：

单位盖章：</td></tr>
</table>

附 录 B
（规范性附录）
现 况 调 查 表

任务编号： 调查日期： 年 月 日

<table>
<tr><td colspan="4">任务来源：</td></tr>
<tr><td colspan="2">被调查场名称、地址</td><td colspan="2"></td></tr>
<tr><td colspan="2">负责人姓名</td><td>联系电话</td><td></td></tr>
<tr><td rowspan="4">发病情况</td><td>流行情况</td><td colspan="2">发病动物种类、规格：____；发病温度：____℃
养殖面积：____ hm^2；发病面积：____ hm^2；发病数：____尾；
死亡数：____尾；发病率：____%；死亡率：____%
最初发病时间：____；开始死亡时间：____
病程：____
其他：____</td></tr>
<tr><td>临床表现</td><td colspan="2">主要临床症状：____
____</td></tr>
<tr><td>临床诊断</td><td colspan="2">解剖病理变化：____
____</td></tr>
<tr><td>周边易感动物发病情况</td><td colspan="2"></td></tr>
<tr><td rowspan="3">发病后的处理情况</td><td>治疗情况</td><td colspan="2">使用抗菌药物：____
使用抗病毒药物：____
其他防治措施：____
____
治疗效果：□疗效很好 □有一定疗效 □没有明显疗效 □加重病情
其他：____
____</td></tr>
<tr><td rowspan="2">消毒/无害化处理情况</td><td colspan="2">消毒、污物处理的设施设备：____
养 殖 场：消毒剂：____；消毒时间：____；消毒次数：____
运载工具：消毒剂：____；消毒时间：____；消毒次数：____</td></tr>
<tr><td colspan="2">死亡动物的处理：____
污染物及养殖水的处理：____</td></tr>
</table>

表（续）

采样/送检情况	采样情况:发病组织:__________份;血样:__________份;样品保藏方式:__________ 脏器(□心□肝胰腺□脾□肾□脑□肠□其他__________):__________份 送检结果:__________
产品流通情况	苗种来源情况:__________ 动物及动物产品流通情况:__________
疑似传染源情况	水生动物、动物产品及其他可疑的传染源的进出情况:__________
疫点情况	水系特点:□封闭水系 □开放水系 □其他:__________ 近期气候异常:□否 □是:__________ 疫点周围河流、湖泊:□无 □有:__________ 疫点进行排污处理:□无 □有:__________ 疫点周围内有易感野生水生动物:□否 □是:__________ 分布情况:__________ 其他:__________
疫病史	疫点3年内发生相关疫情:□否 □是:__________
周边疫情情况	疫情:□无 疫情:□有:□本村 □本乡镇 □本县 □本县;发生时间:__________ 发病简要情况:__________
发病动物来源情况	来源地点:__________ 联系方式:__________
发病动物去向情况	有流通至其他地方:□否 □是:__________ 简要情况:__________
调查情况	调查方法:□现场查看 □查阅档案 □走访问询 □其他:__________ 被调查人:__________（签名）联系电话:__________ 被调查单位:__________（盖章）联系电话:__________
	调查人姓名:__________联系电话:__________ 调查单位:__________（盖章）
注:必要时,可附加文字材料补充说明。	

附 录 C
(规范性附录)
跟踪调查表

C.1 疫区调查

C.1.1 疫区内易感养殖水生动物的状况

a) 历史产量和产值:______________________________;
b) 养殖和苗种场数量及分布:______________________________;
c) 产品的流动情况:______________________________。

C.1.2 疫区的历史疫情及处置

a) 近3年内出现过历史疫情:□否 □是:______________________________;
b) 历史疫点与现疫点直接传播的情况:______________________________;
c) 历史疫点进行无害化处理:□否 □是:______________________________。

C.1.3 疫区的防疫条件

a) 疫病专项监测:□否 □是:______________________________;
b) 实施水生动物检疫:□否 □是:______________________________;
c) 水生动物防疫机构的数量:______个;机构名称:__________;负责人联系方式:__________;
d) 水生动物无害化处理设施状况:______________________________。

C.1.4 疫区自然地理和交通情况

a) 地理区域(附图):______________________________;
b) 水文和气候特点:______________________________;
c) 易感野生水生动物分布:______________________________;
d) 与疫病传播相关的人文情况:______________________________。

C.1.5 疫情发生后的紧急措施

是否对相应就疫病进行了紧急处理:□否 □是:______________________________。

C.2 追踪调查

C.2.1 从出现首例SVC确诊前疫点内水生动物及产品的流向

离场日期	产品和数量	运输方式	承运人姓名/电话	目的地/受威胁地区

C.2.2 受威胁地区水生动物及产品到达后发病情况

a) 受威胁地区有无发生类似疫病:□无 □有:发病动物种类:__________;发病时间:________;
发病简要情况:______________________________;
b) 周围易感水生动物发生类似疫病:□无 □有:发病动物种类:________;发病时间:________;
发病简要情况:______________________________。

C.2.3 受威胁区水生动物 SVCV 监测情况

标本类型	采样时间	检测项目	检测方法	结果

C.3 溯源调查

C.3.1 可能的传染来源和感染途径

进入日期	来源地/电话	产品和数量	进入方式	承运人姓名

C.3.2 可能来源地的 SVC 发病情况

a) 可疑养殖场水生动物发生类似疫病:□无 □有:发病动物种类:_______;发病时间:_______;发病简要情况:____。

b) 周围易感水生动物发生类似疫病:□无 □有:发病动物种类:_______;发病时间:_______;发病简要情况:____。

C.3.3 可能来源地水生动物 SVCV 检测情况

标本类型	采样时间	检测项目	检测方法	结果

附　录　D
（规范性附录）
调查问询笔录

问询地点：____

问询时间：_____年____月____日____时____分至____时____分

被问询人：

　　姓　　名：____________________工作单位：________________________________

　　证件种类：____________________证件号码：________________________________

　　职　　务：____________________联系电话：________________________________

　　住　　址：____

问：我们是____________水生动物疫病预防控制机构的工作人员，这是我们的工作证件，请您确认。

答：____。

问：____

____？

答：____

____。

问：____

____？

答：____

____。

　　被问询人签名：

　　问询人签名：　　　　　　　　　　　　工作证件号：

　　记录人签名：　　　　　　　　　　　　工作证件号：

（共　　页，第1页）

附 录 E
（规范性附录）
档案资料查阅笔录

查阅单位：____

查阅地点：____

查阅时间：_____年____月____日____时____分至____时____分

档案资料提供者：

姓名：__________职务：_________________

工作单位：__________________________________

联系电话：___________________________

查阅情况：

____

____

____

____

____

____

____

____

档案资料提供者签名：

查阅人签名：　　　　　　　　工作证件号：

记录人签名：　　　　　　　　工作证件号：

（共　页，第1页）

附　录　F
(规范性附录)
现场勘验笔录

时间:______年____月____日____时____分至____时____分

勘验地点:____

勘验单位:____

记 录 人:____

检查(勘验)情况:

____

____

____

____

____

____

____

____

____

____

记录人签名:________________________工作证件号:________________________

审核人签名:________________________工作证件号:________________________

注:记录内容较多,可以加附页。

(共　　页,第 1 页)

ICS 65.150
B 50

中华人民共和国水产行业标准

SC/T 9403—2012

海洋渔业资源调查规范

Technical specification for marine fishery resources survey

2012-12-07 发布　　2013-03-01 实施

中华人民共和国农业部　发布

目　次

前　　言

本标准按照 GB/T 1.1 给出的规则起草。

请注意本文件的某些内容可能涉及专利。本文件的发布机构不承担识别这些专利的责任。

本标准由农业部渔业局提出。

本标准由全国水产标准化技术委员会渔业资源分技术委员会(SCA/TC 156/SC 10)归口。

本标准起草单位:中国水产科学研究院黄海水产研究所。

本标准主要起草人:金显仕、李显森、赵宪勇、程家骅、李圣法、张寒野。

海洋渔业资源调查规范

1 范围

本标准规定了海洋渔业资源调查的开展程序、质量控制、计划制订、调查装备、导航定位、人员组织、资料整理、报告编写、资料归档和成果鉴定与验收的基本要求。

本标准适用于我国近海渔业资源和生物环境的调查及其组织管理。

2 规范性引用文件

下列文件对于本文件的应用是必不可少的。凡是注日期的引用文件，仅注日期的版本适用于本文件。凡是不注日期的引用文件，其最新版本(包括所有的修改单)适用于本文件。

GB/T 5147 渔具分类、命名及代号

GB/T 12763.1 海洋调查规范 第1部分：总则

GB/T 12763.6—2007 海洋调查规范 第6部分：海洋生物调查

GB/T 12763.7 海洋调查规范 第7部分：海洋调查资料交换

GB/T 15919 海洋学术语 海洋生物学

3 术语和定义

GB/T 15919 和 GB/T 12763.6 界定的以及下列术语和定义适用于本文件。

3.1

海洋渔业资源调查 marine fishery resources survey

根据项目任务制订调查计划，按时在选定的目标水域上使用适当的观测和取样手段，获取海洋渔业生物的种类组成、数量分布、群落结构、生物学特征等资源要素资料和样品，同步获取相关的理化和生物环境要素资料和样品，以及进行室内的样品分析和鉴定、资料整理和分析、资源量评估等，并写出调查报告的全过程。

3.2

渔业资源 fishery resources

指天然水域中具有开发利用价值的经济动植物种类和数量的总称，包括鱼类、甲壳类、头足类等游泳动物，贝类、棘皮类、星虫类等底栖无脊椎动物，固着性藻类，以及水母类等浮游性动植物的成体、幼体、卵或种子。

3.3

渔场生物环境 biological environment of fishing ground

指维系渔场生态功能的生物要素，包括浮游生物、底栖生物和潮间带生物的种类组成、数量分布、群落结构以及与渔业生物种群的相互关系等。

3.4

渔获量 catch

用渔业方式从自然水域中获取的有利用价值的生物个体数量或重量。

3.5

资源量评估 fish stock assessment

根据某一目标水域的渔业资源调查资料，使用适当的方法或模型确定渔业生物种群现存量和分布

格局。

4 总则

海洋渔业资源调查的基本程序、调查质量的控制、调查计划的编制、海上作业一般规定、调查船、调查仪器设备、调查人员、调查原始资料和样品的验收、航次调查报告的编写、调查资料和成果归档参照 GB/T 12763.1 的相关规定执行。

5 海洋渔业资源调查

5.1 技术设计和调查要求

5.1.1 技术设计

根据调查任务进行技术设计，其内容包括调查站位、项目和内容、方法、时间、航次次数、预期成果、专业配备、人员素质、船只及器材设备等。应特别注重海上采样和室内分析的技术要求和保证措施。

5.1.2 调查要求

5.1.2.1 调查项目

海洋渔业资源调查的内容包括：

a) 鱼类、虾、蟹类和头足类等游泳动物，贝类、棘皮类和星虫类等经济底栖无脊椎动物以及毛虾、海蜇等经济浮游动物的种类组成和数量分布。

b) 渔业生物的群落结构。

c) 主要渔业种类的体长、体重、年龄、生长、性别、性腺成熟度、生殖力以及摄食等级和食性等生物学特征。

d) 主要渔业种类的资源量评估及种群动态。

e) 主要渔业种类的时空分布与调查水域海流体系、温盐度分布场等理化环境及叶绿素分布场、浮游动植物分布场等生物环境的相互关系。

f) 鱼卵和仔、稚鱼的种类组成、数量分布以及主要渔业种类的早期补充过程等。

5.1.2.2 辅助参数

在海洋渔业资源调查时，应视需要确定与其有关的理化和生物环境辅助参数，并同步进行观测。

5.1.2.3 调查方式

游泳动物渔业资源调查，可选择底拖网调查、渔业声学调查、钓具调查、笼壶调查、鱼卵和仔、稚鱼调查等方式进行。其他渔业资源可选择适宜的方法进行专项调查。

5.2 底拖网调查

适宜近海和陆架区水域的游泳动物渔业资源综合性调查。贝类、棘皮类、星虫类等底栖无脊椎动物和水母类等浮游动物作为底拖网调查的渔获副产品，可根据项目的要求单独进行统计和分析。

5.2.1 技术要求

5.2.1.1 调查时间

调查时间分为如下 2 种形式：

a) 逐月调查。

b) 季度调查：由于我国海域纬度跨度较大，各海区在季节上存在一定差异。因此，在季度调查时，渤海、黄海和东海的季度调查月份宜为 2 月(冬)、5 月(春)、8 月(夏)、11 月(秋)。南海季度调查月份宜为 1 月(冬季)、4 月(春季)、7 月(夏季)、10 月(秋季)。各季度调查的时间间隔应基本相等。如有特殊要求，应酌情增加调查月数。

5.2.1.2 站位布设

根据调查目的设置站位，拖网站位的布设宜分以下 5 种情况：

a) 调查海区水深小于 200 m 时，以格状均匀定点法设置调查站位。一般调查，按经、纬度各 30′设一个站。重点渔场和专项调查，按经、纬度各 15′设一个站。在遇到障碍物的地方，可适当移动站位位置。
b) 调查海区水深大于 200 m 时，按水深和底形的分布设站。根据不同的等深线分布区设置断面定点站位，站位的间距可适当放大。
c) 在河口附近区域，调查站位也可按环境因子梯度采用断面布设。
d) 在海湾水域，可以按水域环境和目标种类分布情况加密设置站位。
e) 通常按以前调查或渔业生产情况，将调查海区划分为几个资源分布较为均匀的小区域。如果对要调查水域的资源分布情况不太了解，可按调查水域的深度、地形、纬度、温度或盐度等进行划分。

5.2.1.3 拖网时间

每站拖网时间为 1 h。拖网速度控制在 3.0 n mile/h 左右，特定海区可定为 4.0 n mile/h。拖网时间的计算，从拖网曳纲停止投放和拖网着底，曳纲拉紧受力时（为拖网开始时间）起至起网绞车开始收曳纲时（为终止时间）止。

5.2.1.4 调查作业时间

调查取样应在白天进行。如限于 24 h 内进行，应在调查前进行昼夜间的拖网渔获组成和渔获率对比试验。

5.2.1.5 调查船

应优先选择专业调查船。如受条件限制，可选择适于在调查海区作业且设备条件良好的渔船作为调查船。具有调查用的甲板及拖网绞车等机械设备；具有进行样品分析所需的实验室或场所；有调查需要的电源；船尾适于拖网作业，可低速航行。

5.2.1.6 调查船和调查网具性能一致

在同一项目调查中，应保持调查船性能和调查网具的性能和规格的一致性。如有明显的差异，应做对比实验，求出差异系数，以保证调查资料有良好的可比性。

5.2.2 主要仪器设备

5.2.2.1 取样网具

取样网具应满足以下条件：

a) 选取选择性能小的底拖网作为调查网具，包括调查专用底拖网或渔业生产的双船型或单船型底拖网（参见 GB/T 5147），网囊网目 20 mm 左右。囊网应加网目尺寸为 20 mm 左右的衬网。以虾类调查为主的底拖网囊网网目可定为 10 mm，特定海区调查的底拖网囊网网目可定为 30 mm 或 40 mm。
b) 调查船备有备用的网具和曳纲、浮子等属具。

5.2.2.2 起放网设备

绞纲机、钢丝绳、起网吊杆等，均应适应游泳动物拖网的要求。

5.2.2.3 探鱼设备

垂直探鱼仪。

5.2.2.4 实验设备

生物分类、测定、称量器械和样品冷藏设备。

5.2.3 网具性能测定

5.2.3.1 网具结构参数

网具主尺度（浮子纲长度、网口周长、网身长度）、网衣、纲索和属具等参数。

5.2.3.2 网口面积

按调查设计的 3.0 n mile/h 拖速，用网位仪测定网具的袖端间距、网口高度和离底距离，计算网口面积。

5.2.4 采样

5.2.4.1 操作程序

拖网采样的操作程序按下列步骤进行：

a） 记录各项渔捞参数：应将每站各项参数记录于表 A.1（见附录 A）。
b） 放网：拖网船在到站前 2 n mile 处停车下网，拖网放出的曳纲长度视拖网船的速度和水深、流速、底质等情况而定。应正确测定开始拖网时的船位。
c） 曳网：拖网船下网后，向设定的站位方向拖曳，应保持恒定的拖速。双拖网两船并行拖网时，应保持在能让网口充分张开的间距，应掌握拖网方向、速度并随时调整两船间距到合适的距离。
d） 起网：起网前应正确测定船位，收绞两条曳纲时，其速度应保持一致。如遇到不正常情况，提前 0.5 h 以上起网；或遇到网具重大破损事故，导致渔获物生产明显误差时，应重新拖网。

5.2.4.2 渔获处理

渔获物处理按以下步骤进行：

a） 渔获收集：为避免网次间渔获物的混合，造成交叉误选，起网过程中应尽量将网衣内的渔获抖出或抖至囊网处；当拖网网囊吊上甲板，囊网系绳须全部松开，并抖净，以免囊网存鱼；散落在甲板的渔获应尽量收集干净，下一网次前应将甲板冲洗干净。
b） 留取样品：渔获物全部倾倒于甲板上后，按要求进行样品处理。根据渔获情况和调查目的，先将个体较大和重要的种类单独挑出装入鱼箱，其余的渔获物混合装箱（每箱重约 20 kg），每箱进行称重，记录渔获量。若渔获不足 2 箱，全部取样分类；超过 2 箱，随机取 2 箱样品。大型水母应单独取样估算。样品如不在现场分析，应装箱（袋）称重、扎好标签，做好记录，及时冷冻保存；特殊样品可用纱布（袋）包装，做好标签和记录后，放入装有浓度为 5%～10%的甲醛或 70%～75%的酒精容器内保存。
c） 样品分类：每网样品必须按种分类。对每一个种的渔获物称总重量、记录总尾数。当渔获较多进行部分取样时，从所有样品中挑拣出的大个体样品要与部分取样的小个体混合样品分别处理。现场不能鉴定到种的渔获种类应留取样品，做好记录，及时冷冻保存；或者用纱布（袋）包装，做好标签和记录后，放入装有浓度为 5%～10%的甲醛或 70%～75%的酒精容器内保存。
d） 渔获种类的组成：按表 A.1 要求，应以可分类到的最低阶元等内容记录。
e） 渔获数量统计：按种类称重、计数；测量鱼体最大、最小体重和长度（个体重量精确到 g，长度精确到 mm），并记录于表 A.1，计算全部渔获物的重量和尾数。取样样品的总重量应以样品中各种类总重之和为准，并以此计算每箱样品的平均重量，从而计算该网渔获的总重。拖网渔获物中的贝类、棘皮类、星虫类等底栖无脊椎动物，固着性藻类，以及水母类等浮游生物体应作为渔获物副产品单独称重、计数和统计。
f） 收集生物学测定样品：应采用随机取样法收集各种类的样品，每种每次取样不少于 50 尾，不足 50 尾全取。按大、小个体取样分类的种类，应同时分别留取生物学测定样品，并分开单独测定，其生物学特征数据按比例进行加权平均处理。
g） 编号与保存：需要带回陆上实验室进行生物学测定的样品应进行明显标志、编号，并表明捕获时间、站号和航次。入仓速冻或低温保存。

5.2.5 样品处理与分析

5.2.5.1 主要仪器设备

进行样品处理和分析的主要仪器有：

a） 显微镜、体视显微镜。

b) 提秤、台秤或电子秤。

c) 天平(感量 0.1 g、0.01 g 和 0.001 g 各一台)和卷尺。

d) 量鱼板(长度 500 mm 以上,每格 1 mm)。

5.2.5.2 核对样品

每航次调查结束,应认真核对保存样品和记录是否相符。

5.2.5.3 生物学测定

5.2.5.3.1 鱼类

鱼类生物学测定包括:

a) 取样:从 5.2.4.2f)中取样,测定前将鱼体洗净、沥干、顺序排序和编号,依次进行各项测定,分别记录于表 A.2。

b) 长度:按鱼种选测。

  1) 全长:自吻端至尾鳍末端的长度,鳎类以全长代表鱼体长度,其他鱼类以全长为辅助观测项目;

  2) 体长:自吻端至尾椎骨末端的长度,尾椎骨末端易于观测的石首鱼科、鲷科、鲆科、鲽科等以体长代表鱼体长度;

  3) 叉长:自吻端至尾叉的长度,鲭科、鲹科、鲱科、鳀科等尾叉明显的鱼类以叉长代表鱼体长度;

  4) 肛长:自吻端至肛门前缘的长度,尾鳍、尾椎骨不易测量的海鳗、带鱼等以肛长代表鱼体长度;

  5) 体盘长:自吻端至胸鳍后基的长度,胸鳍扩大与头相连构成体盘的鳐属、魟属等以体盘长代表鱼体长度。

c) 体重:分为体重和纯体重。

  1) 体重:鱼体的总重量;

  2) 纯体重:除去性腺、胃、肠、心、肝、鳔及体腔内脂肪层的鱼体重量。

d) 年龄鉴定样品:不同鱼类往往以一种年龄资料为主,其他为辅,一般有如下项目:

  1) 按不同鱼种采鳞片或耳石或脊椎骨,装入该鱼体编号袋保存;以耳石为主的鱼类有大黄鱼 *Larimichthys croceus*(Richardson)、小黄鱼 *Larimichthys polyactis*(Bleeker)、带鱼 *Trichiurus japonicus* Temminks et Schlegel、鲐 *Scomber japonicus* Houttuyn、蓝点马鲛 *Scomberomorus niphonius*(Cuvier)等;以鳞片为主的有鳓 *Ilisha elongata*(Bennett)、太平洋鲱 *Clupea harengus pallasii* Valenciennes、蓝圆鲹 *Decapterus maruadsi*(Temminks et Schlegel)等;以脊椎骨为主的有绿鳍马面鲀 *Thamnaconus septentrionalis*(Gunther)等;

  2) 鳞片:采鳞片前应除去浮鳞,取鱼体第 1 背鳍前部下方至侧线上方或鱼体中部一定部位的鳞片 10 枚~20 枚,若该处鳞片脱落可取胸鳍覆盖处的鳞片;

  3) 耳石:切开颅顶骨或翻开鳃盖,切开听囊,取出一对矢耳石,清洗保存;

  4) 脊椎骨:取基枕骨后的脊椎骨 10 节,除去附骨及肌肉,按测定的编号顺序以细线拴好,阴干保存。

e) 性腺取样与观测:

  1) 区分性别:剖开鱼体胸腹腔,按性腺鉴别雌(♀)、雄(♂),不能分辨雌雄者则记为雌雄不明;

  2) 性腺成熟度:一般采用目测法,根据性腺不同发育阶段外观形态特征将性腺成熟度划分为 6 期(见附录 B.1);称重法,最大误差不超过±0.2 g,按式(1)计算其占鱼体纯体重的千分数——性腺成熟系数:

$$K_m=\frac{W_s}{W_p}\times 1000 \quad\cdots\cdots(1)$$

式中：

K_m——性腺成熟系数；

W_s——性腺重，单位为克(g)；

W_p——鱼体纯重，单位为克(g)。

3） 性腺重量：卵巢或精巢的重量；

4） 每次按不同鱼体长度收集4期的卵巢标本10个，放入注有种名、编号、采样时间和站号的标签，用5%甲醛溶液固定，供计数怀卵量。如需作性腺切片观察则需用波恩氏液固定。

f） 消化道(肠、胃)取样与观测：

1） 取样：每次取样25个或50个，放入注有种名、编号、采样时间和站号的标签，用5%甲醛溶液固定，供胃含物分析；

2） 摄食强度观测：

目测法：根据胃内食物充满情况，摄食强度划分5级(见C.1)；

称重法：称消化道内食物重量，按式(2)计算其占鱼体纯体重的千分数——饱满系数：

$$K_f\doteq\frac{W_e}{W_p}\times 1000 \quad\cdots\cdots(2)$$

式中：

K_f——摄食饱满系数；

W_e——消化道内食物重，单位为克(g)；

W_p——鱼体纯重，单位为克(g)。

3） 胃含物分析：将胃含物样品吸去水分，用感量为0.01 g的天平称总重量。计数胃含物中各种饵料生物的个数，并分别称重。

5.2.5.3.2 虾类

虾类生物学测定包括：

a） 取样：从5.2.4.2f)中取样，测定前将雌雄虾体分别按顺序排列和编号，并依次进行各项测定，记录于表A.3。

b） 性别、性比：对虾类根据交接器、真虾类根据生殖孔的位置分辨雌雄，并统计雌雄虾所占百分比。

c） 长度、重量：

1） 头胸甲长：眼窝后缘至头胸甲后缘的长度；

2） 体长：眼窝后缘至尾节末端的长度；

3） 体重：虾体总重量。

d） 交配率：在虾类交配季节，计算已交配雌虾所占的百分率。

1） 对虾类：已交配的雌虾，交接器内充满乳白色精液；

2） 真虾类：抱卵的雌虾为已交配。

e） 性腺成熟度：剪开雌虾头胸甲，按对虾类(以中国对虾 *Fenneropenaeus chinensis* Osbeck 为例)性腺成熟度标准分为6期(见B.2)。

f） 摄食强度：现场取虾类头胸部或胃，每次25个或50个，放入注有种名、编号、采样时间和站号的标签，用5%甲醛溶液固定，按胃含物的多少分为4级(见C.2)。

5.2.5.3.3 蟹类

虾类生物学测定包括：

a） 取样：从5.2.4.2f)中取样，测定前将雌雄蟹体分别按顺序排列和编号，并依次进行各项测定，记录于表 A. 4。

b) 性别、性比：按腹部形状区分雌雄，计算百分率。

c) 长度、宽度：

1) 头胸甲长：从头胸甲的中央刺前端至头胸甲后缘的垂直距离；

2) 头胸甲宽：头胸甲两侧刺之间的距离(必测项)；

3) 腹部长：尾节末端至腹部弯折处的垂直距离；

4) 腹部宽：第五、第六腹节间缝的长度。

d) 体重：蟹体总重量。

e) 性腺成熟度：以三疣梭子蟹 *Portunus trituberculatus* (Miers)为例，性腺成熟度分为 6 期(见 B. 3)。

f) 交配率：在蟹类交配季节，计算已交配雌蟹数占总雌蟹的百分比。雌性幼蟹首次交配后，腹部由三角形变为椭圆形，体内的两个储精囊内各有一个精荚。

g) 摄食强度：见 5. 2. 5. 3. 2f)。

5.2.5.3.4 头足类

头足类生物学测定包括：

a) 取样：从 5. 2. 4. 2f)中取样，测定前将雌雄样品分别按顺序排列和编号，并依次进行各项测定，记录于表 A. 5。

b) 性别、性比：雄性个体如曼氏无针乌贼和日本枪乌贼，左侧第四腕茎化为交接腕。分别计算雌雄的百分率。

c) 胴长：乌贼类、枪乌贼类和柔鱼类沿胴体背部中线，章鱼类沿胴体腹部中线，按雌雄分别测定胴体全长。

1) 无针乌贼类：自胴体前缘突起量至后缘凹陷处；

2) 有针乌贼类：自胴体前缘量至螵峭的尖端；

3) 枪乌贼类和柔鱼类：自胴体前缘量至胴体末端；

4) 章鱼类：自胴体前缘量至胴体末端。

d) 体重：个体总重量。

e) 性腺成熟度：以曼氏无针乌贼 *Sepiella maindronide* Rochebrune 和日本枪乌贼 *Loligo japonica* Hoyle 为例，性腺成熟度分为 5 期(见 B. 4)。

f) 摄食强度：同鱼类(见 C. 1)。

5.2.6 资源量评估

5.2.6.1 扫海面积法

用扫海面积法估算资源量，资源密度按式(3)计算，总资源量按式(4)计算。

$$\rho = C/aq \qquad (3)$$

$$B = \rho \times A \qquad (4)$$

式中：

ρ——资源密度，单位为千克或尾数每平方千米(kg/km^2 或 ind/km^2)；

C——平均每小时拖网渔获量，单位为千克或尾数每网每小时[kg/(net · h)或 ind/(net · h)]；

a——网具每小时扫海面积，单位为平方千米每网每小时[km^2/(net · h)]；

q——为网具的捕获率(捕捞系数)，$0 < q < 1$；

B——总资源量，单位为千克(kg)；

A——调查海区总面积，单位为平方千米(km^2)。

5.2.6.2 捕获率

按调查网具的性能、操作人员作业水平和捕捞对象，选定捕获率，分为以下几类：

a) 底栖鱼类：是贴底或近贴底生活的种类，主要包括鳐目、鲉虎鱼亚目、杜父鱼亚目、鲽形目、鮟鱇目的鱼类以及虾、蟹类，捕获率的参考值为 0.6～1.0。

b) 中上层鱼类：是分布在中上层、活动能力较强的种类，主要包括鲱形目、鲈形目的鲹科、鲭亚目、鲳亚目等鱼类，捕获率的参考值为 0.1～0.4。

c) 底层鱼类：是介于底栖鱼类和中上层鱼类之间的种类，有一定的活动能力，并有昼夜垂直移动习性，主要包括板鳃类的侧孔总目、鲑亚目、灯笼鱼目、鳕形目、海龙目、鲻形目、鲈形目的鮨科、大眼鲷科、发光鲷科、天竺鲷科、鱚科、石首鱼科、鲷科、锦鳚科、带鱼科、鲀形目的鱼类以及头足类，捕获率的参考值为 0.4～0.6。

5.2.6.3 计算方法

可先计算出每一小区[如 0.5°(纬度)×0.5°(经度)]、每一种生物资源的密度和资源量，然后再累加算出调查海区的资源量。

5.2.7 资料整理

5.2.7.1 拖网卡片

拖网卡片的整理分为以下几部分：

a) 计算游泳动物及其种类组成：计算各拖网站游泳动物及其各种类的渔获量和尾数，以及各主要种类的重量在各站总渔获量中所占的百分比。按鱼、虾、蟹类和头足类及其分类系统的顺序列出种名(学名)，分别填写统计报表。主要种类渔获数量记录于统计表 A.6。渔获物副产品应单独统计，记录于表 A.6 的游泳动物种类之后，并单独填写统计报表。

b) 绘制资源密度分布图：一般以相对资源量指数[kg/(net·h)]或相对资源密度指数[ind/(net·h)]按不同大小的圆圈或等值线表示，图示的取值标准可根据各站总渔获量和主要种类的数量值分为 5 个等级。渔获物副产品不计入资源密度。

c) 绘制每航次调查的游泳动物种类组成和数量百分比图。

5.2.7.2 生物学测定资料

按雌、雄性分别整理，包括以下内容：

a) 长度：

 1) 将每次测定的个体长度资料按长度组整理，统计长度分布频数和频率，并分别记录于表 A.7、表 A.8、表 A.9 和表 A.10；

 2) 鱼类长度分组的组距一般为 10 mm，如 10 mm～20 mm、……100 mm～110 mm、……220 mm～230 mm，中值为 15 mm、……105 mm、……225 mm，对鱼体长度过长或过短的种类也可将组距定为 20 mm 或 5 mm；

 3) 虾类体长、头足类胴长和蟹类甲宽超过 50 mm 者，以 5 mm 为一组距；小于 50 mm 者，以 2 mm 为一组距；

 4) 每个航次调查结束后，测定种类按长度组成(尾数和百分比)，优势体长组所占百分比，最大、最小长度，平均长度记录于表 A.7。

b) 重量：项目和方法与长度相同。应根据各鱼种的体重情况分组，计算各组的百分比和平均重量，记录于表 A.7。

c) 性腺资料分析：

 1) 分别统计雌、雄鱼体尾数，计算其所占百分比，记录于表 A.7；

 2) 统计雌、雄鱼性腺成熟度各期尾数，计算其所占的百分比，记录于表 A.7；虾、蟹类及乌贼等用以上方法统计计算，分别记录于表 A.8、表 A.9 和表 A.10；

 3) 计数怀卵量：将保存的卵巢样品吸干外表的水分，用感量 0.01g 的天平称总重量，误差为±5%，计算卵子总数量(怀卵量)，记录于表 A.13。

d) 摄食强度和胃含物资料：

1) 按雌、雄分别统计每种类摄食强度的尾数,计算各摄食强度的百分比,分别记录于表 A.7、表 A.8 和表 A.10;

2) 胃中发现的各种饵料生物,按个数或各种成分的重量计算其百分比。

5.3 声学调查

适宜中上层鱼类的资源调查。近海和陆架区水域的渔业资源综合性调查,可采用底拖网/声学调查方式进行。其中,底层鱼类、底栖鱼类和虾、蟹类资源调查以底拖网调查为主,中上层鱼类和头足类资源调查以声学调查为主。

5.3.1 技术要求

5.3.1.1 调查时间

调查时间应按调查的主要目的而定。以目标种类资源量评估为主的调查航次,宜选择调查对象分布较为集中、分布格局较为稳定的时期进行。底拖网/声学调查的航次时间参照 5.2.1 的规定。

5.3.1.2 调查航线

按调查区域的地理形状,调查航线一般分为平行断面型和“之”字型两种。“之”字型航线主要用于沿岸线呈狭长带状分布或环岛屿分布的生物资源调查;平行断面则适用于除调查区域特别复杂外的绝大部分海域,是航线设计的首选。

5.3.1.3 站位布设

站位布设分为以下两种:

a) 在预设站位的基础上,按鱼群声学映像的分布水层适量增设底层或变水层拖网取样站位。这种布站策略适用于渔业生物群落结构和主要目标种类并重的调查。

b) 不预设取样站位,在调查过程中完全按实时观测的鱼群声学映像进行拖网取样。这种布站策略适用于为某些目标种类资源量评估而设计的调查。

5.3.1.4 调查航速

调查时的走航船速以(10±2) kn 为宜。

5.3.2 调查数据采样

5.3.2.1 主要工具与设备

声学调查的主要工具和设备包括:

a) 调查船为装有回声探测—积分系统、能进行底拖网和变水层拖网取样、自噪声较低的渔业资源专业调查船。

b) 取样网具为选择性较低的专用调查网具,包括底层拖网和变水层拖网。

c) 主要仪器设备为科研用回声探测—积分系统;声学仪器校正的成套工具;声学数据下载、存储及后处理系统;计算机、数据光盘刻录机或其他大容量数据存储媒介;彩色映像打印机;网具监测系统;导航定位仪、航速仪(计程仪)等。

5.3.2.2 技术准备

声学调查的技术准备有以下几方面:

a) 在调查开始及航次结束时,应严格按照仪器操作要求对回声探测—积分系统各进行一次声学校正,以确保原始声学数据的准确性。

b) 深入了解调查对象的生态习性和声学映像特征,以便调查时根据实时观测的鱼群声学映像进行拖网取样。

c) 准确查明或现场测定调查对象和各主要渔获种类的目标强度,以对调查对象进行定量声学评估。

5.3.2.3 声学数据的采集

声学数据的采集有以下规定:

a) 积分起始水层:起始积分水层至少应为换能器近场距离的 2 倍。常用工作频率为 38 kHz 和 120 kHz 回声探测—积分系统的积分起始水层一般为 3 m～5 m。

b) 积分终止水层:当水深＜1 000 m 时,积分至海底之上 0.5 m～1 m;当水深＞1 000 m 时,积分至 1 000 m。

c) 积分水层厚度:基本等间距设置。根据水深可选 5 m、10 m、20 m、50 m、100 m 或 200 m。

d) 基本积分航程单元:当调查范围的尺度较小时选 1 n mile;当调查尺度是 5 n mile 的多倍时选 5 n mile。

5.3.2.4 生物学数据的采集

在预设站位及映像密集区投放底层或变水层拖网采集产生回波映像的生物样品。进行变水层拖网时应使用网具监测系统进行瞄准捕捞。根据映像密度情况作 10 min～60 min 有效拖曳,获取适量样品进行生物种类组成与各渔获种类的体长、体重组成分析。

5.3.2.5 观测记录

调查过程中值守人员应填写观测记录,内容包括每一基本积分航程单元结束时刻的航程、时间、水深和经纬度等数据;调查信息栏则据情填写包括船舶行程信息、拖网信息、站位、海况、气象、现场渔业生产船动态以及其他可供映像分析参考的相关信息等。

5.3.3 数据处理

5.3.3.1 声学数据的预处理

排除偶尔出现的非生物来源回波信号,如气泡、不规则海底及本底噪声等,对原始积分值进行必要的修正。

5.3.3.2 生物学数据的预处理

统计、计算各网次渔获物中除底栖虾蟹类和鲆鲽类等非常贴底鱼种之外的所有鱼种和头足类的尾数、体长分布、平均体长、均方根体长、平均体重等数据,供积分值分配和生物量密度计算之用。

5.3.3.3 映像分析和积分值分配

以基本积分航程单元为单位进行映像分析和积分值判读。根据生物学取样资料和映像特征来鉴别产生回波映像的目标生物种类,并将预处理后的总积分值(s_A)分配给对回声积分作出贡献的每一生物种类。

5.3.4 资源量评估

5.3.4.1 断面法

以断面观测值代表断面两侧各半个断面间距海域内的平均值。各断面所代表海域资源量之和即为调查范围内的总资源量。

某一给定断面所代表海域内评估种类的资源尾数(N,个)和生物量(B,g)分别按式(5)和式(6)计算。

$$N=\frac{\bar{s}_A\times D\times S}{\bar{\sigma}} \quad\cdots\cdots(5)$$

$$B=N\times\overline{w} \quad\cdots\cdots(6)$$

式中:

$\bar{s}_A$——断面内评估种类的平均积分值,单位为平方米/平方海里($m^2/n\ mile^2$);

D——断面长度,单位为海里(n mile);由断面起止经纬度算得;当纬度为 θ 时,一个经度的里程为 $60\cdot\cos\theta$ n mile;

S——断面间距,单位为海里(n mile);

$\bar{\sigma}$——断面内评估种类的平均声学截面,单位为平方米(m^2);

$\overline{w}$——断面所代表海域内评估种类的平均体重,单位为克(g)。

5.3.4.2 方区法

将整个调查范围划分为若干小方区，以方区为单元进行计算，各方区内资源量之和即为调查范围内的总资源量。

某一给定方区内评估种类的资源尾数（N，尾）和生物量（B，g）分别按式（7）和式（8）计算。

$$N=\frac{\bar{s}_A \times A}{\bar{\sigma}} \tag{7}$$

$$B=N\times\bar{w} \tag{8}$$

式中：

$\bar{s}_A$——方区内评估种类的平均积分值，单位为平方米每平方海里（m^2/n $mile^2$）；

A——方区面积，单位为平方海里（n $mile^2$）；

$\bar{\sigma}$——方区内评估种类的平均声学截面，单位为平方米（m^2）；

$\bar{w}$——方区内评估种类的平均体重，单位为克（g）。

采用分区法进行资源评估，当航线恰巧落在分区边界时，应预先约定航线上的观测值所代表的方区；同一观测值不能在不同方区内重复使用。

5.4 钓具调查

适宜部分捕食性鱼类的资源调查。对那些受地形和水域深浅限制无法进行底拖网调查的渔场，如海山斜坡、岩礁区和珊瑚礁区海域以及近岸浅水区和海草（藻）床水域等，也可选用钓具类渔具开展渔业资源专项调查。

5.4.1 技术要求

5.4.1.1 调查时间

参照5.2.1的规定。

5.4.1.2 钓具

根据钓具的结构和作业性能，针对不同调查区域和目标种类，选用下列4类钓具进行调查取样：

a) 漂流延绳钓：适用于渔场广阔、潮流较缓的海区钓捕金枪鱼、旗鱼、鲨鱼、石斑鱼、鲷和鳗鱼等。
b) 定置延绳钓：适用于水流较急、渔场面积狭窄的海区（如岛屿、海山斜坡）钓捕金线鱼、鲷科及石首鱼科鱼类。
c) 曳绳钓：适用于渔场广阔、潮流较缓的海区钓捕金枪鱼、马鲛鱼等游速较快的鱼类。
d) 垂钓：适用于岩礁和珊瑚礁底质海区钓捕石斑鱼、鲷、鲉、鲈等恋礁性鱼类以及大洋区灯诱钓捕鱿鱼。

5.4.1.3 站位布设

根据调查目的设置站位：

a) 金枪鱼漂流延绳钓、曳绳钓和光诱鱿鱼钓调查，以格状均匀定点法设置调查站位。一般调查，按经、纬度各1°设一个站。重点渔场和专项调查，视渔获情况增设站位。
b) 岛屿、海山斜坡水域定置延绳钓调查和近岸岩礁区、海草（藻）床水域垂钓调查，可根据以前的调查或渔业生产情况，将调查海区划分为几个资源分布较为均匀的小区域；或根据调查水域的深度、地形、水流等进行划分。

5.4.1.4 作业时间

可根据不同类型钓具的作业特征和习惯来确定。

5.4.2 调查内容

包括渔获种类组成、数量分布、目标鱼种群体结构和生物学特征等。

5.4.3 渔获处理和样品分析

参照5.2.4和5.2.5的规定。

5.4.4 资料整理

参照5.2.7的规定。

5.5 笼壶调查

适宜穴居性鱼类的资源调查。在底拖网和延绳钓等难以作业的地形起伏较大的海域,以及岩礁区、珊瑚礁区海域和红树林、海草(藻)床水域等,可选用笼壶类渔具开展渔业资源专项调查。

5.5.1 技术要求

5.5.1.1 调查时间

参照2.2.1的规定。

5.5.1.2 笼具

按调查的目标种类,选用下列2类不同作业性能笼具进行调查取样:

a) 洞穴型笼具:目标种类为蛸类。

b) 倒须型笼具:目标种类为底层鱼类、虾蟹类和头足类、贝类。

5.5.1.3 站位布设

按调查目的和以前的调查或渔业生产情况,将调查海区划分为几个资源分布较为均匀的小区域;或根据调查水域的深度、地形和水温、盐度等情况设置站位。

5.5.1.4 作业时间

每站调查放置笼具的时间为1 d。

5.5.2 调查内容

包括渔获种类组成、数量分布、目标鱼种群体结构和生物学特征等。

5.5.3 渔获处理和样品分析

参照2.2.4和2.2.5的规定。

5.5.4 资料整理

参照2.2.7的规定。

5.6 鱼卵和仔、稚鱼调查

鱼卵和仔、稚鱼作为渔业资源的重要组成部分,在进行渔业资源底拖网调查或声学调查时,应同步进行鱼卵和仔、稚鱼调查。产卵群体的资源量评估应选择目标鱼种的产卵盛期进行鱼卵和仔、稚鱼专项调查。

5.6.1 技术要求

5.6.1.1 调查时间

参照2.2.1的规定,或选择目标鱼种的产卵盛期。

5.6.1.2 站位设置

以格状均匀定点法设置调查站位。根据产卵场范围,调查站位的经、纬度间隔可设定为30′、10′或5′。

5.6.1.3 调查内容

鱼卵和仔、稚鱼的种类组成和数量分布,早期补充过程和产卵群体资源量评估等。

5.6.1.4 采样

采样设备和方法参照GB/T 12763.6—2007中9.2的规定。

5.6.2 样品分析

参照GB/T 12763.6—2007中9.3的规定。

5.6.3 资料整理

参照GB/T 12763.6—2007中9.4的规定。

5.6.4 产卵群体资源量评估

对那些产卵过程在较短时间内完成的一次性产卵鱼种，可选用鱼卵丰度法评估浮性卵产卵群体的数量。

5.6.4.1 背景资料

对调查海区的产卵群体年龄和性别结构、各龄产卵雌鱼的平均绝对生殖力（怀卵量）、产卵场范围和鱼卵漂浮路线等应有较为充分的近期或同期调查资料。

5.6.4.2 计算公式

按式(9)和式(10)计算鱼卵丰度法评估资源量。

$$N=nQ/q \quad (9)$$

$$S=N/Fr \quad (10)$$

式中：

N——调查海区某鱼种的鱼卵总数量，单位为粒(egg)；

n——平均每网拖取的该鱼种鱼卵数量，单位为粒/网(egg/net)；

Q——调查海区的面积，单位为平方千米(km^2)；

q——水平拖网每网拖曳的扫海面积，单位为平方千米/网(km^2/net)；

S——该鱼种生殖群体总数量，单位为尾(ind)；

F——该鱼种平均绝对生殖力（怀卵量），单位为粒/尾(egg/ind)；

r——该鱼种雌鱼在生殖群体中所占比例，单位为百分率(%)。

6 渔场生物环境调查

渔场生物环境调查包括叶绿素、初级生产力、浮游生物、底栖生物和潮间带生物调查。调查规范参照 GB/T 12763.6—2007 的规定。

7 调查资料处理

7.1 调查资料的形式和通用文件结构

7.1.1 调查资料的形式

调查资料的形式包括：

a) 以数值为主体的调查资料为数值型资料。

b) 以字符为主体的调查资料为字符型资料。

c) 以图形或声像为主体的调查资料为图像型资料。

d) 有保存价值的样品或标本为实物型资料。

7.1.2 调查资料的载体形式

调查资料的载体形式包括：

a) 纸质载体。

b) 电子载体。

c) 声像载体。

d) 实物载体。

7.1.3 调查资料的通用文件结构

通用文件结构由三部分构成：表头部分、资料内容部分和末尾部分。

a) 表头部分：包括调查机构、调查船、调查计划、航次号、站号、断面号、经度、纬度、观测时间、调查环境状况、密级和仪器等项目。

b) 资料内容部分：各要素的调查数据。

c) 末尾部分:包括文件报送单位、制作单位、制作人、复核人、文件制作日期等项内容。

7.2 调查资料的处理

7.2.1 电子载体

7.2.1.1 **电子载体的标记有:**

a) 外部标记:记录调查资料的磁盘和光盘等电子机读载体,应加贴标签。标签的内容和样式见表1。

表1 海洋生物资源调查资料的标签样式

磁盘和光盘容量:__________ KB或MB 盘带编号:__________
资料种类:__________质控情况:已处理/未处理
制作单位:____________________
制作时间:__________年__________月__________日 制作人:__________

b) 内部标记:第一个记录应是标题记录,其他记录内容应包括文件报告单位、制作单位、制作人、复核人、文件内容描述、文件制作日期和数据质控情况等。

7.2.1.2 机读文件在归档、报送和交换的同时,应附以详细的格式、格式说明和代码说明。

7.2.2 调查资料的记录

7.2.2.1 报表与电子载体记录格式的一致性:电子载体文件与报表具有同等效力,应优先使用电子载体文件。

7.2.2.2 记录的一般规定有:

a) 填写数字项,首先要对齐小数点的位置。

b) 数字项目,右靠齐记录;字母、数字和字母混合型项目,左靠齐记录。

c) 缺测项目以标识横杠"-"记入该项。

d) 经、纬度记录到十分之一时,由秒到分转换的舍入原则是四舍五入。

e) "备注"栏留作未规定情况说明使用。

7.2.3 调查资料报表

7.2.3.1 报表的编制,遵守以下规定:

a) 调查人员要逐项按规定编制调查资料报表。

b) 填写前应全面审查原始记录表,发现可疑数据应认真核对,按规定在报表中填写相应的质量符。

c) 严格抄、校制度,应对报表进行检查和校对。对于特殊情况,应在备注栏目内加以说明和记载。

d) 报表的填写应按规定执行。每张报表出现3次以上修改,应重新编制。

e) 抄录人、校对人、复核人等都应在相应栏目中签名,以示负责。

7.2.3.2 报表的规格有:

a) 报表幅面分为4种规格:A3(420 mm×297 mm)、A4(297 mm×210 mm)、B4(364 mm×257 mm)、B5(257 mm×182 mm)。

b) 报表规格允许误差为±3 mm。

7.2.3.3 报表的封面格式见表2,其幅面规格为A3、A4、B4和B5共4种。报表的封面内容也应根据报表的横竖排版要求以相同方式印制。

7.2.3.4 每一航次调查结束后,应将报表按专业分类,按调查时间的先后顺序编写序号进行排列,选取适当规格的封面并填写完整,依航次按专业装订成册。

表 2　海洋渔业资源调查资料的封面格式

调查资料报表　　　总页数：_______　共_______册　第_______册
资料名称：
调查机构：
调查船：
航次号：
调查计划：
调查航次负责人
海区：
调查方式：
调查时间：
密级：

7.3 调查资料处理过程中的质量控制

7.3.1 资料的检验

资料的检验包括：

a) 组织熟悉资料工作的本专业技术人员对资料进行人工审核。

b) 用计算机对资料进行自动质量控制，包括非代码、误码、本要素可能变化范围、唯一性合理性、相关性、航迹图等检验。

7.3.2 资料的验收

资料的验收应按以下程序进行：

a) 资料录入前，应核对录入程序；录入完成后，应对数据进行批处理抽样检查。

b) 抽样率不得低于录入量的5%。误码率(按字符计)低于万分之一为合格。

c) 对不合格的资料应重新复核或视情况重新录入，直到抽样合格为止。

7.4 调查资料的管理和归档

7.4.1 调查资料的管理

按项目管理要求，实行国家统一管理或承担单位自行管理。

7.4.2 调查资料的归档

7.4.2.1 调查结束后，应根据国家档案法及有关规定进行调查资料的汇交归档。

7.4.2.2 归档可采用阶段性归档和总结性归档两种方式。前者适用于大型长期调查项目的阶段性归档；后者适用于一般项目的调查结束后，将其过程中的全部文件、资料进行归档。

7.4.2.3 调查资源的归档，应经相应档案管理部门验收合格，盖章后方可承认其本项职责的完成。

7.4.2.4 凡未完成归档的项目，均不得进行成果鉴定和评审。

7.4.2.5 凡已归档的调查资料和有关档案，在应征得原调查单位同意或超过规定的保密期限自行解密后，可对外开放服务。

附 录 A
(规范性附录)
海洋渔业资源调查和分析记录表格式

A.1 游泳动物拖网卡片记录格式见表 A.1。

表 A.1 游泳动物拖网卡片

共________页第________页

海区____________船名____________航次____________站号____________拖网号次____________日期____________

风向____________________风力____________________天气____________________气温____________________

放网时间____hh：____mm____经纬度______________________________XX°YY′深度____________________m

起网时间____hh：____mm____经纬度______________________________XX°YY′深度____________________m

拖网类型________________曳网长度________________m 两船拖网间距________________m

拖速________________kn 拖网时间________________min 总渔获量________________kg

渔获物种类组成

种名	重量,g	尾数,尾	取样比例	长度范围,mm	体重范围,g	备注

记录________________校对________________

A.2 鱼类生物学测定记录格式见表 A.2。

表 A.2 鱼类生物学测定记录表

共______页第______页

种名____________海区____________船名____________航次____________站号____________

水深____________m 采样时间____________网具____________渔获量____________kg

编号	长度,mm			重量,g			性别		性腺成熟度	摄食强度	年龄	备注
	全长	体长		体重	纯重	性腺重	♀	♂				

测定____________记录____________校对____________日期__________年__________月__________日

A.3 虾类生物学测定记录格式见表 A.3。

表 A.3 虾类生物学测定记录表

共________页第________页

种名________________海区________________船名________________航次________________站号________________

水深________________ m 采样时间________________网具________________渔获量________________ kg

编号	长度,m		重量,g		性别		性腺成熟度	摄食强度	已交配虾	备注
	体长	头胸甲长	体重	性腺重	♀	♂				

测定________________记录________________校对________________日期________________年________________月________________日

A.4 蟹类生物学测定记录格式见表 A.4。

表 A.4 蟹类生物学测定记录表

共________页第________页

种名________________海区________________船名________________航次________________站号________________

水深________________ m 采样时间________________网具________________渔获量________________ kg

编号	头胸甲,m		腹部,mm		重量,g		性别		性腺成熟度	摄食强度	备注
	长度	宽度	长度	宽度	体重	性腺	♀	♂			

测定________________记录________________校对________________日期____________年____________月____________日

A.5　头足类生物学测定记录格式见表 A.5。

表 A.5　头足类生物学测定记录表

共＿＿＿＿页第＿＿＿＿页

种名＿＿＿＿＿＿＿海区＿＿＿＿＿＿＿船名＿＿＿＿＿＿＿航次＿＿＿＿＿＿＿站号＿＿＿＿＿＿＿

水深＿＿＿＿＿＿＿ m 采样时间＿＿＿＿＿＿＿网具＿＿＿＿＿＿＿渔获量＿＿＿＿＿＿＿ kg

编号	长度,mm			重量,g			性别		性腺成熟度	摄食强度	备注
	胴长			体重			♀	♂			

测定＿＿＿＿＿＿＿记录＿＿＿＿＿＿＿校对＿＿＿＿＿＿＿日期＿＿＿＿＿＿年＿＿＿＿＿＿月＿＿＿＿＿＿日

A.6 游泳动物数量统计格式见表 A.6。

表 A.6 游泳动物数量统计表

共______页第______页

海区______________航次______________船名______________船型______________网型______________

调查时间自______年______月______日至______月______日

网序	月	日	站位纬度经度		水深 m	放网时间	起网时间	拖网时间 h	天气	风向风力	底层水温 ℃	单位	总渔获量	主要种类渔获数量										
												kg/(网·h)												
												尾数/(网·h)												
												kg/(网·h)												
												尾数/(网·h)												
												kg/(网·h)												
												尾数/(网·h)												
												kg/(网·h)												
												尾数/(网·h)												
												kg/(网·h)												
												尾数/(网·h)												
												kg/(网·h)												
												尾数/(网·h)												

计算__________校对__________

A.7 鱼类生物学测定记录格式见表 A.7。

表 A.7 鱼类生物学测定统计表

共______页第______页

种名______________海区______________船名______________航次______________站号______

水深______________m 采样时间______________网具______________渔获量______________kg

体长组,mm										合计
尾数										
%										

平均体长=　　　mm　最大体长=　　　mm　最小体长=　　　mm

体重组,g										合计
尾数										
%										

平均体重=　　　g　最大体重=　　　g　最小体重=　　　g

性成熟度(♀)										合计
尾数										
%										

年龄组成										合计
尾数										
%										

表 A.7（续）

摄食强度	0	1	2	3	4	合计
尾数						
%						

性别	♀	♂	合计
尾数			
%			

计算________校对________

A.8 虾类生物学测定记录格式见表 A.8。

表 A.8 虾类生物学测定统计表

共______页第______页

种名____________海区____________船名____________航次____________站号____________

水深____________m 采样时间____________网具____________渔获量____________kg

测定尾数	尾	性组成	♀	交配尾数		%	雌性交配率	%
				未交配尾数		%		
			♂			%		

性腺成熟度		1		2		3		4		5		6		瓶号	
	♀		%		%		%		%		%		%		
	♂		%		%		%		%		%		%		

摄食强度		0		1		2		3		瓶号	
	♀		%		%		%		%		
	♂		%		%		%		%		

重量		平均体重		平均体长		
	♀ g		♀ g/尾		♀ mm/尾	
	♂ g		♂ g/尾		♂ mm/尾	

♀长度组，mm				%	♂长度组，mm				%
初步分析：									

计算________校对________

A.9 蟹类生物学测定统计纪录见表 A.9。

表 A.9 蟹类生物学测定统计表

共________页第________页

种名____________海区____________船名____________航次____________站号____________

水深____________m 采样时间____________网具____________渔获量____________kg

总渔获量		测定尾数		性组成	♀	交配尾数		♂		重量	♀	g
						未交配尾数					♂	g

平均甲长	♀	mm	平均甲宽	♀	mm	平均腹长	♀	mm	平均腹宽	♀	mm	平均体重	♀	g
	♂	mm		♂	mm		♂	mm		♂	mm		♂	g

♀								♂							
头胸甲长度组,mm				腹甲长度组,mm				头胸甲长度组,mm				腹甲长度组,mm			
头胸甲宽长度组,mm				腹甲宽长度组,mm				头胸甲宽长度组,mm				腹甲宽长度组,mm			
初步分析：															

计算__________校对__________

A.10 头足类生物学测定记录格式见表 A.10。

表 A.10 头足类生物学测定统计表

共_______页第_______页

种名____________海区____________船名____________航次____________站号_______

水深____________m 采样时间____________网具____________渔获量____________kg

胴长组,mm											合计
尾数											
%											

平均胴长＝　　mm　最大胴长＝　　mm　最小胴长＝　　mm

体重组,g											合计
尾数											
%											

平均体重＝　　g　最大体重＝　　g　最小体重＝　　g

性成熟度♀											合计
尾数											
%											

摄食强度	0	1	2	3	4	合计
尾数						
%						

性别	♀	♂	合计
尾数			
%			

计算____________校对____________

A.11 鱼类体长测定记录格式见表 A.11。

表 A.11 鱼类体长测定统计表

共________页第________页

种名________________海区________________ 船名________________航次________________站号________

水深________________ m采样时间________________网具________________渔获量________________ kg

年龄 / 尾数 / 体长组,mm																	共计		各体长组	
	♀	♂	♀	♂	♀	♂	♀	♂	♀	♂	♀	♂	♀	♂	♀	♂	♀	♂	总尾数	%
各年龄组♀或♂所占尾数																				
各年龄组总尾数																				
各年龄组占总尾数%																				

计算____________校对____________

A.12 鱼类体重测定记录格式见表 A.12。

表 A.12 鱼类体重测定统计表

共________页第________页

种名________________海区________________ 船名________________航次________________站号________

水深________________ m 采样时间________________网具________________渔获量________________ kg

年龄 尾数 体重组,g																	共计		各体重组	
	♀	♂	♀	♂	♀	♂	♀	♂	♀	♂	♀	♂	♀	♂	♀	♂	♀	♂	总尾数	%
各年龄组♀或♂所占尾数																				
各年龄组总尾数																				
各年龄组占总尾数%																				

计算____________校对____________

A.13 鱼类怀卵量测定记录格式见表A.13。

表A.13 鱼类怀卵量测定记录表

共_______页第_______页

种名____________海区____________ 船名____________航次____________站号_______

水深____________m 采样时间____________网具____________渔获量____________kg

编号	长度 mm	重量,g		年龄	成熟度	性腺重量 g	取样重量 g	绝对怀卵量		相对怀卵量		备注
		全重	纯重					取样卵数	全部卵数			

测定__________记录__________校对__________

附　录　B
（规范性附录）
游泳动物性腺成熟度

B.1　鱼类性腺成熟度

1 期——性腺未发育的个体。性腺不发达，紧附于体壁内侧，呈细线状或细带状，肉眼不能识别雌雄。

2 期——性腺开始发育或产卵后重新恢复的个体。卵巢呈细管状或扁带状，半透明浅红肉色，肉眼能辨明性别，但看不出卵粒。精巢扁平稍透明，呈灰白色或灰褐色。

3 期——性腺正在成熟的个体。性腺已较发达，卵巢体积增大，占腹腔 1/3～2/3，呈白色或浅黄色，肉眼可看出卵粒。卵粒互相粘连成团块状，难分离。精巢表面呈灰白色或稍具浅红色，挤压精巢，无精液流出。

4 期——性腺即将成熟的个体。卵巢体积较大，占腹腔 2/3 左右，卵粒明显，圆形，呈橘红色或橘黄色，很易彼此分离，轻压鱼腹无成熟卵流出。精巢也显著增大，呈白色，轻压鱼腹能有少量精液流出。

5 期——性腺完全成熟，即将或正在产卵的个体。卵巢饱满，充满体腔，卵粒大而透明，且各自分离，稍加压力，卵粒即行流出。精巢充满精液，呈乳白色，稍加压力，精液即行流出。

6 期——产卵、排精后的个体。性腺萎缩，松弛，充血，呈暗红色。其体积显著缩小，内部常残留少量卵粒或精液。

以上 6 期为一般的划分标准，可根据不同鱼类的情况和需要，对某一期再划分 A 期和 B 期，如 5A 期、5B 期。

若性腺成熟处于相邻的两期之间，就可写出两期的数字，中间加一破折号，如 3——4 期、4——3 期。比较接近于哪一期，就将这一期的数字写在前面，如 4——3 期，表明性腺成熟度比较接近于第 4 期。

如属于性细胞分次成熟，每一生殖季节可多次产卵的鱼类，可根据已产出或余下的性腺发育情况记录，如 4——3 期，表明产卵后卵巢内还有一部分卵粒处于第 3 期，但在卵巢的外观上具有部分第 4 期的特征。

B.2　对虾性腺成熟度

1 期——尚未交配，卵巢未发育，无色透明。

2 期——已交配，卵巢开始发育，卵粒肉眼不能辨别，不能分离，卵巢呈白色或淡绿色。

3 期——肉眼已隐约可见卵粒，但仍不能分离，卵巢表面有龟裂花纹，呈绿色。

4 期——肉眼可辨卵粒，卵巢背面有棕色斑点，表面龟裂，呈淡绿色。

5 期——卵粒极为明显，卵巢膨大，背面的棕色斑点增多，表面龟裂突起，呈淡绿色或浅褐色。

6 期——已产过卵，卵巢萎缩，呈灰白色。

B.3　梭子蟹性腺成熟度

1 期——幼蟹还未交配，腹部呈三角型，性腺未发育。

2 期——已交配，性腺开始发育，呈乳白色，细带状。

3 期——卵巢呈淡黄色或黄红色，带状。

4 期——卵巢发达，红色，扩展到头胸甲的两侧。

5 期——卵巢发达，红色，腹部抱卵。

6 期——卵巢退化，腹部抱卵。

B.4 头足类性腺成熟度

1 期——卵巢很小，卵粒大小相近，卵粒都不透明。

2 期——卵巢较大，卵粒大小不一，小型的不透明卵占优势，有少数透明卵或半透明卵，并有花纹卵粒。输卵管内没有卵粒，缠卵腺较小。

3 期——卵巢大，约占外套腔的 1/4，卵粒大小不一，小型不透明卵很多，约占卵巢的 1/2。输卵管中有卵粒，卵粒彼此相连，大约占整个卵数的 1/3，有些卵粒还未成熟，缠卵腺较大。

4 期——卵巢很大，约占外套腔的 1/3，卵粒大小显著不同，小型不透明卵占多数，约占卵巢的 1/3。输卵管中卵粒很多，约占整个卵数的 1/2。缠卵腺很大，约占外套腔的 2/5。

5 期——卵巢十分膨大，约占外套腔的 1/2，小型不透明卵很少，其卵径亦小，输卵管中卵粒多而大，约占整个卵数的 3/5，透明卵一般分离，呈草绿色。缠卵腺十分肥大，呈白色，其中充满黏性液体，表面光滑发亮，约占外套腔的 1/2。

6 期——已产过卵，卵巢萎缩，其中有少量卵粒稍呈灰褐色。输卵管中尚有透明卵存在。缠卵腺干瘪略呈黄色，表面皱纹很多，约占外套腔的 1/3。

附　录　C
（规范性附录）
游泳动物摄食强度

C.1　鱼类摄食强度

0级——空胃。

1级——胃内有少量食物，其体积不超过胃腔的1/2。

2级——胃内食物较多，其体积超过胃腔的1/2。

3级——胃内充满食物，但胃壁不膨胀。

4级——胃内食物饱满，胃壁膨胀变薄。

C.2　虾类摄食强度

0级——空胃。

1级——胃内仅有少量食物（少胃）。

2级——胃内食物饱满，但胃壁不膨大（半胃）。

3级——胃内食物饱满，且胃壁膨大（饱胃）。

参 考 文 献

程济生．2004. 黄渤海近岸水域生态环境与生物群落．青岛:中国海洋大学出版社．

董正之．1991. 世界大洋经济头足类生物学．济南:山东科学技术出版社．

国家海洋局．1975. 海洋调查规范　第五分册:海洋生物调查．北京:海洋出版社．

环境厅自然保护局(日本). 1998. 海域自然环境保全基础调查．重要沿岸水域生物调查报告书．

金显仕,程济生,邱盛尧,等．2006. 黄渤海渔业资源综合研究与评价．北京:海洋出版社．

孙满昌．2005. 海洋渔业技术．北京:中国农业出版社．

唐启升．2006. 中国专属经济区海洋生物资源与栖息环境．北京:科学出版社．

夏世福,刘效瞬．1981. 海洋水产资源调查手册．第 2 版．上海:上海科学技术出版社．

许立阳．2008. 国际海洋渔业资源法研究．青岛:中国海洋大学出版社．

赵宪勇,陈毓桢,李显森,等．2003. 多种类海洋渔业资源声学评估技术和方法探讨．海洋学报,25(增刊 1):192－202.

Foote K G, Knudsen H P, Vestnes G, et al. 1987. Calibration of acoustic instruments for fish density estimation: a practical guide. ICES Coop. Res. Rep. No. 144.

MacLennan D N, Simmonds E J. 1992. Fisheries Acoustics. London: Chapman & Hall.

ICS 65.150
B 50

中华人民共和国水产行业标准

SC/T 9404—2012

水下爆破作业对水生生物资源及生态环境损害评估方法

Damaging assessment method of underwater blast operation on aquatic biological resources and ecological environment

2012-12-07 发布　　2013-03-01 实施

中华人民共和国农业部　发布

前　　言

本标准按照 GB/T 1.1 给出的规则起草。

请注意本文件的某些内容可能涉及专利。本文件的发布机构不承担识别这些专利的责任。

本标准由农业部渔业局提出。

本标准由全国水产标准化技术委员会渔业资源分技术委员会(SAC/TC 156/SC 10)归口。

本标准起草单位:中国水产科学研究院东海水产研究所。

本标准主要起草人:沈新强、蒋玫、袁骐、王云龙。

水下爆破作业对水生生物资源及生态环境损害评估方法

1 范围

本标准规定了水下爆破作业对水生生物资源及生态环境损害评估的主要内容、方法和要求。

本标准适用于中华人民共和国管辖的水域内水下爆破作业对水生生物资源及生态环境损害评估。

2 规范性引用文件

下列文件对于本文件的应用是必不可少的。凡是注日期的引用文件，仅注日期的版本适用于本文件。凡是不注日期的引用文件，其最新版本(包括所有的修改单)适用于本文件。

GB/T 3097 海水水质标准

GB/T 3898 地表水环境质量标准

GB/T 6722 爆破安全规程

GB/T 11607 渔业水质标准

GB/T 15618 土壤环境质量标准

GB/T 17378 海洋监测规范

GB/T 18668 海洋沉积物质量

GB/T 19485 海洋工程环境影响评价技术导则

DL/T 5135 水电水利工程爆破施工技术规范

HJ 19 环境影响评价技术导则 生态影响

JTS 204 水运工程爆破技术规范

SC/T 9102 渔业生态环境监测规范

SL 167 水库渔业资源调查规范

3 术语和定义

下列术语和定义适用于本文件。

3.1

水生生物资源 aquatic biological resources

栖息于水生环境中的所有生物体总称，包括水生经济动植物、珍稀濒危水生野生动物资源以及维系水域生态功能的其他生物资源。

3.2

水生态环境 aquatic ecological environment

以水生生物为中心，与该中心相联系的周围的自然界。它是水生生物生长、繁衍所需的诸环境条件的统称。

3.3

齐发爆破 simultaneous blasting

一种同排孔由导爆索串联，排间用不同段毫秒雷管引爆的爆破方法。

3.4

总起爆药量 total amount of explosive

齐发爆破中起爆药量的总和。

3.5

最大单响起爆药量　largest single explosive

微差爆破中最大时段的单起爆破药量。

3.6

冲击波峰值压力　peak pressure of underwater shock wave

爆破振动产生的水下冲击波的最大压力值。

3.7

安全距离　safe distance

水生生物无损害点与爆破中心的最小距离。

3.8

一次性爆破　blasting in once-through

利用炸药的爆炸能量对介质作功，以达到预定工程目标的一次作业。

3.9

延时爆破　delay blasting

采用延时雷管或继爆管使各个药包按不同时间顺序起爆的爆破技术，分为毫秒延时爆破、秒延时爆破等。

3.10

生物资源损害　biological resource damages

栖息于水生环境中的生物体被致死或被损伤。

3.11

生态环境损害　damage in ecological environment

与水生生物相联系的周围水生态系统中的环境要素被破坏或造成的损失。

4　总则

4.1　评估内容

按表1确定水下爆破作业对水生生物资源和生态环境造成损害影响的评估内容。本方法评估的水生生物资源主要指鱼类、虾类、蟹类、贝类及其他底栖动物。生态环境主要包括水体环境、表层沉积物、浮游生物(浮游动物和浮游植物)及水生植物。

表1　水下爆破作业对水生生物资源和生态环境损害评估内容

评估内容	评估对象				
水生生物资源损害	鱼类 (含鱼卵、仔稚鱼、幼体、成体)	虾类	蟹类	贝类	底栖动物
生态环境损害	水体环境	表层沉积物	浮游植物	浮游动物	水生植物

4.2　评估范围

水下爆破作业对水生生物资源和生态环境的影响评估范围参照 GB/T 6722、DL/T 5135、JTS 204、GB/T 19485 和 HJ 19 中生态环境影响评价等级执行。

5　水下爆破作业对水生生物资源损害评估方法

5.1　鱼类安全距离估算

水下爆破对鱼类的安全距离估算采用式(1)进行。该公式适合任意水层。

$$R = K \times Q^{1/2} \times E^{1/2} \quad \cdots\cdots (1)$$

式中：

R——安全距离，单位为米(m)；

Q——齐发爆破是总药量，延时爆破是单段一次最大起爆药量，单位为千克(kg)；

K——炸药系数(炸药类型不同，K 值不同，见表 2)；

E——水下冲击波对鱼类的安全能量密度，单位为焦耳每平方米 (J/m^2)。

表 2　不同类型炸药的炸药系数 *K*

炸药类型	K	炸药类型	K
梯恩梯	270	粉状铵梯炸药	189
太安	346	双基火药	189
特屈儿	324	单基火药	176
黑索今	324	二硝基萘	116
8321 炸药	308	黑火药	108
4 号炸药	297	丁羟推进剂	54～108
乳化炸药	205	高能复合推进剂	324～432
水胶炸药	197		

不同水层鱼类的 E 值见表 3，按表 3 中的 E 值和式(1)估算安全距离 R 值。

表 3　不同水层鱼类水冲击波的安全能量密度

鱼类栖息类型	安全能量密度 E 值，J/m^2
上层鱼类	30～50
中层鱼类	50～150
底层鱼类	250

不同敏感度的鱼类的 E 值见表 4，按表 4 中的 E 值和式(1)估算安全距离 R 值。

表 4　不同敏感鱼种的水冲击波安全能量密度

敏感程度	水生生物种类	安全能量密度 E 值，J/m^2
高敏感	刀鱼、鲱鱼	29.4～49.0
	石首科鱼类(大、小黄鱼等)	78.5
	鲦鱼、冬穴鱼、鲤鱼、鲟鱼	254.9
低敏感	鰕虎鱼	2 549.7

采用不同种类和不同当量炸药进行水下爆破作业时，在忽略爆破作业方式(裸爆、钻爆、延时爆、齐发爆)、水深及水文(静态水域、流动水域)等条件时，不同当量炸药爆破施工中鱼类的安全距离可参照附录 A。

5.2　虾类、蟹类、贝类及其他底栖动物安全距离估算

水下爆破对虾类、蟹类、贝类及其他底栖动物其安全能量密度 E 值为 2 549.7 J/m^2。按该 E 值，参照式(1)估算安全距离 R 值。

5.3　水下冲击波峰值压力计算方法

无限水介质冲击波峰值压力按通用公式(2)计算。

$$P=a\times(Q^{1/3}/R)^{b} \quad\cdots\cdots(2)$$

式中：

P ——冲击波峰值压力，单位为千克每平方厘米(kg/cm^2)；

Q ——齐发爆破是总药量，延时爆破是单段一次最大起爆药量，单位为千克(kg)；

R ——爆破点距测点距离，单位为米(m)；

a ——实测系数；

b ——压力衰减系数，当装药形状、炮眼深度、爆破水文条件、炸药种类及当量不同时，a，b 有所不同。

5.4 水下冲击波峰值压力与鱼类致死率的关系

按实际爆破情况，参选附录B中所列的在不同炸药当量下，不同爆破距离，鱼类的实测致死率，由式(2)计算相应的爆破距离下的水下冲击波峰值压力 P。通过回归分析，建立最大峰压值与鱼类致死率的关系表达式(3)：

$$P_f = h \times \ln K_f + x \qquad (3)$$

式中：

P_f ——冲击波峰值压力，单位为千克每平方厘米(kg/cm^2)；

K_f ——鱼类致死率，单位为百分率(%)；

h，x——回归系数，爆破作业条件不同时，其值也不同。

相同的爆破条件下，石首鱼科鱼类的致死率比非石首鱼科鱼类的致死率明显要高，可由式(4)进行相互修正。

$$K_{sf} = 5K_{ff} \qquad (4)$$

式中：

K_{sf}—— 石首鱼科鱼类致死率，单位为百分率(%)；

K_{ff}—— 非石首鱼鱼类致死率，单位为百分率(%)。

5.5 水下冲击波峰值压力与虾类、蟹类、贝类及其他底栖动物致死率的关系

按实际爆破情况，参选附录B中所列的在不同炸药当量下，不同爆破距离，虾类、蟹类、贝类及其他底栖动物的实测致死率，由式(2)计算相应的爆破距离下的水下冲击波峰值压力 P。通过回归分析，建立最大峰压值与虾类、蟹类、贝类及其他底栖动物致死率的关系表达式(5)：

$$P_i = h \times \ln K_i + x \qquad (5)$$

式中：

P_i ——冲击波峰值压力，单位为千克每平方厘米(kg/cm^2)；

K_i ——第 i 类水生生物(虾类、蟹类、贝类及其他底栖动物)致死率，单位为百分率(%)；

h，x——回归系数，爆破作业条件和水生生物的种类不同时，其值也不同。

5.6 水下爆破作业对水生生物资源的损害评估

5.6.1 鱼类的损害评估

按式(3)和式(4)可计算距爆破中心不同位置的 P_f 及其对应的 K_f。水下爆破对某一区域内鱼类的损害评估按式(6)计算：

$$W_f = \sum_{i=1}^{n} D_j \times S_j \times K_j \times T \times N \qquad (6)$$

式中：

W_f ——鱼类资源累计损失量，单位为尾或千克(kg)；

D_j ——第 j 类影响区中鱼类的资源密度，单位为尾每平方千米(尾/km^2)或千克每平方千米(kg/km^2)；

S_j ——第 j 类影响区面积，单位为平方千米(km^2)；

K_j ——第 j 类影响区鱼类致死率，单位为百分率(%)；

T ——第 j 类影响区的爆破影响周期数(以 15 d 为一个周期)；

N ——对开放水域，15 d 为一个周期内爆破次数累积系数，爆破一次，取 1.0，每增加一次增加 0.2；对封闭水域，15 d 为一个周期，取 1.0；

n ——冲击波峰值压力值(P_f)分区总数。

注：第 j 类影响区指距爆破中心某一距离值的整个圆周区域。

5.6.2 虾类、蟹类、贝类及其他底栖动物的损害评估

按式(5)可计算距爆破中心不同区域位置的 P_i 及其对应的 K_i。依据水下爆破的持续影响周期以 15 d 为一个周期。水下爆破对某一区域内虾类、蟹类、贝类及其他底栖动物的损害评估按式(7)计算：

$$W_i = \sum_{j=1}^{n} D_{ij} \times S_j \times K_{ij} \times T \times N \quad \cdots\cdots (7)$$

式中：

W_i ——第 i 类生物(虾类、蟹类、贝类及其他底栖动物)生物资源累计损失量，单位为个或千克(kg)；

D_{ij}——第 j 类影响区中第 i 类生物(虾类、蟹类、贝类及其他底栖动物)的资源密度，单位为个每平方千米(个/km^2)或千克每平方千米(kg/km^2)；

S_j ——第 j 类影响区面积，单位为平方千米(km^2)；

K_{ij}——第 j 类影响区第 i 类生物(虾类、蟹类、贝类及其他底栖动物)致死率，单位为百分率(%)；

T ——第 j 类影响区的爆破影响周期数(以 15 d 为一个周期)；

N ——对开放水域，15 d 为一个周期内爆破次数累积系数，爆破一次，取 1.0，每增加一次增加 0.2；对封闭水域，15 d 为一个周期，取 1.0；

n ——冲击波峰值压力值(P_i)分区总数。

5.6.3 鱼类、虾类、蟹类、贝类及其他底栖动物的损害程度

不同压力值的水下冲击波对鱼类、虾类、蟹类、贝类及其他底栖动物产生的损害程度可参见附录 C。

6 水下爆破作业对生态环境的损害评估

6.1 评估范围

水下爆破作业对生态环境影响评估的范围与水下爆破方式、起爆药量、爆破条件、地质和地形条件有关。评估范围参照水生生物资源评估的范围，一般最小不少于离开爆破中心 300 m 的半径范围。如涉及对重要产卵场的影响，需根据实际情况立专题另行评估。

6.2 评估内容

评估内容主要包括水体环境、表层沉积物、浮游生物和水生植物等。具体评估项目可参照表 5 进行。

表 5 爆破影响评估内容和项目

评估内容	评 估 项 目
水体环境	SS、透明度、pH、DO、COD、无机氮、活性磷酸盐、Cd、Pb、Zn、Cu
表层沉积物	有机质、硫化物、Cd、Pb、Zn、Cu
浮游生物(浮游植物、浮游动物)	生物量、受损率
水生植物	生物量、受损率
注：受损指浮游生物和水生植物个体出现皱缩、变形、破损等表征，受损率=(受损个体数/总个体数)×100。	

6.3 评估方法

根据水体环境参数和表层沉积物的浓度变化，浮游生物、底栖动物以及水生植物爆破后受损的影响

程度，得出水下爆破作业对生态环境的损害评估。损害程度可参照表 6 划分标准进行。

表 6　爆破影响程度评估标准

损害程度	水体环境、表层沉积物	浮游生物、水生植物
无影响	各参数值无明显变化，在相应标准值范围内	生物量无明显变化，受损率为 0%
轻度影响	各参数值开始有一定变化，但随后逐步稳定，在相应标准值范围内	生物量有一定变化，但能够较快恢复正常水平，受损率 <10%
有明显影响	各参数值发生明显变化，超过相应标准值	生物量发生明显变化，无法恢复正常水平，受损率≥10%
注：相应标准系指评估水体环境所采用的评价标准，包括《海水水质标准》、《渔业水质标准》和《地表水环境质量标准》。		

6.4 现场调查评估内容和方法

6.4.1 总体要求

现场调查的程序、步骤和要求，以及水体采样、水样保存和分析方法，表层沉积物采样、样品保存和分析方法，浮游生物、水生植物采样、样品保存和分析方法按照 GB 17378、SC/T 9102 的相关规定执行。

6.4.2 水体环境

针对水体环境各测定项目，进行爆破前时间段现场本底和爆破后时间段的测定，进行数据差值比较。同时，依据 GB 3097、GB 3898 和 GB 11607 等对上述测项进行评估分析。各测项的采样、样品保存和分析方法按照 GB 17378、SC/T 9102 和 SL 167 的规定进行。测定项目和测定时间段根据实际需要，参照表 7 进行适当的增删。

表 7　爆破前后水体环境变化监测评估

测定项目	SS mg·L^{-1}	透明度 m	pH	DO mg·L^{-1}	COD mg·L^{-1}	无机氮 mg·L^{-1}
爆破前 n h						
爆破后 n h						
……						
评估标准						
测定项目	活性磷酸盐 mg·L^{-1}	Cd mg·L^{-1}	Pb mg·L^{-1}	Zn mg·L^{-1}	Cu mg·L^{-1}	
爆破前 n h						
爆破后 n h						
……						
评估标准						
注：评估标准可根据水域功能区划的要求，选择相应的标准进行评估。监测时间段推荐使用爆破前 24 h，爆破后 4 h，爆破后 24 h 等。						

6.4.3 表层沉积物

针对表层沉积物各测定项目，进行爆破前时间段现场本底和爆破后时间段的测定，进行数据差值比较。同时，依据 GB 18668 和 GB 15618 对上述测项进行评估分析。各测项的分析方法按照 GB 17378、SC/T 9102 和 SL 167 进行。测定项目和监测时间段根据实际需要，可参照表 8 进行适当的增删。

表 8 爆破前后表层沉积物变化监测评估

测定项目	有机质 %	硫化物 %	Cd $mg \cdot kg^{-1}$	Pb $mg \cdot kg^{-1}$	Zn $mg \cdot kg^{-1}$	Cu $mg \cdot kg^{-1}$
爆破前 n h						
爆破后 n h						
……						
评估标准						
注:评估标准可根据水域功能区划的要求,选择相应的标准进行评估。监测时间段推荐使用爆破前 24 h,爆破后 4 h,爆破后 24 h 等。						

6.4.4 浮游生物、水生植物

表 9 爆破前后浮游生物和水生植物的变化监测评估

监测项目	浮游植物		浮游动物		水生植物	
	生物量 $ind \cdot m^{-3}$	受损率 %	生物量 $mg \cdot m^{-3}$	受损率 %	生物量 $g \cdot m^{-2}$	受损率 %
爆破前 n h						
爆破后 n h						
……						
注:监测时间段推荐使用爆破前 24 h,爆破后 4 h、24 h 等。以生物个体出现肢体残缺做为受损判定依据。受损率=(受损个体数/总个体数)×100。						

针对浮游生物(含浮游植物、浮游动物)和水生植物,进行爆破前时间段现场本底和爆破后时间段的调查监测,进行数据差值比较评估。浮游生物和水生植物的调查方法按照 GB 17378、SC/T 9102 和 SL 167 进行。测定时间段根据实际需要,可参照表 9 进行。

附 录 A
(资料性附录)
水下爆破施工中鱼类的安全距离

A.1 不同种类当量炸药爆破施工中鱼类的安全距离见表A.1。

表A.1 不同种类当量炸药爆破施工中鱼类的安全距离

鱼种	炸药类型	炸药量,kg	安全距离,m
鱼类	梯恩梯炸药	0.5	15
		1	20
		5	45
		10	65
		25	100
		50	143
		100	200
鱼卵	梯恩梯炸药	0.05	20
美洲鳗(无鳔)	彭托利特炸药	4.5	1
常见鱼类	硝胺炸药	4	50

A.2 有鳔鱼类的安全距离估算公式按式(A.1)进行:

$$R=42.3\times W_f^{-0.13}\times W^{0.28}\times D^{0.22} \quad \cdots\cdots (A.1)$$

式中:

R ——安全距离,单位为米(m);

W ——炸药的重量,单位为千克(kg);

W_f——鱼的重量,单位为千克(kg);

D ——爆炸发生处的水深度,单位为米(m)。

式(A.1)适合于水深较浅(小于20 m)的爆破,爆破时不采取任何减缓爆炸影响措施,鱼类有90%存活率情况下的距离;也适合于岩石水底爆破施工作业。

A.3 鱼类产卵场爆破施工鱼类的安全距离见表A.2。

表A.2 鱼类产卵场爆破施工鱼类的安全距离

单位为米

炸药量,kg	距离,m	炸药量,kg	距离,m
0.5	15	10	65
1	20	25	100
5	45	50	143
10	65	100	200

附 录 B
(资料性附录)
水下爆破施工对不同水生生物致死率

B.1 不同炸药在离爆破中心不同距离下所对应的水生生物致死率见表 B.1。

表 B.1 不同炸药在离爆破中心不同距离下所对应的水生生物致死率

单位为百分率

鱼类	距爆破中心,m	20	40	50		
	4 kg 膨化硝胺炸药	100	33	0		
	3 kg～10 kg 梯恩梯炸药	100	—	—		
虾类	距爆破中心,m	4	8	16	32	64
	1 kg 梯恩梯炸药	36	26.5	17	0	0
	3 kg 梯恩梯炸药	94.2	88	60	56.7	4.2
	5 kg 梯恩梯炸药	100	100	58	32	0
梭子蟹	距爆破中心,m	4	8	16	32	64
	1 kg 梯恩梯炸药	20	0	0	0	0
	3 kg 梯恩梯炸药	31	20	5	0	0
	5 kg 梯恩梯炸药	60	33	25	0	0
蓝蟹	距爆破中心,m	7.6	22.9	38.1	45.7	
	13.5 kg 梯恩梯炸药	89	55	48	7	
贝类	距爆破中心,m	4	8	16	32	64
	1 kg 梯恩梯炸药	16.5	21.5	0	0	0
	3 kg 梯恩梯炸药	57.5	30	5	12.5	0
	5 kg 梯恩梯炸药	53	50	38.3	18.15	6.65
注:其他底栖动物致死率参照贝类。						

B.2 起爆药量为 250 kg 的乳化炸药,离爆破中心不同距离下鱼类和虾类致死率见表 B.2。

表 B.2 250 kg 的乳化炸药离爆破中心不同距离下鱼类和虾类致死率的关系

距爆破中心,m	100	300	500	700
鱼类(石首科除外)致死率,%	100	20	10	3
石首科鱼类致死率,%	100	100	50	15
虾类致死率,%	100	20	6.6	0
注:本表参数是根据炸药采用 ML-1 型岩石乳化炸药(每节 0.8 m,直径 0.1 m,净重 7.5 kg),炸药爆速≥3 200 m/s 猛度≥12 mm,殉爆距离≥3 cm,作功能力≥260 mL;雷管采用 8# 非电毫秒延期导爆管雷管,单段一次起爆药量为 250 kg 得出的。				

附　录　C
（资料性附录）

C.1　水下冲击波对鱼类的反应损害程度

不同水下冲击波压力值，对鱼类造成的损害程度见表 C.1。

表 C.1　水下冲击波峰值压力对鱼类损害程度

水下冲击波峰值压力，kg/cm²	鱼类的损害程度
2.0～3.5	可能有少数鱼类受伤
3.5～7.0	大部分鱼受伤，部分能复活，部分死亡
>7.0	几乎全部鱼受伤，能复活的很少

C.2　水下冲击波对虾、蟹、贝类及其他底栖动物的反应损害程度

一定值的水下冲击波压力对虾、蟹、贝类及其他底栖动物造成的损害程度见表 C.2。

表 C.2　水下冲击波峰值压力对虾、蟹、贝类及其他底栖动物损害程度

水下冲击波峰值压力，kg/cm²	虾、蟹和贝类的损害程度
190	空胃，性腺及其他脏器严重或明显萎缩，体质消瘦，活力差，甚至死亡

ICS 65.150
B 50

中华人民共和国水产行业标准

SC/T 9405—2012

岛礁水域生物资源调查评估技术规范

Technical specification for survey and assessment of living resources in island & reef waters

2012-12-07 发布 2013-03-01 实施

中华人民共和国农业部 发布

前　言

本标准按照GB/T 1.1给出的规则起草。

请注意本文件的某些内容可能涉及专利。本文件的发布机构不承担识别这些专利的责任。

本标准由农业部渔业局提出。

本标准由全国水产标准化技术委员会渔业资源分技术委员会(SCA/TC 156/SC 10)归口。

本标准起草单位:中国水产科学研究院南海水产研究所。

本标准主要起草人:李永振、陈国宝、袁蔚文、郭金富。

岛礁水域生物资源调查评估技术规范

1 范围

本标准规定了岛礁水域生物资源调查的一般规定、调查(测定)要素、技术要求、采样、样品观测、资料整理等基本要求和方法。

本标准适用于海岛、珊瑚礁和岩礁等岛礁水域生物资源调查评估。

2 规范性引用文件

下列文件对于本文件的应用是必不可少的。凡是注日期的引用文件,仅注日期的版本适用于本文件。凡是不注日期的引用文件,其最新版本(包括所有的修改单)适用于本文件。

GB/T 12763.6—2007 海洋调查规范 第6部分:海洋生物调查

3 术语和定义

下列术语和定义适用于本文件。

3.1

岛礁水域 island and reef waters

岛礁周围具有相对独立渔业生态系统特征的水域。

3.2

礁栖性鱼类 reef-associated fishes

栖息于岩礁区水域或珊瑚礁水域的鱼类。

3.3

资源量 standing crop

在某一时间内,栖息于某一天然水域达到可捕规格的生物种群(或类群)的重量或数量。

3.4

原始资源量 virgin biomass

某一种群(或类群)处于未开发状态的年平均资源量。

4 一般规定

4.1 调查范围

按岛礁鱼类的分布和岛礁沿岸水域产卵鱼类产卵场的离岸距离确定。

4.2 调查方式

分为:

a) 专业调查船试捕采样;

b) 组织渔船填写渔捞日志;

c) 渔船或渔港生物学采样(适用于在岛礁沿岸集群产卵形成渔汛的种群);

d) 陆上访问调查(主要收集渔船生产统计数据)。

4.3 调查周期

按资源变动状况及资源开发和管理的实际需要,调查船试捕采样隔若干年进行一次。调查网具类型、性能和规格、昼夜采样时间等明显影响捕捞效率的技术必须保持前后一致。如因特殊情况需要改变，应作对比试验求出差异系数，以便修正。

渔业生产调查应长期坚持进行。

5 礁栖性鱼类资源调查

5.1 调查要素

包括各类渔具作业的渔获物组成和渔获量分布，目标种的种群结构、生长、繁殖、食性及相对密度的时空变化等。

5.2 技术要求

5.2.1 调查范围

按调查对象的栖息特性和渔民的生产习惯确定。

5.2.2 调查时间

按调查经费和调查目的确定，逐月或分季度月进行。逐月调查一般在3月份至翌年2月份，分季度月调查一般在5月（春）、8月（夏）、11月（秋）和翌年2月（冬）。

5.2.3 站点布设

按岛（礁）架、潟湖地形及调查对象的栖息水深范围按深度布设。

5.2.4 采样时间

按渔民作业习惯或目标种的昼夜活动规律确定。目标种主要在夜间行摄食活动的应选择夜间采样。

采样持续时间根据渔民作业习惯确定。一般傍晚放网，次日早上起网。

5.3 采样

5.3.1 调查船

配备小艇（适合岛礁作业）的专业调查船或渔船。

5.3.2 工具与设备

包括钓具（定置延绳钓、手钓）、定置刺网（三重刺网、单层刺网）和笼壶等适于岛礁水域作业的渔具。

渔具数量和大小一般不少于1 000 p（笼壶数量）、1 000 hk（延绳钓钩数）、10 000 m^2（刺网网衣）、500 hk（每站手钓放钓次数）。

5.3.3 渔具投放

调查船（或小艇）到站后视风向和流向等具体情况投放渔具。记录投放开始时间和结束时间见表B.1。

5.3.4 渔具起收

起收顺序按作业的难易程度确定，可按投放顺序或先投后收。记录起收渔具的开始时间和结束时间。

5.3.5 环境要素观测

包括：

a) 天气状况（风向、风力、气压、气温等）；

b) 底质和水文状况（水深、表温和表盐、底温和底盐等）。

观测结果记录于表B.1。

5.3.6 渔捞要素观测

包括：

a) 延绳钓：钓具类型、钓钩大小和数量及钓饵种类；

b) 刺网：类型及网片长度、高度和数量；

c) 笼壶：类型、大小和数量及诱饵种类。

观测结果记录于表 B. 1。

5.4 样品观测

5.4.1 鲨类性成熟度观测

采用目测法测定鲨类性成熟度(见附录 A)后,立即计数子宫中的受精卵、初期胚胎或后期胚胎的数量和重量,记录于表 B. 2,用体积分数为 5%的甲醛溶液固定。

5.4.2 轮径测定

按年龄材料分为:

——鳞片:取出洗净后,放在载玻片上,用体视显微镜观察,测量轴线上的鳞径和轮径;

——耳石:较厚的耳石应沿纵轴或横轴剪开,用油石、金刚砂或耳石研磨机磨薄,然后用体视显微镜或低倍显微镜观测,测量轴线上的耳石径和轮径;

——脊椎骨:将脊椎骨清洗干净,用体视显微镜观察椎体中央斜凹面的轮纹,测量椎径和轮径。

鉴定结果记录于表 B. 3。

5.4.3 其他项目

按 GB/T 12763. 6—2007 中 14. 3 的规定执行。

5.5 资料整理

5.5.1 密度指数

按采样类型计算:

a) 笼壶:笼捕率,以一次 1 000 p 的渔获重量或数量表示,单位 kg/1 000 p 或 ind/1 000 p;

b) 刺网:刺获率,以一次 10 000 m^2 网片面积的渔获重量或数量表示,单位 kg/10 000 m^2 或 ind/10 000 m^2;

c) 钓具:钓获率,以一次 1 000 hk 的渔获重量或数量表示,单位 kg/1 000 hk 或 ind/1 000 hk。

5.5.2 平均采样时间

延绳钓、刺网和笼壶采样放置和起收所花费的时间较长,应按式(1)计算平均采样时间。

$$\overline{T} = \frac{T_1 + T_2}{2} \quad \cdots\cdots (1)$$

式中:

$\overline{T}$ ——平均采样时间,单位为小时(h);

T_1——开始投放到开始起收渔具时间,单位为小时(h);

T_2——结束投放至结束起收渔具的时间,单位为小时(h)。

5.5.3 繁殖力

计算分两步:

a) 鱼类个体(鲨类除外)繁殖力按式(2)计算。

$$f = (W_1 - W_2) \times N_1 \quad \cdots\cdots (2)$$

式中:

f ——繁殖力,单位为粒;

W_1 ——产卵季节 4 期卵巢的平均重量,单位为克(g);

W_2 ——产卵季节后期 6 期卵巢的平均重量,单位为克(g);

N_1 ——每克 4 期卵巢的卵子数,单位为粒。

b) 种群的平均繁殖力取各体长组的平均繁殖力的加权平均值。

5.5.4 食物修正重量的百分组成

修正重量以食物的数量与其平均修正体重的乘积求得。各类食物的平均修正体重分长度组计算,取该长度组几乎未消化的完整食物的平均值。

5.5.5 其他项目

按 GB/T 12763.6—2007 中 14.4 的规定执行。

6 沿岸集群产卵鱼类资源调查

6.1 调查要素

包括种群的长度组成、年龄组成、种群参数等生物学特征及单位作业量渔获量的时空变化。

6.2 技术要求

6.2.1 填写渔捞日志

6.2.1.1 渔船的数量

包括各种类型作业渔船，其数量应达渔船总数的 50%以上。

6.2.1.2 填写项目

按表 B.4 的要求执行。

6.2.2 海上调查

派技术人员随生产渔船出海调查：

a) 填写渔捞日志(见表 B.4)；

b) 渔获物采样，带回室内进行生物学测定。

6.2.3 渔港采样

到各类作业渔船采集生物学测定样品，并了解生产情况。结果记录于表 B.4。

6.3 采样

6.3.1 采样时间间隔

一般一周采样一次，根据渔汛期长短采样若干次。

6.3.2 采样数量

每次选 3 艘以上渔船采样，每艘船随机采集每个目标种 50 ind。

6.3.3 调查渔船生产情况

作业水域、作业方式、作业天数、投网次数、总渔获量和平均网产等。

6.4 样品观测

参照本标准 5.4。

6.5 资料整理

参照本标准 5.5。

7 渔业生产调查

7.1 调查要素

包括各类作业的努力量、渔获量、单位动力量渔获量、产值和成本等渔业生产信息及进行种群数量评估所需的长度和年龄数据。

7.2 技术要求

7.2.1 渔获量

调查各评估单元的年产量或渔汛期产量。渔获量用鲜重表示，如果有以其他状态(干品或咸品等)的重量表示时，应乘以换算系数转换为鲜重，换算系数根据渔民的经验确定。

7.2.2 努力量

调查评估单元的努力量，不同作业类型采用不同单位。评估对象受多种作业渔具捕捞时，则应用同一标准的努力量进行统计。各作业类型的努力量统计标准为：

a) 延绳钓:一般以 1 000 枚钓钩作业一年(200 个作业日)为一个努力量单位;

b) 手钓:一般以 100 枚钓钩作业一年(200 个作业日)为一个努力量单位;

c) 刺网:一般以 1 000 m^2 刺网衣作业一年(200 个作业日)为一个努力量单位。

7.2.3 单位努力量渔获量

按 7.2.2 的标准统计的一个标准努力量单位的渔获量。

7.2.4 产值和成本

7.2.4.1 产值

渔船从事捕捞作业的年产值,一般按评估单元进行调查统计。

7.2.4.2 成本

包括渔船折旧费、渔具购置费、燃油费、保险费、维修费和人员工资等。

7.3 信息收集

7.3.1 访问调查

对在岛礁作业的全部渔船进行访问调查,了解一年的生产情况,结果记录于表 B.5。

7.3.2 组织渔船填写渔捞日志

随机选择各类作业渔船若干艘,按表 B.4 填写。

7.3.3 渔业统计数据

当地渔业主管部门的渔业生产统计数据。

7.4 长度年龄测定样品的采集与分析

对于需要进行世代分析的种群,应逐月从其总渔获物中采集有代表性的长度和年龄测定样品,分析其体长组成和年龄组成。

7.5 资料整理

7.5.1 渔获量

分为:

a) 按调查数据综合统计;

b) 按部分有代表性的渔船的平均年产量和该评估水域作业总船数评估;

c) 按有代表性的单位作业量渔获量(u)和捕捞作业量(f),依 $y=u\times f$ 计算。

7.5.2 努力量

分为:

a) 按全面调查收集到的数据,按 7.2.2 计算;

b) 按部分有代表性渔船全年的作业天数、功率(拖网船)或渔具数量或大小评估;

c) 按渔获量和有代表性的标准单位努力量渔获量(u),依 $f=y/u$ 计算。

7.5.3 单位努力量渔获量

分为:

a) 如果部分船的单位努力量具有代表性,可取其平均值;

b) 直接用年渔获量(y)和标准努力量(f)依 $u=y/f$ 计算;

c) 如果有非标准的单位努力量渔获量,如单船产量、每千瓦功率渔船日产量、网产量、渔获率、上钓率等,应用可比较的数据计算换算系数,将其换算为标准单位努力量渔获量。

7.5.4 种群数量评估

7.5.4.1 模型

采用年龄结构的实际种群分析(TVPA)。按渔获物年龄组成和总渔获数(见 7.4)年份时间序列数据以及自然死亡系数和最高年龄时的捕捞死亡系数的评估值,从最高年龄时开始逆算该世代各龄群的数量和捕捞死亡系数。评估模型见式(3)和式(4)。

$$N_t = \frac{C_t(F_t + M_t \Delta t)}{F_t[1 - e^{-(F_t + M_t \Delta t)}]} \quad \cdots\cdots (3)$$

$$N_{t+1} = \frac{C_t(F_t + M_t \Delta t)}{F_t[1 - e^{-(F_t + M_t \Delta t)}]} e^{-(F_t + M_t)} \quad \cdots\cdots (4)$$

式中:

C_t ——某世代在 t 评估年期间的渔获数;

N_t ——同一世代在 t 评估年开始时的数量;

N_{t+1}——同一世代在 $t+1$ 评估年开始时的数量;

F_t ——同一世代在 t 评估年期间的捕捞死亡系数;

M_t ——同一世代在 t 评估年期间的自然死亡系数;

Δt ——渔期(yr)。

上述模型可用于季节性捕捞种群、实行定期休渔种群和全年遭捕种群,但评估年开始时间不同。季节性捕捞种群应为渔汛开始时间,定期休渔种群应为休渔期结束时间,全年遭捕捞种群一般为公历年开始时间。

7.5.4.2 输入参数的估算

用式(2)、式(3)模型进行实际种群分析,必须输入如下参数:自然死亡系数 M_t,各年渔获数 C_t,最大年龄的捕捞死亡系数 F_λ 和渔期 Δt。除 Δt 外,其余 3 个参数均要用有关调查数据估算。

a) M 的估算:假定种群开捕后 M 保持不变,根据总死亡系数与捕捞作业量的线性回归关系估算或以 Pauly 经验公式估算。

b) F_λ 的估算:用 $F=Z-M$ 计算。其中,总死亡系数 Z 用式(5)估算。

$$Z_t = \ln U_t - \ln U_{t+1} \quad \cdots\cdots (5)$$

式中:

Z_t ——总死亡系数;

U_t ——种群中大于完全开捕年龄的群体在该年开始时的密度指数或单位作业量渔获数;

U_{t+1}——该群体在下一年开始时的密度指数或单位作业量渔获数。

c) C_t 的估算:按评估年的总渔获数和渔获物的年龄组成计算。

7.5.4.3 年平均种群数

按实际种群分析得到的 F_t、M、N_t 值和已知的 Δt,可计算公历年(非评估年)的年平均种群数,计算步骤为:

a) 把一年分为 3 个时期,季节性捕捞种群为渔汛前期、渔汛期和渔汛后期,定期休渔种群为休渔前期、休渔期和休渔后期。

b) 计算各世代 3 个时期的平均数。

c) 计算各世代的年平均数。各世代的年平均数为该世代在 3 个时期的平均数与该时期持续时间(年)的乘积之和。

d) 年平均种群数为该年各世代年平均数之和。

附　录　A
（规范性附录）
鲨类性成熟度

鲨类性成熟度和一般鱼类的性成熟度划分有所不同，并且雌雄的划分也有较大的区别。

a）　雄性分3期：

1期——未成熟期，交合突未发育，精巢甚小，内无精液；

2期——亚成熟期，交合突已形成，柔软，性腺增大，已含少量精液；

3期——成熟期，交合突坚硬，性腺近圆形，内充满精液。

b）　雌性分4期：

1期——未成熟期，卵巢细小，肉眼可见未成熟的卵子，子宫细小未发育；

2期——卵巢增大，内含较大的充满卵黄的成熟卵子，子宫增大；

3期——子宫明显增大，内含受精卵或胚胎；

4期——产后期。宫内胚胎已全部产出；子宫松弛。

附　录　B
（规范性附录）
岛礁水域生物资源调查采样和分析记录表

B.1　礁栖性生物资源调查采样登记表见表B.1。

表B.1　礁栖性生物资源调查采样登记表

岛礁水域名称____________站号______船名__________航次______日期______

风向__________风力__________云量__________气压________Pa 气温______℃

底质__________表温______℃ 表盐________底温______℃ 底盐______水深___m

渔具类型________渔具规格______________________投放渔具数量__________

投放渔具时间：开始________结束________　起收渔具时间：开始________结束__________

平均采样时间____h 总渔获量_____kg 密度指数__________kg/1 000 hk 或 kg/1 000 p 或 kg/1 000 m²

种类	重量 kg	尾数 ind	长度范围 mm	重量范围 mm	笼捕率		刺获率		钓获率	
					kg/1 000 p	ind/1 000 p	kg/1 000 m²	ind/1 000 m²	kg/1 000 hk	ind/1 000 hk
			—	—						
			—	—						
			—	—						
			—	—						
			—	—						
			—	—						
			—	—						
			—	—						
			—	—						
			—	—						
			—	—						
			—	—						
			—	—						
			—	—						
			—	—						
			—	—						
			—	—						

记录__________核对__________

B.2 鲨类生物学测定记录表见表 B.2。

表 B.2 鲨类生物学测定记录表

种名________________ 船名________________ 采样网具________________ 抽样比例________________

调查水域________________站号________________调查日期:________年________月________日

序号	长度 mm		重量 g			性别		性腺成熟期				怀卵胎数及其大小 g/ind			摄食强度级	胃饱满系数 ‰	年龄	备注
	全长	肛长	体重	性腺	食物	♀	♂	1	2	3	4	受精卵	早期胚胎	晚期胚胎				

观测________________ 记录________________ 核对________________

B.3 年轮观测记录表见表 B.3。

表 B.3 年轮观测记录表

种名________________ 样品类别________________ 岛礁水域名称________________

观测仪器________________ 放大倍数________________ 采样日期________________

样品号	体长 cm	中轴径 mm	各轮轮径,mm							确定 年龄	各轮逆算体长,cm							备注
			1	2	3	4	5	6	7		1	2	3	4	5	6	7	

观测________________ 记录________________ 核对________________

B.4 渔捞日志见表B.4。

表B.4 渔 捞 日 志

船名______________渔船功率________kW 作业类型________作业日期________

拖 网:拖速__________kn 上纲长度__________m 囊网网目大小__________cm

延绳钓:钓钩数__________枚 钓钩规格__________ 饵料种类__________

手 钓:钓钩数__________枚 钓钩规格__________ 饵料种类__________

刺 网:网片张数________张 网片高________m 网片长________m

笼 壶:种类______________________ 数量______________________

日期	作业渔区	放网(钓)时间	起网(钓)时间	产量,kg	CPUE	主要渔获种	备注

记录__________核对__________

B.5 渔业生产调查表见表B.5。

表B.5 渔业生产调查表

船名____________ 渔船功率____________kW 作业类型__________ 作业日期__________

年作业天数______d 年总产量_____kg 年总产值________元 年总成本________元 年耗燃油量________t

拖 网:拖速__________kn 上纲长度__________m 囊网网目大小________________cm

延绳钓:钓钩数____________枚 钓钩规格____________ 饵料种类________________

手 钓:钓钩数____________枚 钓钩规格____________ 饵料种类________________

刺 网:网片张数________张 网片高________m 网片长________m

笼 壶:种类________________________ 数量________________________

作业岛礁水域	作业日期	作业天数	产量,kg	CPUE	主要渔获种	备注

记录______________ 核对______________

参 考 文 献

费鸿年,张诗全.1990. 水产资源学.北京:中国科技出版社.
里克(W. E. Ricker)著.1984. 鱼类种群生物统计量的计算和解析.费鸿年,袁蔚文,译.北京:科学出版社.
李永振,贾晓平,陈国宝,等.2007. 南海珊瑚礁鱼类资源.北京:海洋出版社.
夏世福,刘效瞬.1981. 海洋水产资源调查手册.第2版.上海:上海科学技术出版社.
詹秉义.1995. 渔业资源评估.北京:中国农业出版社.

ICS 65.150
B 50

中华人民共和国水产行业标准

SC/T 9406—2012

盐碱地水产养殖用水水质

Water quality for aquaculture in saline-alkaline land

2012-12-07 发布　　2013-03-01 实施

中华人民共和国农业部　发布

前　言

本标准按照 GB/T 1.1 给出的规则起草。

请注意本文件的某些内容可能涉及专利。本文件的发布机构不承担识别这些专利的责任。

本标准由农业部渔业局提出。

本标准由全国水产标准化技术委员会渔业资源分技术委员会(SAC/TC 156/SC 10)归口。

本标准起草单位:中国水产科学研究院东海水产研究所。

本标准主要起草人:王慧、来琦芳、么宗利、周凯。

盐碱地水产养殖用水水质

1 范围

本标准规定了盐碱地水产养殖用水水质要求。

本标准适用于不同类型盐碱地水产养殖用水水质检测与判定。

2 规范性引用文件

下列文件对于本文件的应用是必不可少的。凡是注日期的引用文件，仅注日期的版本适用于本文件。凡是不注日期的引用文件，其最新版本(包括所有的修改单)适用于本文件。

GB 7477 水质 钙和镁总量的测定 EDTA 滴定法

GB 11607—1989 渔业水质标准

GB/T 11896 水质 氯化物的测定 硝酸银滴定法

GB 11904 水质 钾和钠的测定 火焰原子吸收分光光度法

GB/T 12763.4 海洋调查规范 海水化学要素观测

GB/T 17378.3 海洋监测规范 样品采集、贮存、运输

GB 18407 农产品安全质量 无公害水产品产地环境要求

HJ/T 342 水质 硫酸盐的测定 铬酸钡分光光度法(试行)

NY/T 5051 无公害食品 淡水养殖用水水质

NY/T 5052 无公害食品 海水养殖用水水质

3 术语和定义

3.1

盐碱水 saline-alkaline water

属于咸水范畴，主要是指低洼盐碱地渗透水和地下浅表水。其特征为水质中主要离子不具恒定性，水化学组成复杂多样。

3.2

离子总量 total ion concentration

指天然水中所有的离子含量。由于水中各种盐类一般均以离子的形式存在，所以离子总量也可以表示为水中各种阳离子和阴离子的量之和。离子总量单位为毫克每升(mg/L)。

3.3

主要离子 main ions

在各种天然水中，钠、钾、钙、镁、氯、硫酸根、重碳酸根和碳酸根等离子的数量之和约占溶解盐类总量的90%以上，被称为主要离子。单位一般以毫克每升(mg/L)或毫摩尔每升(mmol/L)表示。

4 水质质量评价指标

水质质量评价是以 GB 11607 以及 NY/T 5051、NY/T 5052 为基础，除应符合 GB 11607 和 GB 18407 中有关规定外，还应检测盐碱水质中的主要离子钠、钾、钙、镁、氯、硫酸根、重碳酸根和碳酸根以及离子总量、pH 作为盐碱地水产养殖用水质量评价指标。

5 水质分类及适宜养殖种类

按盐碱水质化学组分的天然背景含量，将盐碱水质质量按养殖功能划分为适宜养殖淡水鱼、虾蟹类、广盐性鱼类、虾蟹类和其他水生生物的养殖。盐碱地养殖水质质量分类评价是以 GB 11607 以及 NY/T 5051、NY/T 5052 为基础，应符合 GB 11607—1989 第 3 章中有关规定，对参加评价的项目，应不少于表 1 规定中的有关检测项目，按表 1 所列分类指标判定(见表 1)。

表 1 盐碱地水产养殖水质分类及适宜养殖种类

序号	项 目	Ⅰ类	Ⅱ类		Ⅲ类
		淡水鱼、虾蟹类	广盐性鱼类	广盐性虾蟹类	其他水生生物
1	离子总量，mg/L	≤8 000	≤25 000		
2	pH	7.5～9.0	7.6～9.0	7.6～8.8	9.0～11.0
3	钠，%	5.0～32.0	5.0～35.0	25.0～35.0	5.0～40.0
4	钾，%	0.2～5.0	0.3～1.5	0.4～1.5	0.2～1.5
5	钙，%	0.2～16.0	0.2～2.0	0.4～1.5	0.2～16.0
6	镁，%	2.0～70.0			2.0～70.0
7	氯，%	3.0～50.0	≤60.0	20.0～60.0	3.0～60.0
8	硫酸根，%	≤30.0	2.0～30.0	2.0～25.0	≤30.0
9	总碱度，mmol/L	≤15.0	≤10.0	≤8.0	<56.0

5.1 Ⅰ类盐碱水质

按盐碱水化学组分的天然背景含量，宜作为淡水鱼、虾蟹的养殖用水。适宜养殖种类参见 A.1。

5.2 Ⅱ类盐碱水质

按盐碱水化学组分的天然背景含量，宜作为广盐性鱼、虾蟹类的养殖用水。适宜养殖种类参见 A.2。

5.3 Ⅲ类盐碱水质

按盐碱水化学组分的天然背景含量，宜作为其他水生生物的养殖用水。适宜养殖种类参见 A.3。

6 盐碱水质检测方法

6.1 盐碱水质检测样品的采集、贮存、运输和预处理

按 GB/T 12763.4 和 GB/T 17378.3 的有关规定执行。

6.2 检测方法

盐碱水质的离子总量：钾离子、钠离子、钙离子、镁离子、氯离子、硫酸根离子、碳酸氢根离子、碳酸根离子含量总和。各离子含量按表 2 的检测方法进行。

表 2 盐碱水质检测方法

序 号	项 目	分析方法	引用标准
1	pH	pH 计电测法	GB 12763.4
2	钾和钠	火焰原子吸收分光光度法	GB 11904
3	钙和镁	EDTA 滴定法	GB 7477
4	氯	硝酸银滴定法	GB/T 11896
5	硫酸盐	铬酸钡分光光度法	HJ/T 342
6	总碱度	酸碱滴定法	参见附录 B

附 录 A
(资料性附录)
盐碱水质适宜养殖种类

A.1 Ⅰ类盐碱水质适宜养殖种类

草鱼（*Ctenopharyngodon idella*）、鲢（*Hypaphthalmichthys molitrix*）、鳙（*Aristichthys nobilis*）、淡水白鲳（*Colossoma brachypomum*）、尼罗罗非鱼（*Oreochromis niloticus*）、黄河鲤（*Cyprinus carpio*）、鲫（*Carassius auratus*）、罗氏沼虾（*Macrobrachium rosenbergii*）、日本沼虾（*Macrobrachium nipponense*）中华绒螯蟹（*Eriocheir sinensis*）等淡水鱼、虾蟹类品种。

A.2 Ⅱ类盐碱水质适宜养殖种类

以色列红罗非鱼（*Oreochromis niloticus*×*Oreochromis mossambicus*）、吉丽罗非鱼（*Sarotherodon melanotheron*×*Oreochromis niloticus*）、梭鱼（*Mugil soiuy*）、鲈鱼（*Lateolabrax japonicus*）、漠斑牙鲆（*Paralichthys lethostigma*）、西伯利亚鲟（*Acipenser baeri*）、史氏鲟（*Acipenser schrenckii*）、凡纳滨对虾（*Litopenaeus vannamei*）、中国明对虾（*Fenneropenaeus chinensis*）、日本囊对虾（*Marsupenaeus japonicus*）、斑节对虾（*Penaeus monodon*）、罗氏沼虾（*Macrobrachium rosenbergii*）、拟穴青蟹（*Scylla paramamosain*）等广盐性品种。

A.3 Ⅲ类盐碱水质适宜养殖种类

青海湖裸鲤（*Gymnocypris przewalskii*）、雅罗鱼（*Leuciscus* spp.）等耐盐碱鱼类以及藻类、卤虫（Artemia）、轮虫（Rotifera）等种类。

附 录 B
(资料性附录)
酸碱滴定法测定碱度

B.1 原理

水样用酸标准溶液滴定至规定的 pH,其终点可由加入的酸碱指示剂在该 pH 时颜色的变化来判断。当滴定至酚酞指示剂由红色变为无色时,溶液的 pH 为 8.3,表明水中氢氧根离子(OH^-)已被中和,碳酸根离子(CO_3^{2-})均转为碳酸氢根离子(HCO_3^-):

$$OH^- + H^+ \longrightarrow H_2O$$

$$CO_3^{2-} + H^+ \longrightarrow HCO_3^-$$

水样加入酚酞显红色,表明水中含有氢氧化物碱度(OH^-)或碳酸盐碱度(CO_3^{2-}),或者两者都有。若水样加酚酞无色,表明水中仅有碳酸氢盐碱度(HCO_3^-)。

当滴定至甲基红—次甲基蓝混合指示剂由橙黄色变成浅紫红色时,溶液的 pH 为 4.4~4.5,指示水中碳酸氢根(包括原有的和由碳酸根转换成的)已被中和,反应如下:

$$HCO_3^- + H^+ \longrightarrow H_2O + CO_2 \uparrow$$

据上述两个滴定终点到达时所消耗的盐酸标准滴定液的量,可算出水中碳酸根、碳酸氢根浓度及总碱度。

B.2 试剂

B.2.1 无二氧化碳纯水

用于制备标准溶液及稀释用的纯水,临用前煮沸 15 min,冷却至室温。pH 应大于 6.0,电导率小于 2μS/cm。

B.2.2 碳酸钠标准溶液($c_{1/2Na_2CO_3}$ = 0.020 00 mol/L)

称取 0.530 0 g 无水碳酸钠(一级试剂,预先在 220℃恒温干燥 2 h,置于干燥器中冷却至室温),溶于少量无二氧化碳纯水中,再稀释至 500 mL。

B.2.3 甲基红—次甲基蓝混合指示剂

称取 0.032 g 甲基红溶于 80 mL 95%乙醇中,加入 6.0 mL 次甲基蓝乙醇溶液(0.01 g 次甲基蓝溶于 100 mL95%乙醇中),混合后加入 1.2 mL 氢氧化钠溶液(40.0 g/L),贮于棕色瓶中。

B.2.4 酚酞指示剂

称取 0.5 g 酚酞固体溶于 50 mL 95%乙醇中,用纯水稀释至 100 mL。

B.2.5 盐酸标准溶液

量取 1.8 mL 浓盐酸,并用纯水稀释至 1 000 mL。

B.3 操作步骤

B.3.1 盐酸标准溶液浓度的标定

用移液管准确吸取 20.00 mL 碳酸钠标准溶液于锥形瓶中,加 30 mL 无二氧化碳纯水,混合指示剂 6 滴,用盐酸标准溶液滴定至由橙黄色变成浅紫红色后,加热煮沸驱赶反应生成的二氧化碳,继续滴定至浅紫红色。记取盐酸标准溶液用量 V。按式(B.1)计算其准确浓度 c_{HCl}。

$$c_{HCl} = \frac{20.00 \times 0.02000}{V} \quad \cdots\cdots (B.1)$$

式中：

c_{HCl}——盐酸的浓度，单位为摩尔每升(mol/L)；

V ——盐酸消耗的体积，单位为毫升(mL)。

B.3.2 水样测定

a) 取 50.00 mL 水样于 250 mL 锥形瓶中，加入 4 滴酚酞指示剂，摇匀。当溶液呈红色时，用盐酸标准溶液滴定至刚褪色至无色，记录盐酸标准溶液用量 V_P。如加酚酞指示剂后溶液无色，则不需要用盐酸标准溶液滴定，接着进行 b)项操作。

注：若水样中含有游离二氧化碳，则不存在碳酸根碱度，可直接用混合指示剂进行滴定。用酚酞作指示剂滴定 CO_3^{2-} 时，滴加盐酸的速度不可太快，应边滴边摇荡锥形瓶，以免局部生成过多的 CO_2 逸出，使 CO_3^{2-} 测定结果偏高。

b) 向上述锥形瓶中加入 6 滴混合指示剂，摇匀。继续用盐酸标准溶液滴定至溶液由橙黄色变成浅紫红色后，加热煮沸驱赶反应生成的二氧化碳，继续滴定至浅紫红色。记录第二次滴定盐酸标准溶液用量 V_M。两次的总用量为 V_T。

B.4 结果与计算

B.4.1 总碱度 A_T

总碱度 A_T 按式(B.2)计算。

$$A_T = \frac{1000 \times c_{HCl} \times V_T}{50.00} \quad \cdots\cdots (B.2)$$

式中：

A_T ——总碱度，单位为毫摩尔每升(mmol/L)；

c_{HCl}——盐酸的浓度，单位为摩尔每升(mol/L)；

V_T ——盐酸标准溶液的总用量，单位为毫升(mL)。

B.4.2 分别计算碳酸根、碳酸氢根与氢氧根浓度

当 $V_T \geqslant 2V_P$ 时，碳酸氢根浓度按式(B.3)计算。

$$c_{HCO_3^-} = \frac{1000 \times c_{HCl} \times (V_T - 2V_P)}{50.00} \quad \cdots\cdots (B.3)$$

碳酸根浓度按式(B.4)计算。

$$c_{\frac{1}{2}CO_3^{2-}} = \frac{1000 \times c_{HCl} \times 2V_P}{50.00} \quad \cdots\cdots (B.4)$$

当 $V_T < 2V_P$ 时：

氢氧根浓度按式(B.5)计算。

$$c_{OH^-} = \frac{1000 \times (2V_P - V_T) \times c_{HCl}}{50.00} \quad \cdots\cdots (B.5)$$

碳酸根浓度浓度按式(B.6)计算。

$$c_{\frac{1}{2}CO_3^{2-}} = \frac{2000 \times (V_T - V_P) \times c_{HCl}}{50.00} \quad \cdots\cdots (B.6)$$

式中：

c_{HCl} ——盐酸标准溶液浓度，单位为摩尔每升(mol/L)；

$c_{HCO_3^-}$ ——碳酸氢根浓度，单位为毫摩尔每升(mmol/L)；

$c_{\frac{1}{2}CO_3^{2-}}$——碳酸根浓度，单位为毫摩尔每升(mmol/L)；

c_{OH^-} ——氢氧根浓度，单位为毫摩尔每升(mmol/L)；

V_T ——滴定到混合指示剂终点时，盐酸总共消耗的体积，单位为毫升(mL)；

V_P ——用酚酞作指示剂时滴定消耗盐酸的体积，单位为毫升(mL)。

注：碱性化合物在水中产生的碱度，有五种组成情况。为说明方便，令以酚酞作指示剂时，滴定到终点所消耗盐酸标准溶液的量为 P mL；这时碳酸根碱度的一半(因为反应到碳酸氢根离子)和氢氧化物碱度参与反应。接着加入混合指示剂，再以盐酸标准溶液滴定，令盐酸标准溶液用量为 M mL；这时参与反应的是由碳酸根反应生成的碳酸氢根和水中原有的碳酸氢根离子。两次滴定，盐酸标准溶液的总消耗量为 T mL，$T=M+P$。

第一种情形，$T=P$，或 $M=0$ 时：

$M=0$，表示不含有碳酸根，也不含有碳酸氢根。因此，$P=T$，表明水中只有氢氧化物碱度。这种情况在天然水中不存在。

第二种情形，$M>0$，$P>1/2T$ 时：

说明水中有碳酸根存在，将碳酸根中和到碳酸所消耗的酸量$=2M=2(T-P)$。且由于 $P>M$，说明尚有氢氧化物存在，中和氢氧化物碱度消耗的酸量$=T-2(T-P)=2P-T$。

第三种情况，$P=1/2T$，即 $P=M$ 时：

说明水中没有氢氧化物碱度，也不存在碳酸氢根碱度，仅有碳酸根碱度。P 和 M 都是中和碳酸根一半的酸消耗量。这种情况在天然水中也很难存在。

第四种情形，$P<1/2T$ 时：

此时，$M>P$，M 除包含滴定由碳酸根生成的碳酸氢根外，尚有水样中原有碳酸氢根对酸的消耗。滴定碳酸根消耗的酸量$=2P$，滴定水中原有碳酸氢根消耗的酸量$=T-2P$。

第五种情形，$P=0$ 时：

此时，水中只有碳酸氢根形式的碱度存在。滴定碳酸氢根消耗的酸量$=T=M$。

以上五种情形的碱度组成示于表 B.1 中。

表 B.1 碱度的组成

滴定结果	氢氧根(OH^-)	碳酸根(CO_3^{2-})	碳酸氢根(HCO_3^-)
$P=T$	P	0	0
$P>1/2T$	$2P-T$	$2T-2P$	0
$P=1/2T$	0	$2P$	0
$P<1/2T$	0	$2P$	$T-2P$
$P=0$	0	0	T

ICS 65.150
B 50

中华人民共和国水产行业标准

SC/T 9407—2012

河流漂流性鱼卵、仔鱼采样技术规范

Technical specification for drifting fish eggs and larvae sampling in river

2012-12-07 发布　　2013-03-01 实施

中华人民共和国农业部 发布

前　　言

本标准按照 GB/T 1.1 给出的规则起草。

请注意本文件的某些内容可能涉及专利。本文件的发布机构不承担识别这些专利的责任。

本标准由农业部渔业局提出。

本标准由全国水产标准化技术委员会渔业资源分技术委员会(SAC TC 156/SC 10)归口。

本标准起草单位:中国水产科学研究院珠江水产研究所。

本标准主要起草人:李新辉、李跃飞、谭细畅、李捷、王超。

河流漂流性鱼卵、仔鱼采样技术规范

1 范围

本标准规定了河流漂流性鱼卵、仔鱼采样所用工具及材料、采样时间、站位设置、采样水层、样品数据采集、样品收集与保存、鱼卵仔鱼密度估算方法等技术要求。

本标准适用于河流漂流性鱼卵、仔鱼的调查研究。

2 规范性引用文件

下列文件对于本文件的应用是必不可少的。凡是注日期的引用文件，仅注日期的版本适用于本文件。凡是不注日期的引用文件，其最新版本(包括所有的修改单)适用于本文件。

GB/T 8588 渔业资源基本术语

GB 11607 渔业水质标准

SC/T 4001 渔具基本术语

3 术语与定义

GB/T 8588 和 SC/T 4001 确立的以及下列术语和定义适用于本文件。

3.1

鱼卵 fish egg

鱼类的雌性生殖细胞。

3.2

仔鱼 fish larva

从受精卵孵出至鳍条基本形成时的鱼类早期发育个体。

3.3

弶网 jiang net

由四棱锥形网身和集鱼的网箱两部分组成，网身由竹或木架支撑的一种张捕江河中天然鱼苗的网具。

3.4

圆锥网 conical net

根据浮游生物网改造制作而成的捕捞天然鱼苗的网具。

3.5

集苗箱 collection box

弶网的重要组成部分，位于弶网的末端，起收集鱼卵、仔鱼作用的器具。

3.6

集苗桶 collection barrel

与圆锥网末端相连，起收集鱼卵、仔鱼作用的桶状器具。

4 采样用具

4.1 网具

采样宜使用弶网和圆锥网。

a) 弶网，网口矩形，长 1.5 m，高 1 m，网口面积 1.5 m^2，网长 5 m；网身网目不大于 500 μm。弶网后端与集苗箱相连。集苗箱，长 80 cm，宽 40 cm，高 40 cm，网目 300 μm。参见 A.1。

b) 圆锥网，网口圆形，内径 50 cm，网长 200 cm；网身网目 500 μm。网末端与集苗桶相连。集苗桶，圆柱形，直径 10 cm，长 15 cm，网目 300 μm。参见 A.2。

可根据调查河流类型、水文特征等按比例对弶网和圆锥网进行缩小（或放大）。

4.2 工具和材料

GPS 定位仪、流速仪、水温计、铅锤、圆锥网固定架、水文绞车、量角器、计时器、胶头吸管、培养皿、解剖镜（或放大镜）、手抄网、标本瓶、37%的甲醛溶液、乙醇溶液和冻存管。

5 采样时间

应在所调查鱼类的繁殖季节进行，每天至少采集 2 次，分白天和晚上进行。采样时段应尽可能包含一个或多个洪峰的涨落全过程，或视天气状况、水温、水流等实际情况确定具体采集时间和采集次数。

6 站位设置

6.1 固定点选择

固定点应选择在产卵场下游，河床相对平直，水流平缓、流速在 0.3 m/s～0.5 m/s 的位置采集，最好在靠近主流的一侧。

6.2 断面设置

断面采样按河流宽度一般设左、中、右 3 个采样点进行。采样断面至少 3 个，应尽可能覆盖研究对象的产卵场和育肥场。

7 采样水层

水深在 10 m 以内时，在表层 0 m～3 m 采样即可。按河流状况，调查目的和采样对象的差异，在采样点水深大于 10 m 时，可分表层、中层和底层采样。

8 样品数据采集

8.1 鱼卵、仔鱼样品采集

8.1.1 定置网具采集

网口逆水流方向固定于采样水层，保证网口与水流方向垂直，网口完全沉入水面之下。采集时，应测定网口处水流速度以及采集持续时间。圆锥网一次采集持续 10 min～30 min，弶网一次采集持续 0.5 h～2 h，具体持续时间根据网具大小、悬浮物多少和“苗汛”情况等而定。采集结果记录参见表 B.1。

8.1.2 拖网采集

将网具悬挂于船的左（或右）舷，使其稳定在采样水层。网口应位于不受船尾螺旋桨搅动影响的区域，进行水平拖网 10 min～15 min，船速为 1 kn～2 kn(0.5 m/s～1 m/s)。采集时，应测定网口处水流速度以及采集持续时间，采集结果记录参见表 B.1。

8.2 网口流速测量

所有采样都应在采样时间内，分别于采样开始、中间阶段和结束前至少 3 次测量流经采样网口的水流速度，取平均值作为采样时间段内流经网口的水流速度。测量流速时，流速仪应垂直水面置于网口中心位置。

9 样品处理、保存与鉴定

9.1 样品处理

先去除掉集苗箱(或集苗桶)中较大的悬浮物,然后将剩余的较小的悬浮物与鱼卵、仔鱼混合物转至盛有一定量水的容器中,用胶头吸管把鱼卵、仔鱼从悬浮物中分离开来,暂存于培养皿(或其他容器)中。

9.2 样品保存与鉴定

9.2.1 样品置于浓度为5%的中性甲醛稀释溶液中固定保存。对尚不能直接鉴定种类的鱼卵和仔鱼,需要培养并不断观察,培养用水应符合GB/T 11607的要求,直至能够鉴定出种类。

9.2.2 按分子生物学鉴定种类时,将样品置于75%乙醇溶液中或用冻存管保存。

鱼卵培养及仔鱼鉴定结果记录参见表B.2和表B.3。

10 鱼卵、仔鱼密度估算

采样点在采集时间内的鱼卵、仔鱼的密度按式(1)计算。

$$k = m / (S \times V \times t) \qquad (1)$$

式中:

k——采集时间内鱼卵、仔鱼的密度,单位为粒(尾)/立方米(ind./m^3);

m——采集时间内的鱼卵、仔鱼数量,单位为粒(尾)(ind.);

S——采集网网口面积,单位为平方米(m^2);

V——采集网网口处水流速度,单位为米每秒(m/s);

t——采集持续的时间,单位为秒(s)。

附　录　A
（资料性附录）
采 样 网 具

A.1　弶网见图 A.1。

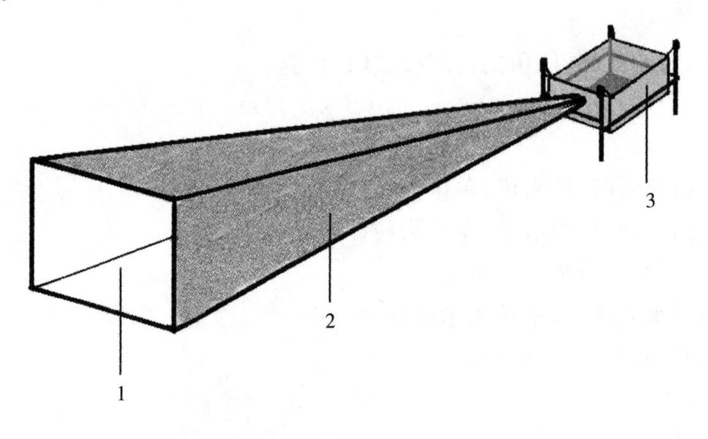

说明：
1——网口；
2——过滤部分；
3——集苗箱。

图 A.1　弶　网

弶网各部位名称、尺寸及材料见表 A.1。

表 A.1

部位	尺寸与材料
网口	长 1.5 m，高 1 m，面积为 1.5 m^2
过滤部分	长 5 m，网衣由孔径为 500 μm 的筛绢制成
集苗箱	长 80 cm，宽 40 cm，高 40 cm，由孔径为 300 μm 的筛绢制成，集苗箱框架由粗毛竹或木材等浮性材料制成
全长	580 cm（网前部牵引的绳索部分未计在内）

A.2　圆锥网见图 A.2。

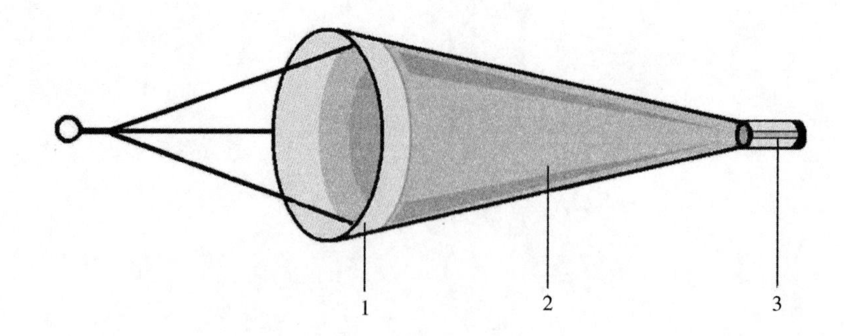

说明：
1——网口；
2——过滤部分；
3——集苗桶。

图 A.2　圆锥网

圆锥网各部位名称、尺寸及材料见表 A.2。

表 A.2

部位	尺寸与材料
网口	圆形，内径 50 cm，面积为 0.196 m^2，网圈由直径为 1 cm 的圆铁制成
过滤部分	长 200 cm，前后端均有细帆布包裹，分别与网圈和集苗桶相连，网衣由孔径为 500 μm 的筛绢制成
集苗桶	内径 10 cm，长 15 cm，由不锈钢管制成。滤过式集苗桶，用 300 μm 孔径的筛绢包裹
全长	215 cm(网前部牵引的绳索部分未计在内)

附　录　B
（资料性附录）
河流漂流性鱼卵、仔鱼调查记录表

B.1　鱼卵、仔鱼采集记录表见表 B.1。

表 B.1　鱼卵、仔鱼采集记录表

日期：　　　　　　　　天气：　　　　　　　　采样河流：
水温：　　　　　　　　网口面积：　　　　　　记录人：

断面号	样点号	水层深度 m	网口倾角 °	采集始末时间 h:min	网口流速 m/s	鱼卵数 粒	仔鱼数 尾	稚鱼数 尾	备注

B.2 鱼卵培养鉴定记录表见表 B.2。

表 B.2 鱼卵培养鉴定记录表

采样地点： 记录人：

<table>
<tr><td colspan="2">采样时间
（年．月．日．时．分钟）</td><td colspan="3"></td><td>样本编号</td><td colspan="3"></td></tr>
<tr><td>观察日期</td><td>观察时间</td><td>培养水温
℃</td><td>卵膜直径
mm</td><td>发育期</td><td>肌节数</td><td>形态特征</td><td>鉴定结果</td><td>备注</td></tr>
<tr><td></td><td></td><td></td><td></td><td></td><td></td><td></td><td></td><td></td></tr>
<tr><td></td><td></td><td></td><td></td><td></td><td></td><td></td><td></td><td></td></tr>
<tr><td></td><td></td><td></td><td></td><td></td><td></td><td></td><td></td><td></td></tr>
<tr><td></td><td></td><td></td><td></td><td></td><td></td><td></td><td></td><td></td></tr>
<tr><td></td><td></td><td></td><td></td><td></td><td></td><td></td><td></td><td></td></tr>
<tr><td></td><td></td><td></td><td></td><td></td><td></td><td></td><td></td><td></td></tr>
<tr><td></td><td></td><td></td><td></td><td></td><td></td><td></td><td></td><td></td></tr>
<tr><td></td><td></td><td></td><td></td><td></td><td></td><td></td><td></td><td></td></tr>
<tr><td></td><td></td><td></td><td></td><td></td><td></td><td></td><td></td><td></td></tr>
<tr><td></td><td></td><td></td><td></td><td></td><td></td><td></td><td></td><td></td></tr>
<tr><td></td><td></td><td></td><td></td><td></td><td></td><td></td><td></td><td></td></tr>
<tr><td></td><td></td><td></td><td></td><td></td><td></td><td></td><td></td><td></td></tr>
<tr><td></td><td></td><td></td><td></td><td></td><td></td><td></td><td></td><td></td></tr>
<tr><td></td><td></td><td></td><td></td><td></td><td></td><td></td><td></td><td></td></tr>
<tr><td></td><td></td><td></td><td></td><td></td><td></td><td></td><td></td><td></td></tr>
<tr><td></td><td></td><td></td><td></td><td></td><td></td><td></td><td></td><td></td></tr>
<tr><td></td><td></td><td></td><td></td><td></td><td></td><td></td><td></td><td></td></tr>
<tr><td></td><td></td><td></td><td></td><td></td><td></td><td></td><td></td><td></td></tr>
<tr><td colspan="9">**注**：一卵一表，不敷可另加页。</td></tr>
</table>

B.3 仔鱼鉴定结果记录表见表 B.3。

表 B.3 仔鱼鉴定结果记录表

样本编号：　　　　鉴定人：　　　　鉴定时间：
　　　　　　　　　复核人：　　　　复核时间：

断面/样点/水层深度 m	种类名称	数量 尾	体长范围 mm	发育阶段				
				孵出期至鳔雏形期	鳔雏形期至鳔一室期	鳔一室期至卵黄吸尽期	卵黄吸尽期至骨质鳍条出现期	骨质鳍条出现期至幼鱼期
注：一样一表，不敷可另加页。复核差异用红笔标记。								

ICS 67.050
B 50

中华人民共和国水产行业标准

SC/T 9409—2012

水生哺乳动物谱系记录规范

Recording requirements for studbook keeping of captive aquatic mammals

2012-12-24 发布　　　　2013-03-01 实施

中华人民共和国农业部 发布

前　言

本标准按照 GB/T 1.1 给出的规则起草。

请注意本文件的某些内容可能涉及专利。本文件的发布机构不承担识别这些专利的责任。

本标准由农业部渔业局提出。

本标准由全国水产标准化技术委员会渔业资源分技术委员会(SAC TC 156/SC 10)归口。

本标准主要起草单位:中国科学院水生生物研究所、中国野生动物保护协会水生野生动物保护分会、辽宁省海洋水产科学研究院、香港海洋公园、成都极地海洋实业有限公司管理分公司、大连老虎滩海洋公园有限公司、北京工体富国海底世界、北京利达海洋生物馆有限公司。

本标准主要起草人:张先锋、张培君、姚志平、韩家波、何越晶、王志祥、张长皓、孙尼、黄琳、郑素英。

水生哺乳动物谱系记录规范

1 范围

本标准规定了饲养水生哺乳动物谱系记录的内容及方法、时间记录方法和谱系保管。

本标准适用于水族馆饲养的水生哺乳动物谱系记录;其他有关部门可参照执行。

2 规范性引用文件

下列文件对于本文件的应用是必不可少的。凡是注日期的引用文件,仅注日期的版本适用于本文件。凡是不注日期的引用文件,其最新版本(包括所有的修改单)适用于本文件。

GB/T 24422 信息与文献 档案纸 耐久性和耐用性要求

DA/T 42 企业档案工作规范

SC/T 6074 水族馆术语

3 术语和定义

SC/T 6074 界定的以及下列术语和定义适用于本文件。

3.1

编号 ID

水生哺乳动物个体在谱系中的唯一代号。

3.2

标识符 identifier

水生哺乳动物个体除**编号**外区别于其他个体的标记。

3.3

所在地 location

用单位或区域表示的水生哺乳动物于某特定时间段所处的位置。

3.4

位置变更 transaction(event)/visit

水生哺乳动物从野外被捕捉或者人工繁殖出生开始直到死亡过程中发生的**所在地**变更事件。

3.5

时间估计 time estimate

谱系记录过程中对时间精确度的描述。

4 谱系记录内容及方法

4.1 谱系记录基本要求

凡在谱系记录者管辖范围内所出现的动物,管理单位不管是否拥有其所有权、持有时间长短,都应详细记录其谱系资料。尽可能准确记录涉及的时间、**所在地**等基本信息,具体记录方法参见 4.4。

任何动物信息改变,包括**所在地**变迁、死亡及逃脱等,应在 3 d 内予以记录。

记录用纸应符合 GB/T 24422 的规定。

4.2 谱系记录方式

谱系记录应包括水生哺乳动物谱系记录表格(参见附录 A)和水生哺乳动物数量清单(参见附录

B)。日常记录只需填写附录A表格,归档时增加附录B内容。每套记录文件应同时包含纸质文档和电子文档。

4.3 谱系记录内容

谱系记录至少应包括以下内容：

——动物基本信息；

——所在地变更；

——标识符；

——体检量度参数；

——最后处理方式以及死亡记录。

具体内容参见附录A。其他水生哺乳动物的体检生物学量度方法参考鲸类和鳍足类进行。

动物编号由该物种双名法拉丁名两个单词的大写首字母(代号)、初始管理单位组织机构代码及引进年份和顺序号组成(示例参见C.1)。

4.4 时间记录方法

4.4.1 知道确切日期的时间,直接记录。

4.4.2 知道时间范围,不知道确切时间,记录该时间段的中间点,并给出**时间估计**信息(示例参见C.2、C.3、C.4)。**时间估计**的描述方法有Rx(Range)、Y(Year)、M(Month)和U(Unknown)。

4.4.3 死产动物,出生和死亡日期记录为同一时间。

4.4.4 范围为几年的**时间估计**用Rx描述(示例参见C.5)。

4.4.5 当以上四条均不适用,时间范围无法确定时,则应记录一个尽量合理的时间,**时间估计**为U(示例参见C.6)。

5 谱系保管

记录应一式两套,分开保管。动物谱系保管期限应为永久保存。

保管条件按照DA/T 42的规定执行。

附 录 A
(资料性附录)
水生哺乳动物谱系记录表格

表 A.1～表 A.7 给出了水生哺乳动物谱系记录的具体内容,图 A.1、图 A.2 和图 A.3 分别针对表 A.4、表 A.5 和表 A.7 进行解释。

表 A.1 动物的基本信息

记录人:________ 记录时间:________

所处单位			
动物 ID			
标识符	参见表 A.3,任选其一	出生类型	人工繁殖□ 野外捕捉□
物种名称		出生地	
拉丁名		父亲 ID	
有无杂交	未知□ 亚种内□ 无□	母亲 ID	
出生日期		性别[a]	
时间估计		育幼类型[b]	

[a] 雌、雄、染色体异常、避孕、阉割、未知。
[b] 人工、父母、抚养者、未知。

表 A.2 动物的位置变更

记录人:________ 记录时间:________

动物 ID					
标识符	参见表 A.3,任选其一				
获得	时间	时间估计	获得方式[a]	获得目的[b]	来源地
失去	时间	时间估计	失去方式[c]		去向

[a] 人工出生、野外捕捉、交换、购买、捐赠、租借、其他。
[b] 常规、检疫、救护。
[c] 死亡、交换、出售、捐赠、归还、被盗、逃跑、放归、其他。

表 A.3　动物的标识符

记录人：__________　　　　　　　　　　记录时间：__________

动物 ID				
标识符类型	内容	时间	地点	备注
单位编号				
许可证号				
脉冲转发器				
妊娠次数				
牙齿				
昵称 1				
昵称 2				
其他昵称				
其他(请注明)				

表 A.4　齿鲸生物学度量参数

测量人：__________　　　　记录人：__________　　　　记录时间：__________

动物 ID			
时间			
时间估计			
体重			
1. 体长		16. 眼中央至呼吸孔中央右	
2. 吻突长		17. 眼裂长	
3. 上颌前端至口角		18. 呼吸孔宽	
4. 上颌前端至眼中央		19. 鳍肢前基至梢端	
5. 上颌前端至呼吸孔		20. 鳍肢腋下至梢端	
6. 上颌前端至外耳孔		21. 鳍肢最大宽	
7. 上端前端至鳍肢前端		22. 背鳍高	
8. 上端前端至脐中央		23. 背鳍基部长	
9. 上颌前端至生殖裂中点		24. 尾鳍宽	
10. 上颌前端至肛门		25. 尾鳍基部至缺刻	
11. 上颌前端至背鳍梢端		26. 缺刻深	
12. 下颌超过上颌长		27. 鳍肢腋下体围	
13. 眼中央至外耳孔		28. 最大体围	
14. 眼中央至口角		29. 肛门处体围	
15. 眼中央至呼吸孔中央左			
注：体重和体长每月记录一次，鳍肢腋下体围、最大体围和肛门处体围每半年记录一次，其他参数为尸检时记录。			

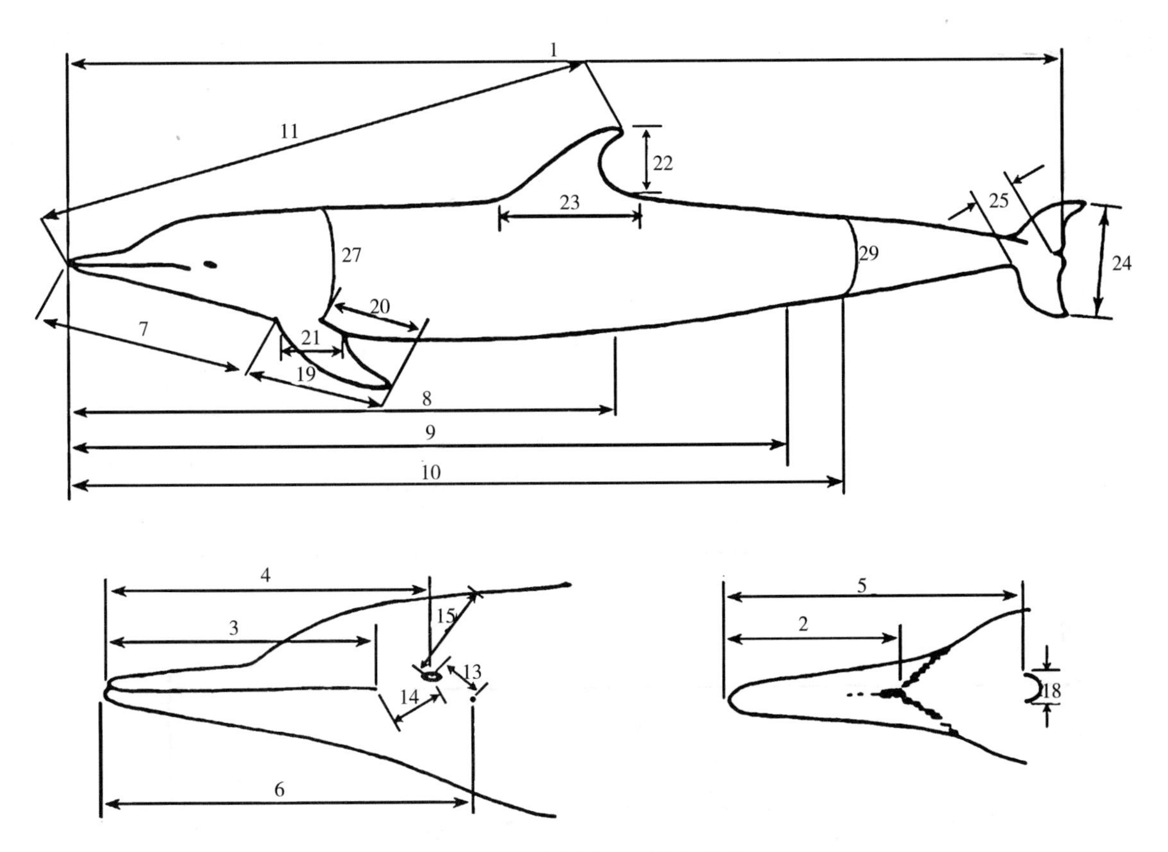

图 A.1　齿鲸量度参数说明

表 A.5　鳍足类生物学度量参数

测量人：＿＿＿＿＿＿　　　　记录人：＿＿＿＿＿＿　　　　记录时间：＿＿＿＿＿＿

动物 ID			
时间			
时间估计			
体重			
1. 标准体长		7. 前鳍外侧长左(右)	
2. 曲线体长		8. 前鳍腋下宽左(右)	
3. 腋下围		9. 前鳍最大宽左(右)	
4. 脐带处体围		10. 后鳍外侧长左(右)	
5. 上颌前端至眼中央左(右)		11. 后鳍最大宽左(右)	
6. 上颌前端至耳孔左(右)		12. 尾长(后鳍基部至尾端)	
注：标准体长和腋下围每半年记录一次，其他参数为尸检时记录。			

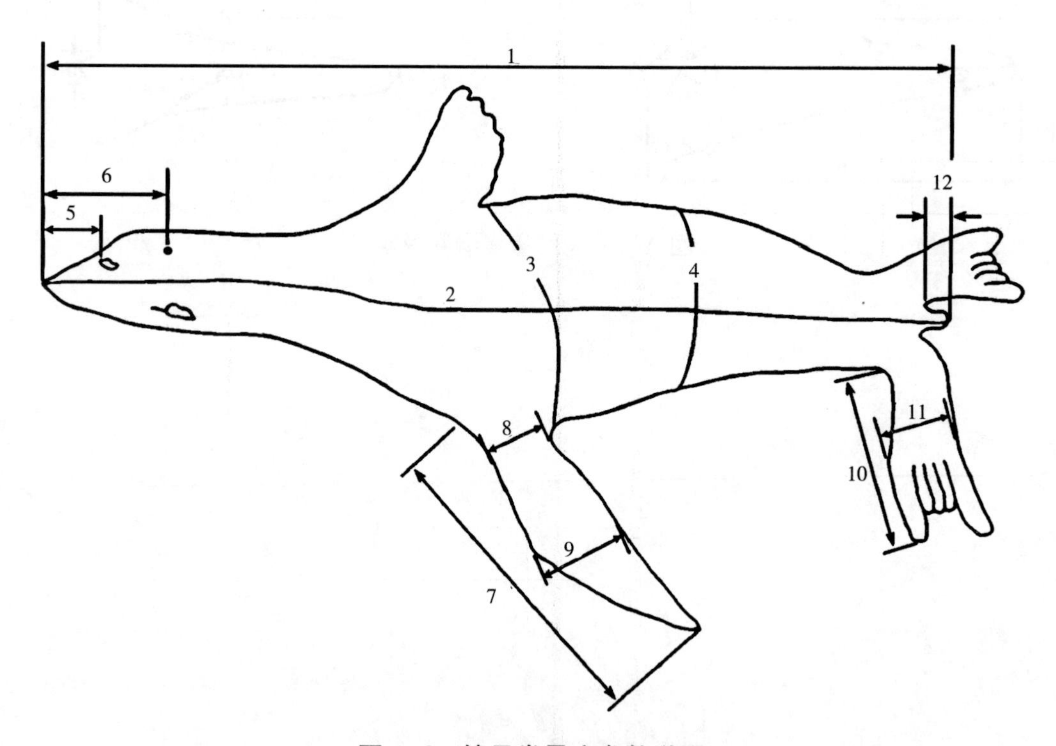

图 A.2　鳍足类量度参数说明

表 A.6　动物死亡处理

尸检人:__________　　　　记录人:__________　　　　记录时间:__________

动物 ID								
死亡时间					时间估计			
尸检时间					时间估计			
死亡地点					尸检地点			
动物死亡到发现时间间隔								
死因		尸体处理		接收单位	尸检		病因	
麻醉或药物抑制		埋葬			心血管疾病		细菌感染	
运输途中		丢弃			消化系统疾病		真菌感染	
环境或行为异常		制作标本			内分泌疾病		病毒感染	
安乐死		烧掉			血液或淋巴疾病		立克次氏体	
生病		给研究所			外皮器官疾病		原壁菌	
表演受伤		其他(请注明)			肌肉骨骼疾病		支原体	
故意伤害					神经系统疾病		原生动物	
衰老死亡					生殖系统疾病		后生动物	
早产					呼吸系统疾病		中毒	
死产					泌尿系统疾病		新陈代谢异常	
搁浅					感觉器官疾病		机械性损伤	
其他(请注明)					其他(请注明)		营养不良	
							肿瘤	
							先天性发育不良	
							外伤	
							其他(请注明)	
针对尸检结果对动物致死原因做简要概述								

表 A.7　须鲸生物学度量参数

测量人：＿＿＿＿＿＿　　　　记录人：＿＿＿＿＿＿　　　　记录时间：＿＿＿＿＿＿

动物 ID			
时间			
时间估计			
体重			
1. 体长		13. 尾鳍缺刻至脐	
2. 上颌前端至口角		14. 肛门至生殖裂中点	
3. 上颌前端至眼中央		15. 鳍肢前端至梢端	
4. 上颌前端至呼吸孔前		16. 鳍肢腋下至梢端	
5. 上颌前端至鳍肢前基点		17. 鳍肢最大宽	
6. 下颌超出上颌长		18. 背鳍高	
7. 眼中央至外耳孔		19. 背鳍基部长	
8. 眼中央至口角		20. 尾鳍宽	
9. 呼吸孔长		21. 尾鳍基部至缺刻	
10. 尾鳍缺刻至背鳍梢端		22. 缺刻深	
11. 尾鳍缺刻至肛门		23. 最大体围	
12. 尾鳍缺刻至生殖裂中央			

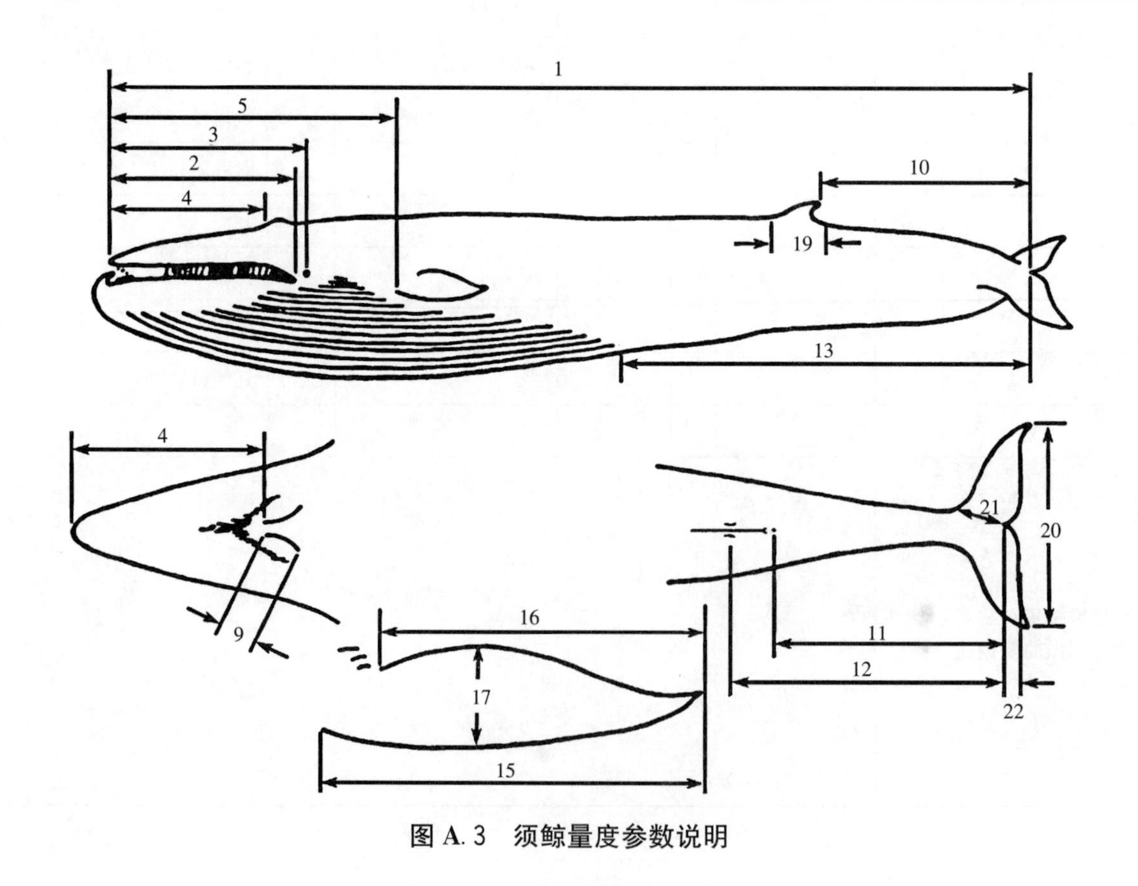

图 A.3　须鲸量度参数说明

附　录　B
（资料性附录）
水生哺乳动物数量清单

表 B.1 给出了水生哺乳动物数量清单的记录格式。

表 B.1　水生哺乳动物数量清单

记录人：＿＿＿＿＿＿　　　　时间段：＿＿＿＿＿＿

中文名称	拉丁名	现有数量	死亡数量

附　录　C
（资料性附录）
示　　例

C.1　某单位2010年引进的第2头江豚（*Neophocaena phocaenoides*）编号应记为NP××××××××2010002。

动物代号：NP

该单位组织机构代码：×××××××××

动物引进年份：2010

动物序号：002

C.2　若事件仅能精确到发生在2011年内，则时间记为2011年7月1日，时间估计记为Y。7月1日为一年的时间中点，时间估计Y(year)表示误差在1年范围内。若事件仅能精确到发生在2011年6月，则时间记为2011年6月15日，时间估计记为M。

C.3　斑海豹为季节性繁殖的动物，只在冬季繁殖（12月、1月和2月）。若某斑海豹出生时间可精确到2011年，按照C.2应记为2011年7月1日，Y。参考其繁殖季节可把时间精确到3个月内，此时应记为2011年1月15日，Y（12月、1月和2月的时间中点），而非2011年7月1日。

C.4　某事件发生在2011年3月4日左右，仅能确定月份但不确定具体日期，则不应记为2011年3月15日，M，而记为2011年3月4日，M。

C.5　某事件发生在2000s，不知道确切年份，则记时间中点，2005年1月1日，R5。R5表示时间上下波动为5年，即2000年1月1日至2009年12月31日。

C.6　时间记录2011年3月1日，U，表示无法估计时间精确度，该时间无任何意义。这种类型的时间在种群管理分析中作为无效时间处理。

ICS 65.150
B 50

中华人民共和国水产行业标准

SC/T 9410—2012

水族馆水生哺乳动物驯养技术等级划分要求

Grade of aquatic mammal rearing techniques in aquariums

2012-12-24 发布

2013-03-01 实施

中华人民共和国农业部 发布

前　言

本标准按照GB/T 1.1给出的规则起草。

请注意本文件的某些内容可能涉及专利。本文件的发布机构不承担识别这些专利的责任。

本标准由农业部渔业局提出。

本标准由全国水产标准化技术委员会渔业资源分技术委员会(SAC/TC 156/SC 10)归口。

本标准主要起草单位:中国野生动物保护协会水生野生动物保护分会、北京利达海洋生物馆有限公司、青岛极地海洋世界、上海长风海洋世界、通用海洋生态工程(北京)有限公司、北京工体富国海底世界、中国科学院水生生物研究所、香港海洋公园、广西南宁海底世界、西安曲江文化旅游(集团)有限公司海洋公园分公司、武汉海洋世界水族观赏有限公司、深圳市海洋世界有限公司、洛阳龙门海洋馆有限责任公司、大连老虎滩海洋公园。

本标准主要起草人:王元群、李昕、范淑娟、郭熹微、刘军、张先锋、李绳宗、吴守坚、叶文、杨道明、刘仁俊、王志祥、魏鹏程、闫宝成、丁宏伟、杨甘霖、杜心意、雷慧、王喆琛、孙艳明、黄琳、王磊、栾钢、刘佳佳、张军英。

水族馆水生哺乳动物驯养技术等级划分要求

1 范围

本标准规定了水族馆水生哺乳动物驯养技术等级划分的要求，内容包括设施要求、水质控制、驯养人员、技术提升、科普能力和管理制度。

本标准适用于水族馆水生哺乳动物驯养技术的等级划分。

2 规范性引用文件

下列文件对于本文件的应用是必不可少的。凡是注日期的引用文件，仅注日期的版本适用于本文件。凡是不注日期的引用文件，其最新版本(包括所有的修改单)适用于本文件。

SC/T 6073 水生哺乳动物饲养设施要求

SC/T 9411 水族馆水生哺乳动物饲养水质

3 等级划分

水生哺乳动物驯养技术等级划分为一级、二级和三级。等级由低到高，高一等级的条件要求应包含低一等级的条件要求。

4 等级划分条件

各等级划分条件见表1。

表1 等级划分条件

项目	一级	二级	三级
设施要求	具有驯养鳍足类水生哺乳动物的设施，并符合SC/T 6073的要求。	具有驯养鳍足类、鲸类动物的设施，并符合SC/T 6073的要求。	具有符合水生哺乳动物饲养要求的设施，其中鲸类动物表演池长度大于30 m。
水质控制	a)符合SC/T 9411的要求； b)对鳍足类动物水质指标常规检测的周期：微生物指标不少于1次/3周；理化指标不少于1次/3 d。	a)符合SC/T 9411的要求； b)对鳍足类、鲸类动物水质指标常规检测的周期：微生物指标不少于1次/2周；理化指标不少于1次/2 d。	a)符合SC/T 9411的要求； b)水质指标常规检测周期：微生物指标不少于1次/周；理化指标不少于1次/d。
驯养人员	a)有水生哺乳动物驯养人员，其中应有中级驯养师； b)有专职或兼职兽医。	a)有水生哺乳动物驯养人员，其中应有高级驯养师； b)有专职兽医且具有三年以上水生哺乳动物医疗的临床经验。	a)有水生哺乳动物驯养人员，其中应有驯养技师； b)专职兽医不少于两名，其中应有五年以上水生哺乳动物医疗临床经验的兽医。
技术提升	有针对提升驯养技术的工作计划及成果。	a)在驯养、医疗和水质控制等方面有技术提升成果及论文； b)能开展国内技术合作。	a)能应用新技术，改进动物驯养、医疗、水质控制、设施设备等； b)有专业人员从事技术研究工作，有论文在国内核心刊物、国际专业刊物或国际会议上发表； c)能开展国际技术合作。

表1（续）

项目	一级	二级	三级
科普能力	取得省级以下有关部门科普基地的认定。	取得省级有关部门科普基地的认定。	取得国家有关部门科普基地的认定。
管理制度	有本等级的设施设备、水质控制、驯养医疗、科普教育、技术提升的管理制度及相关记录。	有本等级的设施设备、水质控制、驯养医疗、科普教育、技术提升的管理制度及相关记录。	有本等级的设施设备、水质控制、驯养医疗、科普教育、技术提升的管理制度及相关记录。

ICS 65.150
B 50

中华人民共和国水产行业标准

SC/T 9411—2012

水族馆水生哺乳动物饲养水质

Water quality for aquatic mammals in aquariums

2012-12-24 发布　　2013-03-01 实施

中华人民共和国农业部　发布

前　言

本标准按照GB/T 1.1给出的规则起草。

请注意本文件的某些内容可能涉及专利。本文件的发布机构不承担识别这些专利的责任。

本标准由农业部渔业局提出。

本标准由全国水产标准化技术委员会渔业资源分技术委员会(SAC/TC 156/SC 10)归口。

本标准主要起草单位:中国野生动物保护协会水生野生动物保护分会、中国科学院水生生物研究所、香港海洋公园、北京利达海洋生物馆有限公司、通用海洋生态工程(北京)有限公司、大连老虎滩海洋公园有限公司、上海海洋水族馆、辽宁省海洋水产科学研究院、洛阳龙门海洋馆有限责任公司、中国水产科学院长江水产研究所。

本标准主要起草人:张先锋、姚志平、张颖、张培君、王磊、韩家波、孙尼、郭熹微、杨道明、王亭亭、曹新富、栾钢。

水族馆水生哺乳动物饲养水质

1 范围

本标准规定了水族馆水生哺乳动物饲养用水水质。

本标准适用于水族馆水生哺乳动物饲养用水水质要求;其他水生哺乳动物饲养用水水质可参照执行。

2 规范性引用文件

下列文件对于本文件的应用是必不可少的。凡是注日期的引用文件,仅注日期的版本适用于本文件。凡是不注日期的引用文件,其最新版本(包括所有的修改单)适用于本文件。

GB 3097—1997 海水水质标准

GB 3838 地表水环境质量标准

GB/T 5750.6—2006 生活饮用水标准检验方法 第6部分 感官性状及物理指标

GB/T 5750.11—2006 生活饮用水标准检验方法 第11部分 消毒剂指标

GB/T 5750.12—2006 生活饮用水标准检验方法 第12部分 微生物指标

GB/T 12763.4—2007 海洋调查规范 第4部分 海水化学要素调查

GB 17378.4—2007 海洋监测规范 第4部分 海水分析

GB 17378.7—2007 海洋监测规范 第7部分 近海污染生态调查和生物监测

SC/T 6074 水族馆术语

SL 94 氧化还原电位的测定(电位测定法)

SN/T 1933.1 食品和水中肠球菌检验方法 第1部分 平板计数法和最近似值测定法

SN/T 1933.2 食品和水中肠球菌检验方法 第2部分 膜过滤法

3 术语和定义

SC/T 6074确立的术语和定义适用于本文件。

4 水质要求

4.1 原水

4.1.1 采用天然海水为饲养用水时,海水应符合或优于GB 3097—1997中第二类水质要求。

4.1.2 采用淡水配置为饲养用水时,淡水应符合或优于GB 3838中第三类水质要求。

4.2 常规检验项目及限值

水族馆水生哺乳动物饲养水质常规检验项目及限值应符合表1的要求。

表 1　常规检验项目及限值

项　　目	要求内容
漂浮物质	水面无油膜、浮沫和其他漂浮物质
色、臭、味	水体无异色、异臭、异味
肉眼可见物	无
浊度,NTU(散射浊度单位)	＜0.25
盐度(淡水除外)	15～36
酸碱度(pH)	7.2～8.5
氨氮(NH_3/NH_4^+),mg/L	＜1.2
总大肠菌[a],MPN/100 mL 或 CFU/100 mL	＜1 000
埃希氏大肠菌[a],MPN/100 mL 或 CFU/100 mL	＜100
总氯(氯气及次氯酸盐制剂)[b],mg/L	0.3～1.0
自由氯(氯气及次氯酸盐制剂)[b],mg/L	0.1～0.4
臭氧(O_3)[b],mg/L	＜0.01
二氧化氯(ClO_2)[b],mg/L	0.02～0.1

[a] 细菌的计数值,可为在 48 h 内取两次样本求平均值。

[b] 根据使用的消毒剂选择检测指标。

4.3 非常规检验项目及限值

水族馆水生哺乳动物饲养水质非常规检验项目及限值见表 2。

表 2　非常规检验项目及限值

项　　目	限　　值
细菌总数,CFU/mL	≤100
粪肠球菌,CFU/100 mL	≤100
亚硝酸盐(NO_2^-),mg/L	≤1.2
镉,mg/L	按 GB 3097—1997 表 1 第二类的规定
铅,mg/L	按 GB 3097—1997 表 1 第二类的规定
汞,mg/L	按 GB 3097—1997 表 1 第二类的规定
铝,mg/L	≤0.2
铁,mg/L	≤0.5
锰,mg/L	≤0.3
铜,mg/L	按 GB 3097—1997 表 1 第二类的规定
锌,mg/L	按 GB 3097—1997 表 1 第二类的规定
氧化还原电位(ORP),mV	≤750(使用天然海水) ≤550(使用人工海水)
挥发性酚类(以苯酚计),mg/L	≤0.005

4.4 水温

水族馆水生哺乳动物饲养水温要求见表 A.1。

5 检测方法

本标准各项目的分析方法,参见表 B.1。

附 录 A
(规范性附录)
水族馆水生哺乳动物饲养水温

水族馆水生哺乳动物饲养水温要求见表 A.1。

表 A.1 水生哺乳动物饲养水温要求

饲养物种		饲养水温,℃
鲸类	白鲸、虎鲸	0～18
	其他鲸类	18～25
鳍足类		0～24
海牛类		20～32
北极熊		0～18

附　录　B
（规范性附录）
水质分析方法

水族馆水生哺乳动物饲养水质分析方法见表 B.1。

表 B.1　水生哺乳动物饲养水质分析方法

序号	项目	分析方法	检出限 μg/L	引用标准
1	漂浮物质	目测法	—	
2	色、臭、味	(1)比色法 (2)感官法	—	GB 17378.4—2007 GB 17378.4—2007
3	细菌总数	(1)平板计数法 (2)荧光显微镜直接计数法		GB 17378.7—2007 GB 17378.7—2007
4	总大肠菌	(1)多管发酵法 (2)滤膜法 (3)酶底物法		GB/T 5750.12—2006 GB/T 5750.12—2006 GB/T 5750.12—2006
5	大肠埃希氏菌	(1)多管发酵法 (2)滤膜法 (3)酶底物法		GB/T 5750.12—2006 GB/T 5750.12—2006 GB/T 5750.12—2006
6	粪肠球菌	(1)平板计数法 (2)最近似值法 (3)膜过滤法		SN/T 1933.1 SN/T 1933.1 SN/T 1933.2
7	浊度	(1)浊度计法 (2)目视比浊法 (3)分光光度法		GB 17378.4—2007 GB 17378.4—2007 GB 17378.4—2007
8	酸碱度	(1)pH 计法 (2)pH 比色法		GB 17378.4—2007 GB 17378.4—2007
9	盐度	盐度计法		GB17378.4—2007
10	水温	(1)表层水温计法 (2)颠倒温度计法		GB 17378.4—2007 GB 17378.4—2007
11	氧化还原电位	电位测定法		SL 94
12	化学耗氧量	碱性高锰酸钾法		GB 17378.4—2007
13	挥发性酚类	亚甲基蓝分光光度法	1.1	GB 17378.4—2007
14	二氧化氯	(1)N,N-二乙基对苯二胺硫酸亚铁铵滴定法 (2)碘量法 (3)甲酚红分光光度法 (4)现场测定法	25 0.01 20 10	GB/T 5750.11—2006 GB/T 5750.11—2006 GB/T 5750.11—2006 GB/T 5750.11—2006
15	总氯	(1)N,N-二乙基对苯二胺(DPD)分光度法 (2)3,3′,5,5′-四甲基联苯胺比色法	10 5	GB/T 5750.11—2006 GB/T 5750.11—2006

表 B.1（续）

序号	项目	分析方法	检出限 μg/L	引用标准
16	自由氯	(1)N,N-二乙基对苯二胺(DPD)分光度法 (2)3,3′,5,5′-四甲基联苯胺比色法	0.1 5	GB/T 5750.11—2006 GB/T 5750.11—2006
17	臭氧	(1)碘量法 (2)靛蓝分光光度法 (3)靛蓝现场测定法	 0.01 10	GB/T 5750.11—2006 GB/T 5750.11—2006 GB/T 5750.11—2006
18	氨氮	(1)靛酚蓝分光光度法 (2)次溴酸钠氧化法		GB 17378.4—2007 GB 17378.4—2007
19	亚硝酸盐	(1)萘乙二胺分光光度法 (2)重氮—偶氮法		GB 17378.4—2007 GB/T 12763.4—2007
20	镉	(1)无火焰原子吸收分光光度法 (2)阳极溶出伏安法 (3)火焰原子吸收分光光度法	0.01 0.09 0.3	GB 17378.4—2007 GB 17378.4—2007 GB 17378.4—2007
21	铅	(1)无火焰原子吸收分光光度法 (2)阳极溶出伏安法 (3)火焰原子吸收分光光度法	0.03 0.3 1.8	GB 17378.4—2007 GB 17378.4—2007 GB 17378.4—2007
22	汞	(1)原子荧光法 (2)冷原子吸收分光光度法 (3)金捕集冷原子吸收光度法	7.0×10^{-3} 1.0×10^{-3} 2.7×10^{-3}	GB 17378.4—2007 GB 17378.4—2007 GB 17378.4—2007
23	铝	(1)铬天青S分光光度法 (2)水杨基荧光酮—氯代十六烷基吡啶分光光度法 (3)无火焰原子吸收分光光度法 (4)电感耦合等离子体发射光谱法 (5)电感耦合等离子体质谱法	8 20 10 40 0.6	GB/T 5750.6—2006 GB/T 5750.6—2006 GB/T 5750.6—2006 GB/T 5750.6—2006 GB/T 5750.6—2006
24	铁	(1)原子吸收分光光度法 (2)二氮杂菲分光光度法 (3)电感耦合等离子体发射光谱法 (4)电感耦合等离子体质谱法	300 50 4.5 0.9	GB/T 5750.6—2006 GB/T 5750.6—2006 GB/T 5750.6—2006 GB/T 5750.6—2006
25	锰	(1)原子吸收分光光度法 (2)过硫酸铵分光光度法 (3)甲醛肟分光光度法 (4)高碘酸钾(Ⅲ)分光光度法 (5)电感耦合等离子体发射光谱法 (6)电感耦合等离子体质谱法	100 50 20 50 0.5 0.06	GB/T 5750.6—2006 GB/T 5750.6—2006 GB/T 5750.6—2006 GB/T 5750.6—2006 GB/T 5750.6—2006 GB/T 5750.6—2006
26	铜	(1)无火焰原子吸收分光光度法 (2)阳极溶出伏安法 (3)火焰原子吸收分光光度法	0.2 0.6 1.1	GB 17378.4—2007 GB 17378.4—2007 GB 17378.4—2007
27	锌	(1)火焰原子吸收分光光度法 (2)阳极溶出伏安法	3.1 1.2	GB 17378.4—2007 GB 17378.4—2007

附录

中华人民共和国农业部公告
第 1723 号

《农产品等级规格标准编写通则》等 38 项标准业经专家审定通过，我部审查批准，现发布为中华人民共和国农业行业标准，自 2012 年 5 月 1 日起实施。

特此公告。

二〇一二年二月二十一日

序号	标准号	标准名称	代替标准号
1	NY/T 2113—2012	农产品等级规格标准编写通则	
2	NY/T 2114—2012	大豆疫霉病菌检疫检测与鉴定方法	
3	NY/T 2115—2012	大豆疫霉病监测技术规范	
4	NY/T 2116—2012	虫草制品中虫草素和腺苷的测定　高效液相色谱法	
5	NY/T 2117—2012	双孢蘑菇冷藏及冷链运输技术规范	
6	NY/T 2118—2012	蔬菜育苗基质	
7	NY/T 2119—2012	蔬菜穴盘育苗　通则	
8	NY/T 2120—2012	香蕉无病毒种苗生产技术规范	
9	NY/T 2121—2012	东北地区硬红春小麦	
10	NY/T 1464.42—2012	农药田间药效试验准则　第42部分:杀虫剂防治马铃薯二十八星瓢虫	
11	NY/T 1464.43—2012	农药田间药效试验准则　第43部分:杀虫剂防治蔬菜烟粉虱	
12	NY/T 1464.44—2012	农药田间药效试验准则　第44部分:杀菌剂防治烟草野火病	
13	NY/T 1464.45—2012	农药田间药效试验准则　第45部分:杀菌剂防治三七圆斑病	
14	NY/T 1464.46—2012	农药田间药效试验准则　第46部分:杀菌剂防治草坪草叶斑病	
15	NY/T 1464.47—2012	农药田间药效试验准则　第47部分:除草剂防治林业防火道杂草	
16	NY/T 1464.48—2012	农药田间药效试验准则　第48部分:植物生长调节剂调控月季生长	
17	NY/T 2062.2—2012	天敌防治靶标生物田间药效试验准则　第2部分:平腹小蜂防治荔枝、龙眼树荔枝蝽	
18	NY/T 2063.2—2012	天敌昆虫室内饲养方法准则　第2部分:平腹小蜂室内饲养方法	
19	NY/T 2122—2012	肉鸭饲养标准	
20	NY/T 2123—2012	蛋鸡生产性能测定技术规范	
21	NY/T 2124—2012	文昌鸡	
22	NY/T 2125—2012	清远麻鸡	
23	NY/T 2126—2012	草种质资源保存技术规程	
24	NY/T 2127—2012	牧草种质资源田间评价技术规程	
25	NY/T 2128—2012	草块	
26	NY/T 2129—2012	饲草产品抽样技术规程	
27	NY/T 2130—2012	饲料中烟酰胺的测定　高效液相色谱法	
28	NY/T 2131—2012	饲料添加剂　枯草芽孢杆菌	
29	NY/T 2132—2012	温室灌溉系统设计规范	
30	NY/T 2133—2012	温室湿帘—风机降温系统设计规范	
31	NY/T 2134—2012	日光温室主体结构施工与安装验收规程	
32	NY/T 2135—2012	蔬菜清洗机洗净度测试方法	
33	NY/T 2136—2012	标准果园建设规范　苹果	
34	NY/T 2137—2012	农产品市场信息分类与计算机编码	
35	NY/T 2138—2012	农产品全息市场信息采集规范	
36	NY/T 2139—2012	沼肥加工设备	
37	NY/T 2140—2012	绿色食品　代用茶	
38	NY/T 288—2012	绿色食品　茶叶	NY/T 288—2002

中华人民共和国农业部公告
第 1729 号

《秸秆沼气工程施工操作规程》等 20 项标准，业经专家审定通过，现批准发布为中华人民共和国农业行业标准。《高标准农田建设标准》自发布之日起实施，其他标准自 2012 年 6 月 1 日起实施。

特此公告。

二〇一二年三月一日

序号	标准号	标准名称	代替标准号
1	NY/T 2141—2012	秸秆沼气工程施工操作规程	
2	NY/T 2142—2012	秸秆沼气工程工艺设计规范	
3	NY/T 2143—2012	宠物美容师	
4	NY/T 2144—2012	农机轮胎修理工	
5	NY/T 2145—2012	设施农业装备操作工	
6	NY/T 2146—2012	兽医化学药品检验员	
7	NY/T 2147—2012	兽用中药制剂工	
8	NY/T 2148—2012	高标准农田建设标准	
9	NY 525—2012	有机肥料	NY 525—2011
10	SC/T 1111—2012	河蟹养殖质量安全管理技术规程	
11	SC/T 1112—2012	斑点叉尾鮰　亲鱼和苗种	
12	SC/T 1115—2012	剑尾鱼　RR—B 系	
13	SC/T 1116—2012	水产新品种审定技术规范	
14	SC/T 2003—2012	刺参　亲参和苗种	
15	SC/T 2009—2012	半滑舌鳎　亲鱼和苗种	
16	SC/T 2025—2012	眼斑拟石首鱼　亲鱼和苗种	
17	SC/T 2016—2012	拟穴青蟹　亲蟹和苗种	
18	SC/T 2042—2012	斑节对虾　亲虾和苗种	
19	SC/T 2054—2012	鮸状黄姑鱼	
20	SC/T 1008—2012	淡水鱼苗种池塘常规培育技术规范	SC/T 1008—1994

中华人民共和国农业部公告
第 1730 号

根据《中华人民共和国兽药管理条例》和《中华人民共和国饲料和饲料添加剂管理条例》规定，《饲料中 8 种苯并咪唑类药物的测定　液相色谱—串联质谱法和液相色谱法》标准，业经专家审定通过，现批准发布为中华人民共和国国家标准，自发布之日起实施。

特此公告。

二〇一二年三月一日

附　录

序号	标准名称	标准代号
1	饲料中8种苯并咪唑类药物的测定　液相色谱—串联质谱法和液相色谱法	农业部1730号公告—1—2012

附　录

中华人民共和国农业部公告
第 1782 号

根据《中华人民共和国农业转基因生物安全管理条例》规定，《转基因植物及其产品成分检测　耐除草剂大豆 356043 及其衍生品种定性 PCR 方法》等 13 项标准业经专家审定通过，我部审查批准，现发布为中华人民共和国国家标准。自 2012 年 9 月 1 日起实施。

特此公告。

二〇一二年六月六日

序号	标准名称	标准代号
1	转基因植物及其产品成分检测　耐除草剂大豆 356043 及其衍生品种定性 PCR 方法	农业部 1782 号公告—1—2012
2	转基因植物及其产品成分检测　标记基因 NPTII、HPT 和 PMI 定性 PCR 方法	农业部 1782 号公告—2—2012
3	转基因植物及其产品成分检测　调控元件 CaMV 35S 启动子、FMV 35S 启动子、NOS 启动子、NOS 终止子和 CaMV 35S 终止子定性 PCR 方法	农业部 1782 号公告—3—2012
4	转基因植物及其产品成分检测　高油酸大豆 305423 及其衍生品种定性 PCR 方法	农业部 1782 号公告—4—2012
5	转基因植物及其产品成分检测　耐除草剂大豆 CV127 及其衍生品种定性 PCR 方法	农业部 1782 号公告—5—2012
6	转基因植物及其产品成分检测　bar 或 pat 基因定性 PCR 方法	农业部 1782 号公告—6—2012
7	转基因植物及其产品成分检测　CpTI 基因定性 PCR 方法	农业部 1782 号公告—7—2012
8	转基因植物及其产品成分检测　基体标准物质制备技术规范	农业部 1782 号公告—8—2012
9	转基因植物及其产品成分检测　标准物质试用评价技术规范	农业部 1782 号公告—9—2012
10	转基因植物及其产品成分检测　转植酸酶基因玉米 BVLA430101 构建特异性定性 PCR 方法	农业部 1782 号公告—10—2012
11	转基因植物及其产品成分检测　转植酸酶基因玉米 BVLA430101 及其衍生品种定性 PCR 方法	农业部 1782 号公告—11—2012
12	转基因生物及其产品食用安全检测　蛋白质氨基酸序列飞行时间质谱分析方法	农业部 1782 号公告—12—2012
13	转基因生物及其产品食用安全检测　挪威棕色大鼠致敏性试验方法	农业部 1782 号公告—13—2012

中华人民共和国农业部公告
第 1783 号

《农产品产地安全质量适宜性评价技术规范》等 61 项标准业经专家审定通过，我部审查批准，现发布为中华人民共和国农业行业标准，自 2012 年 9 月 1 日起实施。

特此公告。

二〇一二年六月六日

序号	标准号	标准名称	代替标准号
1	NY/T 2149—2012	农产品产地安全质量适宜性评价技术规范	
2	NY/T 2150—2012	农产品产地禁止生产区划分技术指南	
3	NY/T 2151—2012	薇甘菊综合防治技术规程	
4	NY/T 2152—2012	福寿螺综合防治技术规程	
5	NY/T 2153—2012	空心莲子草综合防治技术规程	
6	NY/T 2154—2012	紫茎泽兰综合防治技术规程	
7	NY/T 2155—2012	外来入侵杂草根除指南	
8	NY/T 2156—2012	水稻主要病害防治技术规程	
9	NY/T 2157—2012	梨主要病虫害防治技术规程	
10	NY/T 2158—2012	美洲斑潜蝇防治技术规程	
11	NY/T 2159—2012	大豆主要病害防治技术规程	
12	NY/T 2160—2012	香蕉象甲监测技术规程	
13	NY/T 2161—2012	椰子主要病虫害防治技术规程	
14	NY/T 2162—2012	棉花抗棉铃虫性鉴定方法	
15	NY/T 2163—2012	棉盲蝽测报技术规范	
16	NY/T 2164—2012	马铃薯脱毒种薯繁育基地建设标准	
17	NY/T 2165—2012	鱼、虾遗传育种中心建设标准	
18	NY/T 2166—2012	橡胶树苗木繁育基地建设标准	
19	NY/T 2167—2012	橡胶树种植基地建设标准	
20	NY/T 2168—2012	草原防火物资储备库建设标准	
21	NY/T 2169—2012	种羊场建设标准	
22	NY/T 2170—2012	水产良种场建设标准	
23	NY/T 2171—2012	蔬菜标准园创建规范	
24	NY/T 2172—2012	标准茶园建设规范	
25	NY/T 2173—2012	耕地质量预警规范	
26	NY/T 2174—2012	主要热带作物品种 AFLP 分子鉴定技术规程	
27	NY/T 2175—2012	农作物优异种质资源评价规范　野生稻	
28	NY/T 2176—2012	农作物优异种质资源评价规范　甘薯	
29	NY/T 2177—2012	农作物优异种质资源评价规范　豆科牧草	
30	NY/T 2178—2012	农作物优异种质资源评价规范　苎麻	
31	NY/T 2179—2012	农作物优异种质资源评价规范　马铃薯	
32	NY/T 2180—2012	农作物优异种质资源评价规范　甘蔗	
33	NY/T 2181—2012	农作物优异种质资源评价规范　桑树	
34	NY/T 2182—2012	农作物优异种质资源评价规范　莲藕	
35	NY/T 2183—2012	农作物优异种质资源评价规范　茭白	
36	NY/T 2184—2012	农作物优异种质资源评价规范　橡胶树	
37	NY/T 2185—2012	天然生胶　胶清橡胶加工技术规程	
38	NY/T 1121.24—2012	土壤检测　第 24 部分:土壤全氮的测定　自动定氮仪法	
39	NY/T 1121.25—2012	土壤检测　第 25 部分:土壤有效磷的测定　连续流动分析仪法	
40	NY/T 2186.1—2012	微生物农药毒理学试验准则　第 1 部分:急性经口毒性/致病性试验	
41	NY/T 2186.2—2012	微生物农药毒理学试验准则　第 2 部分:急性经呼吸道毒性/致病性试验	
42	NY/T 2186.3—2012	微生物农药毒理学试验准则　第 3 部分:急性注射毒性/致病性试验	
43	NY/T 2186.4—2012	微生物农药毒理学试验准则　第 4 部分:细胞培养试验	
44	NY/T 2186.5—2012	微生物农药毒理学试验准则　第 5 部分:亚慢性毒性/致病性试验	
45	NY/T 2186.6—2012	微生物农药毒理学试验准则　第 6 部分:繁殖/生育影响试验	

（续）

序号	标准号	标准名称	代替标准号
46	NY/T 1859.2—2012	农药抗性风险评估　第2部分:卵菌对杀菌剂抗药性风险评估	
47	NY/T 1859.3—2012	农药抗性风险评估　第3部分:蚜虫对拟除虫菊酯类杀虫剂抗药性风险评估	
48	NY/T 1859.4—2012	农药抗性风险评估　第4部分:乙酰乳酸合成酶抑制剂类除草剂抗性风险评估	
49	NY/T 228—2012	天然橡胶初加工机械　打包机	NY 228—1994
50	NY/T 381—2012	天然橡胶初加工机械　压薄机	NY/T 381—1999
51	NY/T 261—2012	剑麻加工机械　纤维压水机	NY/T 261—1994
52	NY/T 341—2012	剑麻加工机械　制绳机	NY/T 341—1998
53	NY/T 353—2012	椰子　种果和种苗	NY/T 353—1999
54	NY/T 395—2012	农田土壤环境质量监测技术规范	NY/T 395—2000
55	NY/T 590—2012	芒果　嫁接苗	NY 590—2002
56	NY/T 735—2012	天然生胶　子午线轮胎橡胶加工技术规程	NY/T 735—2003
57	NY/T 875—2012	食用木薯淀粉	NY/T 875—2004
58	NY 884—2012	生物有机肥	NY 884—2004
59	NY/T 924—2012	浓缩天然胶乳　氨保存离心胶乳加工技术规程	NY/T 924—2004
60	NY/T 1119—2012	耕地质量监测技术规程	NY/T 1119—2006
61	SC/T 2043—2012	斑节对虾　亲虾和苗种	

中华人民共和国农业部公告
第1861号

根据《中华人民共和国农业转基因生物安全管理条例》规定,《转基因植物及其产品成分检测　水稻内标准基因定性PCR方法》等6项标准业经专家审定通过和我部审查批准,现发布为中华人民共和国国家标准。自2013年1月1日起实施。

特此公告

2012年11月28日

附　录

序号	标准名称	标准代号
1	转基因植物及其产品成分检测　水稻内标准基因定性 PCR 方法	农业部 1861 号公告—1—2012
2	转基因植物及其产品成分检测　耐除草剂大豆 GTS 40—3—2 及其衍生品种定性 PCR 方法	农业部 1861 号公告—2—2012
3	转基因植物及其产品成分检测　玉米内标准基因定性 PCR 方法	农业部 1861 号公告—3—2012
4	转基因植物及其产品成分检测　抗虫玉米 MON89034 及其衍生品种定性 PCR 方法	农业部 1861 号公告—4—2012
5	转基因植物及其产品成分检测　CP4-epsps 基因定性 PCR 方法	农业部 1861 号公告—5—2012
6	转基因植物及其产品成分检测　耐除草剂棉花 GHB614 及其衍生品种定性 PCR 方法	农业部 1861 号公告—6—2012

中华人民共和国农业部公告
第1862号

根据《中华人民共和国兽药管理条例》和《中华人民共和国饲料和饲料添加剂管理条例》规定，《饲料中巴氯芬的测定　液相色谱—串联质谱法》等6项标准业经专家审定通过和我部审查批准，现发布为中华人民共和国国家标准，自发布之日起实施。

特此公告

2012年12月3日

附　录

序号	标准名称	标准代号
1	饲料中巴氯芬的测定　液相色谱—串联质谱法	农业部1862号公告—1—2012
2	饲料中唑吡旦的测定　高效液相色谱法/液相色谱—串联质谱法	农业部1862号公告—2—2012
3	饲料中万古霉素的测定　液相色谱—串联质谱法	农业部1862号公告—3—2012
4	饲料中5种聚醚类药物的测定　液相色谱—串联质谱法	农业部1862号公告—4—2012
5	饲料中地克珠利的测定　液相色谱—串联质谱法	农业部1862号公告—5—2012
6	饲料中噁喹酸的测定　高效液相色谱法	农业部1862号公告—6—2012

中华人民共和国农业部公告
第 1869 号

《拖拉机号牌座设置技术要求》等 141 项标准业经专家审定通过，现批准发布为中华人民共和国农业行业标准，自 2013 年 3 月 1 日起实施。

特此公告。

2012 年 12 月 7 日

附 录

序号	标准号	标准名称	代替标准号
1	NY 2187—2012	拖拉机号牌座设置技术要求	
2	NY 2188—2012	联合收割机号牌座设置技术要求	
3	NY 2189—2012	微耕机　安全技术要求	
4	NY/T 2190—2012	机械化保护性耕作　名词术语	
5	NY/T 2191—2012	水稻插秧机适用性评价方法	
6	NY/T 2192—2012	水稻机插秧作业技术规范	
7	NY/T 2193—2012	常温烟雾机安全施药技术规范	
8	NY/T 2194—2012	农业机械田间行走道路技术规范	
9	NY/T 2195—2012	饲料加工成套设备能耗限值	
10	NY/T 2196—2012	手扶拖拉机　修理质量	
11	NY/T 2197—2012	农用柴油发动机　修理质量	
12	NY/T 2198—2012	微耕机　修理质量	
13	NY/T 2199—2012	油菜联合收割机　作业质量	
14	NY/T 2200—2012	活塞式挤奶机　质量评价技术规范	
15	NY/T 2201—2012	棉花收获机　质量评价技术规范	
16	NY/T 2202—2012	碾米成套设备　质量评价技术规范	
17	NY/T 2203—2012	全混合日粮制备机　质量评价技术规范	
18	NY/T 2204—2012	花生收获机械　质量评价技术规范	
19	NY/T 2205—2012	大棚卷帘机　质量评价技术规范	
20	NY/T 2206—2012	液压榨油机　质量评价技术规范	
21	NY/T 2207—2012	轮式拖拉机能效等级评价	
22	NY/T 2208—2012	油菜全程机械化生产技术规范	
23	NY/T 2209—2012	食品电子束辐照通用技术规范	
24	NY/T 2210—2012	马铃薯辐照抑制发芽技术规范	
25	NY/T 2211—2012	含纤维素辐照食品鉴定　电子自旋共振法	
26	NY/T 2212—2012	含脂辐照食品鉴定　气相色谱分析碳氢化合物法	
27	NY/T 2213—2012	辐照食用菌鉴定　热释光法	
28	NY/T 2214—2012	辐照食品鉴定　光释光法	
29	NY/T 2215—2012	含脂辐照食品鉴定　气相色谱质谱分析 2-烷基环丁酮法	
30	NY/T 2216—2012	农业野生植物原生境保护点　监测预警技术规程	
31	NY/T 2217.1—2012	农业野生植物异位保存技术规程　第 1 部分:总则	
32	NY/T 2218—2012	饲料原料　发酵豆粕	
33	NY/T 2219—2012	超细羊毛	
34	NY/T 2220—2012	山羊绒分级整理技术规范	
35	NY/T 2221—2012	地毯用羊毛分级整理技术规范	
36	NY/T 2222—2012	动物纤维直径及成分检测　显微图像分析仪法	
37	NY/T 2223—2012	植物新品种特异性、一致性和稳定性测试指南　不结球白菜	
38	NY/T 2224—2012	植物新品种特异性、一致性和稳定性测试指南　大麦	
39	NY/T 2225—2012	植物新品种特异性、一致性和稳定性测试指南　芍药	
40	NY/T 2226—2012	植物新品种特异性、一致性和稳定性测试指南　郁金香属	
41	NY/T 2227—2012	植物新品种特异性、一致性和稳定性测试指南　石竹属	
42	NY/T 2228—2012	植物新品种特异性、一致性和稳定性测试指南　菊花	
43	NY/T 2229—2012	植物新品种特异性、一致性和稳定性测试指南　百合	
44	NY/T 2230—2012	植物新品种特异性、一致性和稳定性测试指南　蝴蝶兰	
45	NY/T 2231—2012	植物新品种特异性、一致性和稳定性测试指南　梨	
46	NY/T 2232—2012	植物新品种特异性、一致性和稳定性测试指南　玉米	
47	NY/T 2233—2012	植物新品种特异性、一致性和稳定性测试指南　高粱	
48	NY/T 2234—2012	植物新品种特异性、一致性和稳定性测试指南　辣椒	
49	NY/T 2235—2012	植物新品种特异性、一致性和稳定性测试指南　黄瓜	
50	NY/T 2236—2012	植物新品种特异性、一致性和稳定性测试指南　番茄	

（续）

序号	标准号	标准名称	代替标准号
51	NY/T 2237—2012	植物新品种特异性、一致性和稳定性测试指南　花生	
52	NY/T 2238—2012	植物新品种特异性、一致性和稳定性测试指南　棉花	
53	NY/T 2239—2012	植物新品种特异性、一致性和稳定性测试指南　甘蓝型油菜	
54	NY/T 2240—2012	国家农作物品种试验站建设标准	
55	NY/T 2241—2012	种猪性能测定中心建设标准	
56	NY/T 2242—2012	农业部农产品质量安全监督检验检测中心建设标准	
57	NY/T 2243—2012	省级农产品质量安全监督检验检测中心建设标准	
58	NY/T 2244—2012	地市级农产品质量安全监督检验检测机构建设标准	
59	NY/T 2245—2012	县级农产品质量安全监督检测机构建设标准	
60	NY/T 2246—2012	农作物生产基地建设标准　油菜	
61	NY/T 2247—2012	农田建设规划编制规程	
62	NY/T 2248—2012	热带作物品种资源抗病虫性鉴定技术规程　香蕉叶斑病、香蕉枯萎病和香蕉根结线虫病	
63	NY/T 2249—2012	菠萝凋萎病病原分子检测技术规范	
64	NY/T 2250—2012	橡胶树棒孢霉落叶病监测技术规程	
65	NY/T 2251—2012	香蕉花叶心腐病和束顶病病原分子检测技术规范	
66	NY/T 2252—2012	槟榔黄化病病原物分子检测技术规范	
67	NY/T 2253—2012	菠萝组培苗生产技术规程	
68	NY/T 2254—2012	甘蔗生产良好农业规范	
69	NY/T 2255—2012	香蕉穿孔线虫香蕉小种和柑橘小种检测技术规程	
70	NY/T 2256—2012	热带水果非疫区及非疫生产点建设规范	
71	NY/T 2257—2012	芒果细菌性黑斑病原菌分子检测技术规范	
72	NY/T 2258—2012	香蕉黑条叶斑病原菌分子检测技术规范	
73	NY/T 2259—2012	橡胶树主要病虫害防治技术规范	
74	NY/T 2260—2012	龙眼等级规格	
75	NY/T 2261—2012	木薯淀粉初加工机械　碎解机　质量评价技术规范	
76	NY/T 2262—2012	螺旋粉虱防治技术规范	
77	NY/T 2263—2012	橡胶树栽培学　术语	
78	NY/T 2264—2012	木薯淀粉初加工机械　离心筛质量评价技术规范	
79	NY/T 2265—2012	香蕉纤维清洁脱胶技术规范	
80	NY/T 2062.3—2012	天敌防治靶标生物田间药效试验准则　第3部分：丽蚜小蜂防治烟粉虱和温室粉虱	
81	NY/T 338—2012	天然橡胶初加工机械　五合一压片机	NY/T 338—1998
82	NY/T 342—2012	剑麻加工机械　纺纱机	NY/T 342—1998
83	NY/T 864—2012	苦丁茶	NY/T 864—2004
84	NY/T 273—2012	绿色食品　啤酒	NY/T 273—2002
85	NY/T 285—2012	绿色食品　豆类	NY/T 285—2003
86	NY/T 289—2012	绿色食品　咖啡	NY/T 289—1995
87	NY/T 421—2012	绿色食品　小麦及小麦粉	NY/T 421—2000
88	NY/T 426—2012	绿色食品　柑橘类水果	NY/T 426—2000
89	NY/T 435—2012	绿色食品　水果、蔬菜脆片	NY/T 435—2000
90	NY/T 437—2012	绿色食品　酱腌菜	NY/T 437—2000
91	NY/T 654—2012	绿色食品　白菜类蔬菜	NY/T 654—2002
92	NY/T 655—2012	绿色食品　茄果类蔬菜	NY/T 655—2002
93	NY/T 657—2012	绿色食品　乳制品	NY/T 657—2007
94	NY/T 743—2012	绿色食品　绿叶类蔬菜	NY/T 743—2003
95	NY/T 744—2012	绿色食品　葱蒜类蔬菜	NY/T 744—2003
96	NY/T 745—2012	绿色食品　根菜类蔬菜	NY/T 745—2003
97	NY/T 746—2012	绿色食品　甘蓝类蔬菜	NY/T 746—2003

（续）

序号	标准号	标准名称	代替标准号
98	NY/T 747—2012	绿色食品　瓜类蔬菜	NY/T 747—2003
99	NY/T 748—2012	绿色食品　豆类蔬菜	NY/T 748—2003
100	NY/T 749—2012	绿色食品　食用菌	NY/T 749—2003
101	NY/T 752—2012	绿色食品　蜂产品	NY/T 752—2003
102	NY/T 753—2012	绿色食品　禽肉	NY/T 753—2003
103	NY/T 840—2012	绿色食品　虾	NY/T 840—2004
104	NY/T 841—2012	绿色食品　蟹	NY/T 841—2004
105	NY/T 842—2012	绿色食品　鱼	NY/T 842—2004
106	NY/T 1040—2012	绿色食品　食用盐	NY/T 1040—2006
107	NY/T 1048—2012	绿色食品　笋及笋制品	NY/T 1048—2006
108	SC/T 3120—2012	冻熟对虾	
109	SC/T 3121—2012	冻牡蛎肉	
110	SC/T 3217—2012	干石花菜	
111	SC/T 3306—2012	即食裙带菜	
112	SC/T 5051—2012	观赏渔业通用名词术语	
113	SC/T 5052—2012	热带观赏鱼命名规则	
114	SC/T 5101—2012	观赏鱼养殖场条件　锦鲤	
115	SC/T 5102—2012	观赏鱼养殖场条件　金鱼	
116	SC/T 6053—2012	渔业船用调频无线电话机(27.5MHz—39.5MHz)试验方法	
117	SC/T 6054—2012	渔业仪器名词术语	
118	SC/T 7016.1—2012	鱼类细胞系　第1部分:胖头鲅肌肉细胞系(FHM)	
119	SC/T 7016.2—2012	鱼类细胞系　第2部分:草鱼肾细胞系(CIK)	
120	SC/T 7016.3—2012	鱼类细胞系　第3部分:草鱼卵巢细胞系(CO)	
121	SC/T 7016.4—2012	鱼类细胞系　第4部分:虹鳟性腺细胞系(RTG—2)	
122	SC/T 7016.5—2012	鱼类细胞系　第5部分:鲤上皮瘤细胞系(EPC)	
123	SC/T 7016.6—2012	鱼类细胞系　第6部分:大鳞大麻哈鱼胚胎细胞系(CHSE)	
124	SC/T 7016.7—2012	鱼类细胞系　第7部分:棕鮰细胞系(BB)	
125	SC/T 7016.8—2012	鱼类细胞系　第8部分:斑点叉尾鮰卵巢细胞系(CCO)	
126	SC/T 7016.9—2012	鱼类细胞系　第9部分:蓝腮太阳鱼细胞系(BF—2)	
127	SC/T 7016.10—2012	鱼类细胞系　第10部分:狗鱼性腺细胞系(PG)	
128	SC/T 7016.11—2012	鱼类细胞系　第11部分:虹鳟肝细胞系(R1)	
129	SC/T 7016.12—2012	鱼类细胞系　第12部分:鲤白血球细胞系(CLC)	
130	SC/T 7017—2012	水生动物疫病风险评估通则	
131	SC/T 7018.1—2012	水生动物疫病流行病学调查规范　第1部分:鲤春病毒血症(SVC)	
132	SC/T 7216—2012	鱼类病毒性神经坏死病(VNN)诊断技术规程	
133	SC/T 9403—2012	海洋渔业资源调查规范	
134	SC/T 9404—2012	水下爆破作业对水生生物资源及生态环境损害评估方法	
135	SC/T 9405—2012	岛礁水域生物资源调查评估技术规范	
136	SC/T 9406—2012	盐碱地水产养殖用水水质	
137	SC/T 9407—2012	河流漂流性鱼卵、仔鱼采样技术规范	
138	SC/T 9408—2012	水生生物自然保护区评价技术规范	
139	SC/T 3202—2012	干海带	SC/T 3202—1996
140	SC/T 3204—2012	虾米	SC/T 3204—2000
141	SC/T 3209—2012	淡菜	SC/T 3209—2001

中华人民共和国农业部公告
第 1878 号

《中量元素水溶肥料》等 50 项标准业经专家审定通过，现批准发布为中华人民共和国农业行业标准。其中，《中量元素水溶肥料》和《缓释肥料　登记要求》两项标准自 2013 年 6 月 1 日起实施；《农业用改性硝酸铵》、《农业用硝酸铵钙》、《肥料　三聚氰胺含量的测定》、《土壤调理剂　效果试验和评价要求》、《土壤调理剂　钙、镁、硅含量的测定》、《土壤调理剂　磷、钾含量的测定》、《缓释肥料　效果试验和评价要求》和《液体肥料　包装技术要求》等 8 项标准自 2013 年 1 月 1 日起实施；其他标准自 2013 年 3 月 1 日起实施。

特此公告。

附件：《中量元素水溶肥料》等 50 项农业行业标准目录

农业部

2012 年 12 月 24 日

附　录

附件:《中量元素水溶肥料》等50项农业行业标准目录

序号	项目编号	标准名称	替代
1	NY 2266—2012	中量元素水溶肥料	
2	NY 2267—2012	缓释肥料　登记要求	
3	NY 2268—2012	农业用改性硝酸铵	
4	NY 2269—2012	农业用硝酸铵钙	
5	NY/T 2270—2012	肥料　三聚氰胺含量的测定	
6	NY/T 2271—2012	土壤调理剂　效果试验和评价要求	
7	NY/T 2272—2012	土壤调理剂　钙、镁、硅含量的测定	
8	NY/T 2273—2012	土壤调理剂　磷、钾含量的测定	
9	NY/T 2274—2012	缓释肥料　效果试验和评价要求	
10	NY/T 2275—2012	草原田鼠防治技术规程	
11	NY/T 2276—2012	制汁甜橙	
12	NY/T 2277—2012	水果蔬菜中有机酸和阴离子的测定　离子色谱法	
13	NY/T 2278—2012	灵芝产品中灵芝酸含量的测定　高效液相色谱法	
14	NY/T 2279—2012	食用菌中岩藻糖、阿糖醇、海藻糖、甘露醇、甘露糖、葡萄糖、半乳糖、核糖的测定　离子色谱法	
15	NY/T 2280—2012	双孢蘑菇中蘑菇氨酸的测定　高效液相色谱法	
16	NY/T 2281—2012	苹果病毒检测技术规范	
17	NY/T 2282—2012	梨无病毒母本树和苗木	
18	NY/T 2283—2012	冬小麦灾害田间调查及分级技术规范	
19	NY/T 2284—2012	玉米灾害田间调查及分级技术规范	
20	NY/T 2285—2012	水稻冷害田间调查及分级技术规范	
21	NY/T 2286—2012	番茄溃疡病菌检疫检测与鉴定方法	
22	NY/T 2287—2012	水稻细菌性条斑病菌检疫检测与鉴定方法	
23	NY/T 2288—2012	黄瓜绿斑驳花叶病毒检疫检测与鉴定方法	
24	NY/T 2289—2012	小麦矮腥黑穗病菌检疫检测与鉴定方法	
25	NY/T 2290—2012	橡胶南美叶疫病监测技术规范	
26	NY/T 2291—2012	玉米细菌性枯萎病监测技术规范	
27	NY/T 2292—2012	亚洲梨火疫病监测技术规范	
28	NY/T 1151.4—2012	农药登记卫生用杀虫剂室内药效试验及评价　第4部分:驱蚊帐	
29	NY/T 2061.3—2012	农药室内生物测定试验准则　植物生长调节剂　第3部分:促进/抑制生长试验　黄瓜子叶扩张法	
30	NY/T 2061.4—2012	农药室内生物测定试验准则　植物生长调节剂　第4部分:促进/抑制生根试验　黄瓜子叶生根法	
31	NY/T 2293.1—2012	细菌微生物农药　枯草芽孢杆菌　第1部分:枯草芽孢杆菌母药	
32	NY/T 2293.2—2012	细菌微生物农药　枯草芽孢杆菌　第2部分:枯草芽孢杆菌可湿性粉剂	
33	NY/T 2294.1—2012	细菌微生物农药　蜡质芽孢杆菌　第1部分:蜡质芽孢杆菌母药	
34	NY/T 2294.2—2012	细菌微生物农药　蜡质芽孢杆菌　第2部分:蜡质芽孢杆菌可湿性粉剂	
35	NY/T 2295.1—2012	真菌微生物农药　球孢白僵菌　第1部分:球孢白僵菌母药	
36	NY/T 2295.2—2012	真菌微生物农药　球孢白僵菌　第2部分:球孢白僵菌可湿性粉剂	
37	NY/T 2296.1—2012	细菌微生物农药　荧光假单胞杆菌　第1部分:荧光假单胞杆菌母药	
38	NY/T 2296.2—2012	细菌微生物农药　荧光假单胞杆菌　第2部分:荧光假单胞杆菌可湿性粉剂	

（续）

序号	项目编号	标准名称	替代
39	NY/T 2297—2012	饲料中苯甲酸和山梨酸的测定　高效液相色谱法	
40	NY/T 1108—2012	液体肥料　包装技术要求	NY/T 1108—2006
41	NY/T 1121.9—2012	土壤检测　第9部分:土壤有效钼的测定	NY/T 1121.9—2006
42	NY/T 1756—2012	饲料中孔雀石绿的测定	NY/T 1756—2009
43	SC/T 3402—2012	褐藻酸钠印染助剂	
44	SC/T 3404—2012	岩藻多糖	
45	SC/T 6072—2012	渔船动态监管信息系统建设技术要求	
46	SC/T 6073—2012	水生哺乳动物饲养设施要求	
47	SC/T 6074—2012	水族馆术语	
48	SC/T 9409—2012	水生哺乳动物谱系记录规范	
49	SC/T 9410—2012	水族馆水生哺乳动物驯养技术等级划分要求	
50	SC/T 9411—2012	水族馆水生哺乳动物饲养水质	

中华人民共和国农业部公告
第 1879 号

根据《中华人民共和国兽药管理条例》和《中华人民共和国饲料和饲料添加剂管理条例》规定，《动物尿液中苯乙醇胺 A 的测定　液相色谱—串联质谱法》等 2 项标准业经专家审定通过，现批准发布为中华人民共和国国家标准，自发布之日起实施。

特此公告

附件：《动物尿液中苯乙醇胺 A 的测定　液相色谱—串联质谱法》等 2 项标准目录

农业部

2012 年 12 月 24 日

附件:《动物尿液中苯乙醇胺 A 的测定　液相色谱—串联质谱法》等 2 项标准目录

序号	标准名称	标准代号
1	动物尿液中苯乙醇胺 A 的测定　液相色谱—串联质谱法	农业部 1879 号公告—1—2012
2	饲料中磺胺氯吡嗪钠的测定　高效液相色谱法	农业部 1879 号公告—2—2012

中华人民共和国卫生部
中华人民共和国农业部 公告
2012 年 第 22 号

根据《食品安全法》规定，经食品安全国家标准审评委员会审查通过，现发布食品安全国家标准《食品中农药最大残留限量》(GB 2763—2012)，自 2013 年 3 月 1 日起实施。

下列标准自 2013 年 3 月 1 日起废止：

《食品中农药最大残留限量》(GB 2763—2005)；

《食品中农药最大残留限量》(GB 2763—2005)第 1 号修改单；

《粮食卫生标准》(GB 2715—2005)中的 4.3.3 农药最大残留限量；

《食品中百菌清等 12 种农药最大残留限量》(GB 25193—2010)；

《食品中百草枯等 54 种农药最大残留限量》(GB 26130—2010)；

《食品中阿维菌素等 85 种农药最大残留限量》(GB 28260—2011)。

特此公告。

中华人民共和国卫生部
中华人民共和国农业部
2012 年 11 月 16 日

图书在版编目（CIP）数据

最新中国农业行业标准．第九辑．水产分册/农业标准编辑部编．—北京：中国农业出版社，2013.12
（中国农业标准经典收藏系列）
ISBN 978-7-109-18714-6

Ⅰ.①最… Ⅱ.①农… Ⅲ.①农业－行业标准－汇编－中国②水产养殖－行业标准－汇编－中国 Ⅳ.①S-65②S96-65

中国版本图书馆 CIP 数据核字（2013）第 301590 号

中国农业出版社出版
（北京市朝阳区农展馆北路 2 号）
（邮政编码 100125）
责任编辑 刘 伟 冀 刚 李文宾

中国农业出版社印刷厂印刷 新华书店北京发行所发行
2014 年 1 月第 1 版 2014 年 1 月北京第 1 次印刷

开本：880mm×1230mm 1/16 印张：38.5
字数：1230 千字
定价：308.00 元